全国高等院校中医药类专业“十二五”规划建设教材

药用植物分类学

胡　珂　郭凤根　主编

中国农业大学出版社
·北京·

内容简介

本教材跟踪国内外药用植物分类学发展动态，以本课程在教学计划中的地位和作用为依据，使经典内容与现代内容有机地统一，从中药原植物分类、识别和区别近似种的方法入手，帮助读者全面掌握对中药材进行原植物鉴别的技术，认识大量的药用植物，内容浅显易懂，简单实用。另外本书附有详尽实用的分类检索表，可以通过查阅的方式识别常用的药用植物。本教材可供中药、中药资源、生药学专业教学使用，也可作为植物形态学、植物解剖学等课程的专业配套教材，还可供教学、科研生产及相关学科人员参考使用。

图书在版编目(CIP)数据

药用植物分类学/胡珂，郭凤根主编.—北京：中国农业大学出版社，2015.8
ISBN 978-7-5655-1362-6

Ⅰ.①药… Ⅱ.①胡… ②郭… Ⅲ.①药用植物-植物分类学 Ⅳ.①Q949.95

中国版本图书馆 CIP 数据核字(2015)第 193086 号

书　名 药用植物分类学
作　者 胡　珂　郭凤根　主编

策划编辑 孙　勇　　**责任编辑** 韩元凤
封面设计 郑　川　　**责任校对** 王晓凤
出版发行 中国农业大学出版社
社　址 北京市海淀区圆明园西路 2 号　　**邮政编码** 100193
电　话 发行部 010-62818525,8625　　读者服务部 010-62732336
编辑部 010-62732617,2618　　出 版 部 010-62733440
网　址 http://www.cau.edu.cn/caup　　**e-mail** cbsszs@cau.edu.cn
经　销 新华书店
印　刷 北京鑫丰华彩印有限公司
版　次 2015 年 10 月第 1 版　2015 年 10 月第 1 次印刷
规　格 787×1 092　16 开本　17 印张　418 千字　彩插 4
定　价 40.00 元

全国高等院校中药类专业系列教材
编审指导委员会

编写人员

主　编　胡　珂　郭凤根

副主编　刘汉珍
严寒静
李大辉

编　者　（按姓氏拼音排序）
郭凤根（云南农业大学）
胡　珂（安徽中医药大学）
李大辉（安徽农业大学）
李宏博（沈阳农业大学）
刘　霞（吉林农业大学）
刘汉珍（安徽科技学院）
罗晓铮（河南中医学院）
孙秀岩（天津中医药大学）
王建军（云南农业大学）
严寒静（广东药学院）
张天柱（长春中医药大学）

出版说明

中医药是我国人民在几千年生产生活实践和与疾病做斗争中逐步形成并不断丰富发展起来的一门医学科学，为中华民族繁衍昌盛做出了重要贡献，对世界文明进步产生了积极影响。新中国成立后特别是改革开放以来，党中央、国务院高度重视中医药工作，中医药事业取得了巨大成就。但随着我国经济社会的快速发展，目前我国的中医药事业远不能满足人民群众日益增长的健康需求。

《中共中央国务院关于深化医药卫生体制改革的意见》（中发〔2009〕6号）提出，要坚持中西医并重的方针，充分发挥中医药作用。我国是世界上生物多样性最丰富的国家之一，也是中药资源最丰富的国家。我国约有1.28万种中药材资源，包括1.114万种药用植物和0.158万种药用动物。中药工业产值已超过医药产业总产值的1/3，与化学药、生物药呈现出三足鼎立之势。以中医药为代表的传统医学日益受到国际社会的广泛重视和认可。中医药对人体生命质量、健康状况和生活状况提升的效用也越来越被人们广泛认识，其独特的优势和巨大价值日益显现。随着人们健康观念的变化和医疗模式转变，中医药事业正以新的姿态快速发展。但其进一步发展也面临着许多新情况和新问题，中医药产业发展和中药资源保护之间的矛盾日益突出。野生中药资源破坏严重、道地药材以及部分规范栽培品种产量不能完全满足中药产业需求。中药材价格大幅波动，市场极不稳定 。同时，药用植物的大量采集和挖掘，不但使中药材资源生物多样性受到严重破坏，对生态环境也造成了严重的威胁；部分中药材不仅产量不稳定，而且重金属、农药残留污染严重，已影响到复方中成药品种的持续供应以及国家基本药物的安全与保障。

《国务院关于扶持和促进中医药事业发展的若干意见》（国发〔2009〕22号）从国家发展战略高度提出了“提升中药产业发展水平”的要求。《意见》指出，要遵循中医药发展规律，保持和发扬中医药特色优势，推动继承与创新，丰富和发展中医药理论与实践，促进中医中药协调发展，为提高全民健康水平服务。《意见》重申，要整理研究传统中药制药技术和经验，形成技术规范。促进中药资源可持续发展，加强对中药资源的保护、研究开发和合理利用。要保护药用野生动植物资源，加快种质资源库建设。加强珍稀濒危品种保护、繁育和替代，促进资源恢复与增长。《意见》强调，要加强中医药人才队伍建设。人才匮乏是制约中医药事业发展的瓶颈。高等教育是中医药人才培养的重要途径。中医药事业整体健康发展需要培养更多的复合型、交叉型、多学科型的应用人才。

为深入贯彻落实《国家中长期教育改革和发展规划纲要（2010—2020年）》、《医药卫生中长期人才发展规划（2010—2020年）》和《中医药事业发展“十二五”规划》，推进《中医药标准化中长期发展规划纲要（2011—2020年）》的实施，培养传承中医药文明、促进中医药事业发展的复合型、创新型高等中医药人才，推动中医药类专业教育教学改革和发展，中国农业大学出版社以整体规划、系列统筹和立体化建设等方式，组织全国37所院校的近200位一线专家和教师，启动了“全国高等院校中医药类专业系列教材建设工程”。本系列教材秉承“融合、传承、创新、发展、先进”的理念，在全体参编的老师共同努力下，历经近3年时间，现各种教材均已达到了“规划”预定的目标和要求，第一批共计21种教材将陆续出版。

本系列教材的运作和出版具有以下特点：

一、统筹规划、整体运作、校际合作、学科交融。站在中医药类专业教学整体的高度，审核确定教材品种和教材内容，农林类专业院校教师与中医药类专业院校教师积极参与，共同切磋研讨，极大地促进了这两类院校在中医药类专业教育平台的融合，尤其是促进了中医药学与中医药资源学的融合，起到了学科优势互补的积极作用。

二、同期启动、同步研讨、品种丰富、覆盖面广。同期启动21种教材的编写出版工作，37所院校近200位教师参与编写，系列教材基本覆盖了中医药类专业主干课程，是目前中医药类专业教材建设力度最大的一次。各院校教师积极参与，共同研讨，在教学理念、教材编写和体例规范上达成广泛共识，提升了教材的适用性。

三、最新理论、最新技术和最新进展及时融入，教材先进。本系列教材体现了中医药学科的文化传承特性，较好地将传承与发展、理论与实践有机结合，融入了学科最新理论、最新技术和最新进展以及各院校中医药类专业近年来的教学改革成果，使得教材具有较强的先进性。

四、立项建设、严格要求、专家把关、确保质量。经过广泛深入的选题调，在与多所院校广泛沟通达成共识后，中国农业大学出版社确定了以立项的方式实施“中医药类专业系列教材建设工程”。“教材建设工程”历时近3年，在系列教材编审指导委员会的统一指导下，各项工作始终按照既定的编写指导思想、运行方式和质量保障措施等规定严格运行，保障了教材编写的高质量。

中医药类专业系列教材建设是一种尝试、一种探索，我们衷心希望有更多的院校、更多的教师参与进来，让我们一起共同为我国中医药事业的健康发展，为中医药专业高等人才培养做出贡献。同时，我们也希望选用本系列教材的老师和同学对教材提出宝贵意见，使我们的教材在修订时质量有新的提高。

全国高等院校中药类专业系列教材编审指导委员会

中国农业大学出版社

2014年6月

前　　言

药用植物分类学是植物分类学的一个分支，是用植物分类学的方法与手段，研究药用植物的分类、各类群的起源、亲缘关系以及进化发展规律的一门基础学科。本教材采用植物分类学的原理和方法，将自然界的药用植物从不同类群的起源、亲缘关系和演化发展规律等方面进行鉴别、分群归类、命名并按系统排列起来，通过植物形态来介绍药用植物各个科的特征，以识别和区别种类繁多的药用植物，准确鉴定中药材的原植物种类，确保其来源的可靠性，为药用植物资源调查、利用、保护和栽培提供依据，也有助于利用植物间的亲缘关系，探寻紧缺中药的代用品、开发新资源及国际交流。

药用植物分类学是中药、中药资源及相关专业的专业基础课，本课程与药用植物形态及解剖学、中药鉴定学、中药资源学、药用植物栽培学及中药化学等都有着密切的关系。随着社会的进步和科学技术的发展，药用植物分类学知识将会被越来越多地应用到生活和生产的方方面面，希望学生通过本教材指导下的理论课程学习，了解药用植物分类对中药研究、生产、临床安全有效用药的重要意义；体会到澄清植物基源对发掘和扩大中药资源的重要性；能够正确科学地描述植物形态，掌握药用植物各个科的特征；学习识别和区别近似种的方法，全面掌握对中药材进行原植物鉴别的技术；并配合实验、药用植物园和野外教学，掌握检索表的查阅方法。

本教材由刘霞（第 1、2 章）、张天柱（第 3、4、5 章）、严寒静（第 6 章）、郭凤根（第 7 章）、李宏博（第 8 章中三白草科—石竹科）、王建军（第 8 章中睡莲科—木兰科）、李大辉（第 8 章中樟科—豆科）、胡珂（第 8 章中芸香科—山茱萸科，附录）、罗晓铮（第 8 章中杜鹃花科—玄参科）、刘汉珍（第 8 章中爵床科—菊科）、孙秀岩（第 8 章中泽泻科—兰科）共 11 位常年在教学及科研一线的老师共同完成，并提供原创的植物彩色照片。

本教材在编写过程中，对教学重点、难点、综合交叉点等处理合理，符合教学规律，力求内容精练准确、层次分明、易读易懂，设计理论教学时数为 50 学时，共分 8 章，并对重点科属在目录中标*，可根据不同专业的需要有所侧重。

本教材可供中药、中药资源、生药学专业教学使用，也可作为植物形态学、植物解剖学等课程的专业配套教材，还可供教学、科研生产及相关学科人员参考使用。

因编写人员的水平有限，可能有不足之处，希望广大读者在使用过程中提出宝贵意见和建议，我们在此表示感谢。

编　者

2015 年 7 月

目　　录

彩图 6-1　蚌壳蕨科—金毛狗脊

Cibotium barometz (L.) J. Sm.

彩图 7-1　苏铁科—苏铁

Cycas revoluta Thunb.

彩图 7-2　银杏科—银杏

Ginkgo biloba L.

彩图 7-3　松科—金钱松

Pseudolarix kaempferi Gord.

彩图 8-1　桑科—无花果 *Ficus carica* L.

彩图 8-2　马兜铃科—辽细辛
Asarumheterotropoides Fr. Schmidt var. *mandshuricum* (Maxim.) Kitagawa

彩图 8-3　苋科—鸡冠花 *Celosia cristata* L.

彩图 8-4　石竹科—石竹 *Dianthus chinensis* L.

彩图 8-5　睡莲科—莲
Nelumbo nucifera Geatn

彩图 8-6　毛茛科—乌头
Aconitum carmichaeli Debx.

彩图 8-7　芍药科—芍药
Paeonia lactiflora Pall.

彩图 8-8　木兰科—紫玉兰
Magnolia liliiflora Desr.

彩图 8-9　樟科—樟
Cinnamomum camphora（L.）Presl

彩图 8-10　罂粟科—白屈菜
Chelidonium majus L.

彩图 8-11　十字花科—菘蓝
Isatis indigotica Fort.

彩图 8-12　十字花科—独行菜
Lepidium apetalum Willd.

彩图 8-13　景天科—佛甲草
***Sedum lineare* Thunb.**

图 8-14　虎耳草科—落新妇
***Astilbe chinensis* (Maxim.) Franch. et Sav.**

彩图 8-15　蔷薇科—地榆
***Sangusorba officinalis* L.**

彩图 8-16　豆科—甘草
***Glycyrrhiza uralensis* Fisch.**

彩图 8-17　芸香科—白鲜
***Dictamnus dasycarps* Turcz.**

彩图 8-18　芸香科—竹叶椒
***Zanthoxylum nitidum* (Roxb.) DC.**

彩图 8-19　楝科—楝 *Melia azedarach* Linn.

彩图 8-20　远志科—瓜子金 *Polygala japonica* Houtt.

彩图 8-21　大戟科—泽漆
Euphorbia helioscopia L.

彩图 8-22　大戟科—油桐
Vernicia fordii (Hemsl.) Airy Shaw

彩图 8-23　鼠李科—枣 *Ziziphus jujuba* Mill. var. *inermis* (Bunge) Rehd.

彩图 8-24　葡萄科—乌蔹莓 *Cayratia japonica* (Thunb.) Gagnep.

彩图 8-25　堇菜科—紫花地丁
Viola philippica Cav.

彩图 8-26　瑞香科—狼毒
Stellera chamaejasme L.

彩图 8-27　杜鹃花科—兴安杜鹃
Rhododendron dahuricum L.

彩图 8-28　报春花科—过路黄
Lysimachia christinae Hance

彩图 8-29　木犀科—连翘
Forsythia suspensa (Thunb.) Vahl.

彩图 8-30　龙胆科—秦艽
Gentiana macrophylla Pall.

彩图 8-31　萝藦科—杠柳

Periploca sepium Bunge

彩图 8-32　旋花科—菟丝子

Cuscuta chinensis Lam.

彩图 8-33　茄科—曼陀罗

Datura stramonium L.

彩图 8-34　玄参科—地黄

Rehmannia glutinosa (Gaertn.) Libosch.

彩图 8-35　茜草科—茜草

Rubia cordifolia Linn.

彩图 8-36　忍冬科—忍冬

Lonicera japonica Thunb.

彩图 8-37 败酱科—白花败酱
Patrinia villosa Juss.

彩图 8-38 桔梗科—桔梗
Platycodon grandiflorum (Jacq.)A. DC.

彩图 8-39 棕榈科—槟榔
Trachycarpus fortunei (Hook.f.) H. Wendl.

彩图 8-40 天南星科—半夏
Pinellia ternata (Thunb.) Breit.

彩图 8-41 百合科—玉竹
Polygonatum odoratum (Mill.) Druce

彩图 8-42 薯蓣科—薯蓣
Dioscorea opposite Thunb.

第1章 绪论

教学目的和要求：

1. 了解药用植物分类学的发展历史、研究内容；
2. 掌握植物分类的单位、植物的命名方法及检索表的编写和使用方法。

1.1 药用植物分类概述

1.1.1 药用植物分类学概念、任务与目的

药用植物分类学是植物分类学的一个分支，是用植物分类学的方法与手段研究药用植物的分类、各类群的起源、亲缘关系以及进化发展规律的一门基础学科，也就是将纷繁复杂的植物界进行分门别类，一直鉴别到种，然后给种进行命名并按科学系统排列起来，以便于人们科学正确地认识、研究和利用药用植物。

1.1.1.1 植物分类学的任务

主要有以下几方面：

(1)"种"的确立与命名　根据植物个体间的异同进行比较研究，将类似的个体确立为"种"，并按照《国际植物命名法规》对"种" 进行命名，每一新种的发表都必须用拉丁文对其特征进行描述。

(2)建立科学的分类系统　"种"确立以后，根据种间的亲缘关系确定属、科、目、纲、门等大的分类等级，按照自然发生和演化的亲缘关系、进化关系，建立反映客观实际的科学的植物分类系统。理论上讲，正确的植物分类系统只有一个，但因植物化石很少，关于植物发生和演化的证据不足，因此各位分类学家对植物的系统演化有着不同的观点，形成了多个分类系统。

(3)探索"种"的起源与进化　根据其他相关学科的研究，如古生物学、植物地理学、生态学、细胞遗传学等探索"种"的起源与进化，进而推断属、科等大的分类群系统。

1.1.1.2 学习植物分类学的目的

(1)准确地鉴定植物，保证药用植物开发利用的安全性与准确性。准确地鉴定植物的种是植物分类学的首要任务，这样就能保证我们生活与生产中正确地应用某种药用植物，避免种类混杂。例如，木兰科八角属有50多种植物，其中只有八角茴香这一种可作为食用调味品，其他种类有毒甚至有剧毒，如与八角茴香形态相似的莽草就有剧毒，极易混淆，误食就会丧命；再如人们采食蘑菇时，常常将可食蘑菇与有毒蘑菇种类混淆，误食有毒蘑菇而中毒。另外正确鉴定植物的种可准确地鉴别中药材真品与伪劣品，保证临床用药的可靠性，保障人民身体健康和生

命安全。

(2)利用植物的亲缘关系,寻找植物代用品。研究发现,亲缘关系相近的种类往往含有相同或相似的化学成分,可根据这一规律去发掘新的中药材资源或植物代用品。如治疗高血压的利血平主产于印度的蛇根木中,早年我国降压药主要依赖进口,后来中药工作者在国产的夹竹桃科萝芙木中找到了相同的利血平成分,从而解决了降压药的药源问题,节省了大量外汇。再如人参为中药中的百草之王,其主要成分为人参皂苷,由于人参资源的过度采挖,资源殆尽,后来在寻找代用品的过程中发现,同属五加科的龙芽楤木中有些成分具有人参样作用,甚至有些作用比人参还优良,可以加以利用。

(3)利用植物分类学的知识,解决实践中的某些问题。植物分类学的知识在其他方面也有应用,如1952年美国发动了朝鲜战争,在朝鲜及我国东北地区投放了细菌,通过对细菌载体的研究发现为樟科的山胡椒(*Lindera glauca* Bl.)和壳斗科的朝鲜红柄青冈栎(*Quercus aliena* var. *rubripes* Nakai),这两种植物只分布在韩国,从而指出投放细菌的罪魁祸首是美国,在铁证面前,美国无从抵赖,遭到世界舆论的谴责。

(4)药用植物分类学是中药专业的专业基础课,与中药鉴定学、中药化学、中药资源学及药用植物栽培学等都有密切的关系,本课程的学习直接影响到后续专业课的学习效果。随着社会的进步和科学技术的发展,今后药用植物分类学知识还将会越来越多地应用到生产和生活的各个方面,所以希望学生能通过本教材指导下的理论课程学习,获得更全面更实用的专业技能。

1.1.2 植物个体发育和系统发育

植物的个体发育(ontogeny)就是由单细胞的受精卵发育成为一个成熟植物个体的过程,其中包括形态和生殖各个方面的发展变化。

植物的系统发育(phylogeny)就是植物从它的祖先演进到现在植物界状态的经过,也就是由原始单细胞植物种族发生、成长和演进的历史。每一种植物都有它自己漫长的演进历史,这个历史可以不断上溯到植物有机体的起源、发生和发展,一般认为同一种或同一类群出于共同的祖先。

根据以往的研究资料,尤其是从植物胚胎学的研究中证实,在个体发育过程中所发生的一系列变化,往往按照系统发育中所进行的主要变化及呈现的主要形态有顺序地再进行重演一次。胚胎最初的形态变化与祖先演化的形态变化很相似,尤其是受精卵至胚胎期间的重演更加明显,以后才逐步地出现异化转变成现代植物种类的形态,可以说个体发育也就是系统发育的反复重演。因此,千百万年间所进行的系统发育的演化过程,在胚胎发育的短短时间内所完成的个体发育过程中就能够观察得到。

1.1.3 药用植物分类方法

药用植物正确的分类方法是将各种植物的形态特征、内部结构及遗传特性等进行比较、分析、归纳,根据植物个体间的异同进行比较研究,将类似的各个体确立为"种",并按照《国际植物命名法规》对"种" 进行命名。"种"确立以后,根据种间的亲缘关系确定属、科、目、纲、门等大的分类等级,按照植物系统发生时的自然的亲缘关系和进化关系建立反映客观实际的科学的植物分类系统。

传统的分类方法是根据植物的外部形态与内部结构的比较研究进行的，称为形态分类法，后来随着其他学科的不断发展，其研究成果也被应用在植物分类学上，从而使植物分类的方法多元化，使分类的结果更加全面和科学。近年来产生的新的分类方法有：实验分类学、细胞分类学（染色体分类学）、化学分类学、孢粉分类学、血清鉴定法、数量分类学、超微结构和微形态分类学、分子系统学（利用分子标记，DNA 差异）等。

植物分类系统的建立始终贯穿在植物分类学漫长的发展史中，经历了由浅入深，由片面到更加科学的过程。根据当时人们所建立的分类系统的类型，人们通常将植物发展历史分为3个时期，即人为分类系统时期、进化论前的自然分类系统时期和系统发育系统时期。

1.1.3.1 人为分类系统时期

此期从远古时期起到1830年左右。人类最初在采食野菜野果的时候，在寻找治病药草过程中，就自觉不自觉地在区分着哪些植物可食，哪些植物有毒，哪些植物可以治病，这就是植物分类学的萌芽时期和最早的实践活动，在这一实践活动中，人们积累了大量的认识植物的经验，尤其是认识到很多可药用的植物。人们根据自己对植物的认识和习惯，将其以一定的方式记录下来，载入书籍。三千多年前的《诗经》和《尔雅》就分别记载了200和300多种植物，我国古书《淮南子》就有"神农尝百草，一日而遇七十毒也。"的记载。后汉时期的《神农本草经》（公元200年左右）是我国第一部记载药物的专著，共载药365种，分为上、中、下三品。以后历代都有关于本草的书籍，如《唐本草》《开宝本草》《经史证备急本草》《本草纲目》《本草纲目拾遗》等数十种，其中最著名的为明代李时珍（1518—1593）所著的《本草纲目》，共收载药物1 892种，其中植物药1 195种。订正了许多药名、品种和产地的错误，增加药374种，将植物分为草、谷、菜、果、木五部。李时珍经过三十多年的努力编此巨著，对我国乃至世界医药的发展都做出了巨大贡献，至今此书依然是我国及国外医药方面重要的参考书。纵观上述各种书籍，分类方法都是从实用、生长环境和植物习性的角度出发，但都没有很好地考虑植物的自然形态特征，更看不到植物的亲缘关系，人为性很大，称作人为分类系统。

国外植物分类发展史与我国大致相似，有些方面比我国更进步些。公元前3世纪希腊人切奥弗拉斯特（Theophrastus，公元前370—前285）著《植物的历史》（Historia Plantarum）及《植物的研究》（Enquiry into Plants），记载植物480种，分为乔木、灌木、半灌木和草木，草木又分为一年生、二年生、多年生；将花分为离瓣花和合瓣花、有限花序和无限花序，并认识到子房的位置的差别。13世纪，日耳曼人马格纳斯（A.Magnus，1193—1280）发现了子叶数量的差别，遂将植物分为单子叶和双子叶两大类。15世纪，欧洲最早的本草学者之一布隆非尔（Otto Brunfels，1464—1534），首次将植物分为有花植物和无花植物两类。16世纪，瑞士人格斯纳（Conrad Gesner，1516—1565）认为花和果的特征在分类上最重要并创立了"属"（genera），却尔斯（Charles de I'Eluse，1525—1609）最早设立了"种"（species）的见解。

16世纪末17世纪初，还出现了一批杰出的植物分类学者，如意大利的凯沙尔宾罗（Andrea Caesalpino，1519—1603）于1583年发表《植物》（Die Plantis），记述了1 500个种和几个自然科，如豆科、伞形科、菊科等，认识到子房上、下位的不同，并指出在分类中生殖器官比其他特征都重要，这一见解超越了同时期的其他学者，对后来的分类学研究影响至深。此时的本草学也很发达，著名的学者如哲拉德（Gerard，1545—1612）于1597年发表《本草》一书，按形态、经济用途和生长方式分类。英国人约翰·雷（John Ray 1628—1705）于1703年发表《植物分类方法》(Methodus Plantarum)一书，记述1 800种植物，分为草本和木本，草本又分为不完全植物(无花植物)和完全植物(有花植物)；完全植物又分为单子叶植物和双子叶植物两类，然后再按果实类型、叶和花的特征区分，并已经认识到了唇形科的特征。

18世纪时，瑞典植物学家林奈对大量植物进行了研究，于1737年发表自然系统(Systema Naturae)，根据花的构造和花各部数目(尤其是雄蕊数目)将植物分为24纲，第1～13纲按雄蕊数目区分；第14～20纲按雄蕊长短、雄蕊与雌蕊的关系及雄蕊的联合情况区分；第21～23纲按花的性别区分；第24纲称为隐花植物，即藻类、菌类、苔藓、蕨类等孢子植物。林奈的分类系统在使用上非常方便，且给植物命名时采用了双名法并用确切的术语去记载生物，但林奈的系统仍是典型的人为分类系统。

1.1.3.2 进化论发表前的自然系统时期

18世纪末，资本主义生产力迅速上升，许多学者逐渐看出18世纪前的植物分类方法和系统存在很多漏洞，纷纷努力寻求能够反映自然界客观植物类群的分类方法，从多方面的特征进行比较分析，走向了自然分类的途径，在这样的思想指导下逐渐建立的分类系统就叫作自然分类系统。1789年，法国的安端·裕苏(A. L. de Jussieu)发表了《植物的属》，划分出100个植物科，并充分地加以记述，每一个科所包括的植物是根据综合特征的相似放置在一起的，而不是像林奈最初的人为系统那样，只根据一两个特征。裕苏的系统是自然系统的开端，以后相继发表的著名系统还有瑞士德堪多(A.P.de Candolle)系统(1813)、英国本生和虎克(Bentham-Hooker)系统(1862—1883)。

1.1.3.3 系统发育系统时期

1859年，达尔文(Ch.Darwin)发表了《物种起源》(Origin of Species)一书，提出了生物进化的学说，即任何生物有它的起源、进化和发展的过程，物种是变化发展的，各类生物间有着或近或远的亲缘关系。达尔文的进化论思想开阔了人们的视野，也开创了分类学历史的第三个时期——系统发育系统时期，此时人们认识到建立植物分类系统时，就需要把在起源上一致的类型联合起来，放在一个分类学单位中，而不是像在自然系统时期那样，只简单地把多数综合特征相似的类型联合起来，进化的原理要求各分类单位在系统中要排列得符合进化发展的途径，即按照植物的起源和亲缘关系的远近来排列。

要建立植物系统发育系统，必须了解植物界系统演化的历史，由于植物进化的证据——植物化石的数量有限，因此，在实际中要建立一个真实的系统发育系统是很困难的，甚至是不可能的，只能尽可能地吸收其他各门学科如古生物学、古地理学、比较形态学、比较解剖学、植物生理学、植物生化学、细胞遗传学、分子生物学等的发展成果，全面分析植物的亲缘关系，再加上人们或多或少的主观想象来建立这样一个尽可能完善的系统。经过一百多年的努力，建立的系统有数十个，著名的有德国的艾希勒(A.W.Eichler)系统、德国恩格勒(A.Engler)系统、英国哈钦松(J.Hutchinson)系统、苏联塔赫他间(A.Takhtajan)系统、日本田村道夫系统、美国柯朗奎斯特(A.Cronquist)系统、瑞典诺·达格瑞(R.Dahlgren)系统、美国佐恩(R.F.Thoune)系统，其中用的时间比较长而广泛、影响力比较大的是恩格勒系统和哈钦松系统。

1.1.3.4　我国种子植物分类简史

鸦片战争之后，帝国主义侵入我国，掠夺我国的植物资源，从16世纪末起，就有16个国家派人到我国各处调查植物资源，甚至到一些普通人到达不了的地方盗走许多宝贵的资源，有许多有用植物和美丽的花朵流到国外，大批原种标本流到国外，他们时常发表中国的新种，而且文献是用各国文字发表的。五四运动后，我国分类学的正规研究开始萌芽，钟观光教授大概是中国正规早期的植物分类学工作者，他从北到南，走遍11省，采集15万号标本。1922年起建立了有关植物研究所，如中国科学社生物研究所(1922)、北平研究院植物研究所(1927)、静生生物调查所(1928)和中山大学农林植物研究所(1929)。中华人民共和国成立后，1950年成立了中国科学院植物研究所，全国各重要省区都成立了植物研究所，高等院校也相应发展植物分类学的教学和科研工作，完成大量的植物研究工作，如植物区系和植物资源调查及植物专科、专属的深入研究等，同时也出版了大量著作，如《中国植物志》、《中国高等植物图鉴》和各地方植物志等。

在对植物进行分类时，必须掌握植物形态结构的演化规律。现在大多数分类学家认为古代裸子植物的本内苏铁类(Bennettitales)的两性孢子叶球，最接近于被子植物的花，它的大孢子叶在中间，小孢子叶在下方，二者皆为多数，分离排列于一个突出的轴上，其外侧包被着不育性的孢子叶，因此认为早期被子植物也具有类似的性状，也就是说这些性状是原始性的表现。同时，根据被子植物化石，最早出现的多为常绿、木本植物，以后随气候和地质条件的变化，产生了落叶的和草本的类群，由此可确认落叶、草本、叶形多样化、输导功能完善化等是次生的性状。再者根据花、果的演化趋势，具有向着经济、高效方向发展的特点，由此确认花被退化或分化、花序复杂、子房下位等都是次生的性状。基于上述认识，一般公认的形态构造的演化趋势和分类原则见表1-1。但在判断一植物是原始的还是进化的时，要全面地、辩证地看待这些原则，不能孤立地、片面地根据一两个性状，就给一种植物下一个进化还是原始的结论。这是因为同一性状，在不同植物中的进化意义不是绝对的。例如，对于一般的两性花来说，多胚珠、胚小，被认为是原始的性状，而在兰科中，恰恰是进化的标志。另外，各器官的进化也是不同步的，常可见到在同一植物上，有些性状相当进化，另一些性状则保留原始性，而在另一些植物中恰恰相反，所以必须认识到这些原则的相对性，而并非是绝对的。

表1-1　被子植物形态结构初生性状与次生性状

初生的、原始的性状	次生的、较完整的性状
1. 木本	1. 草本
2. 直立	2. 缠绕
3. 无导管，只有管胞	3. 有导管
4. 具环纹、螺纹导管	4. 具网纹、孔纹导管
5. 常绿	5. 落叶
6. 单叶全缘	6. 叶形复杂化
7. 互生(螺旋状排列)	7. 对生或轮生
8. 花单生	8. 花形成花序

续表1-1

初生的、原始的性状	次生的、较完整的性状
9. 有限花序	9. 无限花序
10. 两性花	10. 单性花
11. 雌雄同株	11. 雌雄异株
12. 花部呈螺旋状排列	12. 花部呈轮状排列
13. 花的各部多数而不固定	13. 花的各部数目不多,有定数
14. 花被同形,不分化为萼片和花瓣	14. 花被分化为萼片和花瓣,或退化为单被花、无被花
15. 花部离生(离瓣花、离生雄蕊、离生心皮)	15. 花部合生(合瓣花、具各种形式结合的雄蕊、合生心皮)
16. 整齐花	16. 不整齐花
17. 子房上位	17. 子房下位
18. 花粉粒具单沟	18. 花粉粒具3沟或多孔
19. 胚珠多数	19. 胚珠少数
20. 边缘胎座、中轴胎座	20. 侧膜胎座、特立中央胎座、基底胎座
21. 单果、聚合果	21. 聚花果
22. 真果	22. 假果
23. 种子有发育的胚乳	23. 无胚乳,营养物质贮藏在子叶中
24. 胚小,直伸,子叶2	24. 胚弯曲或卷曲,子叶1
25. 多年生	25. 一年生
26. 绿色自养植物	26. 寄生、腐生植物

1.2 植物分类单位

植物界中有50万种以上的植物,将其归成16个门是远远不够的,必须依次再设立各级单位才能更明确地表示各种植物之间类似的程度,亲缘关系的远近,明确植物的系统,以便于植物的识别、研究和利用。常用的分类单位有界、门、纲、目、科、属、种等。现将大的分类单位排列于表1-2。

表1-2 植物界的基本分类单位

中文	英文	拉丁语
界	Kingdom	Regnum
门	Division	Divisio (Phylum)
纲	Class	Classis
目	Order	Ordo
科	Family	Family

续表1-2

中文	英文	拉丁语
属	Genus	Genus
种	Species	Species

在各级单位之间，有时因范围过大，不能完全包括其特征或系统关系，此时有必要再增设一级，即在各级前加亚(sub.)字，如亚门、亚纲、亚目、亚科、亚属、亚种。

有些分类等级常用一些固定的拉丁词尾来表示，如门-phyta、纲-eae、目-ales、科-aceae。但有一些例外，如禾本目 Glumiflorae、伞形目 Umbilliflorae、禾本科 Gramineae、豆科 leguminosae、唇形科 Labiatae、菊科 Compositae 等。

科一级单位在必要时也可以分亚科，亚科的拉丁名词尾为-oideae，如蔷薇科分为蔷薇亚科 Rosoideae 等4个亚科。有时主科以下除分亚科外，还有族(Tribus)和亚族(Subtribus)，在属以下除亚属以外，还有组(Sectio)和系(Series)各单位。

种：是分类的基本单位，是生物体演变过程中在客观实际中存在的一个环节(阶段)，它们是具有许多共同特征，并具有相当稳定性质的一群个体。不同的种就是两个个体群相互在形态上具有差异性，两者之间不连续，具有不同的遗传组成；不同种一般不能进行杂交，即使杂交，所产生杂种后代也多为不孕性，或产生不能正常生育的后代。

亚种：较种小的一级单位，能与明确的种以小而不重要的形态特征来区别，并具有地理分布上或生态上的不同。

变种：通常在形态上多少有差异，并与其他变种有共同的分布区。

亚种与变种在遗传性上以及地理分布上有所不同，属于同种内的不同的两个亚种，不分布在同一个自然地理分布区内，但是同种内两个不同变种可以分布在同一个地理分布区内。在遗传性方面，亚种具有较强的遗传性能，变种在其特征差异点的遗传性较弱。

变型：在分类等级中的最小单位，主要是个体群或个体上面出现的细小的变异。如花冠或果实的颜色、花瓣或叶的斑纹、有无毛等。

品种：只用于栽培植物或园艺的分类上，在野生植物中不应用品种这个名词，因为品种是人类在生产劳动中培育创造出来的产物，它有一定的经济意义，如果品种失去了经济价值，那就没有品种的实际意义，它就被淘汰了。不过在日常生活及商品中，"品种"这个名词被广泛地应用，如中药材工作者所称的药材品种，实际上是指分类上的"种"，有时是指栽培中草药的品种而言。

现以人参为例示其分类等级如下：

界 ………… **植物界 Regnum vegetabile**

门 ………… **被子植物门 Angiospermae**

纲 ………… **双子叶植物纲 Dicotyledoneae**

目 ………… **伞形目 Apiales**

科 ………… **五加科 Araliaceae**

属 ………… **人参属 *Panax***

种 ………… **人参 *Panax schin-seng* Nees.**

1.3 植物的命名

植物的种类非常繁多，而且因为各个国家的语言和文字的不同，都各有其惯用的植物名称。就是在一个国家内，同一植物在各地区也各有其不同的名称，如西红柿，在我国南方称为番茄，北方称为西红柿，英语称为 tomato，所以植物的名称极不统一，常常产生同物异名或异物同名等混乱现象，这对于科学普及和科学经验的交流是不利的。因此，在植物命名上，国际植物学会议规定了植物的统一科学名称，简称"学名"。学名的制定，必须严格按照国际植物命名法规(International Code of Botanical Nomenclature，ICBN)来进行。

1.3.1 植物种的命名

植物的学名采用双名法，由瑞典植物分类学家林奈创立。所谓双名法是指用拉丁文给植物命名，如果采用其他文字的语音时也必须用拉丁字母拼音，使之拉丁化，即规定每个植物学名是由两个拉丁词所组成。第一个词是"属"名，是学名的主体，必须是名词，用单数第一格，起首字母要大写；第二个词是"种加词"，过去称"种"名，是形容词或者是名词的第二格，如形容词作种加词时必须与属名(名词)同性同数同格；最后还附命名人的姓名缩写。因此，一个完整的学名应当包括属名、种加词和命名人 3 部分。如：

桑 *Morus* *alba* L.

(属名"桑属") (种加词"白色的") (命名人"林奈 Linnaeus"的缩写)

1.3.2 植物种以下等级的命名

在给种以下的各分类单位如亚种、变种、变型等进行命名时，常采用三名法。首先将亚种 subspecies、变种 varietas 和变型 forma 依次缩写成 subsp.或 ssp.、var.、f.等。命名时在原种名之后加上亚种加词、变种加词或变型加词，即亚种、变种、变型的学名是由属名、种加词和亚种加词、变种加词或变型加词 3 部分构成，称做三名法。在其学名之后还要分别加上亚种命名人、变种命名人或变型命名人，例如：

箭叶堇菜 *Viola betonicifolia* Smith ssp. *nepalensis* W. beck.

蒙古黄芪 *Astragalus membranaceus* (Fisch.) Bunge var. *mongholicus*(Bge.) Hsiao

怀地黄 *Rehmannia glutinosa* (Gaertn.) Libosch. f. *hueichingensin*

1.3.3 栽培植物的命名

栽培植物的命名要符合 ICBN 和《国际栽培植物命名法规》(International Code of Nomenclature for Cultivated Plants，简称 ICNCP)。

1.3.3.1 与栽培植物品种命名有关的几个概念

(1)品种　品种(cultivar)是为一专门目的而选择的、具有一致而稳定的明显区别特征，而且经采用适当的方式繁殖后，这些区别特征仍能保持下来的一些植物的集合体。

(2)品种群　品种群(Group)是基于一定的相似性，包含一些品种、植物个体或植物集合体的正式类级。

(3)嫁接嵌合体 嫁接嵌合体(graft-chimaeras)是由两种或多种不同植物的营养组织通过嫁接而形成的植物。属级嫁接嵌合体的名称可以用拉丁形式的一个属名来表示,属级以下的嫁接嵌合体作为品种对待。

(4)命名等级 命名等级(denomination class)是一个单位,在这个单位内,品种或品种群加词的使用不可重复。一般情况下,命名等级是单独的属(或杂交属),但为了命名等的需要,国际园艺学会(ISHS)的命名和品种登录委员会还指定一些非属的特殊命名等级,如种的一部分、一个种、几个种、一个族甚至科。例如,ISHS 的命名和品种登录委员会规定,扶桑 *Hibiscus rosa-sinensis* 是一个独立的命名等级,而木槿属 *Hibiscus* 的其他种类作为另外一个独立的命名等级。那么,品种加词在扶桑这个种内不能重复,但是,同样的加词仍可应用于该属的其他种类中。再如,由于仙人掌科 Hylocereeae 族内不同属的植物可以自由杂交,而且这些属的分类地位也不确定,ISHS 的命名和品种登录委员会决定将 Hylocereeae 族作为这群仙人掌类的命名等级。

1.3.3.2 栽培植物的分类等级

对栽培植物而言,在种以下,ICNCP 承认的栽培植物分类等级只有两个,即品种(cultivar)和品种群(group)。但是对于兰花的品种分类而言,法规还规定了仅供兰花分类学家们使用的、关于兰花命名的特殊条款即品种群的特殊形式——“特定亲本杂交群”(grex)。需要说明的是,2004 年的第七版法规取消了嫁接嵌合体(graft-chimaera)这一等级。由此,我国在栽培植物品种分类中曾经在种以下广泛使用的其他术语和等级,如系(Series)、组(Section)、型(Form、type)、类(Branch、Division)、亚类(Subgroup)等都是违背法规精神的,不宜继续使用。

1.3.3.3 品种的命名

(1)ICNCP 规定:栽培植物品种的名称,是由它所隶属的属或更低分类单位的正确名称加上品种加词共同构成。

(2)品种加词中每一个词的首字母必须大写,品种的地位由一个单引号(‘…’)将品种加词括起来而表示,而双引号(“…”)、缩写“cv.”、“var.”不能用于品种名称中。

(3)为了区分种名(属名和种加词)、品种群名称和品种加词,种名按照惯例采用斜体,品种加词则采用正体。因此,品种加词至少应该与属的名称相伴随。例如,桂花品种‘笑靥’的学名应该写作 *Osmanthus fragrans*‘Xiaoye’,而 *Osmanthus fragrans* “Xiaoye”、*Osmanthus fragrans* cv. Xiaoye 或者 *Osmanthus fragrans* var. Xiaoye 都是不正确的书写方法。

1.3.3.4 品种群的命名

(1)品种群的名称由它所隶属的属或者更低分类单位的正确名称与品种群加词共同构成,品种群加词中的每一个词的词首字母必须大写。

(2)正式的品种群地位是通过使用 Group 这个词,或者其他语言中的等同词作为品种群加词中的第一个或最后一个词来表示。例如,在鸢尾属 *Iris* 中荷兰品种群写作 *Iris* Dutch Group,欧洲山毛榉的紫叶品种群写作 *Fagus sylvatica* Atropunicea Group。

(3)在使用罗马字母文字时,如果 Group 这个词由于任何原因必须缩写,不管该词翻译后的等同词如何，在所有语言中应采用的标准缩写是“Gp”。如上述鸢尾属 *Iris* 的荷兰品种群 *Iris* Dutch Group 可以写作 *Iris* Dutch Gp。

(4)当作为品种名称的一部分时，品种群加词应当置于圆括号内，放在品种加词之前。例如，桂花品种‘笑靥’属于丹桂品种群，其学名也可以写作 *Osmanthus fragrans* (Aurantiacus Group)‘Xiaoye’或者 *Osmanthus* (Aurantiacus Group)‘Xiaoye’，以便表明它属于丹桂品种群。

(5) 品种群加词中除了“Group”这个词以外的其他部分的构成，应该符合品种加词选用的规定。

1.4 植物界的分类

本书对植物界基本类群的分类系根据目前植物分类学常用的分类法，如下表，将整个植物界分为 16 个门，即蓝藻门、裸藻门、绿藻门、轮藻门、金藻门、甲藻门、褐藻门、红藻门、细菌门、粘菌门、真菌门、地衣植物门、苔藓植物门、蕨类植物门、裸子植物门和被子植物门。其中前 8 个门是一类绿色自养的低等植物，合称为藻类植物；细菌门、粘菌门和真菌门是一类异养的低等植物，合称为菌类植物；藻类、菌类、地衣、苔藓、蕨类是用孢子进行繁殖，所以称为孢子植物，由于其不开花、不结果，所以又称为隐花植物；而裸子植物门和被子植物门植物开花结果并用种子繁殖，所以称为种子植物或显花植物。藻类、菌类、地衣合称为低等植物，其共同特点是形态上无根、茎、叶分化，构造上一般无组织分化，生殖器官是单细胞，合子发育时离开母体，不形成胚，故又称为无胚植物；苔藓、蕨类、种子植物合称为高等植物，其共同点是形态上有根、茎、叶的分化，生殖器官是多细胞，合子在母体内发育形成胚，故又称有胚植物。苔藓、蕨类、裸子植物都有颈卵器结构，称为颈卵器植物；蕨类、裸子植物和被子植物都有维管系统，称为维管植物。

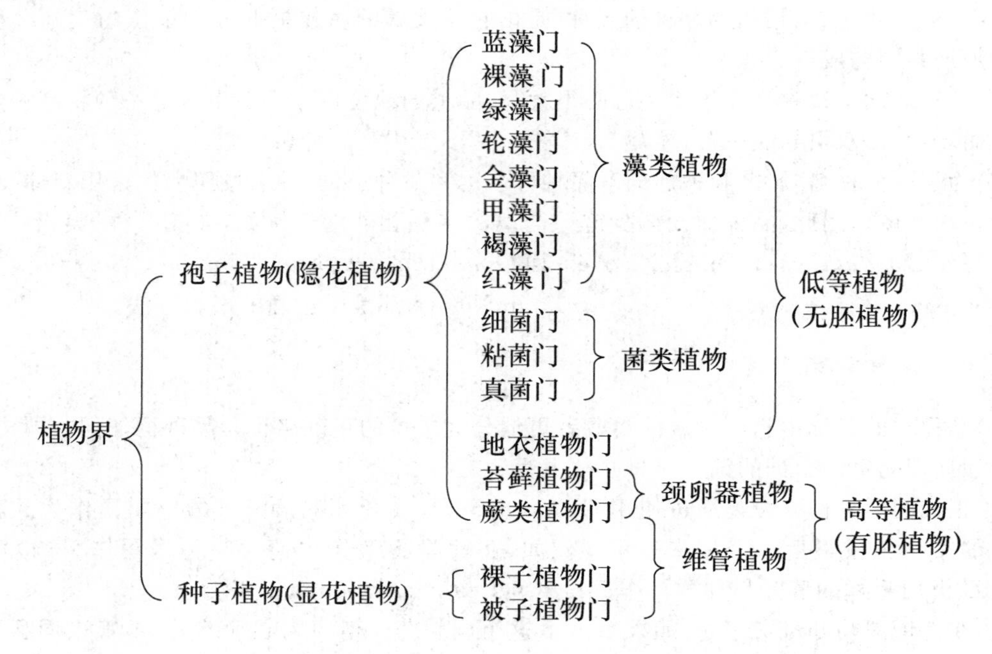

1.5　植物分类检索表的编制和应用

检索表是鉴别植物种类的一种重要工具，一般有关植物分类的书籍都有检索表，明确检索表的编制原理和使用方法对于鉴别植物具有重要意义。

检索表的编制是采用二歧归类的原则进行的，首先对所要检索的各个对象的有关习性、形态特征等深入了解后，找出一对相对立或相矛盾的特征，通过这一对特征将所有的检索对象分为两大类，编制相应的项号，在每一大类里再按照以上相同的原理再分为两大类，依次编制相应的项号，依此类推，逐级往下，直到完成所有的归类工作，最终达到区分这些植物种类或植物类群的目的。

植物检索表根据检索对象的不同可分成不同的门、纲、目、科、属、种等分类单位的检索表，也可有亚纲、亚科、族等相应次一级的检索表。

检索表的格式一般有 3 种，即定距检索表、平行检索表和连续平行检索表。其中定距检索表最为常用，平行检索表次之，连续平行检索表用得极少，现以植物界 6 大植物类群的分类为例说明如下。

1.5.1　定距检索表

将每一对互相矛盾的特征分开间隔在一定的距离处，而注明同样的号码，如 1—1，2—2，3—3 等依次检索到所要鉴定的对象。

1. 植物体无根、茎、叶的分化，没有胚胎。
  2. 植物体不为藻类和菌类所组成的共生体。
    3. 植物体内有叶绿素或其他光合色素，为自养生活方式 ………………………… **藻类植物**
    3. 植物体内无叶绿素或其他光合色素，为异养生活方式 ………………………… **菌类植物**
  2. 植物体为藻类和菌类所组成的共生体 ………………………… **地衣植物**
1. 植物体有根、茎、叶的分化、有胚胎。
    4. 植物体有茎、叶，而无真根 ………………………… **苔藓植物**
    4. 植物体有茎、叶，也有真根。
      5. 不产生种子，用孢子繁殖 ………………………… **蕨类植物**
      5. 产生种子，用种子繁殖 ………………………… **种子植物**

1.5.2　平行检索表

将每一对互相矛盾的特征紧紧并列，在相邻的两行中也给予一个号码，如 1—1，2—2，3—3 等，而每一项条文之后还注明下一步依次查阅的号码或所需要查到的对象。

1. 植物体无根、茎、叶的分化，无胚胎 ………………………… 2
1. 植物体有根、茎、叶的分化，有胚胎 ………………………… 4
2. 植物体为菌类和藻类所组成的共生体 ………………………… **地衣植物**
2. 植物体不为菌类和藻类所组成的共生体 ………………………… 3
3. 植物体内含有叶绿素或其他光合色素，为自养生活方式 ………………………… **藻类植物**
3. 植物体内不含有叶绿素或其他光合色素，为异养生活方式 ………………………… **菌类植物**

4. 植物体有茎、叶,而无真根 ………………………………………… 苔藓植物
4. 植物体有茎、叶,也有真根 ………………………………………… 5
5. 不产生种子,用孢子繁殖 ………………………………………… 蕨类植物
5. 产生种子 ………………………………………… 种子植物

1.5.3 连续平行检索表

将一对相互矛盾的特征用两个号码表示,如1(6)和6(1),当查对时,若所要查对的植物性状符合1时就向下查2,若不符合时,就查6,如此类推向下查对一直到所需要的对象。

1(6)植物体无根、茎、叶的分化,无胚胎。
2(5)植物体不为藻类和菌类所组成的共生体。
3(4)植物体内有叶绿素或其他光合色素,为自养生活方式 ………………………… 藻类植物
4(3)植物体内无叶绿素或其他光合色素,为异养生活方式 ………………………… 菌类植物
5(2)植物体为藻类和菌类所组成的共生体 ………………………… 地衣植物
6(1)植物体有根、茎、叶的分化,有胚胎。
7(8)植物体有茎、叶,而无真根 ………………………… 苔藓植物
8(7)植物体有茎、叶,有真根。
9(10)不产生种子,用孢子繁殖 ………………………… 蕨类植物
10(9)产生种子 ………………………… 种子植物

在应用检索表鉴定植物时,必须首先将所要鉴定的植物各部形态特征,尤其是花的构造进行仔细解剖和观察,掌握所要鉴定的植物特征,然后与检索表上的特征进行比较,如果与某一项记载相吻合则逐项往下查阅,否则应查阅与该项对应的另一项,依此类推,直至查阅出该植物所属的分类群。检索完毕必须将植物标本与文献记载的该分类等级的诸多特征进行核对,两者完全相符时方可认为正确。

【阅读材料】

《国际植物命名法规》简介

《国际植物命名法规》(International Code of Botanical Nomenclature)是由第一次国际植物学大会通过,后经多次国际植物学会议讨论修订形成的现行命名法规。国际植物命名法规是各国植物分类学家对植物进行命名时都必须遵循的规章。现摘其要点概述如下:

1. 每一种植物只能有一个合法的拉丁学名,其他名只能是异名或废弃。

2. 每种植物的拉丁学名包括属名和种加词,另加命名人名。

3. 优先率原则。凡符合法规最早发表的名称为唯一正确名称,种加词起点为1753年5月1日(林奈的《植物志种》一书发表的年代),属名起点为1754、1764(林奈的《植物属志》第五版和第六版)。如西伯利亚蓼的学名 *Polygonum sibirirm* Laxm. 和 *Polygonum hastatum* Murr.分别发表于1773年和1774年,按照法规,前者为有效名称,后者为异名。

4. 某一新分类单位的命名必须在公开发行的学术刊物上发表,并附有其特征的有效的拉丁描述。

5. 对于科或科以下各级新类群的发表,必须指明命名模式,才算有效。如新科应指明模式属,新属应指明模式种,新种应指明模式标本。将种(或种以下分类群)的拉丁学名与一个或一个以上选定的植物标本相联系,这种选定的标本作为发表新种的根据,就叫作模式标本。模

式标本有 7 种。

(1)主模式标本(正模式标本、全模式标本、模式标本):指作者最初发表该种时所指定和依据的那一份标本,主模式标本一经作者指定具有不可替代的地位。

(2)等模式标本(同号模式标本、复模式标本):指和主模式标本在同一地点与时间所采集的同号复份标本,仅次于主模式标本的地位。

(3)合用模式标本(等值模式标本):著者当初发表时没有指定主模式标本,但引证和指定了 2 个或 2 个以上的标本,其中每一份均为合用模式标本 。

(4)副模式标本(同举模式标本):最初发表时,除了主模式、等模式或合用模式标本以外又引证的标本称为副模式标本。

(5)选定模式标本(后选模式标本):当主模式标本当时未被指定或遗失或损坏时,依据等模式、合模式、副模式的顺序选出的标本称为选定模式标本。选定模式标本比下述的新模式标本有优先权,因为作者曾研究过。

(6)原产地模式标本:得不到某种植物的模式标本时,根据记载去该植物的模式标本产地采到同种植物的标本,并选出一个标本代替模式标本称为原产地模式标本。

(7)新模式标本:当所有某一植物的原始数据标本都丧失时,重新选定标本作为模式标本称为新模式标本。

6. 不合命名法规的名称,按理不应通行,但由于历史上已习惯用久了经公议可以保留(保留名)。如科的拉丁词尾有一些并不是以-aceae 结尾的,如伞形科 Umbelliferae 或写为 Apiaceae;十字花科 Cruciferae 也可写为 Brassicaceae;禾本科 Gramineae 也可写为 Poaceae。

7. 由于专门研究认为此属中某一种应该转移到另一属中去时,假如等级不变,将它原来的种加词转到另一属而被留用,这样的新名称叫新组合,原来的名称叫基本异名,原命名人用括号括之,一并移去,转移的作者写在括号外。

8. 凡符合命名法规所发表的植物名称,不能随意予以废弃和变更,但有下列情形之一者,不在此限。

(1)同属于一分类群而早已有正确名称,以后所作多余的发表者,在命名上是个多余名(superfluous name),应予废弃。

(2)同属于一分类群并早已有正确名称,以后由另一学者发表相同的名称,此名称为晚出同名(later himonym),必须予以废弃。

(3)将已废弃的属名,采用作种加词时,此名必须废弃。

(4)在同一属内的两个次级区分或在同一种内的两个种下分类群,具有相同的名称,即使它们基于不同模式,又非同一等级,都是不合法的,要作为同名处理。

属名如有下述情形,如名称与现时使用的形态术语相同,种的模式标本未加指定,名称为由两个词组成,中间未用连字符号相连等时,均属不合格,必须废弃。

种加词如有下述情形时,即用简单的语言作为名称而不能表达意义的;丝毫不差地重复属名者;所发表的种名不能充分显示其为双名法的,均属无效,必须废弃。

【思考题】

1. 谈谈你对《药用植物分类学》学习意义的理解。

2. 双名法和三名法的命名规则是什么? 举例说明优先率原则。

第2章　藻类植物 Algae

教学目的和要求：

1. 掌握藻类的主要特征，重点掌握藻类的繁殖方式和生活史；

2. 掌握藻类的分类，能够区分蓝藻门、绿藻门、红藻门及褐藻门的主要特征及各门间的区别，并了解各门中常见的药用植物。

2.1　藻类植物概述

(1)形态结构　藻类植物是一群比较原始、古老的低等植物，植物体的构造简单，没有根、茎、叶的分化，仅少数具有组织分化和类似根、茎、叶的构造。但植物体的类型却是多种多样的，有单细胞类型的，如衣藻、小球藻、原球藻等；有多细胞类型的，如呈丝状的水绵、刚毛藻等，呈叶状的海带、昆布等，呈树枝状的石花菜、马尾藻等。此外，还有介于单细胞和多细胞之间的群体类型（群体是一组结构和功能相似有胶质套包围在一起的彼此分离的细胞群），如团藻。藻类植物体通常较小，小的只有几个微米，大的可达 60 m 以上，如生长在太平洋中的巨藻。

(2)色素及贮藏物　藻类植物的细胞内具有和普通高等植物一样的叶绿素、胡萝卜素、叶黄素，此外还含有其他的色素，如藻蓝素、藻红素、藻褐素等，所以不同种类的藻体呈现不同的颜色。因含有叶绿素等光合色素，能进行光合作用，藻类属自养植物，各种藻类通过光合作用制造的养分以及所贮藏的营养物质是不同的，如蓝藻贮存蓝藻淀粉、蛋白质粒；绿藻贮存淀粉、脂肪；褐藻贮存褐藻淀粉、甘露醇；红藻贮存红藻淀粉等。

(3)生殖　生殖分营养繁殖、无性繁殖和有性生殖。营养繁殖是指通过细胞分裂产生新个体或由藻体的一部分分离形成新个体的繁殖方式。无性繁殖产生孢子（spore），产生孢子的囊状结构的细胞叫孢子囊（sporangium），孢子不需要结合，一个孢子即可长成一个新个体。孢子主要有游动孢子、不动孢子（又叫静孢子）和厚壁孢子 3 种。游动孢子顶生 2 或 4 根鞭毛（flagella），在水里游动一个时期，即可发育成新个体，如衣藻产生的游动孢子。不动孢子不具鞭毛，不能游动，如小球藻产生的孢子。有性生殖产生配子（gamete），产生配子的囊状结构细胞叫配子囊（gametangium）。通常，配子必须两两相结合成为合子（zygote），由合子萌发长成新个体，或由合子产生孢子再长成新个体。根据相结合的 2 个配子的大小、形状、行为特点，有性生殖又分为同配、异配和卵配。同配是指相结合的两个配子的大小、形状、行为完全一样；异配是指相结合的两个配子的形状一样，但大小和行为有些不同，大的不太活泼，叫雌配子，小的比较活泼，叫雄配子；卵配是指相结合的两个配子的大小、形状、行为都不相同，大的圆球形，不能游动，特称为卵，小的具鞭毛，很活泼，特称为精子。卵和精子的结合叫受精，受精卵即形成合子。

(4)分布　藻类植物约有 25 800 种，广布于全世界。大多数生活于淡水或海水中，少数生活于潮湿的土壤、树皮和石头上。有些与真菌共生形成共生复合体，即地衣。

2.2　藻类植物的分类

根据藻类植物形态构造、繁殖方式、细胞壁成分及细胞内所含的色素和贮藏物等方面的差异，将藻类分为 8 个门，即蓝藻门、裸藻门、绿藻门、轮藻门、金藻门、甲藻门、红藻门、褐藻门。其中与药用植物资源及分类系统上关系较大的主要有蓝藻门、绿藻门、红藻门和褐藻门，现简述如下。

2.2.1　蓝藻门 Cyanophyta

蓝藻是一类原始的低等植物，植物体有单细胞的，也有由多细胞组成的群体或丝状体，细胞内无真正的细胞核或没有定形的核，因此蓝藻为原核生物。其核物质分布于原生质的中央区域，叫中央质。蓝藻细胞也无质体(如叶绿体)，色素分散在中央质周围的原生质中，叫周质，又叫色素质。蓝藻的色素主要是叶绿素和藻蓝素，此外还含有藻黄素和藻红素，因此，蓝藻呈现蓝绿到红紫等各种颜色。光合作用贮藏物是多聚葡萄糖苷、蓝藻淀粉和蛋白质粒。蓝藻细胞壁共 4 层，在细胞壁的外面还有胶质鞘，主要由果胶酸和黏肽多糖组成，其中还含有红、紫、棕色等非光合作用的色素(图 2-1)。

蓝藻的繁殖有营养繁殖和无性生殖。单细胞类型是细胞分裂后，子细胞立即分离，形成单细胞。群体类型是细胞反复分裂，形成多细胞的大群体，群体破裂，形成多个小群体。丝状体类型是以形成藻殖段的方式进行，藻殖段是由丝状体中某些细胞的死亡或形成异形胞(在某些丝状体中，有些细胞的细胞壁加厚，与营养细胞相连的内壁为球状加厚，叫作节球，这样的细胞叫异形胞，在两个异形胞之间易断裂，形成藻殖段)，或在两个营养细胞间形成双凹形分离盘，以及机械作用等将丝状体分成若干小段，每一个小段称为藻殖段，每个藻殖段发育成一个新个体。蓝藻的无性生殖主要产生厚壁孢子、外生孢子和内生孢子。厚壁孢子是由普通细胞体积增大，营养积累和细胞壁的增厚形成的，此种孢子可长期休眠，以度过不良环境，环境适宜时，孢子萌发分裂成新个体。外生孢子是由细胞发生横分裂，形成大小不等的两块原生质，上端较小的一块就形成孢子，基部较大的一块仍保持分裂能力，继续分裂，不断地形成孢子，母细胞破裂时放出孢子，基部的母细胞壁仍存留，形成假鞘。内生孢子是由母细胞增大，原生质体进行多次分裂，形成许多具薄壁的子细胞，母细胞壁破裂后全部放出。每个孢子萌发形成一个新个体。

蓝藻约有 150 属 1 500 种，广泛分布在水里(以淡水为生)，土表、岩石、沙漠等亦见。有些与真菌共生形成地衣。

【药用植物】

葛仙米 *Nostoc commune* Vauch.　是颤藻目念珠藻科植物，植物体由许多圆球形细胞组成不分枝的单列丝状体，形如念珠。丝状体外面有一个共同的胶质鞘，形成片状或团块状的胶质体，具有异形胞。葛仙米生于湿地或地下水位较高的草地上。民间习称地木耳，可供食用和药用。能清热收敛、明目。蓝藻中大多数有异形胞的藻体有固氮的能力，是很好的天然肥料(图 2-2)。

螺旋藻 *Spirulina platensis* (Nordst.) Geitl.　为颤藻科热带淡水藻类，藻体卷曲状，原

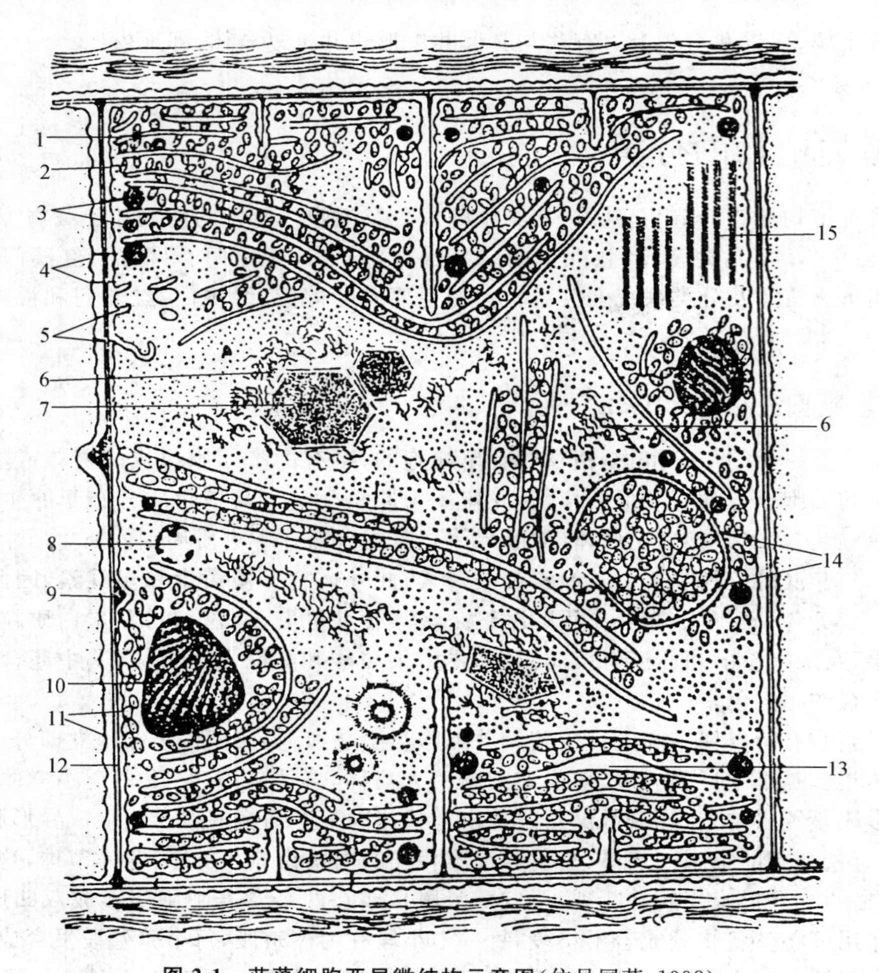

图 2-1　蓝藻细胞亚显微结构示意图(仿吴国芳,1998)

1. 光合作用片层　2,3. 各种不同的颗粒　4. 相邻细胞的胞间连丝　5. 形成的原生质膜　6. 核质　7. 多角小体　8. 似液泡构造体　9. 加厚的横壁　10. 结构颗粒体　11. 原生质膜　12. 横壁　13. 光合作用构成的圆盘　14. 藻胆体　15. 圆柱形小体

产北非,现许多国家人工养殖。富含蛋白质、维生素等多种营养物质,制成保健品能防治营养不良、增强免疫力。

海雹菜 *Brachytrichia quoyi* (C. Ag.) Born. et Flah.　是海产食用藻类。药用能解毒、利水。

2.2.2　绿藻门 Chlorophyta

绿藻门植物有单细胞体、群体、多细胞丝状体、片状体等类型。绿藻的细胞内有真正的细胞核,为真核生物,细胞内也有叶绿体(有杯状、环带状、星状等),叶绿体内含有和高等绿色植物一样的光合作用色素(叶绿素 a、叶绿素 b、胡萝卜素等)。贮藏营养物质主要是淀粉,淀粉在细胞内往往聚集在淀粉核的周围(淀粉核的中心是一个蛋白质颗粒,淀粉积累在蛋白质颗粒的周围,淀粉核包埋在叶绿体中,一至多个)。细胞壁内层主要成分为纤维素,外层为果胶质,少数具有膜质鞘。

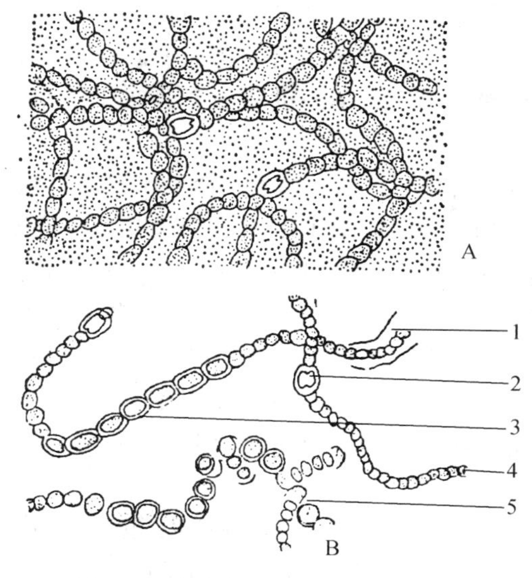

图 2-2　念珠藻属(仿杨春澍,2005)

A. 植物体的一部分　B. 藻丝

1. 胶质鞘　2. 异形胞　3. 厚垣孢子　4. 营养细胞　5. 厚垣孢子萌发

绿藻的繁殖方式多种多样,其单细胞藻类依靠细胞分裂产生各种孢子,如衣藻产生的游动孢子,小球藻产生不动孢子等;多细胞丝状体常由断裂的片段再长成独立的个体;不少的种类在生活史中有明显的世代交替现象,水绵、新月藻等具有特殊的有性生殖——接合生殖。

绿藻是藻类植物中最大的一门,约有 350 属近 8 000 种。多分布于淡水中,有些分布于陆地阴湿处,有些生于海水中,有浮游生长,也有固着生长,或附于其他物体上。有的与真菌共生成地衣。

【药用植物】

蛋白核小球藻 *Chlorella pyrenoidosa* Chik.(图 2-3)　为单细胞植物,细胞圆球形或卵圆形,不能自由游泳,只能随水浮沉,细胞很小,细胞壁很薄,壁内有细胞质和细胞核,一个近似杯

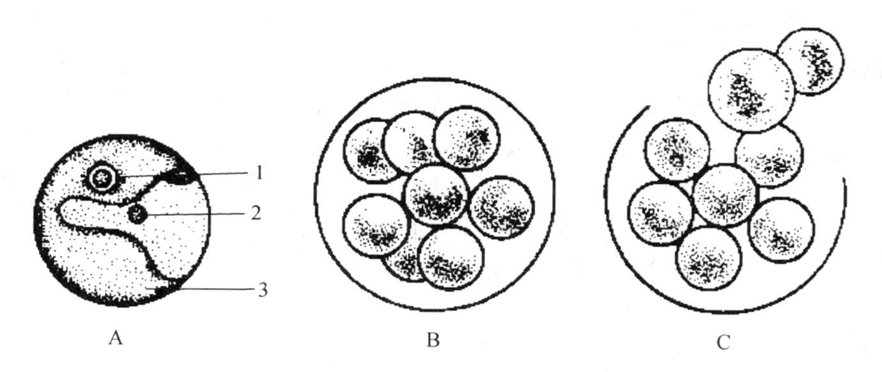

图 2-3　蛋白核小球藻 *Chlorella pyrenoidosa* Chik.

(仿杨春澍,2005)

A. 蛋白核小球藻　1. 淀粉核　2. 细胞核　3. 载色体

B,C. 不动孢子的形成与释放

状的载色体和一个淀粉核。小球藻繁殖时，原生质体在壁内分裂1～4次，产生9～16个不能游动的孢子，这些孢子和母细胞一样，只不过小一些，叫似亲孢子。孢子成熟后，母细胞壁破裂，孢子散于水中，长成与母细胞同样大小的小球藻。分布于淡水和海水中，有时也能生长于潮湿的土壤上。

小球藻富含蛋白质(含量最高约50%，蛋白质中含有20多种氨基酸，包含了人体所需要的10种氨基酸)、脂肪(约5%)、维生素C、维生素B_{12}等，营养价值较高，还含有抗生素(小球藻素)，并有促进机体代谢，增强防御能力的作用；在医疗上可用于治疗水肿、贫血、肝炎、神经衰弱、肠炎等，并可作营养品。由于它的光合生产率较高，繁殖较快，常作为研究光合作用的材料。

石莼 *Ulva lactuca* L.　藻体是由两层细胞构成的膜状体，黄绿色，边缘波状，基部有多细胞的固着器。分布于浙江至海南岛沿海。供食用，叫“海白菜”。药用能软坚散结、清热祛痰、利水解毒。

刺海松 *Codium fragile* (Sur.) Heriot　藻体暗绿色或深绿色，海绵质，富汁液，叉状分枝，呈扇状，分枝圆柱状。分布于我国黄海、渤海沿岸，生于中、低带向阳的岩石上或石沼中。藻体入药，有清暑解毒、利水消肿、驱虫之功效。

绿藻中还有许多种类可供食用和药用，如浒苔 *Enteromorpha prolifera* (Muell)J. Aq. 能清热解毒、软坚散结。礁膜 *Monostroma nitidum* Wittr. 能清热化痰、利水解毒、软坚散结。水绵 *Spirogyra nitida* (Dillw) Link. 可治漆疮、烫伤等。

2.2.3　红藻门 Rhodophyta

植物体绝大多数是多细胞的丝状体、片状体或枝状体等，少数为单细胞或群体。细胞壁两层，内层主要成分为纤维素，外层主要为果胶质。多数红藻的细胞只有一个核，少数红藻幼稚时单核，老时多核。中央有液泡。载色体一至多数，颗粒状，原始类型的载色体一枚，中轴位，星芒状，蛋白核有或无。载色体中含有叶绿素a、叶绿素b、胡萝卜素、叶黄素及藻红素和藻蓝素等，藻体常呈紫色或玫瑰红色，贮藏营养物质为红藻淀粉和红藻糖。红藻的无性繁殖产生不动孢子，有的产生单孢子，有的产生四分孢子。红藻一般为雌雄异株，有性生殖产生卵和精子，雄性器官为精子囊，在精子囊内产生无鞭毛的不动精子。雌性器官称为果胞，果胞是似烧瓶形的一个细胞，其上有受精丝，果胞中只含一个卵，果胞受精后立即进行减数分裂，产生果孢子，萌发成配子体。有些红藻果胞受精后，不经减数分裂，发育成果孢子体(又称囊果)，果孢子体是二倍的，不能独立生活，寄生在雌配子体上，以后果孢子体产生果孢子时，有的经过减数分裂形成单倍的果孢子，萌发成配子体；有的不经减数分裂形成二倍体的果孢子，发育成二倍体的四分孢子体。再经减数分裂产生四分孢子，发育成配子体。

红藻约有558属3 740余种，大多数分布于海水中，营固着生长，少数生于淡水中，多分布在急流、瀑布和寒冷的山地水中。

【药用植物】

鹧鸪菜(美舌藻、乌菜) *Caloglossa leprieurii* (Mont.)J. Ag.(图2-4)　植物体丛生，扁平而狭窄，呈不规则的叉状分枝，常在腹面分歧点生出假根，固着在岩石上，其中具有不突起的中肋，枝端分叉处生长孢子囊。植物体鲜时紫红色，干后变黑。产于浙江至广东沿海各地。全草含美舌藻甲素(海人草酸)及甘露醇甘油酸钠盐(海人草素)，入药能驱虫、化痰、消食。

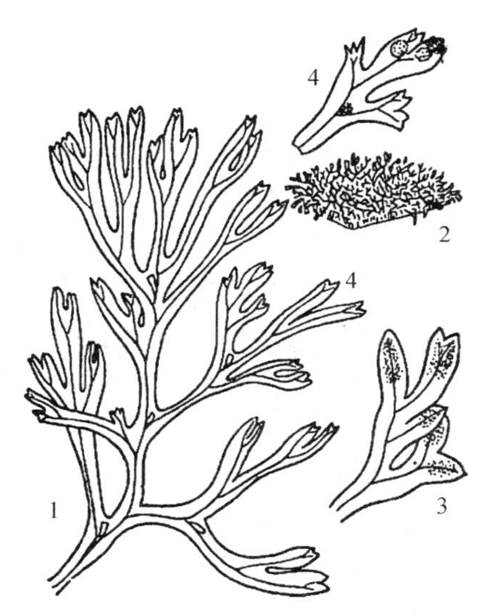

图 2-4　鹧鸪菜（美舌藻）*Caloglossa leprieurii* (Mont.) J. Ag.
（仿丁景和，2003）
1. 全株　2. 植株在附着物上生长情况　3. 有孢子的植株部分（放大）　4. 果孢子囊

石花菜 *Gelidium amansii* Lamouroux　藻体扁平直立，丛生，四至五次羽状分枝，小枝对生或互生。藻体紫红色或棕红色。分布于渤海、黄海、台湾北部。可提取琼胶（琼脂），在医药和许多生物研究中用于培养基。石花菜亦可食用。入药有清热解毒和缓泻作用。

红藻门药用植物还有：海人草 *Digenea simplex* (Wulf.) C. Ag.，分布于台湾和海南诸岛。全藻含海人草酸和异海人草酸，可驱蛔虫、鞭虫、绦虫。另外，甘紫菜 *Porphyra tenera* Kjellm.、条斑紫菜 *P. yedoensis* Ueda、坛紫菜 *P. haitanensis* T. J. Chang et B. F. Zhang，不仅是人们常食的藻类，也可药用，能清凉泄热、利水消肿、软坚、补肾。民间用紫菜防治动脉硬化和高血压病。分布于辽东半岛至福建沿海，并有大量栽培。

2.2.4　褐藻门 Phaeophyta

褐藻是最高级的一类藻类植物，都是多细胞植物体，有分枝或不分枝的丝状体，有片状体或膜状体及树枝状体。有的种类形态分化成固着器、柄和叶状片，细胞组织已分化成“表皮”、“皮层”和“髓部”。细胞具细胞核和形态不一的载色体，载色体内具有叶绿素、胡萝卜素和 6 种叶黄素，叶黄素中有一种叫墨角藻黄素，色素含量最大，因此植物体常呈褐色。贮藏营养物质为褐藻淀粉、甘露醇、油类等。细胞壁外层为褐藻胶，内层为纤维素。生殖方式基本与绿藻相似。褐藻绝大部分生活在海水中，固着生活，少数种类漂浮海面；另有少数种类生活在淡水中。大约有 250 属 1 500 种。

【药用植物】

海带 *Laminaria japonica* Aresch（图 2-5）　属于海带科。植物体分为 3 个部分：基部分枝如根状，固着于岩石或它物上，称为固着器，上面是茎状的柄，柄以上是扁平叶状的带片。带片和柄部连接处的细胞具有分生能力，能产生新的细胞使带片不断延长，带片的构造比较复杂，有“表皮”、“皮层”、“髓”之分。“表皮”、“皮层”的细胞具有色素体，能进行光合作用，“髓”部是输导组织。

我国辽东半岛、山东半岛有自然生长和养殖的海带，目前海带养殖已推广到长江以南的浙江、福建、广东等省沿海，产量占世界首位。

海带除作副食外，还作“昆布”入药，能消痰、软坚、清热、利尿、降血脂、降血压。又用于治疗缺碘性甲状腺肿大等。作“昆布”入药的还有裙带菜和黑昆布等。

裙带菜 *Undarian pinnatifida*（Harv.）Suringar 孢子体大型，带片单条，中部有隆起的中肋，两侧形成羽状裂片。分布于辽宁、山东、浙江的沿海地区，生于低潮线附近岩礁上。药用同海带。

黑昆布 *Ecklonia kurome* Okam. 藻体暗褐色，革质；叶状体扁平宽大，为单条或羽状，叶缘有粗锯齿；柄圆柱形或略扁，固着器由二叉状分枝的假根组成。分布浙江、福建沿海地区。药用同海带。

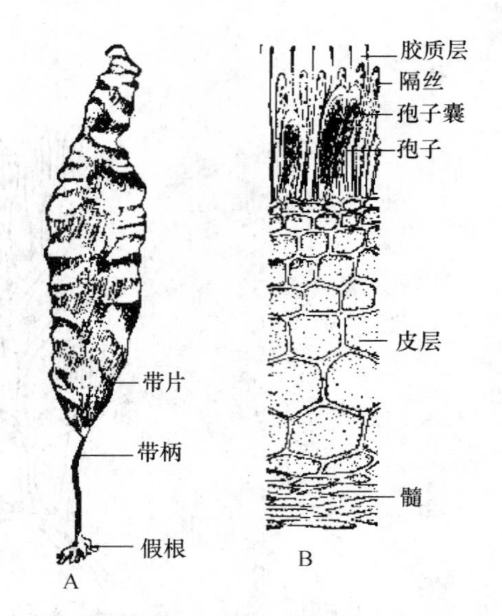

图 2-5 海带 *Laminaria japonica* Aresch

（仿北京林学院，1978）

A. 植株全形 B. 生有孢子囊的带片部分横切面

海蒿子 *Sargassum pallidum*（Turn.）C. Ag. 固着器盘状；主干圆柱形，两侧有羽状分枝；小枝上的叶状带片形状各异，倒卵形、披针形至狭线形不等。分布于我国黄海、渤海沿岸。藻体作“海藻”药用，习称“大叶海藻”，能软坚散结、消痰利水。

羊栖菜 S. *fusiforme*（Harv.）Setch. 叶状带片常呈棒状，藻体也作“海藻”药用，习称为“小叶海藻”，功效同海蒿子。

褐藻的一些种类可提取褐藻胶，作为印染浆料，在医药上可作为代血浆、抗凝血剂、乳化剂等。从褐藻中提取的甘露醇糖，可作菌类培养基，也可作糖尿病人食糖代用品。褐藻也是提取氯化钾、碘的原料。

【阅读材料】

藻类的生活史

藻的生长和发育要经过一些明显的形态学的和细胞学的时期，其顺序的变化称为生活周期或生活史。在藻类植物生活史中常有世代交替现象，即二倍体的孢子体世代和单倍体的配子体世代互相更替出现的现象。世代交替现象有两种类型，即同型世代交替和异型世代交替，同型世代交替如石莼，异型世代交替如海带。

石莼生活史：石莼藻体是由两层细胞构成的膜状体，黄绿色，边缘波状，基部有多细胞的固着器。石莼有两种植物体，即孢子体和配子体，这两种植物体在形态构造上基本相同，但体内细胞的染色体数目不同。配子体的细胞染色体是单倍的（n）；孢子体的细胞染色体是双倍的（$2n$）。成熟的孢子体除基部外，全部细胞均可形成孢子囊，其内孢子母细胞经减数分裂，形成单倍体的游动孢子，游动孢子具有 4 条鞭毛，孢子成熟后脱离母体，游动一段时间后，附着岩石上，2～3 d 后萌发成配子体，此期为无性生殖。成熟的配子体产生许多配子，产生配子时，不经过减数分裂。配子具有 2 根鞭毛，2 个配子结合成合子，合子 2～3 d 后便萌发成孢子体，此期为有性生殖。由合子萌发的植物体，只产生孢子，叫孢子体。由孢子萌发的植物体，只产生配子叫配子体。在石莼的生活史中，就核相来说，从游动孢子开始，经配子体到配子结合前，细胞中的染色体是单倍的，称配子体世代或有性世代。从结合的合子起，经过孢子体到孢子母细胞减数分裂前，细胞中的染色体是双倍的称孢子体世代或无性世代。二倍体的孢子体世代和单倍体的配子体世代互相更替出现的现象称为世代交替。在形态构造上基本相同的两种植物体相互交替循环的生活史称为同型世代交替。由于石莼的两种植物体形态大小一样，所以石莼的生活史是同型世代交替(图 2-6)。

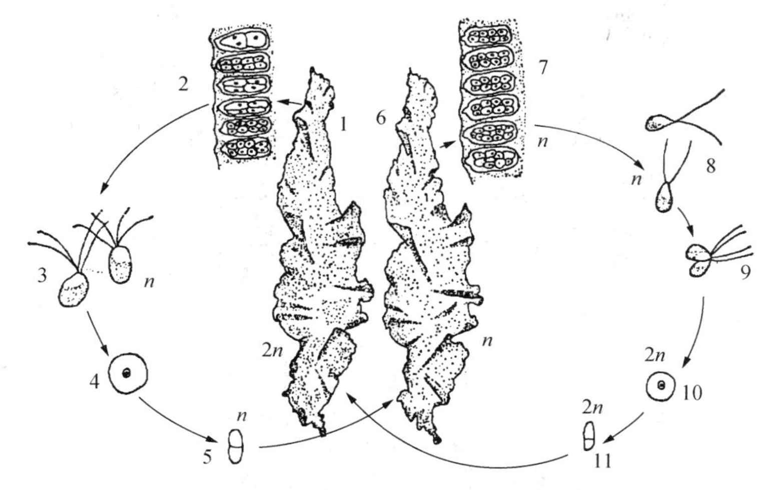

图 2-6　石纯的形态和生活史(仿丁景和，2003)

1. 孢子体　2. 游动孢子囊的切面　3. 游动孢子　4. 游动孢子静止期　5. 孢子萌发　6. 配子体　7. 配子囊的切面　8. 配子　9. 配子结合　10. 合子　11. 合子萌发

海带生活史：人们常见的海带是其孢子体，孢子体一般长到第二年的夏末秋初，带片两面“表皮”上，一些细胞发展成为棒状的单室孢子囊，夹生在不能生殖的长形细胞的隔丝中，形成深褐色、斑块状的孢子囊群，在棒状的孢子囊内，孢子母细胞经过减数分裂和有丝分裂，产生 32 个具侧生不等长双鞭毛的游动孢子。孢子成熟后，囊壁破裂，孢子散出，附在岩石上萌发成极小的丝状体——雌雄配子体(各半数)，雄配子体细胞较小，数目较多，多分枝，分枝顶端的细胞发展成精子囊，每囊产生一个具侧生鞭毛的游动精子。雌配子体细胞较大，数目较少且不分枝，顶端的细胞膨大成为卵囊，每囊产生一卵，留在卵囊顶端。游动精子与卵结合成合子，合子逐渐发育成新的孢子体，细小的孢子体在短短的几个月内即成为大型的海带。在海带的生活史中有明显的世代交替现象，由于其孢子体和配子体形状大小不一样，因此属于异型世代交替(图 2-7)。

总之，藻类植物种类繁多，资源丰富，许多藻类可供食用、药用或药食兼用，如人们常食的海带、紫菜、裙带菜等。据研究，海藻中含有多种成分，如蛋白质、氨基酸、淀粉、糖类、脂肪酸、维生素、大量的无机盐类、藻胶、甘露醇糖、褐藻酸钠、褐藻氨酸、甾醇类化合物、丙烯酸等，大多数为医药上的有效成分。近年来从海藻植物中发现和提取了相关成分，在抗肿瘤、防治冠心病、防治慢性气管炎、驱虫、抗放射性药物等的研究和应用中均取得一定成效。今后，海洋将成为人们索取原料、制取药物、开发新药的重要途径之一。

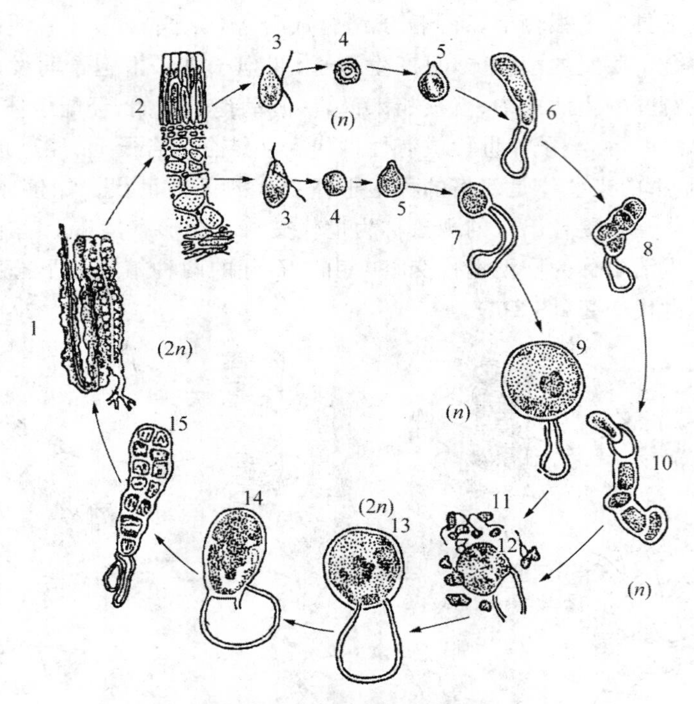

图 2-7 海带生活史(仿丁景和,2003)

1. 孢子体 2. 孢子体横切(示孢子囊) 3. 游动孢子 4. 游动孢子静止状态 5. 孢子萌发 6. 雄配子体初期 7. 雌配子体初期 8. 雄配子体 9. 雌配子体 10. 精子自精子囊散出 11. 停留在卵孔上的卵和聚集在周围的精子 12. 卵 13. 合子 14. 合子萌发 15. 幼孢子体

【思考题】

1. 简述藻类植物的主要特征和繁殖方式。
2. 分别以石纯和海带为例,说明藻类植物的同型世代交替和异型世代交替。
3. 简述蓝藻门、绿藻门、红藻门和褐藻门的主要区别。

第3章　菌类植物 Fungi

教学目的和要求：

1. 掌握菌类植物的主要特征和分类，熟悉常见药用菌类；
2. 了解药用真菌研究进展。

菌类植物结构简单，通常呈单细胞或菌丝体状，具有细胞壁，一般不具有叶绿素等色素，是不能进行光合作用的一类真核生物，能通过孢子进行无性生殖，一般不运动。

3.1　菌类植物概述

菌类与藻类植物一样，都没有根、茎、叶的分化。但菌类又与藻类不同，因其不含光合作用色素，不能进行光合作用，所以菌类的营养方式是异养的，既可从分解死的生物残骸、有机物或土壤腐殖质中吸收营养，又可从活的生物组织中吸收营养，有腐生、寄生、共生等多种。凡从活的动植物体上吸取养分的称寄生；凡从死的动植物体上或其他无生命的有机物中吸取养分的称腐生；凡从活有机体取得养分同时又提供该活体有利的生活条件，彼此间互相受益，互相依赖的称共生。

菌类由于生活方式的多样性，其分布非常广泛。在土壤中、水里、空气中、人和动植物体里都有它们的踪迹，广布于全世界。菌类植物体有单细胞的、多细胞的，形态多种多样。其中有些体积很小，要借助高倍显微镜才能看见，有些较大，肉眼可见，种类也极为繁多。菌类不是一个纯一的类群，由于它们或其孢子具有细胞壁，故在习用已久的生物两界系统中被列入植物界。它们可分为：细菌门(Schizomycophyta)，粘菌门(Myxomycophyta)，真菌门(Eumycophyta)，这3门植物的形态、结构、繁殖和生活史差别很大，彼此并无亲缘关系。

细菌门是一群原核生物。单细胞，体微小，细胞壁的主要成分为黏质复合物，一般不具纤维素壁，用细胞分裂的方式进行繁殖。在高倍显微镜下，呈小圆球状(球菌)、短棍状(杆菌)、弯旋，具有长细毛(螺旋菌)；细菌的直径或长度，通常也只有0.2～5 μm，往往要几千万个甚至一亿多个，才能布满1 m^2 的面积。在电子显微镜下，可看清它们的结构，如细胞壁、细胞质、类细胞核及各种颗粒等。

粘菌门是一群介于动物和植物之间的真核生物，无细胞壁，变形虫状体型，用孢子繁殖，孢子具纤维素壁。它们的生活史中一段是动物性的，另一段是植物性的。营养体是一团裸露的原生质体，多核，无叶绿体，能作变形虫式运动，与动物相似。生殖时能产生具纤维素壁的孢子，为植物性状。粘菌门约有500种，大多数粘菌为腐生菌，无直接的经济意义。

真菌门是一群具有真核，产生孢子的生物。通常为分枝的丝状营养体，营养体大多为分枝繁茂的发达菌丝体，少数菌丝体不发达，一些低等种类为单细胞。大多具有甲壳质(几丁质)的细胞壁，少数种类具有纤维素成分的细胞壁，它们一般进行有性和无性生殖。无性繁殖产生游动孢子、孢囊孢子和各种分生孢子等，有性生殖是通过性细胞的结合形成各类有性孢子，如卵孢子、接合孢子、子囊孢子和担孢子等。真菌约 10 万种以上，广布于全世界，与人类关系密切。

3.2 细菌门 Schizomycophyta

细菌门是微小的单细胞有机体，有明显的细胞壁，没有细胞核，属于原核生物。现在我们主要介绍和制药有关的放线菌的特征及常见的放线菌。

3.2.1 放线菌的特征

放线菌是细菌与真菌之间的过渡类型，也是单细胞的丝状菌类，大多数有发达的分枝菌丝。放线菌的形态比细菌复杂些，但仍属于单细胞。在显微镜下，放线菌呈分枝丝状，我们把这些细丝一样的结构叫作菌丝，菌丝直径与细菌相似，小于 1 μm。放线菌种类很多，多数放线菌具有发育良好的分枝状菌丝体，少数为杆状或原始丝状的简单形态。菌丝细胞的结构与细菌基本相同。菌丝大多无隔膜，其粗细与杆状细菌相似，直径为 1 μm。细胞中具核质而无真正的细胞核，细胞壁含有胞壁酸与二氨基庚二酸，而不含几丁质和纤维素。

放线菌在自然界分布很广，空气、土壤、水源中都有放线菌存在。一般在土壤中较多尤其是富含有机质的土壤里，绝大多数为腐生，少数寄生，往往引起动物、植物的病害。

放线菌是抗生素的重要产生菌，它们能产生种类繁多的抗生素，据估计，已发现的 4 000 多种抗生素中，有 2/3 是放线菌产生的。重要的属有：链霉菌属、小单孢菌属和诺卡氏菌属等。有形成抗生素的灰色链霉菌（*Streptomyces griseus*，产生链霉素）、委内瑞拉链霉菌（*S. venezuelae*，产生氯霉素）、金霉素链霉菌（*S. aureofaciens*，产生四环素）。其中链霉菌属是放线菌中种类最多、分布最广、形态特征最典型的类群。

3.2.1.1 菌丝(mycelium)

根据菌丝的着生部位、形态和功能的不同，放线菌菌丝可分为营养菌丝（基内菌丝）、气生菌丝和孢子丝 3 种，和霉菌不同，没有直立菌丝（图 3-1）。

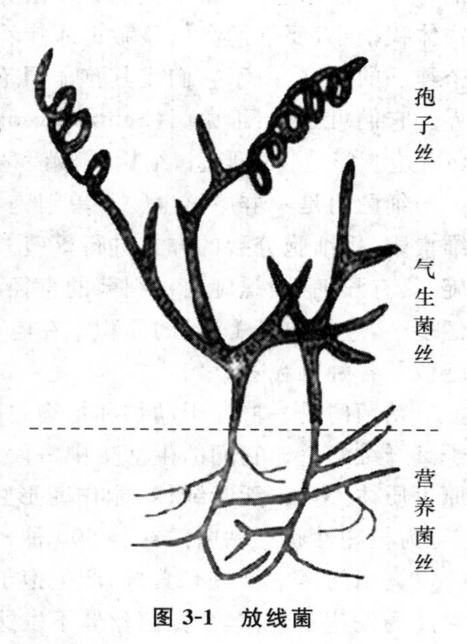

图 3-1 放线菌

基内菌丝（substrate mycelium）是孢子落在适宜的固体基质表面，在适宜条件下吸收水分，孢子肿胀，萌发出芽，进一步向基质的四周表面和内部伸展，形成基内菌丝，又称初级菌丝（primary mycelium）或者营养菌丝（vegetative mycelium），直径为 0.2～0.8 μm，色淡，主要功能是吸收营养物质和排泄代谢产物。可产生黄、蓝、红、绿、褐、紫等水溶色素和脂溶性色素，色素在放线菌的分类和鉴定上有重要的参考价值。放线菌中多数种类的基内菌丝无隔膜，不断裂，如链霉菌属和小单孢菌属等；但有一类放线菌，如诺卡氏菌型放线菌的基内菌丝生长一定时间后形成横隔膜，继而断裂成球状或杆状小体。

气生菌丝(aerial mycelium)是基内菌丝长出培养基外并伸向空间的菌丝，又称二级菌丝(secondary mycelium)。在显微镜下观察，一般气生菌丝颜色较深，比基内菌丝粗，直径为1.0～1.4 μm，长度相差悬殊，形状直伸或弯曲，可产生色素，多为脂溶性色素。

孢子丝(spore hypha)是当气生菌丝发育到一定程度，其顶端分化出的可形成孢子的菌丝，又称繁殖菌丝，孢子成熟后，可从孢子丝中逸出飞散。

放线菌孢子丝的形态及其在气生菌丝上的排列方式，随菌种不同而异，是链球菌菌种鉴定的重要依据。孢子丝的形状有直形、波曲、钩状、螺旋状，螺旋状的孢子丝较为常见，其螺旋的松紧、大小、螺数和螺旋方向因菌种而异。孢子丝的着生方式有对生、互生、丛生与轮生(一级轮生和二级轮生)等多种(图 3-2)。

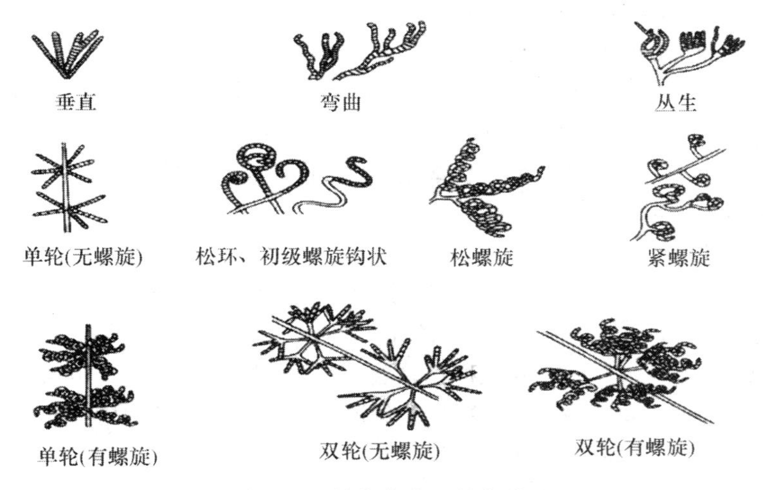

图 3-2　放线菌孢子丝类型

3.2.1.2　孢子(spore)

孢子丝发育到一定阶段便分化为孢子，在光学显微镜下，孢子呈圆形、椭圆形、杆状、圆柱状、瓜子状、梭状和半月状等，即使是同一孢子丝分化形成的孢子也不完全相同，因而不能作为分类、鉴定的依据。孢子的颜色十分丰富，表面的纹饰因种而异，在电子显微镜下清晰可见，有的光滑，有的褶皱状、疣状、刺状、毛发状或鳞片状，刺又有粗细、大小、长短和疏密之分，一般比较稳定，是菌种分类、鉴定的重要依据。孢子的形成为横隔分裂，方式有两种：①细胞膜内陷，并由外向内逐渐收缩，最后形成完整的横隔膜，将孢子丝分隔成许多无性孢子；②细胞壁和细胞膜同时内缩，并逐步缢缩，最后将孢子丝缢缩成一串无性孢子。

3.2.1.3　孢囊(cyst)

生孢囊放线菌的特点是形成典型孢囊，孢囊着生的位置因种而异。有的孢囊长在气丝上，有的长在基丝上。孢囊形成分两种形式：有些属的孢囊是由孢子丝卷绕而成；有些属的孢囊是由孢囊梗逐渐膨大。孢囊外围都有囊壁，无壁者一般称假孢囊。孢囊有圆形、棒状、指状、瓶状或不规则状之分。孢囊内原生质分化为孢囊孢子，带鞭毛者遇水游动，如游动放线菌属；无鞭毛者则不游动，如链孢囊菌属。

3.2.2 常见的放线菌

1. **小单孢菌属**(*Micromonospora*)

菌丝体纤细，直径 0.3～0.6 μm，无横隔膜、不断裂、菌丝体侵入培养基内，不形成气生菌丝，只在菌丝上长出很多分枝小梗，顶端着生一个孢子。菌落比链霉菌小得多，一般 2～3 mm，通常橙黄色，也有深褐、黑色、蓝色者；菌落表面覆盖着一薄层孢子堆。此属菌一般为好气性腐生，能利用各种氮化物的碳水化合物。大多分布在土壤或湖底泥土中，堆肥的厩肥中也有不少。此属有 30 多种，也是产抗生素较多的一个属。例如：庆大霉素即由绛红小单孢菌和棘孢小单孢菌产生，有的能产生利福霉素、氯霉素等共 30 余种抗生素。现在认为，此属菌产生抗生素的潜力较大，而且有的种还积累维生素 B_{12}。

2. **游动放线菌属**(*Actinoplanes*)

通常在沉没水中的叶片上生长。气生菌丝体一般有或极少；营养菌丝分枝或多或少，隔膜或有或无，直径 0.2～2.6 μm；以孢囊孢子繁殖，孢囊形成于营养菌丝体上或孢囊梗上，孢囊梗直形或分枝，每分枝顶端形成一至数个孢囊，孢囊孢子通常略有棱角，并有一至数个发亮小体或几根端生鞭毛，能运动，是此属菌最特殊之处。

3. **链孢囊菌属**(*Streptosporangium*)

主要特点是能形成孢囊和孢囊孢子，有时还可形成螺旋孢子丝，成熟后分裂为分生孢子。此属菌的营养菌体分枝很多，横隔稀少，直径 0.5～1.2 μm，气生菌丝体成丛、散生或同心环排列。此属菌约 15 种以上，其中有不少种可产生广谱抗生素。粉红链孢囊菌产生的多霉素(polymycin)，可抑制革兰氏阳性细菌、革兰氏阴性细菌、病毒等，对肿瘤也有抑制作用。绿灰链孢囊菌产生的绿菌素，对细菌、霉、酵母菌均有作用。

3.3 真菌门 Eumycophyta

真菌的药用种类较多，在我国有悠久的应用历史，随着医药卫生事业的发展，国内外对真菌抗癌药物进行了大量的筛选与研究，发现真菌的抗癌作用机理不同于细胞类毒素药物的直接杀伤作用，而是通过提高机体免疫能力，增加巨噬细胞的吞噬能力，产生对癌细胞的抵抗力，从而达到间接抑制肿瘤的目的。自然界的真菌种类繁多，有利于我们今后寻找新的药用菌资源。

3.3.1 真菌门特征

3.3.1.1 营养体

真菌(Fungi)属真核异养生物，细胞内不含叶绿素，也没有质体，寄生或腐生生活。真菌贮存的养分主要是肝糖(liver starch)，还有少量的蛋白质、脂肪以及微量的维生素。真菌多数种类有明显的细胞壁，其主要成分为几丁质(chitin)和纤维素(cellulose)，一般低等真菌的细胞壁多由纤维素组成，而高等真菌以几丁质为主。

除少数单细胞真菌(如酵母)外，绝大多数真菌的植物体由菌丝(hyphae)构成，菌丝是纤细的管状体，有无隔菌丝和有隔菌丝之分。无隔菌丝是一个长管形细胞，有分枝或无，大多数是多核的，低等真菌的菌丝一般为无隔菌丝，仅在受伤或产生生殖结构时才产生全封闭的隔膜；有隔菌丝中有隔膜把菌丝隔成许多细胞，每个细胞内含 1 或 2 个核，高等真菌的菌丝多为有隔菌丝。但菌丝中的横隔上通常有各种类型小孔，原生质甚至核可以经小孔流通（图 3-3）。横隔上的小孔主要有 3 种类型：单孔型、多孔型和桶孔式，桶孔式隔膜的结构最为复杂，隔膜中央有 1 孔，但孔的边缘增厚膨大成桶状，并在两边的孔外各有 1 个由内质网形成的弧形膜，称桶孔覆垫或隔膜孔帽。

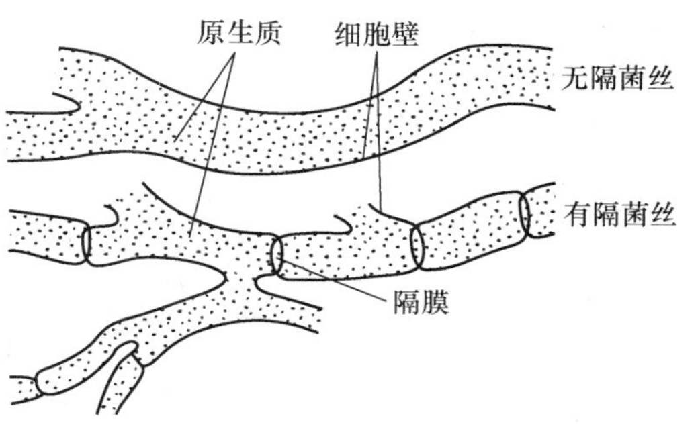

图 3-3　营养菌丝

真菌主要利用菌丝吸收养分，腐生菌可由菌丝直接从基质中吸收养分，也可产生假根（rhizoid）用于吸收养分；寄主细胞内寄生的真菌通过直接与寄生细胞的原生质接触而吸收养分；胞间寄生的真菌则利用从菌丝体上特化产生的吸器（haustorium）伸入寄主细胞内吸取养料。吸取养料的过程是首先借助于多种水解酶（均是胞外酶），把大分子物质分解为可溶性的小分子物质，然后借助于较高的渗透压吸收。寄生真菌的渗透压一般比寄主高 2～5 倍，腐生菌的渗透压更高。

真菌在繁殖或环境条件不良时，菌丝常相互密结，形成 2 种组织：拟薄壁组织（pseudoparenchyma）和疏丝组织（prosenchyma），再构成菌丝组织体。其常变态为 3 种形态：①根状菌索（rhizomorph），菌丝体密结呈绳索状，外形似根。②子座（stroma），容纳子实体的褥座，是从营养阶段到繁殖阶段的过渡形式。③菌核（sclerotium），由菌丝密结成颜色深、质地坚硬的核状体。子实体（sporophore）也是一种菌丝组织体，为含有或产生孢子的组织结构，能形成子实体的真菌，人们称为大型真菌。

3.3.1.2　真菌的繁殖

真菌繁殖的方式多种多样，并涉及很多不同类型的孢子。少数单细胞真菌如裂殖酵母菌属（Schizosaccaromyces）主要通过细胞分裂产生子细胞，而大部分真菌可以通过产生芽生孢子、厚壁孢子或节孢子等进行营养繁殖。芽生孢子（blastospore）是从一个细胞出芽形成的，芽生孢子脱离母体后即长成一个新个体；厚壁孢子（chlamydospore）是由菌丝中个别细胞膨大形成的休眠孢子，其原生质浓缩，细胞壁加厚，度过不良环境后，再萌发为菌丝体；节孢子（arthrospore）是由菌丝细胞断裂形成的。

真菌无性生殖也极为发达，并在无性生殖过程中形成多种不同类型的孢子，包括游动孢子、孢囊孢子和分生孢子等。游动孢子（zoospore）是水生真菌产生的借水传播的孢子，无壁，具鞭毛，能游动，在游动孢子囊（zoosporangium）中形成；孢囊孢子（sporangiospore）是在孢子囊（sporangium）内形成的不动孢子，借气流传播；分生孢子（conidiospore）是由分生孢子囊梗的顶端或侧面产生的一种不动孢子，借气流或动物传播。

真菌的有性生殖方式也极其多样化，有些真菌可产生单细胞的配子，以同配或异配的方式进行有性生殖；另有一些真菌通过两性配子囊的结合形成“合子”，这种类型的合子习惯上称之为接合孢子(zygospore)或卵孢子(oospore)。子囊菌有性配合后,形成子囊,在子囊内产生子囊孢子。担子菌有性生殖后,在担子上形成担孢子。担孢子和子囊孢子是有性结合后产生的孢子,和无性生殖的孢子完全不同。

真菌通过各种途径产生的孢子在适宜的环境条件下萌发,生长形成菌丝体(mycelium),菌丝体在一个生长季里可产生若干代无性孢子,这是生活史的无性阶段;真菌在生长的后期,常形成配子囊,产生配子,一般先行质配,形成双核细胞,再行核配,形成合子;通常合子形成后很快即进行减数分裂,形成单倍的孢子,再萌发成单倍的菌丝体,这样就完成了一个生活周期。由此可见,在真菌的生活史中,二倍体时期只是很短暂的合子阶段,合子是一个细胞而不是一个营养体,所以,大多数真菌的生活史中,只有核相交替,而没有世代交替。

3.3.2 真菌的分类

真菌有 11 255 属 10 万种,我国已知约有 1 万种,已知药用真菌有 272 种。真菌分类从米奇里(P.A.Micheli)开始,至今已有近 280 年的历史,这期间经过世界上无数真菌科学工作者的努力,使真菌分类的工作有了极大的发展。但是由于真菌的特点,至今还未找到一块完整的真菌化石,真菌分类存在着无数困难,现有的真菌分类系统还有待进一步发展与完善(尚未有一个大家公认的系统)。近代真菌分类以细胞生物学为基础,并以真菌的形态学、细胞学、生理学、生态学等特征为依据,尤以真菌的有性繁殖阶段的形态特征为主要依据。目前现代真菌分类应用电子显微镜,加上系统发育学、分子遗传学、分子生物学的特征,以生物化学成分等为依据,逐渐进入以实验生物学、细胞生物学为基础的近代分类学,其中以 Ainsworth 和 Alexopoulos 为代表的近代真菌分类系统接近合理,被大多数人所采用。

本教材采用安斯沃滋(Ainsworth 1971,1973)系统,将真菌分为 5 个亚门,即鞭毛菌亚门、接合菌亚门、子囊菌亚门、担子菌亚门、半知菌亚门。药用真菌以子囊菌亚门和担子菌亚门为多见。

真菌植物门亚门检索表

1. 有能动孢子;有性阶段的孢子典型地为卵孢子 …………………………………………… **鞭毛菌亚门**
1. 无能动孢子。
  2. 具有性阶段。
    3. 有性阶段孢子为接合孢子 …………………………………………………………… **接合菌亚门**
    3. 无接合孢子。
      4. 有性阶段孢子为子囊孢子 …………………………………………………………… **子囊菌亚门**
      4. 有性阶段孢子为担孢子 ……………………………………………………………… **担子菌亚门**
  2. 缺有性阶段 ………………………………………………………………………………… **半知菌亚门**

3.3.2.1 子囊菌亚门 Ascomycotina

子囊菌亚门是真菌中种类最多的一个亚门,全世界有 2 720 属 28 000 多种,除少数低等子囊菌为单细胞(如酵母菌),绝大多数有发达的菌丝,菌丝具有横隔,并紧密结合在一起,形成一定结构。子囊菌的无性生殖特别发达,有裂殖、芽殖或形成各种孢子,如分生孢子、厚垣孢子等。有性生殖产生子囊,内生子囊孢子,这是子囊菌亚门的最主要的特征,除少数原始种类,子囊裸露不形成子实体外(如酵母菌),绝大多数子囊菌都产生子实体,子囊包于子实体内。子囊菌的子实体又称子囊果。子囊果的形态是子囊菌分类的重要依据。常见的有3种类型：①子囊盘，子囊果盘状、杯状或碗状。子囊盘中有许多子囊和侧丝(不孕菌丝)垂直排列在一起，形成子实层。子实层完全暴露在外面，如盘菌类。②闭囊壳，子囊果完全闭合成球形，无开口，待其破裂后子囊及子囊孢子才能散出，如白粉科的子囊果。③子囊壳，子囊果呈瓶状或囊状，先端开口，这一类子囊果多埋生于子座内，如麦角、冬虫夏草(图3-4)。

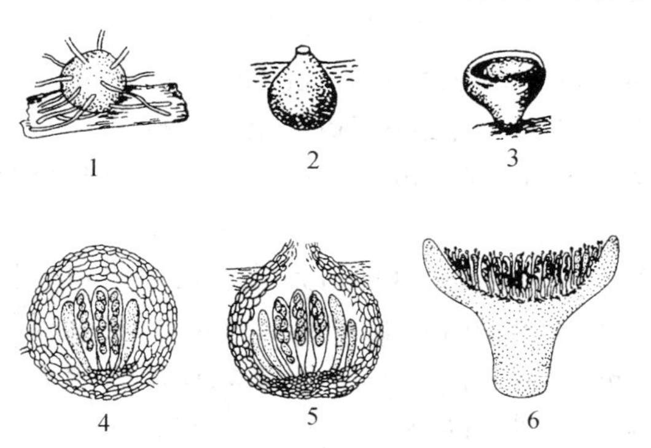

图3-4　子囊果的类型

1. 闭囊壳　2. 子囊壳　3. 子囊盘　4. 闭囊壳纵切放大　5. 子囊壳纵切放大　6. 子囊盘纵切放大

【药用植物】

麦角菌 *Claviceps purpurea* (Fr.) Tul.　属于麦角菌科。寄生在禾本科麦类植物的子房内，菌核形成时露出子房外，呈紫黑色，质较坚硬，形如动物角状，故称麦角。菌核圆柱状至角状，稍弯曲，一般长1～2 cm，直径3～4 mm，干后变硬，质脆，表面呈紫黑色或紫棕色，内部近白色，近表面外为暗紫色；子座20～30个，从一菌核内生出，下有一很细的柄，多弯曲，白至暗褐色，顶端头部近球形，直径1～2 mm，红褐色；显微镜下观察，子囊壳整个埋生于子座头部内，只孔口稍突出，烧瓶状，子囊及侧丝均产生于子囊壳内，很长，呈圆柱状；每子囊含子囊孢子8个，丝状，单细胞，透明无色。孢子散出后，借助于气流、雨水或昆虫传播到麦穗上，萌发成芽管，侵入子房，长出菌丝，菌丝充满子房而发出极多的分生孢子，再传播到其他麦穗上。菌丝体继续生长，最后不再产生分生孢子，形成紧密坚硬紫黑色的菌核即麦角(图3-5)。

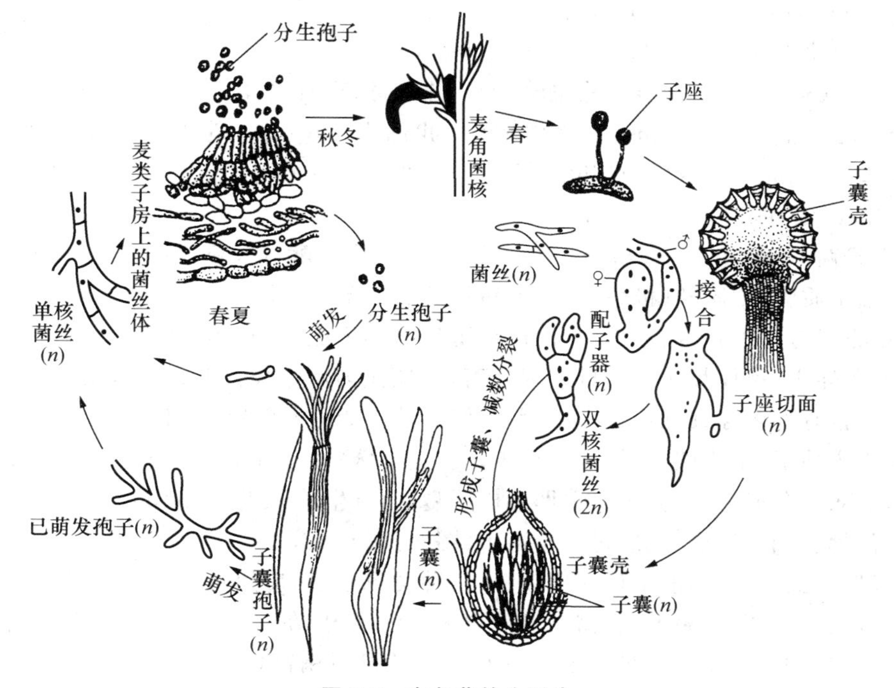

图3-5　麦角菌的生活史

麦角主产于俄罗斯、西班牙等地。我国已发现有5种麦角菌及其寄主70余种植物。主要分布在东北、西北和华北等地。麦角菌也可进行人工发酵培养。麦角含有十多种生物碱，主要活性成分为麦角新碱、麦角胺、麦角生碱、麦角毒碱，其制剂用作子宫收缩及内脏器官出血的止血剂，麦角胺、麦角毒碱可治偏头痛。

冬虫夏草 *Cordyceps sinensis*(Berk.)Sacc. 属于麦角菌科。子座（即所谓"草"的部分）单个（稀2～3个），从寄主（即所谓"虫"的部分，这时已成为菌核）前端发出，长4～11 cm，基部直径1.5～4 mm，向上渐狭细，头部不膨大或膨大成近圆柱形，褐色，初期内部充塞，后变中空，长1～4.5 mm，直径2.5～6mm（不包括长1.5～5.5 mm的不孕性顶端）；显微镜下观察，子囊壳近表面生，基部稍陷于子座内，椭圆形至卵圆形，子囊多数生在子囊壳内，细长，每子囊内含有具多数横隔的子囊孢子2枚。子囊孢子成熟后由子囊散出，断裂成若干小段，然后产生芽管（或从分生孢子产生芽管）穿入幼虫（蝙蝠蛾科昆虫）体内，染病幼虫钻入土中，病原割裂成圆柱状的细胞，进入循环系统，并以酵母状出芽法增加体积，直至幼虫死亡，此时出现了菌丝体，并在冬季形成菌核。菌核的发育，毁坏了幼虫的内部器官，但其角皮却保持完好。夏季，从幼虫（实际上已成了菌核）尸体的前端产生出子座（图3-6）。主产于我国西南、西北。分布于海拔3 000 m以上的高山草甸区。子实体、子座及菌核合称虫草，能补肺益肾，止血化痰。

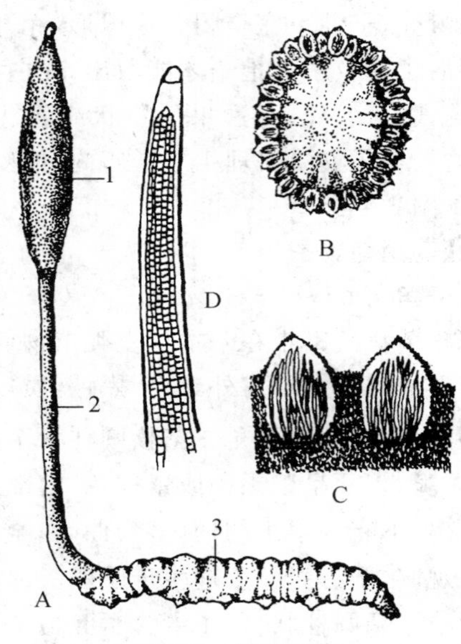

图3-6 冬虫夏草

A. 冬虫夏草菌体全形

1. 子座上部 2. 子座柄 3. 已死的幼虫

B. 子座横切面 C. 子囊壳（子实体）放大 D. 子囊及子囊孢子

据统计，虫草属（*Cordyceps*）有130多种，我国有20多种，其中亚香棒菌（*C. hawkesii* Gray.）、蛹草菌（*C. militaris*（L.）Link.）等有与冬虫夏草相似的疗效。蝉花菌（*C. sobolifera*（Hill.）Berk.et Br.）能清热祛风，镇惊明目。

酿酒酵母菌 *Saccharomyces cerevisiae* Hansen 属于酵母菌科。单细胞，卵圆形或球形，具细胞壁、细胞质膜、细胞核（极微小，常不易见到）、液孢、线粒体及各种贮藏物质，如油滴、肝糖等。繁殖方式有3种：①出芽繁殖，由母细胞生出小突起，为芽体（芽孢子），经核分裂后，一个子核移入芽体中，芽体长大后与母细胞分离，单独成为新个体。繁殖旺盛时，芽体未离开母体又生新芽，常有许多芽细胞连成一串，称为假菌丝。②孢子繁殖，在不利的环境下，细胞变成子囊，内生4个孢子，子囊破裂后，散出孢子。③接合繁殖，有时每两个子囊孢子或由它产生的两个芽体，双双结合成合子，合子不立即形成子囊，而产生若干代二倍体的细胞，然后在适宜的环境下进行减数分裂，形成子囊，再产生孢子（图3-7）。

酵母菌形态虽然简单，但生理却比较复杂，种类也较多，应用也是多方面的。在工业上用于酿酒，酵母菌将葡萄糖、果糖、甘露糖等单糖吸入细胞内，在无氧的条件下，经过内酶的作用，把单糖分解为二氧化碳和酒精，即发酵。在医药上，因酵母菌富含维生素B、蛋白质和多种酶，菌体可制成酵母片，治疗消化不良，并可从酵母菌中提取生产核酸类衍生物、辅酶A、细胞色素C、

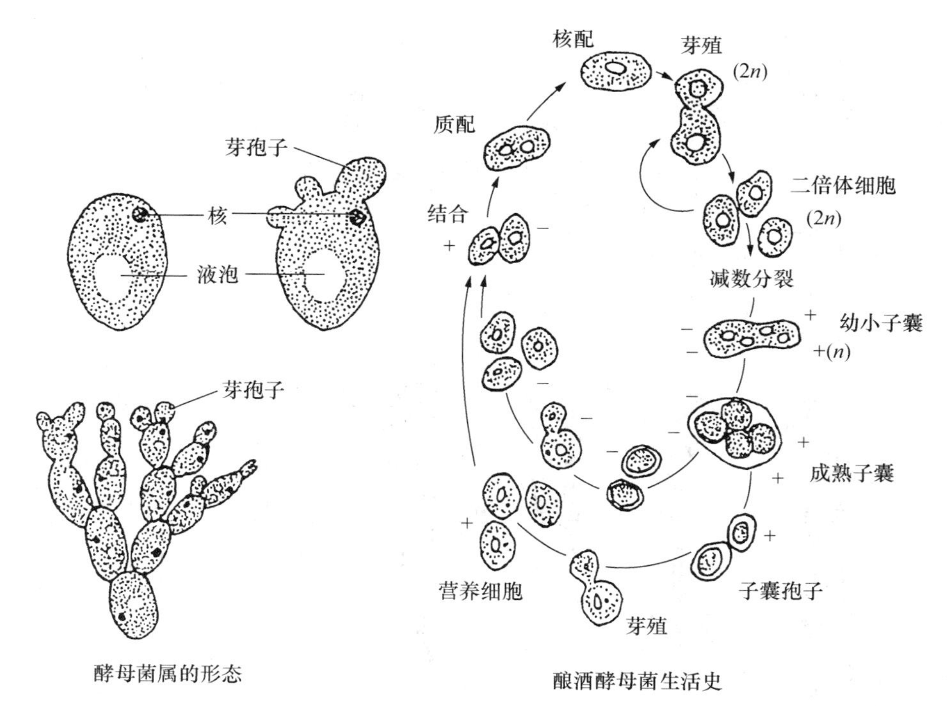

图 3-7　酵母菌

谷胱甘肽和多种氨基酸的原料。

3.3.2.2　担子菌亚门 Basidiomycotina

担子菌是真菌中最高等的一个亚门，已知有 1 100 属 16 000 余种。都是由多细胞的菌丝体组成的有机体，菌丝均具横隔膜。多数担子菌的菌丝体，可区分为 3 种类型，由担孢子萌发形成具有单核的菌丝，叫初生菌丝；初生菌丝接合进行质配，核不配合，而保持双核状态，叫次生菌丝，次生菌丝双核时期相当长，这是担子菌的特点之一，主要行营养功能；三生菌丝是组织特化的特殊菌丝，也是双核的，它常集结成特殊形状的子实体。担子菌最大特点是形成担子、担孢子。在形成担子和担孢子的过程中，菌丝顶细胞壁上伸出一个喙状突起，向下弯曲，形成一种特殊的结构，叫作锁状连合，在此过程中，细胞内二核经过一系列变化由分裂到融合，形成 1 个二倍体的核，此核经减数分裂，形成了 4 个单倍体的子核。这时顶端细胞膨大成为担子，担子上生出 4 个小梗，于是 4 个小核分别移入小梗内，发育成 4 个担孢子（图 3-8）。产生担孢子的复杂结构的菌丝体叫担子果，就是担子菌的子实体。其形态、大小、颜色各不相同，如伞状、耳状、菊花状、笋状、球状等。

担子菌除少数种类有无性繁殖外，大多数在自然条件下无无性繁殖。其无性繁殖是通过芽殖、菌丝断裂等类型产生的分生孢子。

在传统的分类系统中，把担子菌亚门当作担子菌纲处理，其下分 2 个亚纲，有隔担子菌亚纲和无隔担子菌亚纲。现代分类学已将担子菌亚门分为 3 个纲：冬孢菌纲（Teliomycetes）；层菌纲（Hymenomycetes），如银耳、黑木耳、灵芝等；腹菌纲（Gasteromycetes），如马勃、地星、鬼笔等。层菌纲中最常见的一类是伞菌类，如蘑菇、香菇。伞菌的担子果（子实体）上部呈伞状或

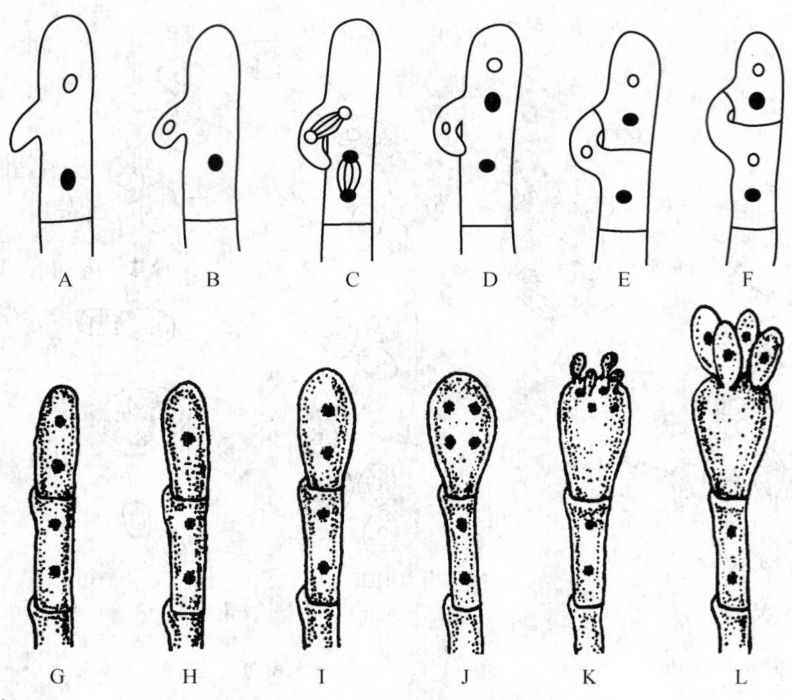

图 3-8 锁状联合与担子、担孢子的形成

A～F. 锁状联合 G～L. 担子、担孢子的形成

帽状，展开的部分称为菌盖(pileus)，菌盖下面的柄称菌柄(stipe)，菌盖下面呈辐射状排列的片状物，称菌褶(gills)。用显微镜观察菌褶时，上有呈棒状细胞的担子，顶端具 4 个小梗，生有 4 个担孢子；夹在担子之间有些不能产生担孢子的菌丝称侧丝，担子和侧丝组成子实层(hymenium)；菌褶的中部是菌丝交织的菌髓，有的伞菌在菌褶之间还有少数横列的大型细胞称为隔胞(囊状体)，隔胞将菌褶撑开，有利于担孢子的散布。有些伞菌的子实体幼小时，连在菌盖边缘和菌柄间有一层膜，称内菌幕(partial veil)，在菌盖张开时，内菌幕破裂，遗留在菌柄上的部分构成菌环(annulus)。有的子实体幼小时外面有一层膜包被，称外菌幕(universal veil)，当菌柄伸长时，包被破裂，残留在菌柄的基部的一部分而成菌托(volva)。这些结构的特征是鉴别伞菌的重要依据(图 3-9)。

【药用植物】

银耳 *Tremella fuciformis* Berk. 属银耳科。是一种腐生菌。子实体纯白色，胶质，半透明，直径 5～10 cm，由许多瓣片组成，呈菊花状或鸡冠状，干燥后呈淡黄色；在子实体瓣片的上下表面，均覆盖着子实层；子实层由无数的担子(深埋于子实体表层内，也称为下担子)所组成。野生分布于福建、四川、贵州、浙江等省，现在不少省份均有人工栽培。子实体(银耳)能滋阴、养胃、润肺、生津、益气和血、补脑强心，是一种营养丰富的滋补品。

猴头菌 *Hericium erinaceus* (Bull.ex Fr.)Pers. 属齿菌科。是一种腐生菌。子实体形状似猴子的头，故名猴头，新鲜时白色，干燥后变为淡褐色，块状，直径 3.5～10 cm，基部狭窄；除基部外，均密布以肉质、针状的刺，刺发达下垂，刺表布以子实层(图 3-10)。显微镜下观察，孢子近球形，透明无色，壁表平滑。子实体(猴头菌)能利五脏，助消化，滋补。其制剂用于治疗神

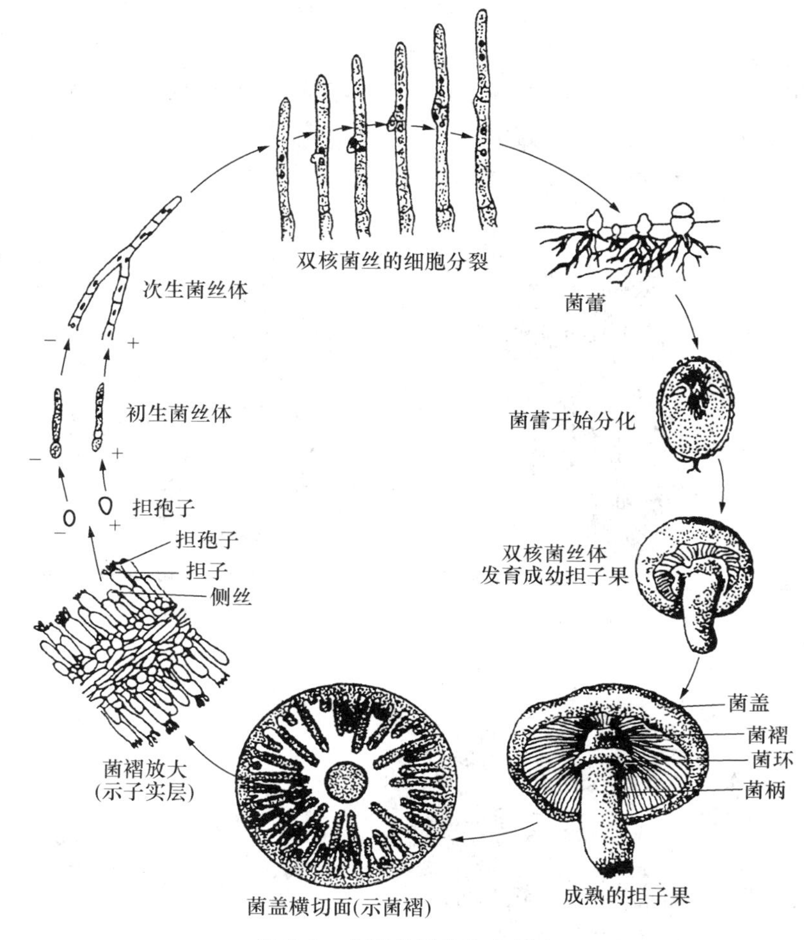

图 3-9　伞菌的形态和生活史

经衰弱、胃炎、胃溃疡和作癌症辅助治疗剂。

同属植物珊瑚状猴头菌(玉髯)(*H. coralloides*(Scop.)Pers.)、假猴头菌(*H. laciniatum*(Leers)Banker.)亦可药食兼用。

茯苓 *Poria cocos* (Schw.)Wolf.　属多孔菌科。菌核呈球形、长圆形、卵圆形或不规则状,大小不一,小的如拳头,大的可达数十斤,新鲜时较软,干燥后坚硬,表面有深褐色、多皱的皮壳,同一块菌核内部,可能部分呈白色,部分呈淡红色,粉粒状;子实体平伏产生在菌核表面,厚3～8 mm,白色,老熟干燥后变为淡褐色;管口多角形至不规则形,深 2～3 mm,直径 0.5～2 mm,孔壁薄,边缘渐变成齿状。显微镜下观察,孢子长方形至近圆柱状,有一斜尖,壁表平滑,透明无色(图 3-11)。全国不少省份有分布,但以安徽、云南、湖北、河南、广东等省分布最多。现多人工栽培。茯苓属于腐生菌。生于马尾松、黄山松、赤松、云南松等松属植物的根际。菌核(茯苓)能利水渗湿,健脾、安神。

猪苓 *Polyporus umbellatus* (Pers.)Fr.　属多孔菌科。菌核呈长形块状或不规则球形,稍扁,有的分枝如姜状,表面灰黑或黑色,凹凸不平,有皱纹或瘤状突起,干燥后坚而不实,断面呈白色至淡褐色,半木质化,质较轻;子实体从埋于地下的菌核内生出,后长出地面;菌柄往往于基部相连或大量分枝，形成一大丛菌盖，菌盖肉质，干燥后坚硬而脆，圆形，中央呈脐状，表面近白色至淡褐色，边缘薄而锐，且常常内卷；菌肉薄，白色；菌管与菌肉同色，与菌柄呈延生；管口圆形至多角形（图 3-12）。显微镜下观察，担孢子卵圆形，透明无色，壁表平滑。主产于山西、河北、河南、云南等省。猪苓属于腐生菌。生于枫、槭、柞、桦、柳、椴以及山毛榉科树木的根际。现已人工栽培。菌核（猪苓）能利水渗湿。猪苓多糖有抗癌作用，药理证明猪苓还有抗辐射的作用。

图 3-10 猴头菌 ***Hericium erinaceus*** **(Bull.ex Fr.)Pers.**

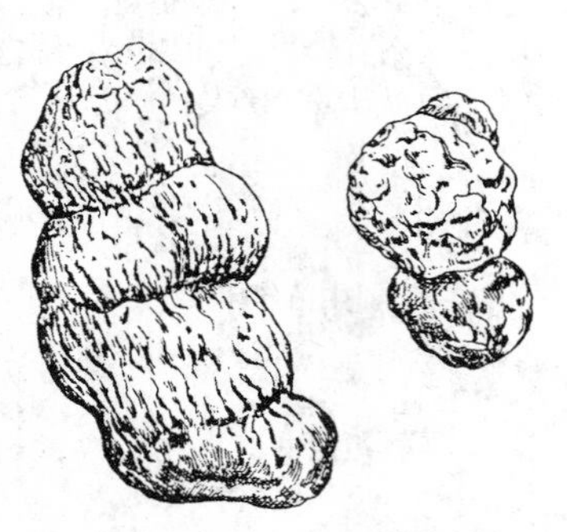

图 3-11 茯苓（菌核）***Poria cocos*** **(Schw.)Wolf.**

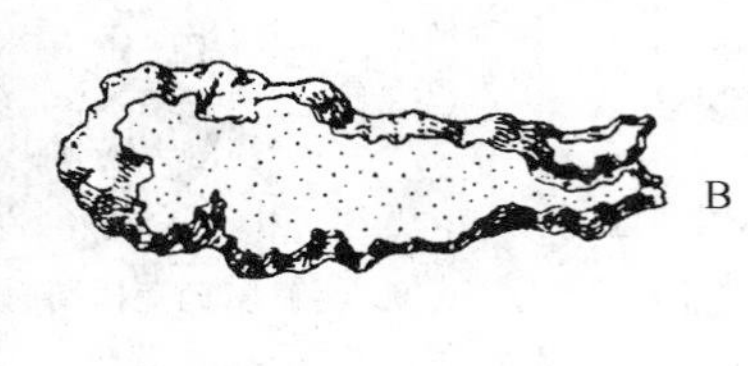

图 3-12 猪苓 ***Polyporus umbellatus*** **(Pers.)Fr.**

A. 猪苓菌核与子实体 B. 药材

灵芝 *Ganoderma lucidum* (Leyss.ex Fr.)Karst. 属多孔菌科。为腐生真菌。菌盖木栓质，半圆形或肾形，初生为淡黄色，后成红褐、红紫或暗紫色，具有一层漆状光泽，有环状棱纹及辐射状皱纹，大小及形状变化很大，下面有无数小孔，管口呈白色或淡褐色，管孔圆形，内壁为子实层，孢子产生于担子顶端。显微镜下观察，孢子呈卵圆形，壁有两层，内壁褐色，表面布以无数小疣，外壁透明无色；菌柄侧生，极稀偏生，长度通常长于菌盖的长径，紫褐色至黑色，有一层漆状光泽，中空或中实，坚硬（图 3-13）。我国多数省区有分布，生于林内阔叶树的木桩上，现多人工栽培。子实体（灵芝）能滋补，健脑，强体，消炎，利尿，益胃。同属植物紫芝 *G. japonicum*(Fr.)Lloyd. 子实体作灵芝用。

脱皮马勃 *Lasiosphaera fenzlii* Reich. 属马勃科。为腐生真菌。子实体近球形至长圆形，直径 15～20 cm，无不孕基部；包被两层，薄而易于消失，外包被成碎片状与内包被脱离，内包被纸质，浅烟色，成熟后全部消失，仅遗留下一团孢体，随风滚动；孢体紧密，有弹性，灰褐色，后渐褪为浅烟色；孢丝长，互相交织，有分枝，浅褐色。显微镜下观察，孢子呈球形，壁表面布以

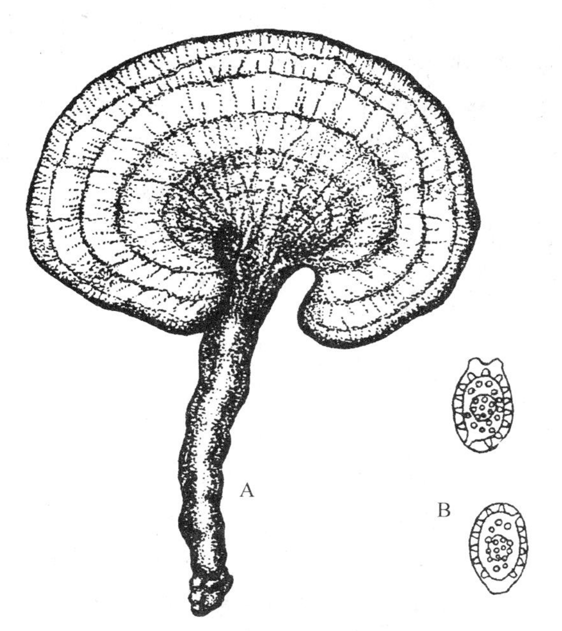

图 3-13　灵芝 *Ganoderma lucidum* (Leyss.ex Fr.) Karst.
A. 灵芝与子实体　B. 孢子

小刺，褐色（图 3-14）。分布于安徽、湖北、湖南、甘肃、新疆、贵州、四川等地，夏秋两季发生在草地上。子实体（马勃）能清肺，消肿，止血，利喉，解毒。同科植物大马勃 *Calvatia gigantean* (Batsc ex Pers.) Lloyd 和紫色马勃 *C. lilacina* (Mont. et Berk) Lloyd 的子实体药用功用同脱皮马勃。

雷丸 *Polyporus mylittae* Cook. et Mass. 属多孔菌科。菌核呈不规则球状或块状，大小不一，直径 1～3.5 cm，表面呈褐色、紫褐色至暗黑色，稍平滑或有细皱纹，干燥后坚硬，有时在凹处具有一束菌索；断面呈白色至灰白色，有时呈橙褐色，薄切片呈半透明状。分布于安徽、浙江、福建、河南、湖北、湖南、广西、陕西、甘肃、四川、云南、贵州等省。春、秋、冬三季在发黄且开花的竹根下面挖掘。菌核（雷丸）能消积，杀虫，除热。

担子菌亚门常用药用真菌还有：木耳（*Auricularia auricula* (L. ex Hook.) Underw.），子实体（木耳）能补气益血，润肺止血，活血，止痛；云芝（*Polysticus versicolor* (L.) Fr.），子实体入药，能清热、消炎，云芝多糖有抗癌活性。

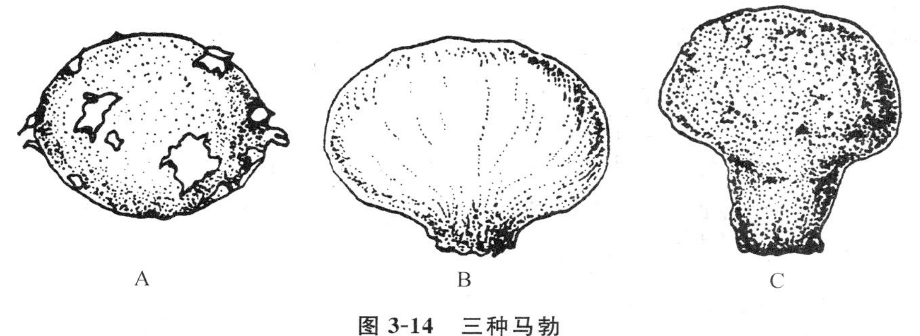

图 3-14　三种马勃
A.脱皮马勃　B.大马勃　C.紫色马勃

3.3.2.3　半知菌亚门（Deuteromycotina）

生活史尚未完全了解的一大类真菌。大多只发现其无性阶段，即其营养菌丝和各种无性孢子，而未见到有性生殖过程。其原因一是有性阶段尚未发现；二是受某种环境条件的影响，几乎不能或极少进行有性生殖；三是有性生殖阶段已退化。因为只了解其生活史的一半，故统称为半知菌或不完全菌。营养体大多是有隔的分枝菌丝，有些种类形成假菌丝。其繁殖方式主要有两种：①生活史中仅有菌丝的生长和增殖，菌丝常形成菌核、菌索，不产生分生孢子，有的种类可形成厚垣孢子。腐生或寄生，是许多植物的病原菌，如立枯病菌。

②产生分生孢子。绝大多数的半知菌都在有隔菌丝体上形成分化程度不同的分生孢子梗，梗上形成分生孢子，分生孢子梗丛生或散生，丛生的分生孢子梗可形成束丝和分生孢子座。束丝是一束排列紧密的直立孢子梗，于顶端或侧面产生分生孢子，如稻瘟病菌；分生孢子座由许多聚成垫状的短梗组成，顶端产生分生孢子，如束梗孢属。较高级的半知菌，在分生孢子产生时形成特化结构，由菌丝体形成盘状或球状的分生孢子盘或分生孢子器，分生孢子盘上有成排的短分生孢子梗，顶端产生分生孢子，如刺盘孢属；分生孢子器有孔口，其内形成分生孢子梗，顶端产生分生孢子。分生孢子盘（器）生于基质的表面或埋于基质、子座内，外观上呈黑色小点。

半知菌分类以应用方便为主，不以亲缘关系为依据，一般根据孢子梗和孢子的形态及产生方式分类。许多已发现有性世代的半知菌，均已分别归属，如青霉菌属、曲霉菌属及赤霉菌属已归入子囊菌亚门。

【药用植物】

球孢白僵菌 *Beauveria bassiana*（Bals.）Vuill 属链孢霉科。寄生于家蚕幼虫体内（可寄生于60多种昆虫体上），使家蚕病死。干燥后的尸体称为僵蚕。入药能祛风、镇惊等。由于加强防治，近年来白僵菌对家蚕的感染大为减少，为解决僵蚕的药源问题，以蚕蛹为原料，接入白僵菌，所得蚕蛹可代僵蚕用。

【阅读材料】

冬虫夏草的真伪

冬虫夏草（*Cordyceps sinensis*（Berk.）Sacc.），又名中华虫草，是中国传统的名贵中药材，冬虫夏草主要产于中国青海、西藏、四川、云南、甘肃和贵州等省及自治区的高寒地带和雪山草原。

冬虫夏草的虫体外形如蚕，长5～6 cm，粗0.3～0.8 cm，表面土黄至黄棕色，粗糙。虫体具20～30条环纹且明显，近头部环纹较细。头部黄棕色，尾部如蚕尾。全身有足8对，以中部4对最明显。虫体易折断，折断面平坦，呈白色略发黄。子座深棕至棕褐色，细长，圆柱形，长4～8 cm，粗约0.3 cm。子座表面有细小的纵向皱纹，顶部稍膨大，近圆柱形，褐色至棕褐色，断面不平坦呈纤维状、类白色，顶端有不孕尖端，子囊壳下半部埋藏在子座的上部组织内。气味腥，味微苦，有草菇样气味。

冬虫夏草的伪品有：①亚香棒虫草，为麦角菌科真菌亚香棒虫草（*C. hawresii* Gray.），外形与冬虫夏草极为相似，虫体较小，表面灰黄或灰褐色，子囊壳全部埋藏在子座的组织内，子座上部无不孕顶端。②凉山虫草，为麦角菌科真菌凉山虫草（*C. liangschanensis* Zang），虫体呈蚕状，较粗，表面被棕至棕褐色菌丝膜，全身有足10对，不明显。③蛹草，又称“北冬虫草”，为麦角菌科真菌蛹草菌（*C. militaris*（L.）Link），虫体似蚕蛹，表面黄褐色，有6～7个不明显环节，柄部多弯曲，有细纵纹，质柔韧。④地蚕，为唇形科植物地蚕（*S. geobombycis* C. Y. Wu）的地下块茎，呈纺锤形，浅黄或黄棕色，有环节4～15个，无足，有须根痕和点状芽痕，断面呈白色颗粒状。⑤僵蚕，为蚕蛾科昆虫家蚕（*Bombyx mori* L.），略呈圆柱形，多弯曲皱缩。断面平坦，外层白色，中间有4个亮棕色或亮黑色丝腺环。⑥人工伪制虫草，系用黄豆粉或淀粉、石膏、色素等模压加工而成，外形和色泽似冬虫夏草，但质地坚实，断面粉白色，虫体光滑，环节明显，入水后褪色变形。⑦将冬虫夏草有效成分提取后，干燥，冒充正品冬虫夏草，该品虫体较硬，闻之无草菇样香气。

【思考题】

1. 菌类植物与藻类植物有哪些异同点？分为哪几门？
2. 菌丝组织体常见的有哪几类？各起何作用？
3. 真菌门植物有何特征？分为哪几个亚门？各有何特点？
4. 子囊菌亚门、担子菌亚门各有哪些常用药用植物？

第 4 章　地衣植物门 Lichenes

教学目的和要求：

1. 了解地衣的概念，掌握地衣的构造特点，识别几种地衣的基本形态类型；
2. 识别几种地衣的基本形态类型，了解地衣在自然界中的作用和药用价值。

4.1　地衣植物概述

地衣是一类很独特的植物，生存能力极强，能在其他植物不能生存的环境中生长和繁殖，因此，其分布极广。本门植物有 500 余属 25 000 余种，我国有 200 属约 2 000 种，其中药用地衣有 71 种。地衣是多年生的植物，为一种真菌和一种藻类组织的复合有机体，无根、茎、叶的分化，能进行有性生殖和无性生殖。由于两种植物长期紧密地联合在一起，无论在形态、构造上，还是在生理和遗传上都形成一个单独的固定有机体，是历史发展的结果，所以地衣常被当作一个独立的门来看待。

地衣中的真菌在形态、生态、生理生化等方面与一般真菌有明显的区别。共生是地衣生物学特性中最根本的性状，但并不是任何真菌都可以同任何藻类共生而形成地衣，只有那些能与藻类处于共生联合状态下渡过了长期的生存斗争与演化过程而生存下来的真菌，才能与相应的藻类共生形成地衣，这类真菌称为地衣型真菌，有时把地衣型真菌作为地衣的异名使用，因此，地衣常以真菌来命名，强调寄生性真菌，不强调寄主藻类。构成地衣体的真菌，绝大部分属于子囊菌亚门的盘菌纲(Diseomycetes)和核菌纲(Pyrenomycetes)，少数为担子菌亚门的伞菌目和非褶菌目(多孔菌目)的某几个属，还有极少数属于半知菌亚门。

地衣体中的藻类多为绿藻和蓝绿藻，如绿藻中的共球藻属(*Trebouxia*)、橘色藻属(*Trentepohlia*)和蓝藻中的念珠藻属(*Nastoc*)，约占全部地衣体藻类的 90%。

地衣体中的菌丝缠绕藻细胞，并从外面包围藻类。藻类光合作用制造的有机物，大部分被菌类所夺取，藻类和外界环境隔绝，不能从外界吸取水分、无机盐和二氧化碳，只好依靠菌类供给，它们是一种特殊的共生关系。菌类控制藻类，藻类是处于一种被抑制的状态，地衣体的形态几乎完全是真菌决定的。有人曾试验把地衣体的藻类和菌类取出，分别培养，藻类生长、繁殖旺盛，而菌类则被饿死。可见地衣体的菌类，必须依靠藻类生活，因此，藻菌共生在某种程度上是一种弱的寄生关系，其共生关系是在寄生的基础上发展起来的，该地衣型真菌在生理上已不同于普通真菌。

我国将地衣入药已有悠久的历史，早在公元前 600 年西周时期的《诗经》中，就有松萝的记载；南北朝时期，梁代陶弘景所著的《名医别录》中对石濡(即石蕊)的功用记载是可明目益精气；明代李时珍的《本草纲目》中，记述了许多地衣的形态、习性及药效。地衣含有抗菌作用较强的化学成分，即地衣次生代谢产物之一的地衣酸(lichenic acids)。地衣酸有多种类型，迄今已知的地衣酸有 300 多种，据估计 50%以上地衣种类都具这类抗菌物质。如松萝酸（usnic acid）、地衣硬酸（lichesterinic acid）、去甲环萝酸（evernic acid）、袋衣酸（physodic acid）、小红石蕊酸（didymic acid）、绵腹衣酸（anziaic acid）、柔扁枝衣酸（divaicatic acid）、石花酸（sekikaic acid）等。这些抗菌物质对革兰氏阳性细菌多具抗菌活性，对于抗结核杆菌有高度活性。近年来，世界上对地衣进行抗癌成分的筛选研究证明，绝大多数地衣种类中所含的地衣多糖、异地衣多糖均具有极高的抗癌活性。此外地衣中有的是生产高级香料的原料，如我国从云南产的扁枝衣制得香料，主香为柔扁枝衣酸乙酯（ethyldivaricatinate）；从尼泊尔星冰岛衣中制得香料，香气与法国橡苔相似，主香为赤星衣酸乙酯（ethylhaematommate）。还有值得研究的现象是在紫外线较强的高山上，地衣生长繁茂，以及地衣对核爆炸后散落物所具有的惊人抗性，为我们提供了在地衣中寻找抗辐射药物的线索。总之，地衣作为药物资源的开发前景是很广阔的。

4.2 地衣植物的形态与构造

4.2.1 地衣的形态

地衣体是由真菌和藻类组成的营养性植物体。根据其外部形态可分为壳状地衣（crustose lichens）、叶状地衣（foliose lichens）和枝状地衣（fruticose lichens）三种生长型。地衣的每种生长型均有各自的内部构造，在基物上着重的程度也不同。因此，在鉴定地衣时，生长型常作为区分种的重要特征。

（1）壳状地衣　地衣体是彩色深浅多种多样的壳状物，菌丝与基质紧密相连，通常下表面的髓层菌丝紧密地固着在基物上，有的还生有假根伸入基质中，很难剥离。壳状地衣约占全部地衣的 80%，如生于岩石上的茶渍衣属（*Lecanora*）和生于树皮上的文字衣属（*Graphis*）均为壳状地衣（图 4-1A）。

（2）叶状地衣　地衣体呈扁平的叶片状，四周有瓣状裂片，近圆形或不规则扩展，有背腹之分，常在腹面即叶片下部生出一些假根或脐附着于基质上，易与基质剥离。如生在草地上的地卷属（*Peltigera*）、石耳属（*Umbilicaria* ）和生在岩石上或树皮上的梅衣属（*Parmelia*）均为叶状地衣（图 4-1B）。

（3）枝状地衣　地衣体具有分枝，通常呈树枝状直立或下垂，仅基部附着于基质上。如直立于地上的石蕊属（*Cladonia*）、石花属（*Ramalina*），悬垂于云杉、冷杉等树枝上的松萝属（*Usnea*）均为枝状地衣（图 4-1C）。

但这 3 种类型的区别不是绝对的，其中有不少是过渡或中间类型，如标氏衣属（*Buellia*）的壳状到鳞片状；粉衣科（*Caliciaceae*）地衣，由于横向伸展，壳状结构逐渐消失，呈粉末状。

4.2.2 地衣的构造

不同类型的地衣其内部构造也不完全相同。从叶状地衣的横切面上看可分为 4 层，即上皮层、藻层或藻胞层、髓层和下皮层。上皮层和下皮层由菌丝紧密交织而成，也称假皮层；藻胞层就是在上皮层之下由藻类细胞聚集成一层；髓层是由疏松排列的菌丝组成，介于藻胞层和下皮层之间。根据藻细胞在地衣体中的分布情况，通常又将地衣体的结构分成 2 个类型：异层型

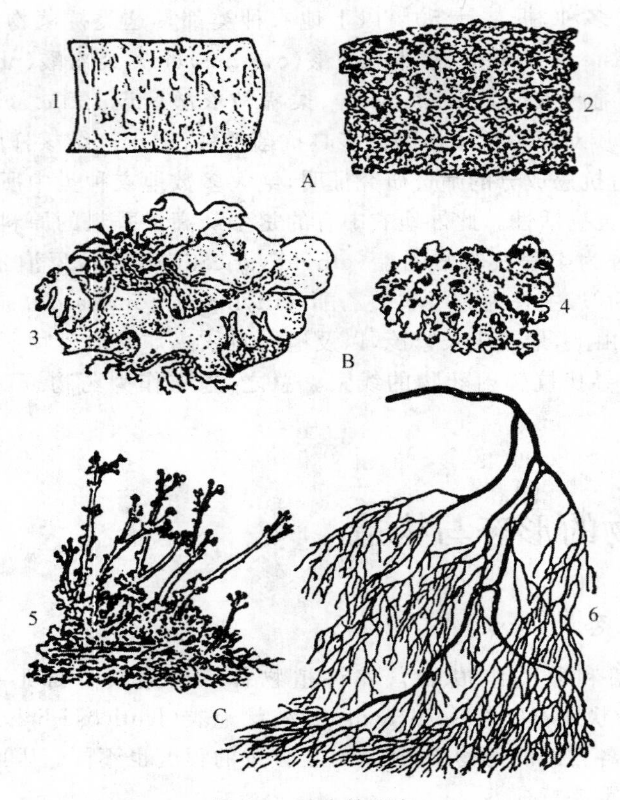

图 4-1　地衣的形态

A. 壳状地衣　1. 文字衣属　2. 茶渍属
B. 叶状地衣　3. 地卷属　4. 梅衣属
C. 枝状地衣　5. 石蕊属　6. 松萝属

地衣和同层型地衣。

异层型地衣(heteromerous)藻类细胞排列于上表皮层和髓层之间,形成明显的一层,即藻胞层(图 4-2)。如梅衣属(*Parmelia*)、蜈蚣衣属(*Physcia*)、地茶属(*Thamnolia*)、松萝属(*Usnea*)等。

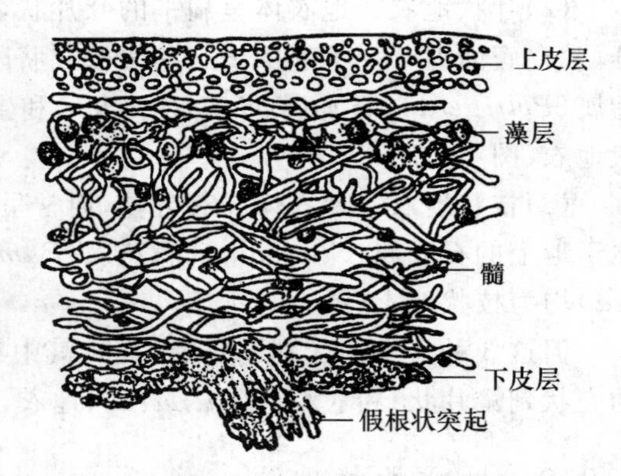

图 4-2　异层型地衣的横切面(梅衣属)

同层型地衣(homoemerous)藻类细胞分散于上皮层之下的髓层菌丝之间,没有明显的藻层与髓层之分,这种类型的地衣较少,如胶衣属(*Collema*)。

一般讲,叶状地衣大多数为异层型,从下皮层上生出许多假根或脐固着于基物上。壳状地衣多数无皮层,或仅具上皮层,髓层菌丝直接与基物密切紧贴。枝状地衣都是异层型,与异层型叶状地衣的构造基本相同,但枝状地衣各层的排列是圆环状,中央有的有 1 条中轴,如松萝属,或者是中空的,如地茶属。

4.3 地衣繁殖

4.3.1 营养繁殖

营养繁殖是最普通的繁殖形式，主要是地衣体的断裂，1个地衣体分裂为数个裂片，每个裂片均可发育为新个体。此外，粉芽、珊瑚芽和碎裂片等，都是用于繁殖的构造。

4.3.2 有性繁殖

有性生殖是由地衣体中的子囊菌和担子菌进行的，产生子囊孢子或担孢子。前者称子囊菌地衣，占地衣种类的绝大部分；后者为担子菌地衣，为数很少。子囊菌地衣大部分为盘菌类和核菌类。

盘菌类在地衣体中有性生殖产生子囊盘，子囊盘内有子囊和子囊孢子，在子囊中间夹有侧丝。子囊盘裸露在地衣的表面并突出，称裸子器。子囊孢子放出后，落于藻细胞上，便萌发为菌丝，藻细胞和菌丝反复分裂，形成新的地衣体。如子囊孢子落到没有藻细胞和无养料的基质上，也能萌发为菌丝，但不久即饿死。

地衣体的子囊菌为核菌纲时，其子囊果为子囊壳(perithecium)，埋于地衣体内或稍外露，此类地衣称核果地衣(pyrenocarp lichen)。

4.4 地衣植物的分类

地衣通常分为3个纲，即子囊衣纲(Ascolichenes)，担子衣纲(Basidiolichenes)和半知衣纲或不完全衣纲(Deuterolichens 或 Lichens imperfectii)，全世界有500余属25 000余种。

4.4.1 子囊衣纲 Ascolichens

主要特点是组成这个纲的地衣体中的真菌属于子囊菌亚门的真菌——子囊菌。本纲地衣的数量占地衣总数的99%，主要有以下属：

(1)松萝属　地衣体丛枝状，直立、半直立至悬垂。枝体圆柱形至棱柱形，通常具软骨质中轴。子囊盘茶渍型，果托边缘往往有纤毛状小刺。子囊内含8个孢子，无色，单胞，椭圆形。地衣体内含松萝酸。其中长松萝(*Usnea longissima* Ach.)是最常见的1种，分布普遍。

(2)梅衣属　地衣体叶状，较薄，上、下皮层间无膨胀空腔。上表面灰色、灰绿色、黄绿色至褐色，具粉芽或裂芽，或无。下表面淡色、褐色至黑色，边缘淡色，有假根。子囊盘散生于上表面，子囊内8个孢子，孢子无色，单胞，近圆形至椭圆形。

(3)文字衣属　地衣体壳状，生于树皮上，表生或内生，无皮层或具微弱的皮层。子囊盘曲线形，稀为长圆形，深陷于基物表面或突出。盘面狭缝状，有时缝隙较宽。子囊内含4～8个孢子，孢子无色，熟后暗色，长椭圆形或腊肠形，双胞至多胞。

(4)地卷衣属　地衣体叶状或鳞片状。子囊盘半被果形，生于裂片的顶端表面或叶缘表面，或在叶面中央并凹陷。子囊盘大，子囊内含4～8个孢子。孢子长椭圆形至近针形，无色或淡褐色。

(5)石蕊属　果柄皮层菌丝排列方向与果柄垂直。果柄单一中空，柱状或树枝状多分枝，末端扩大或否。子囊盘蜡盘形。孢子无色，单胞，稀为2～4胞，卵形、长椭圆形至纺锤形。藻类为共球藻。

【药用植物】

松萝(节松萝、破茎松萝)*Usnea diffracta* Vain.　属于松萝科。植物体丝状，多回二叉分枝，下垂，表面淡灰绿色，有多数明显的环状裂沟，内部具有弹性的丝状中轴，可拉长，由菌丝组成，易与皮部分离；其外为藻环，常由环状沟纹分离或成短筒状。菌层产生少数子囊果。子囊果盘状，褐色，子囊棒状，内生8个子囊孢子。分布于全国大部分省区。生于深山老林树干上或岩石上。全草在西北、华中、西南等地常称海风藤，入药。有小毒，全草能祛风湿、活血通络、止咳平喘、清热解毒。含松萝酸、环萝酸、地衣聚糖。松萝酸有抗菌作用。同属长松萝(老君须)(*U. longissima* Ach.)全株细长不分枝，长可达1.2 m，两侧密生细而短的侧枝，形似蜈蚣(图4-3)。分布和功用同松萝。

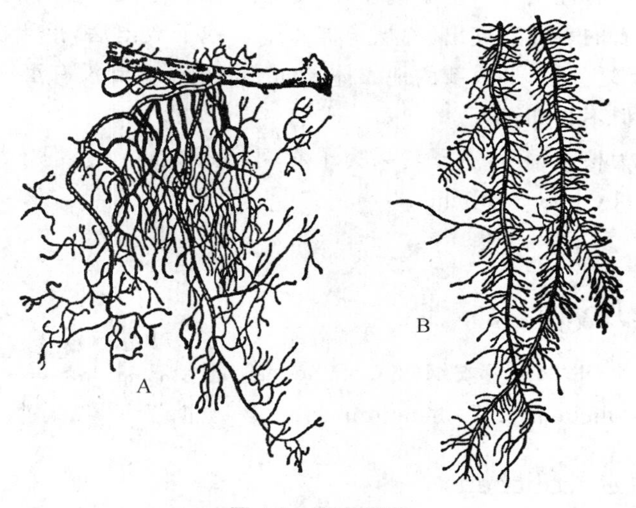

图4-3　两种松萝

A. 松萝　B. 长松萝

石蕊 *Cladonia rangiferina*(L.)Web.　属石蕊科。枝状地衣，高5～10 cm，干燥者硬脆。土生或生于腐木或岩石表土上，广布于全国各地。全草入药，祛风镇痛、凉血止血。石蕊在医药和化学试剂方面，有重要价值。有些种类可提取抗生素，如雀石蕊、软石蕊、红头石蕊、粉杆红石蕊、粉杯红石蕊等；有些种类可提取石蕊试剂，如石蕊、鳞片石蕊、杯腋石蕊、喇叭石蕊等。

石耳 *Umbilicaria esculenta* (Miyoshi) Minks　属石耳科。地衣体叶状，近圆形，边缘有波状起伏，浅裂。表面褐色，平滑或有剥落粉屑状小片，下面灰棕黑色至黑色，自中央伸出短柄(脐)。分布于我国中部及南部各省。生于悬崖峭壁阴湿石缝中。全草可供食用，含有石耳酸、茶渍衣酸。全草能清热解毒，止咳祛痰，平喘消炎，利尿，降低血压。

4.4.2　担子衣纲 Basidiolichens

本纲组成地衣体的菌类多属非褶菌目伏革菌科(Corticiaceae)，其次为伞菌目口蘑科

(Tricholomataceae)的亚脐菇属(*Omphalina*)菌类,还有属于珊瑚菌科(Clavariaceae)菌类。组成地衣体的藻类为蓝藻,主要分布于热带,如扇衣属(*Cora*)。生于土壤或树木上,生于树上的以侧生假根附着于基物上。在垂直切面中,分为3层,最上层为稀疏菌丝组成的毡状层;中层为藻胞层,是1种蓝球藻,其中混有不规则方向的菌丝;下层为由方向混乱的菌丝组成的稍紧密的毡状层。地衣体的下表面有同心环状排列的弧状突起即为子实层体,其表面为子实层,每个担子上长4个顶生的担孢子。

4.4.3 半知衣纲或不完全衣纲 Deuterolichens 或 Lichens imperfectii

根据地衣体的构造和化学反应属于子囊菌的某些属,未见到它们产生子囊和子囊孢子,是一类无性地衣。其中有些种具不完全分生孢子器时期(pycnidial stage),有时也见到子囊。器孢子(pycnidiospore)可以萌发为菌丝体,可以和蓝藻细胞汇合,并发现精子和受精丝,认为是有性生殖,但未发现其质配。如地茶属(*Thamnolia*)地衣体丝状,有分枝,地生,白色至灰白色,带红褐色,遇钾液变淡黄色或柠檬色。

【药用植物】

雪茶(地茶) *Thamnolia vermicularis* (Sw.) Ach. ex Schaer. 属于地茶科。地衣体树枝状,白色至灰白色,长期保存则变橘黄色。常聚集成丛,分枝单一或顶端二至三叉,长圆条形或扁带形。表面有皱纹凹陷,纵裂或小穿孔,中空。分布于四川、陕西、云南等省。生于高寒山地或积雪处。全草能清热解毒、平肝降压、养心明目。

地衣植物入药的还有:金黄树发(头发七)(*Alectoria jubata* Ach.),是抗生素及石蕊试剂的原料。全草(头发七)能利水消肿,收敛止汗。雀石蕊(太白花)(*Cladonia stellaris* (Opiz) Pouzor.et Vezdr.),全草入药,主治头晕目眩,高血压等。为抗生素原料。地衣体内含有许多独特的化学成分,如地衣多糖、石耳多糖等,地衣多糖有抗癌作用。多种地衣酸有抗菌作用,可制成外用消炎药。

【阅读材料】

地衣与生态环境

地衣是藻类和真菌共生而成的复合植物,由于藻、菌之间长期的生物学结合,具有独特的形态、结构、生理和遗传等生物学特性,而不同于其他一般真菌和藻类。地衣中共生的真菌绝大多数为子囊菌,少数为担子菌,极少数属于半知菌;共生的藻类最常见的是绿藻中的共球藻、原球藻和橘色藻等,最常见的蓝藻则为念球藻。

地衣没有根、茎、叶等器官,菌类和藻类的这种密切的结合,使地衣的适应能力很强,能抵御干旱、严寒等恶劣环境条件的影响,有的地衣能忍受长期干旱,干旱时休眠,雨后恢复生长;有的地衣能忍受60℃的高温及−50℃的严寒。可以生长在峭壁、岩石、树皮或沙漠上。因而广泛分布于世界各地,从南北极到赤道,从高山到平原,从森林到荒漠,甚至在其他植物不能生活的陆地环境中,到处都有它的足迹,可视为自然界中先锋植物。地衣生长缓慢,数年内才长几厘米,由于地衣的生长周期极长,又耐干旱、耐寒冷,因而冰川学家利用固着在裸露岩石上的地衣进行冰川年代的测算或判断岩石裸露的历史。在生长过程中,地衣还会分泌一种酸性化学物质——地衣酸,能分解所附着的岩石,积年累月下来,被分解的岩石加上风化,逐渐形成土壤,为其他植物提供生长条件。人们誉它为"植物界的开路先锋"。

地衣可作药用、饲料以及提取香精油、天然染料、石蕊试剂、松萝酸等的原料。大部分地衣是喜光性植物，要求新鲜空气，对大气污染十分敏感。在人烟稠密特别是工业城市附近，很少见到地衣，因此，地衣是环境监测生物。

【思考题】

1. 为什么说地衣植物体是共生复合体？根据形态和构造，地衣分为哪几类？
2. 地衣有性生殖产生何种孢子？各称何种地衣？
3. 地衣植物门的分类依据是什么？共分为哪几纲？
4. 地衣植物门有哪些常用药用植物？从形态上分属何种类型地衣？

第 5 章　苔藓植物 Bryophyta

教学目的和要求：

1. 掌握苔藓植物门的主要特征和分纲；
2. 了解常见药用苔类和藓类。

苔藓植物广泛分布世界各地，一般生活在阴湿多水的地方，在沙漠与海水中没有分布，说明其趋向于适应陆地生活，而又尚未完全脱离水生条件的特点。苔藓植物在系统进化中具有较重要的位置，但药用植物很少。

5.1　苔藓植物的特征

苔藓植物(Bryophyta)是高等植物中最原始的陆生类群。最早生于距今 4 亿年前的古生代泥盆纪。它们虽然脱离水生环境进入陆地生活，但大多数仍需生活在潮湿地区，因此它们是从水生到陆生过渡的代表类型。苔藓植物是矮小的绿色植物，构造简单，最大的种类也只有数十厘米。较低等的苔藓植物常为扁平的叶状体，较高等的则有茎、叶的分化，而无真正的根，仅有单列细胞构成的假根。茎中尚未分化出维管束的构造，只有较高等的种类中有类似输导组织的细胞群。苔藓植物有明显的世代交替现象，在它们的世代交替过程中，配子体很发达，具有叶绿体，是独立生活的营养体，而孢子体不发达，不能独立生活，寄生在配子体上，由配子体供给营养。孢子体寄生在配子体上，这是与其他高等植物的最主要区别。苔藓植物的雌、雄生殖器官都是多细胞组成的，它们的雌性生殖器官——颈卵器(archegonium)很发达，呈长颈花瓶状，上部细狭称颈部，颈部的外壁由 1 层细胞构成，中间有 1 条沟，称颈沟(neck canal)，颈沟内有 1 串细胞，称颈沟细胞(neck canal cell)。下部膨大称腹部，腹部的外壁是由多层细胞构成，腹部中间有一个大型的细胞称卵细胞(egg cell)。在卵细胞与颈沟细胞之间的部分称腹沟(ventral canal)，在腹沟内有 1 个腹沟细胞(ventral canal cell)。雄性生殖器官为精子器(antheridium)，精子器的外形多呈棒状或球状，精子器的外壁也由 1 层细胞构成，精子器内具有多数的精子，精子的形状长而卷曲，带有两条鞭毛(图 5-1)。苔藓植物的受精必须借助于水，由于卵的成熟，促使颈沟细胞与腹沟细胞的破裂，精子游到颈卵器附近，通过破裂的颈沟细胞和腹沟细胞而与卵结合。卵细胞受精生成为合子($2n$)，合子不须经过休眠即开始分裂而发育成胚(embryo)。胚依靠配子体的营养在颈卵器内发育成为孢子体($2n$)，孢子体通常分为 3 个部分：上端为孢子囊(sporangium)，又称孢蒴(capsule)，孢蒴下有柄，称蒴柄(seta)，蒴柄最下部有基足(foot)，基足伸入配子体的组织中吸收养料，以供孢子体的生长，故孢子体寄生于配子体上，孢蒴中含有大量孢子，产生孢子的组织称造孢组织(sporogenous tissue)，造孢组织产生孢子母细胞(spore mother cell)，每个孢子母细胞经过减数分裂形成 4 个孢子，孢子成熟后散布于体外。孢子在适宜的生活环境中萌发成丝状体，形如丝状绿藻类，称原丝体(protonema)，原丝体生长一个时期后，在原丝体上再生成配子体。

苔藓植物有颈卵器和胚的出现，是高级适应性状，因此，将苔藓植物、蕨类植物和种子植物合称为有胚植物(embryophyta)，并列于高等植物范畴之内。

苔藓植物的生活史中，从孢子萌发到形成配子体，配子体产生雌、雄配子，这一阶段为有性世代；从受精卵发育成胚，由胚发育形成孢子体的阶段称为无性世代。有性世代和无性世代互相交替形成了世代交替。

苔藓植物大多生活在阴湿的环境中，如潮湿的土壤表面、岩石、墙壁、沼泽或林中的树皮及朽木上，极少数生于急流之中的岩石或干燥地区。在阴湿的森林中，常形成森林苔原，苔藓也和地衣一样有促进岩石分解为土壤的作用。

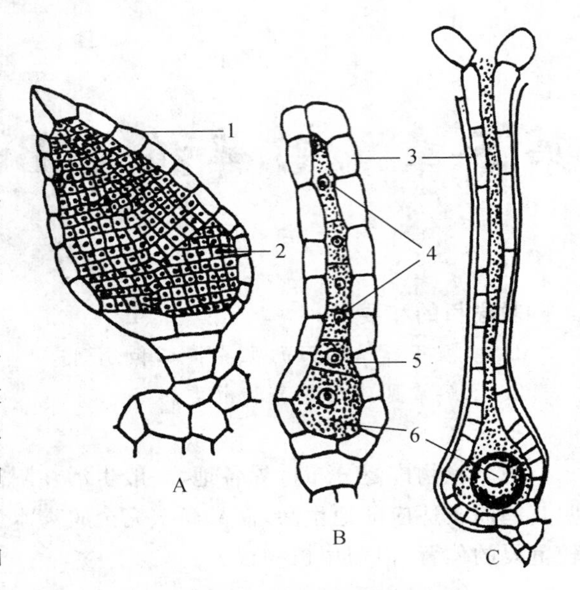

图 5-1　钱苔属的精子器与颈卵器

A. 精子器　B、C. 不同时期的颈卵器
1. 精子器的壁　2. 产生精子的细胞
3. 颈卵器壁　4. 颈沟细胞
5. 腹沟细胞　6. 卵

苔藓植物对自然界的形成有一定的作用。例如，泥炭藓除了形成可以作燃料的泥炭外，又是植物界拓荒先锋植物之一，能为其他高等植物创造生存条件；苔藓植物吸水能力很强，可用来防止水土流失；苔藓植物对湖沼的陆地化和陆地的沼泽化，均起着重要的演替作用；苔藓植物还可以作为指示植物。在医药方面，苔藓植物含有脂类、烃类、脂肪酸、萜类、黄酮类等成分，其作药用已有悠久的历史，《嘉祐本草》已记载土马骔(*Polytrichum commune* L. ex Hedw.)即大金发藓有清热解毒作用。明代李时珍的《本草纲目》也记载了少数苔藓植物可以供药用。近年来，我国又发现大叶藓属(*Rhodobryum*)的一些种类对治疗心血管病有较好的疗效。

5.2　苔藓植物的分类

苔藓植物全世界约 23 000 种，我国约有 2 800 种，药用的有 21 科 43 种。根据其营养体的形态结构，通常分为 2 大类，即苔纲(Hepaticae)和藓纲(Musci)(表 5-1)。但也有人把苔藓植物分为苔纲、角苔纲(Anthocerotae)和藓纲等 3 纲。

5.2.1　苔纲

苔类(liverwort)多生于阴湿的土地、岩石和树干上，偶或附生于树叶上；少数种类漂浮于水面，或完全沉生于水中。

苔类植物的营养体(配子体)形态很不一致，或为叶状体，或为有类似茎、叶分化的拟茎叶体，但植物体多为背腹式，并常具假根。孢子体的构造比藓类(moss)简单，有孢蒴、蒴柄，孢蒴无蒴齿(peristomal teeth)，除角苔属(*Anthoceros*)外常无蒴轴(columella)，孢蒴内除孢子外还具有弹丝(elater)。孢子萌发时,原丝体阶段不发达,常产生芽体,再发育为配子体。

表 5-1　苔纲、藓纲的特征

纲	苔　纲	藓　纲
配子体	多为扁平的叶状体,有背腹之分;体内无维管组织;根由单细胞组成的假根	有茎、叶的分化,茎内具中轴,但无维管组织;根由单列细胞组成的分支假根
孢子体	由基足、短缩的蒴柄和孢蒴组成,孢蒴无蒴齿,孢蒴内有孢子及弹丝,成熟时在顶部呈不规则开裂	由基足、蒴柄和孢蒴 3 部分组成,蒴柄较长,孢蒴顶部有蒴盖及蒴齿,中央为蒴轴,孢蒴内有孢子,无弹丝,成熟时盖裂
原丝体	孢子萌发时产生原丝体,原丝体不发达,不产生芽体,每一个原丝体只形成一个新植物体(配子体)	原丝体发达,在原丝体上产生多个芽体,每个芽体形成一个新的植物体(配子体)
生境	多生于阴湿的土地、岩石和潮湿的树干上	比苔类植物耐低温,在温带、寒带、高山、冻原、森林、沼泽常能形成大片群落

苔纲通常分为 3 个目:①地钱目(Marchantiales),叶状体,背腹形明显,腹面有鳞片;蒴壁单层,常不规则开裂,雌雄异株。②叶苔目(Jungermanniales),种类最多,多数拟茎叶体,腹面常无鳞片,蒴壁多层细胞,4 瓣裂,雌雄异株。③角苔目(Anthocerotales),叶状体,细胞无分化,孢子体细长呈针状。

【药用植物】

地钱 *Marchanfia polymorpha* L.　是地钱属植物,植物体为绿色、扁平、叉状分枝的叶状体,分布广泛,喜生于阴湿的土地上,故常见于林内、井边、墙隅。植物体较大,平铺于地面,有背腹之分。叶状体的背面可见许多多角形网格,网纹中央有 1 个白点。叶状体的腹面有许多单细胞假根和由多个细胞组成的紫褐色鳞片,假根及鳞片都有吸收养料、保存水分、固定植物体的功能。叶状体颇厚,为多层细胞所组成。其前端凹入处有顶端细胞,此细胞能不断地分裂形成新细胞,是地钱的生长点部分。这些细胞继续生长分化,即形成地钱配子体的各种组织。将成熟的叶状体(配子体)横切,可以看出其叶状体已有明显的组织分化,最上层是表皮,表皮下有 1 层气室(air chamber),气室的底部有许多不整齐的细胞,排列疏松,细胞内含有许多叶绿体。气室之间由单层细胞构成的气室壁隔开,有不含或微含叶绿体的细胞,成为两室的限界,从叶状体背面所看到的网格实际就是气室的界限,而网格中央的白色小点就是气孔(air pore)。每个气室有一气孔与外界相通,每室的顶部中央有个气孔,孔的周围由数个细胞构成烟囱状。气孔无闭合能力,气室间可见排列疏松、富含叶绿体的同化组织,气室以下是由多层薄壁细胞构成的贮藏组织,内含有淀粉或油滴。有时也可以看到黏液道。气室最下层为下表皮,其上长出假根和鳞片。

地钱通常以形成胞芽(gemma)的方式进行营养繁殖,胞芽形如凸透镜,通过一细柄生于叶状体背面的胞芽杯(gemma cup)中(图 5-2)。胞芽两侧具缺口,其中各有一个生长点,成熟后从柄处脱落离开母体,发育成新的植物体。

地钱为雌雄异株植物,有性生殖时,在雄配子体中肋上生出雄生殖托(antheridiophore),雄生殖托盾状,具有长柄,上面具许多精子器腔,每腔内具一精子器,精子器卵圆形,精子器腔有小孔与外界相通,其壁由 1 层细胞构成,下有一短柄与雄生殖托组织相连。成熟的精子器中

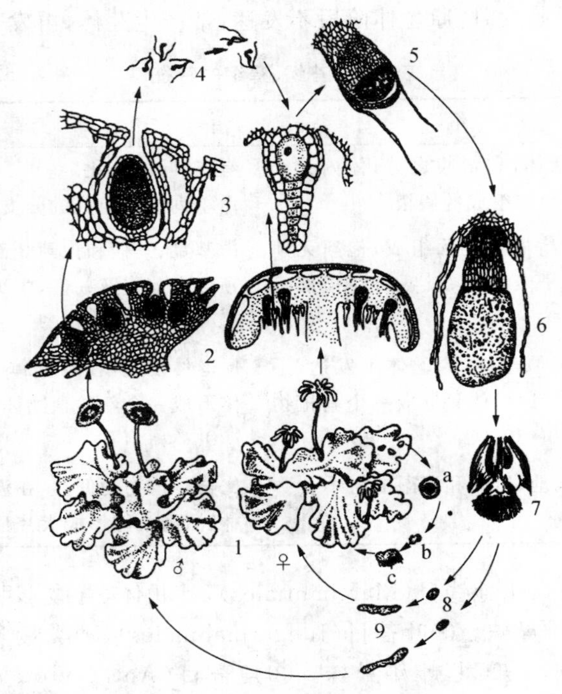

图 5-2 地钱的生活史

1. 雌雄配子体 2. 雌器托和雄器托 3. 颈卵器及精子器 4. 精子
5. 受精卵发育成胚 6. 孢子体 7. 孢子体成熟后散发孢子 8. 孢子
9. 原丝体 a. 胞芽杯内胞芽成熟 b. 胞芽脱离母体 c. 胞芽发育成新植物体

具多数精子，精子细长，顶端生有两条等长的鞭毛。在雌株的中肋上，生有雌生殖托(archegoniophore)，雌生殖托伞形，边缘具8～10条下垂的芒线(rays)，两芒线之间生有一列倒悬的颈卵器，每行颈卵器的两侧各有一片薄膜将它们遮住，称为蒴苞(involuere)。颈卵器成瓶状，具有颈部、腹部和1个短柄。

精子器成熟后，精子逸出器外，以水为媒介，游入发育成熟的颈卵器内，精、卵结合形成合子。合子在颈卵器内不经休眠，发育形成胚，而后发育成孢子体；地钱的孢子体分为3个部分，顶端为孢子囊(孢蒴)，孢子囊基部有1个短柄(蒴柄)，短柄先端伸入组织内而膨大，即为基足，基足吸收配子体的营养，供孢子体的生长发育。在孢子体发育的同时，颈卵器腹部的壁细胞也分裂，膨大加厚，成为一罩，包住孢子体。此外，颈卵器基部的外围也有一圈细胞发育成一筒笼罩颈卵器，名为假被(pseudoperianth，又称假蒴苞)。因此，受精卵的发育受到3重保护：颈卵器壁、假被和蒴苞。地钱的孢子体很小，主要靠基足伸入到配子体的组织中吸收营养。

当无性生殖时，孢蒴内细胞，有的经减数分裂后形成同型孢子；有的不经减数分裂伸长，细胞壁螺旋状加厚而形成弹丝(elater)。孢蒴成熟后，撑破由颈卵器基部细胞发育的假蒴苞(pseudoperianth)，而伸出于外，由顶部不规则裂开，孢子借弹丝的作用散布出去。孢子同型异性，在适宜的环境中萌发雌性或雄性的原丝体，进一步发育成雌或雄的新一代植物体(叶状体)，即配子体。

地钱除有性及无性生殖外，也有营养繁殖。地钱的营养繁殖主要是胞芽(gemmae)，胞芽生于叶状体背面中肋上的绿色芽杯(cupule)中。胞芽形如鼓藻(cosmarium)而一端具细柄，成熟时胞芽由柄处脱落，散布于土中，萌发成新的植物体。由于地钱是雌雄异株，都可以产生胞芽，胞芽发育形成的新植物体，性别不变，与母体相同。地钱的营养繁殖，除胞芽外，植物体较老的部分，逐渐死亡腐烂，而幼嫩部分，即分裂成为两个新植物体，这种现象在苔藓植物中甚为普遍。

综上所述，可以归结地钱的生活史如下：孢子发育为原丝体，原丝体发育成雌、雄配子体，在雌、雄配子体上分别形成精子器和颈卵器，在精子器内产生精子，颈卵器内产生卵，此过程称有性世代（sexual generation）或配子体世代，细胞核的染色体数目为单倍体（haploid），通常以（n）来表示。精子和卵结合成为受精卵，即合子，合子在颈卵器内发育成胚，由胚进一步发育成为孢子体，此称无性世代（asexual generation）或孢子体世代，细胞的染色体数目为二倍体（diploid），通常以（$2n$）来表示。孢子母细胞经减数分裂为四分孢子，使 $2n$ 又变成 n。地钱的配子体是绿色的叶状体，能独立生活，在生活史中占主要地位。孢子体退化，不能独立生活，寄生在配子体上。

蛇地钱（蛇苔）*Conocephalum conicum*（L.）Dum.　全草能清热解毒，消肿止痛。外用治烧伤，烫伤，毒蛇咬伤，疮痈肿毒等。

5.2.2　藓纲

藓纲植物种类繁多，遍布世界各地，它比苔类植物更耐低温，因此在温带、寒带、高山、冻原、森林、沼泽等地常能形成大片群落。

藓类植物的配子体为有茎、叶分化的拟茎叶体，无背腹之分。有的种类，茎常有中轴分化，叶在茎上的排列多为螺旋式，故植物体呈辐射对称状。有的叶具有中肋（nerve，midrib）。孢子体构造比苔类复杂，蒴柄坚挺，孢蒴有蒴轴，无弹丝，成熟时多为盖裂。孢子萌发后，原丝体时期发达，每个原丝体常形成多个植株。

藓纲分为 3 个目：①泥炭藓目（Sphagnales），沼泽生，植株黄白色、灰绿色，侧枝丛生成束，叶具无色大型死细胞，植物体上的小枝延长为假蒴柄，孢蒴盖裂，雌雄异苞同株。②黑藓目（Andreaeales），高山生，植株紫黑色、赤紫色，具延长的假蒴柄，雌雄同株或异株。③真藓目（Bryales），生境多样，植株多为绿色，无假蒴柄，孢蒴盖裂，雌雄同株或异株。

【药用植物】

葫芦藓 *Funaria hygrometrica* Hedw.　为葫芦藓属土生喜氮的小型藓类。一般分布在阴湿的泥地、林下或树干上，其植物体高 1～2 cm，习见于田园、庭园、路旁，遍布于全国。植物体直立，丛生，有茎、叶的分化。茎短小，基部有由单列细胞构成的假根。叶卵形或舌形，丛生于茎的上部，排列疏松。叶有明显的 1 条中肋，整个叶片除中肋外都由 1 层细胞构成。茎的构造比较简单，自表皮向内分作表皮、皮层和中轴 3 层组织。表皮、皮层基本由薄壁细胞组成，只有中轴部分的细胞比其他部分的细胞纵向延长，但并不形成真正的输导组织。茎的顶端具有生长点，生长点的顶细胞呈倒金字塔形，它能三面分裂，生成侧枝和叶。

葫芦藓为雌雄同株植物，但雌、雄生殖器官分别生在不同的枝上。产生精子器的枝，顶端叶形较大，而且外张，形如一朵小花，为雄器苞（perigonium），雄器苞中含有许多精子器和侧丝，精子器棒状，基部有小柄，内生有精子，精子具有两条鞭毛。精子器成熟后，顶端裂开，精子逸出体外。侧丝由 1 列细胞构成，呈丝状，但顶端细胞明显膨大。侧丝分布于精子器之间，将精子器分别隔开，侧丝的作用是能保存水分，保护精子器。产生颈卵器的枝，枝顶端如顶芽，为雌器苞（perichaenium），其中有颈卵器数个。颈卵器瓶状，颈部细长，腹部膨大，腹下有长柄着生于枝端。颈部壁由1层细胞构成，腹部壁由多层细胞构成。颈部内有1串颈沟细胞，腹部内有1个卵细胞，颈沟细胞与卵细胞之间有1个腹沟细胞。

葫芦藓在生殖季节里，生殖器官成熟时，精子器的精子逸出，借助水游到颈卵器附近，进入成熟的颈卵器内，卵受精后形成合子。合子不经过休眠，即在颈卵器内发育为胚，胚逐渐分化形成基足、蒴柄和孢蒴而成为1个孢子体。基足伸入母体之内，吸收养料，蒴柄初期生长较快而将孢蒴顶出颈卵器之外，被撕裂的颈卵器部分，附着在孢蒴的外面，形成蒴帽(calyptra)。因此，蒴帽是配子体的一部分，而不属于孢子体。蒴帽于孢蒴成熟后即行脱落。

孢子体的主要部分是孢蒴，成熟时形似一个基部不对称的歪斜葫芦，孢蒴的构造较为复杂，可分为3个部分：顶端为蒴盖(operculum)，中部为蒴壶(urn)，下部为蒴台(apophysis)。蒴盖的构造简单，由1层细胞构成，覆于孢蒴顶端。蒴壶的最外层是1层表皮细胞，表皮以内为蒴壁，蒴壁由多层细胞构成，其中有大的细胞间隙，为气室，中央部分为蒴轴(columella)，蒴轴与蒴壁之间有少量的孢原组织(archesporium)，孢子母细胞即来源于此。每个孢子母细胞经减数分裂后，形成四分孢子。蒴壶和蒴盖相临处，外面有由表皮细胞加厚构成的环带(annulus)，内侧生有蒴齿(peristomal teeth)。蒴齿共有32枚，分内外两轮，各16枚。蒴盖脱落后，蒴齿露在外面，能行干湿性伸缩运动，孢子借蒴齿的运动弹出蒴外。蒴台在孢蒴的最下部，蒴台的表皮上有许多气孔，表皮内有2～3层薄壁细胞和一些排列疏松而含有叶绿粒的薄壁细胞，能进行光合作用。

苔藓植物孢蒴成熟后，孢子散出蒴外，在适宜的环境中萌发成为原丝体。原丝体由绿丝体(chloronema)、轴丝体(caulonema)和假根构成。绿丝体的特征是每个细胞内含有多数椭圆形的叶绿体，其细胞的端壁与原丝体的长轴成直角，它的机能是进行光合作用；轴丝体的特征是每个细胞内叶绿体较少，多呈纺锤形，其细胞的端壁与原丝体的长轴呈斜交，它的机能是产生具有茎叶的芽；假根是由不含叶绿体的无色细胞构成，细胞的端壁亦是斜生，其生理机能是固着与吸收作用。葫芦藓每一个孢子发生的原丝体，可以产生几个芽。每一个芽都能形成1个新植物体。当植物体生长一个时期后，又能在不同的枝上形成雌、雄生殖器官，进行有性生殖(图5-3)。

从葫芦藓的生活史看，也和地钱相似，孢子体仍寄生在配子体上，不能独立生活。但与地钱不同的是孢子体在构造上比地钱较为复杂。全草有祛湿、止血作用。

大金发藓(土马骔)*Polytrichum commune* L.　属金发藓科。小型草本，高10～30 cm，深绿色，老时呈黄褐色，常丛集成大片群落。茎直立，单一，常扭曲。叶多数密集在茎的中上部，渐下渐稀疏而小，至茎基部呈鳞片状(图5-4)。雌雄异株，颈卵器和精子器分别生于两株植物体茎顶。早春成熟的精子在水中游动，与颈卵器中的卵细胞结合，成为合子，合子萌发而形成孢子体，孢子体的基足伸入颈卵器中，吸收营养。蒴柄长，棕红色。孢蒴四棱柱形，蒴内具大量孢子，孢子萌发成原丝体，原丝体上的芽长成配子体(植物体)。蒴帽有棕红色毛，覆盖全蒴。全草入药，有清热解毒、凉血止血作用。古代有关本草记载及《植物名实图考》所指"土马骔"的基原系泛指此种藓。

暖地大叶藓(回心草)*Rhodobryum giganteum*(Sch.)Par.　属真藓科。根状茎横生，地上茎直立，叶丛生茎顶，茎下部叶小，鳞片状，紫红色，紧密贴茎。雌雄异株。蒴柄紫红色，孢蒴长筒形，下垂，褐色。孢子球形。分布于华南、西南。生于溪边岩石上或湿林地。全草含生物碱、高度不饱和的长链脂肪酸等，能清心明目安神，对冠心病有一定疗效。

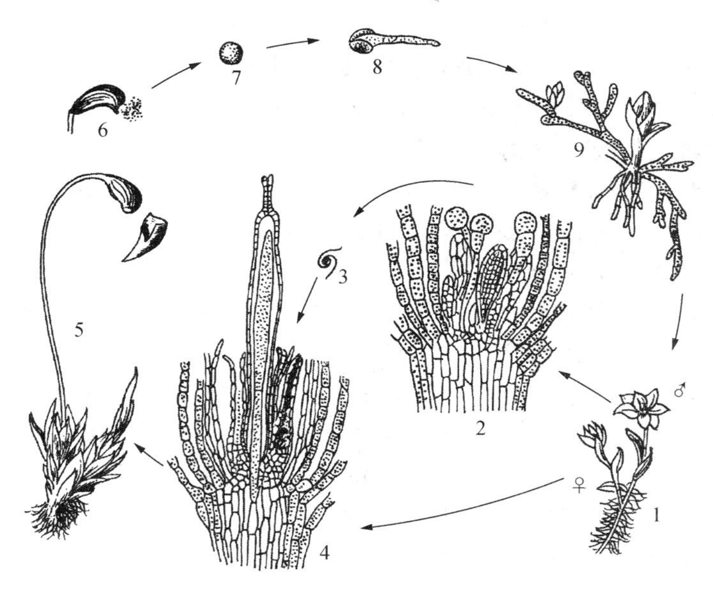

图 5-3　葫芦藓生活史

1. 配子体上的雌雄生殖枝　2. 雄器苞的纵切面(示精子器及隔丝)　3. 精子　4. 雌器苞的纵切面(示颈卵器和正在发育的孢子体)　5. 成熟的孢子体仍着生于配子体上　6. 散发孢子　7. 孢子　8. 孢子萌发　9. 具芽及假根的原丝体

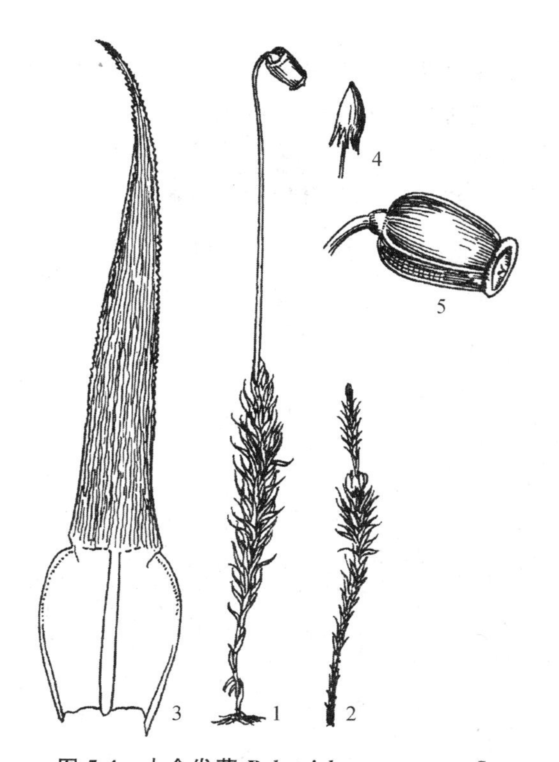

图 5-4　大金发藓 *Polytrichum commune* L.

1. 雌株(其上具孢子体)　2. 雄株(其上生有新枝)　3. 叶腹面观　4. 具蒴帽的孢蒴　5. 孢蒴

【阅读材料】

苔藓在生态系统中的特点

苔藓植物分布范围极广，广泛分布于世界各地，一般生活在阴湿多水的地方，也可以生存在热带、温带和寒冷的地区（如南极洲和格陵兰岛）。成片的苔藓植物称为苔原，苔原主要分布在欧亚大陆北部和北美洲，局部出现在树木线以上的高山地区。苔藓植物能继蓝藻、地衣之后，生活于沙碛、荒漠、冻原地带及裸露的石面或新断裂的岩层上，在生长的过程中能不断地分泌酸性物质，溶解岩面，本身死亡的残骸亦堆积在岩面之上，年深日久为其他高等植物创造了生存条件，因而苔藓植物是植物界的拓荒者之一。苔藓植物常常具有极强的吸水能力，尤其是当密集丛生时，其吸水量高时可达植物体干重的15～20倍，而其蒸发量却只有净水表面的1/5，因此在防止水土流失上起着重要的作用。苔藓植物有很强的适应水湿特性，可促进沼泽、湖泊、森林和陆地之间的演化。如泥炭藓属、湿原藓属（*Calliergon*）、大湿原藓属（*Calliergonella*）、镰刀藓属（*Drepanocladus*）等，对湖泊、沼泽的陆地化和陆地的沼泽化，起着重要的促进演替作用。苔藓植物对 SO_2、HF 有高度的敏感性，可作为大气的指示植物，而且在不同的生态条件下，常出现不同种类的苔藓植物，如泥炭藓类多生于我国北方的落叶松和冷杉林中，金发藓多生于红松和云杉林中，而塔藓（*Hylocomium splendens*（Hedw.）B. S. G.）多生于冷杉和落叶松的半沼泽林中。在我国南方一些叶附生苔类，如细鳞苔科（Lejeuneaceae）、扁萼苔科（Radulaceae）植物多生于热带雨林内，因此可以作为某一个生活条件下综合性的指示植物。

【思考题】

1. 苔藓植物门植物有哪些特征？为何植物学家把苔藓植物列入高等植物范畴？
2. 苔藓植物多生长在哪些地区？有何共同特点？
3. 如何区别苔类植物和藓类植物？详述地钱及葫芦藓的生活史。
4. 苔藓植物在自然界中有哪些作用？有何经济价值？

第6章　蕨类植物门 Pteridophyta

教学目的和要求：

1. 掌握蕨类植物门的主要特征；
2. 掌握蕨类植物门的分类及主要科的识别特征，熟悉常用的药用蕨类植物种类。

6.1　蕨类植物概述

蕨类植物又称羊齿植物，有明显的世代交替显现，无性生殖产生孢子，有性生殖器官具有精子器和颈卵器，这与苔藓植物相同。但蕨类植物的孢子体远比配子体发达，有根、茎、叶的分化和较为原始的维管组织构成的输导系统，这些特征是异于苔藓植物的特点。蕨类植物只产生孢子，而不产生种子，则有别于种子植物。蕨类植物的配子体和孢子体均可以独立生活，这点和苔藓植物及种子植物都不同。因此，蕨类植物是介于苔藓植物和种子植物之间的植物类群，它较苔藓植物进化，而较种子植物原始，既是高等的孢子植物，又是原始的维管植物。

蕨类植物在古生代泥盆纪、石炭纪时，多为高大乔木，到三叠纪大都绝灭了，现存的大部分是多年生草本，只有桫椤（*Cyathea spinulosa* Wall. ex Hook.）等少数为木本。现在的蕨类植物有1.2万种，分布很广，除了海洋和沙漠外，无论在平原、森林、岩隙、草地、溪沟、沼泽、高山和流水中都有它们的踪迹，尤以热带和亚热带地区为其分布中心。我国有2 600余种，多分布于西南地区、长江流域以南地区以及台湾省等地，仅云南省就有1 000多种，被称为"蕨类王国"。已知药用的有49科117属455种。

6.1.1　蕨类植物的特征

6.1.1.1　孢子体（植物体）

蕨类植物的孢子体有根、茎、叶的分化，一般为多年生草本，少数为一年生。

1. 根

蕨类植物的根生长在根状茎上，属于不定根，具有较强的吸收能力。少数无根，如松叶蕨。

2. 茎

蕨类植物的茎主要是根状茎，少数为直立的树干状或其他形式的地上茎。少数原始的种类兼具气生茎和根状茎。较为原始的蕨类植物既无毛也无鳞片，较为进化的蕨类常有毛而无鳞片，高级的蕨类才有鳞片，如真蕨类的石韦（*Pyrrosia lingua*）、槲蕨（*Drynaria fortunei*）等。茎内的维管系统形成中柱，它是蕨类植物的鉴别依据之一。维管系统由木质部和韧皮部组成，木质部中主要为管胞及薄壁组织，在韧皮部中主要为筛胞及韧皮薄壁组织，一般无形成层结构。中柱类型（图6-1）主要有：

(1)原生中柱(protostele) 被认为是中柱类型中最原始的类型,原生中柱包括单中柱、星状中柱和编织中柱。仅有韧皮部与木质部,无叶隙,无髓部。

(2) 管状中柱(siphonostele) 中柱中央为薄壁细胞形成的髓部,向外为木质部和韧皮部。根据韧皮部的位置不同,又分为外韧管状中柱(木质部外仅有一圈韧皮部)和双韧管状中柱(木质部内外各有一圈韧皮部)。

(3) 网状中柱(dictyostele) 由管状中柱分裂成几个维管束,排成一圈。由于茎的节间很短,节部位叶隙密集,使中柱产生很多裂隙,从横剖面上看中柱被割成一束束。每一束中央为木质部,外面包围着韧皮部,韧皮部外还有内皮层包围。不少蕨类植物具有此种类型的中柱。

(4) 散生中柱(atactostele) 网状中柱的各个维管束再分化成不规则的分散状排列的中柱。

图 6-1 蕨类植物中柱类型横切面图(仿吴国芳, 1982)

3. 叶

蕨类植物的叶从根状茎生出,有小型叶(microphyll)与大型叶(macrophyll)两种类型。小型叶只有一个单一的不分枝的叶脉,没有叶隙(leaf gap)和叶柄(stipe),是由茎的表皮突出形成,为原始类型。大型叶有叶柄和叶隙,叶脉多分枝,是由多数顶枝经过扁化而形成的。真蕨纲植物的叶均为大型叶。有 4 个亚门具小型叶,真蕨亚门的叶均为大型叶。其中能产生孢子囊及孢子的为能育叶(fertile frond)或孢子叶(sporophyll),仅能进行光合作用的叶称为不育叶(sterile frond)或营养叶(foliage leaf)。有些蕨类的营养叶和孢子叶是不分的,形状相同,称同型叶(homomorphic leaf);也有孢子叶和营养叶形状完全不同的,称异型叶(heteromorphic leaf)。

大型叶幼时拳卷,成长后常分化为叶柄和叶片两部分。叶片的中轴称叶轴,叶片经一至多回分裂形成羽片及小羽片,小羽片的中轴称小羽轴。

4. 孢子囊

蕨类植物的孢子囊(图 6-2)有的单生于孢子叶的近轴面叶腋或叶的基部,孢子叶常集生在枝顶,形成球状或穗状,称孢子叶穗(sporophyll spike)或孢子叶球(strobilus),是小型叶蕨类的特征;而真蕨类往往由多数孢子囊聚集成群,称孢子囊群(sorus),着生在孢子叶背或叶缘;水生蕨类的孢子囊群生在特化的孢子果(或称孢子荚 sporocarp)内。孢子囊群形状多种,有圆形、长圆形、肾形、线形等。孢子囊群有裸露的,也有具囊群盖(indusium)的。孢子囊壁有一行不均匀增厚的细胞构成环带,环带着生有多种形式(图 6-3),如顶生环带、横行中部环带、斜形环带、纵行环带等,它与孢子囊开裂有关,对孢子的散布和种类的鉴别有重要作用。

5. 孢子

多数蕨类产生的孢子大小相同,称为孢子同型(isospory),有的蕨类植物产生的孢子有大小之分，即大孢子和小孢子，称为孢子异型(heterospory)。大孢子萌发后形成雌配子体，小孢子萌发后形成雄配子体。无论是同型孢子还是异型孢子，在形态上可以分为两类，一类是肾形，单裂缝，两侧对称的两面型孢子；另一类是圆形或钝三角形，三裂缝，辐射对称的四面型孢子(图 6-3)。孢子的四壁通常具有不同的突起和纹饰。

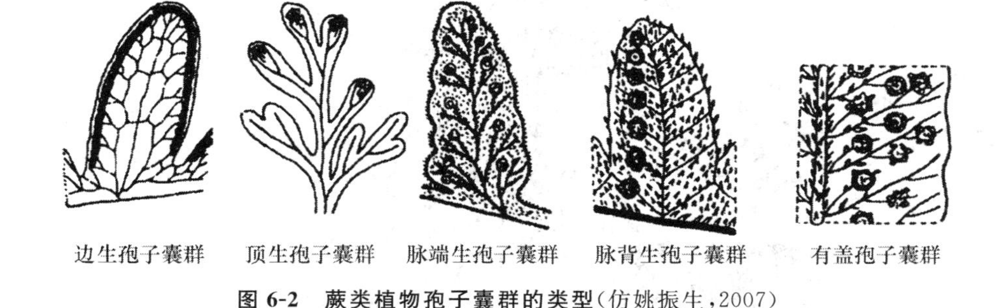

图 6-2　蕨类植物孢子囊群的类型(仿姚振生，2007)

顶生环带　横行中部环带　斜行环带　纵行环带

两面型孢子　四面型孢子　球状四面型孢子　弹丝型孢子

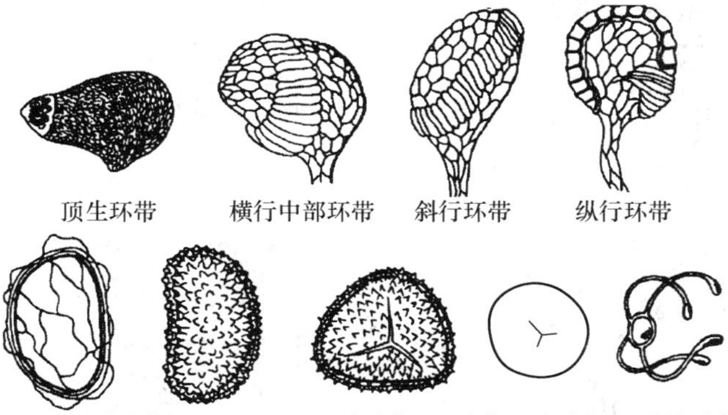

图 6-3　孢子囊环带和孢子的类型(仿姚振生，2007)

6.1.1.2　配子体

孢子成熟后萌发成配子体，又称原叶体(prothallus)。绝大多数蕨类的配子体为绿色、具有背腹分化的叶状体，结构简单，能独立生活，生活期较短。其上产生颈卵器和精子器，受精卵在颈卵器内发育成胚，幼胚暂时寄生在配子体上，长大后配子体死亡，孢子体即行独立生活。

6.1.1.3　生活史

蕨类植物的生活史(图 6-4)，有两个独立生活的植物体，即孢子体和配子体。从受精卵开始到孢子体上产生的孢子囊中孢子母细胞进行减数分裂之前，这一阶段称孢子体世代(无性世代)，其细胞的染色体数目是二倍性的($2n$)。从单倍体的孢子开始到精子和卵结合前的阶段，称配子体世代(有性世代)，其细胞染色体数目是单倍性的(n)。这两个世代有规律地交替完成其生活史。蕨类植物和苔藓植物的生活史最大的不同有两点，一是孢子体和配子体都能独立生活；二是孢子体发达，配子体弱小，所以蕨类植物的生活史是孢子体占优势的异型世代交替。

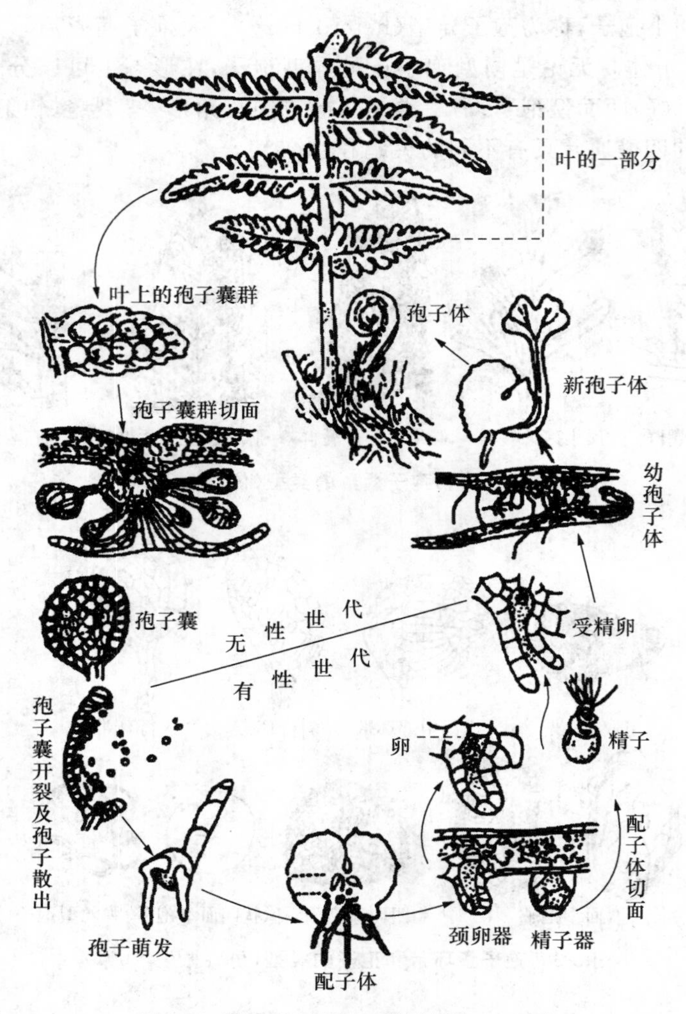

图 6-4 蕨类的生活史(仿姚振生, 2007)

6.1.2 蕨类植物的化学成分

近 40 多年来对蕨类植物化学成分的研究及应用越来越多,概括起来有以下几类:

1. 生物碱类

广泛地存在于小叶型蕨类石松科及木贼科植物中,一般含量较低,如石松科的石松属(*Lycopodium*)中含石松碱(lycopodine)、石松毒碱(clavatoxine)、垂穗石松碱(cernuine)等,石杉科的石杉属(*Huperzia*)含有石杉碱(huperzine),木贼科的木贼、问荆等含有犬问荆碱(palustrine)。

2. 酚类化合物

二元酚及其衍生物在大型叶真蕨中普遍存在,如阿魏酸(ferulic acid)、咖啡酸(caffeic acid)及绿原酸(chlorogenic acid)等。该类成分具有抗菌、止痢、止血、利胆的作用,并能升高白细胞数目,咖啡酸尚有止咳、祛痰作用。

多元酚类,特别是间苯三酚衍生物在鳞毛蕨属(*Dryopteris*)大多数种类都有存在,如粗蕨素(dryocrassin)、绵马酸类(filicic acids),此类化合物具有较强的驱虫作用和抗病毒活性,但毒性较大。

此外,在肋毛蕨属(*Ctenitis*)、复叶耳蕨属(*Arachniodes*)、耳蕨属(*Polystichum*)、鱼鳞蕨属(*Acrophorus*)等属植物中含有丁酰基间苯三酚类化合物。

3. 黄酮类

广泛存在,如问荆含有异槲皮苷(isoquercitrin)、问荆苷(equicerin)、山柰酚(kaempferal)等,卷柏、节节草含有芹菜素(apigenin)及木犀草素(luteolin),槲蕨含橙皮苷(hesperidin)、柚皮苷(naringin),过山蕨(*Camptosorus sibiricus* Rupr.)含多种山柰酚衍生物,石韦属(*Pyrosia*)含 β-谷甾醇及芒果苷(mangiferin)、异芒果苷(isomangiferin)等。

4. 甾体及三萜类化合物

在石松中含有石杉素(lycoclavinin)、石松醇(lycoclavanol)等,蛇足石杉含有千层塔醇(tohogenol)、托何宁醇(tohogininol),此外,线蕨属(*Colysis*)植物含有四环三萜类化合物。从紫萁、狗脊蕨、多足蕨(*Polypodium vulgare* L.)中发现含有昆虫蜕皮激素(insect moulting hormones),该类成分有促进蛋白质合成、排除体内胆固醇、降血脂及抑制血糖上升等活性。含甾体化合物有水龙骨属(*Polypodium*)、荚果蕨属(*Matteuccia*)、球子蕨属(*Onoclea*)、紫萁属(*Osmunda*)等。

5. 其他成分

蕨类植物中含有鞣质,在石松、海金沙等孢子中还含有大量脂肪。鳞毛蕨属的地下部分含有微量的挥发油。金鸡脚蕨(*Phymatopsis hastate* (Thunb.) Kitag.)的叶中含有香豆素。木贼科植物含有大量硅化合物,水溶性硅化合物对动脉硬化、高血压、冠心病、甲状腺肿等症有一定疗效。此外尚含多种微量元素,其中某些成分具有不同的生理活性,这些成分值得深入研究。

6.2 蕨类植物的分类

1978 年我国蕨类植物学家将蕨类植物分为松叶蕨亚门、石松亚门、水韭亚门、楔叶亚门、真蕨亚门。前 4 个亚门都是原始类型的小型叶蕨类,现存的较少。真蕨亚门是最进化的大型叶蕨类,也是最多的蕨类。本教材采用秦仁昌教授的分类系统。

6.2.1 松叶蕨亚门 Psilophytina

孢子体有匍匐的根状茎,其上生出气生枝。没有真根,仅在根状茎表面有毛状假根。具原生中柱或原始的管状中柱。气生枝二叉分,具原生中柱。叶小,无叶脉或只有单一不分枝的叶脉。孢子囊大都生在枝端。孢子圆形,同型。本亚门仅有 1 目 1 科 2 属。多分布于热带、亚热带地区,我国 1 科 1 属 1 种。从大巴山脉到海南岛各地有分布。

松叶兰科 Psilotaceae

科的特征与亚门的特征相同。本科 2 属 3 种。我国仅有松叶蕨属(*Psilotum*),1 种。

【药用植物】

松叶蕨 *Psilotum nudum* (L.) Griseb. 根状茎棕褐色,其上生毛状假根。茎二叉状分枝,基部棕红色,上部绿色,小枝有纵脊 3 条,叶厚革质,鳞片状。孢子囊球形,3 个聚合成三室的聚囊,生叶腋内。孢子同型。分布于东南、西南等地区。生于石缝或树干上。全草(松叶蕨)能祛风湿、散瘀、活血、舒筋。

6.2.2 石松亚门* Lycophytina

孢子体有根、茎、叶之分;茎多为二叉式分枝,内部为原生中柱或管状中柱,木质部外始式;小型叶,螺旋状排列或4列交互对生,只有一条叶脉,有的具叶舌结构。孢子囊单生于叶腋或近叶腋处,孢子叶在茎顶聚集成孢子叶穗;孢子同型(如石松)或异型(如卷柏)。本亚门现存2目3科。多数产于热带,也有分布于温带的。

1. 石松科 Lycopodiaceae

多年生草本。茎匍匐或直立,也有悬垂的,具不定根,多二叉分枝,通常具原生中柱。小枝密生鳞片状或针状小叶,螺旋状或轮状排列,无叶脉或仅具一条中肋。孢子叶穗集生于茎顶,孢子囊球状肾形。孢子为球状四面型,外壁有各式网纹,同型。

本科有7属约60种。广泛分布于全球。我国有5属18种,已知药用4属9种。

本科植物含石松毒碱(lycopodine)、垂穗石松碱(cernuine)等多种生物碱及三萜类化合物。

【药用植物】

石松 *Lycopodium japonicum* Thunb. 草本。具匍匐茎和直立茎,二叉分枝,具原生中柱或管状中柱;叶线形至针形,先端具长芒,易落;孢子叶卵状三角形,边缘有不规则锯齿,在茎顶聚集成孢子叶穗,单生或2~6个生于总梗上;孢子囊肾形,生于孢子叶的腹面;孢子略呈四面体(图6-5)。分布于东北地区、内蒙古、河南以及长江以南各地区。生于疏林下或灌丛中。全草含石松毒碱等成分。全草(伸筋草)性平,味苦、辛。能祛风散寒、利尿通经、舒筋活血。用于风湿痹痛、外伤出血、带状疱疹。

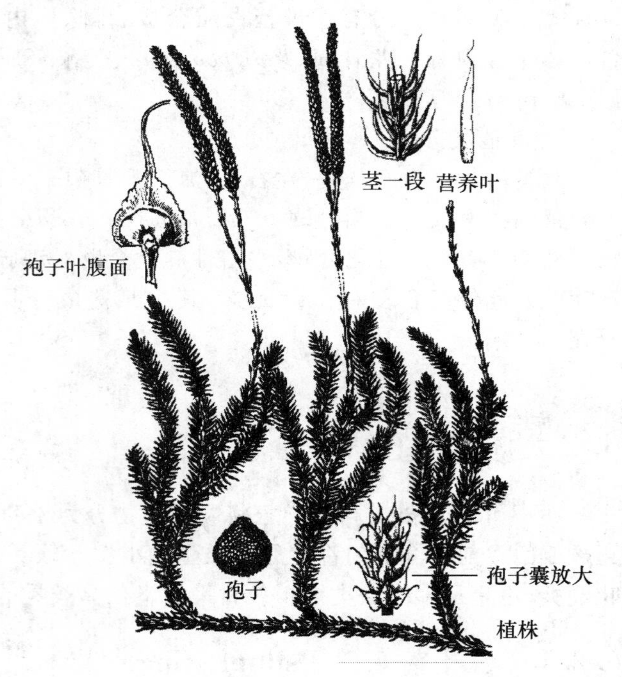

图6-5 石松 *Lycopodium japonicum* Thunb.
(仿中国植物志,2004)

2. 卷柏科 Selaginellaceae

草本。茎背腹扁平,横走,匍匐茎的中轴上有向下生长的根托,根托先端生许多不定根;具原生中柱或多环管状中柱。叶鳞片状,呈背腹面各2行状排列,位于侧面的2行叶大于中间的2行叶,腹面有1扇状叶舌。孢子叶穗生茎顶,呈四棱柱形。有大、小孢子囊之分,大孢子囊内有大孢子1~4枚。小孢囊内有多数小孢子。孢子异型。

本科有1属700余种,分布于全世界,我国50余种,已知药用25种。

本科植物大多含双黄酮类化合物。

【药用植物】

卷柏 *Selaginella tamariscina* (Beauv.) Spring　草本，全株莲座状，干后内卷如拳。枝丛生，扁平。叶鳞片状，排成 4 行，叶缘有细锯齿。背叶(侧叶)长卵圆形，中叶(腹叶)较小。孢子叶穗四棱柱形，生茎顶。孢子囊圆肾形(图 6-6)。分布全国各地。生于岩石及其缝中。全草含多种双黄酮类化合物。全草(卷柏)性平，味辛。能活血通经。用于经闭痛经、跌打损伤、癥瘕痞块。

翠云草 *Selaginella uncinata* (Desv.) Spring　茎蔓生，侧枝多次分叉。叶排成 4 行，侧叶卵形，中叶斜卵状披针形，嫩叶上面呈翠蓝色。孢子囊穗四棱形，生枝顶；孢子叶卵圆状三角形，4 列，覆瓦状排列。孢子囊圆肾形；孢子二型。全草(翠云草)性凉，味淡、微苦。能解毒消肿、清热利湿、止血。用于筋骨痹痛、风湿痹痛、黄疸、痢疾、水肿、淋病、咳嗽、喉痛、吐血、便血、外伤出血、痔漏、蛇伤、烫火伤。

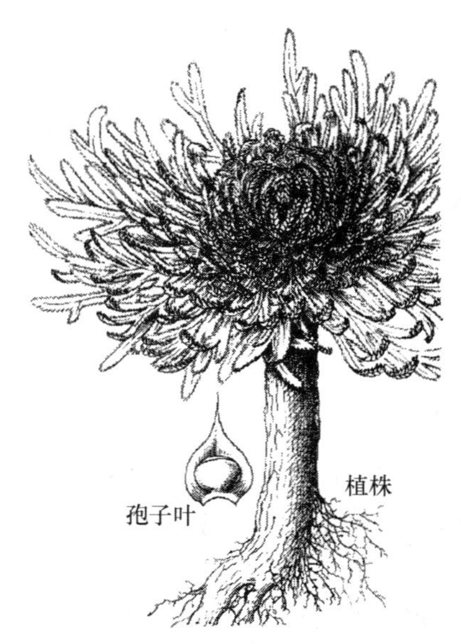

图 6-6　卷柏 *Selaginella tamariscina* (Beauv.) Spring
(仿中国植物志，2004)

6.2.3　水韭亚门 Isoephytina

草本，茎粗短似块茎状，2～3 瓣裂；具原生中柱。叶似韭菜叶，基部扩大成鞘状，丛生，具叶舌，其下生有鳃盖状的缘膜，覆盖着孢子囊。孢子叶有大小之分，茎的外周多为大孢子叶，而近中间多为小孢子叶。孢子异型。

本亚门有 1 科 1 属 60 余种。广布世界各地。

1. 水韭科(Isoetaceae)

多为水生或沼地生。茎短粗，具原生中柱。叶螺旋状排成丛生状。孢子囊单生在叶基部腹面的穴内。孢子二型，大孢子球状四面型，小孢子肾状两面型。

我国有 3 种。其中中华水韭(*Isoetes sinensis* Palmer)分布于长江下游地区，水韭(*Isoetes japonica* A.Br.)分布于云南，都生于沼泽、沟塘淤泥中。

6.2.4　楔叶亚门 Sphenophytina

植物体有根、茎、叶的分化；根为不定根。枝的节上轮生小枝。茎有明显的节和节间之分，节间中空，茎上有纵肋，表面有多数棱脊及小颗粒状突起。茎内为管状中柱。小型叶，膜质，在节上轮生成鞘状。孢子叶球生枝端。孢子同型或异型，有 4 条带状弹丝。

本亚门 1 科 2 属，遍及全世界。我国大部分地区都有分布。生于田边、溪沟边、路边和林缘等阴湿地方。

1. 木贼科 Equisetaceae

多年生常绿草本；根茎横走，棕色；茎表面具纵棱，粗糙，含硅质。有节与节间之分。叶鳞片状，生于节周围，基部成鞘状，叶缘齿状。孢子叶盾形，在小枝顶聚集成孢子叶穗；孢子圆形，有 4 条弹丝，呈十字形。

本科有 2 属约 30 种，除大洋洲外，世界各地均有分布。我国有 10 种，已知药用 8 种。

本科植物含黄酮类、皂苷、生物碱及酚酸类等化合物。具有抗心肌缺血、降血压、降血脂、降血糖、镇痛、保肝及抗肿瘤等多方面的生物活性。

【药用植物】

木贼 *Equisetum hyemale* L. 多年生常绿草本。根茎粗壮，节上轮生黑褐色根。地上茎单一，中空，表面具纵棱 20～30 条，其上有 2 行疣状突起。节上生筒状鳞叶，叶鞘基部和鞘齿呈暗褐色圈。孢子叶在小枝顶聚集成孢子叶穗，顶部有尖头，无柄。孢子同型。分布于东北、华北、西北及西南等省区，生于山坡湿地或疏林下。全草(木贼)性平，味甘、苦。能疏散风热，明目退翳。用于风热目赤、迎风流泪、目生翳膜、便血、痔疮出血。

问荆 *Equisetum arvense* L. 草本。根茎匍匐。茎二型，孢子茎紫褐色，肉质，不分枝，无叶绿素。孢子叶穗顶生，孢子叶六角形，盾状，下面生有长形孢子囊 6～8。孢子茎枯死后生出营养茎，其表面有棱脊 6～15 条，分枝轮生。叶膜质，基部联合成鞘(图 6-7)。分布于东北、华北、西北及西南等省区。生于溪边或阴谷。全草含问荆皂苷等。地上部分(小木贼)性凉，味苦甘。能清热利尿、止咳、凉血。用于咳嗽气喘、鼻衄、便血、肠出血、咯血、痔出血、倒经、尿路感染、骨折。

6.2.5 真蕨亚门* Filicophytina

孢子体发达，有明显的根、茎、叶的分化。根为不定根。除树蕨外，都是根状茎，有各式中柱，少数种的木质部具导管，其余均为管胞。茎的表面常有鳞片和各种毛被等保护器官。叶为大型叶，幼时拳卷，长大后平展。有单叶、一至多回羽状分裂或复叶。孢子囊生在孢子叶的边缘、背面或特化了的孢子叶上，由多数孢子囊聚集成为各种形状的孢子囊群，囊群盖(indusium)有或无，孢子同型。

本亚门有 1 万种以上，广布全球，大多数陆生或附生，少数水生或沼泽生。我国有 2 000 多种，广布全国各地。

1. 紫萁科 Osmundaceae

草本。根状茎短粗，外围包被着宿存的叶基，幼叶被棕色绒毛，叶 1～2 回羽状，叶柄长而坚实，两侧有狭翅，叶脉二叉分离。圆球形的孢子囊着生于强度收缩变形的能育叶的边缘，囊顶有盾状环带。孢子为四面体型。

本科有 3 属 22 种，分布于热带和温带地区。我国 1 属 9 种，已知药用 1 属 6 种。广布于我国南方各地区。生林下，田埂或溪边酸性土上。

本科植物含多种双黄酮、蜕皮激素及黄芪苷(astragaloside)等化合物。

【药用植物】

紫萁 *Osmunda japonica* Thunb. 草本。根茎块状。叶丛生，营养叶三角状广卵形，二回羽状，小羽片披针形，叶脉叉状分离。孢子叶的小羽片极窄，条形而卷缩，孢子囊密生于主脉两侧，成熟后枯死(图 6-8)。分布于秦岭以南。生于林下，山坡路旁，溪边。根状茎及叶柄残基(紫萁贯众)有小毒。能清热解毒，止血，祛瘀杀虫。

2. 海金沙科 Lygodiaceae

草本。根状茎长而横走，有毛而无鳞片，内有原生中柱。叶轴细长，缠绕攀援，顶端有一个不发育的被毛茸的休眠小芽。羽片 1～2 回羽状复叶或 1～2 回二叉状，叶脉羽状，分离或成网状。流苏状的孢子囊穗着生能育羽片边缘，由两行并生的孢子囊组成。孢子囊大，多少如梨形，顶生环带，纵裂。孢子四面型。

本科有 1 属 45 种，广布热带和亚热带地区。我国有 10 种。已知药用 5 种。

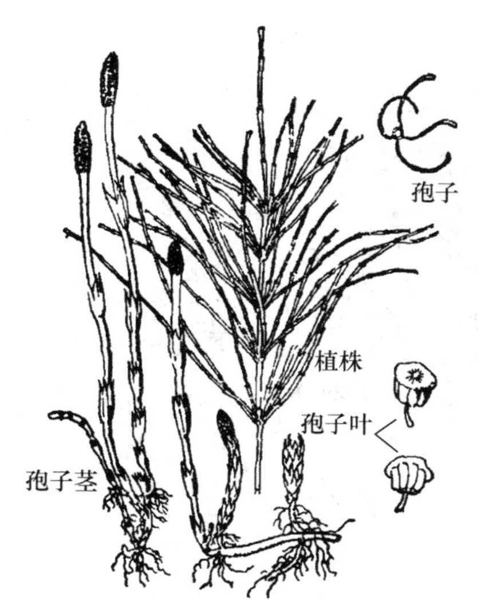

图 6-7　问荆 *Equisetum arvense* L.
（仿中国植物志，2004）

图 6-8　紫萁 *Osmunda japonica* Thunb.
（仿中国植物志，1959）

【药用植物】

海金沙 *Lygodium japonicum*（Thunb.）Sw. 多年生草质藤本，根状茎横走，根须状。叶二型，2 回羽状复叶，对生于短枝两边；枝端的休眠芽被黄色柔毛。营养叶尖三角形，边缘有不整齐的细钝锯齿；孢子叶卵状三角形，2～3 回分裂；孢子囊穗流苏状，着生在孢子叶羽片的边缘；孢子粉状，表面有瘤状突起（图 6-9）。分布于长江流域以南各地。生于林边，山坡路旁。全草含黄酮类成分。地上部分（海金沙藤）性寒，味甘。能清湿热，利尿通淋，止痛。孢子利尿。

3. 蚌壳蕨科 Dicksoniaceae

树形蕨类，主干粗大或短而平卧，根状茎密被垫状金黄色长柔毛，具网状中柱。3～4 回羽状复叶，革质，叶柄长而粗，叶脉分离。孢子囊群生于叶背面，囊群盖两瓣开裂，形似蚌壳状；孢子囊梨形；环带稍斜生，有柄；孢子四面型。

本科有 5 属 40 多种，分布于热带地区及南半球。我国 1 属 2 种。已知药用 1 种。

【药用植物】

金毛狗脊 *Cibotium barometz*（L.）J. Sm.　多年生树形蕨。根状茎粗大，大小如拇指。叶柄粗壮，基部和根状茎上均密被金黄色有光泽的长柔毛，形如金毛犬。叶簇生，叶片三回羽状分裂，小羽片狭披针形，革质。孢子囊群生于小脉顶部，囊群盖 2 裂，形如蚌壳（图 6-10，彩图 6-1）。分布于我国南部及西南部。生于山脚沟边及林下阴湿处酸性土壤中。根状茎含蕨素 R（pterosin R）等化合物。根状茎（狗脊）性温，味苦、甘。能祛风湿，补肝肾，强腰膝。毛茸能止血。

4. 中国蕨科 Sinopteridaceae

陆生草本。根状茎直立或斜生，少为横卧，管状中柱，被披针形鳞片。叶簇生，一至三回羽状分裂。孢子囊群小,沿叶脉着生于小脉顶端或顶部的一段,有盖,盖为反折的叶片部分变态形成。孢子球状四面型。

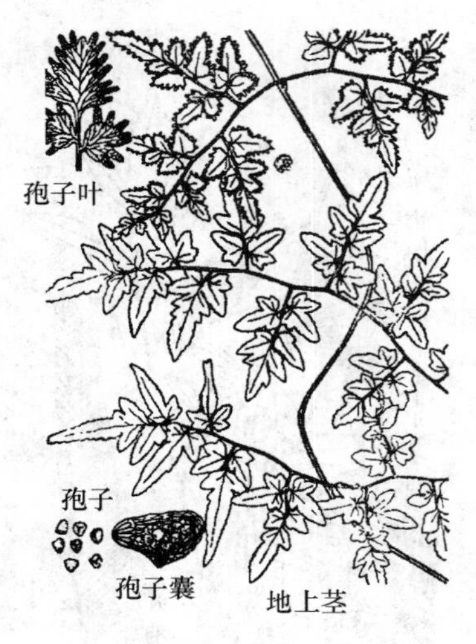

图 6-9 海金沙

Lygodium japonicum (Thunb.) Sw

(仿中国植物志,1959)

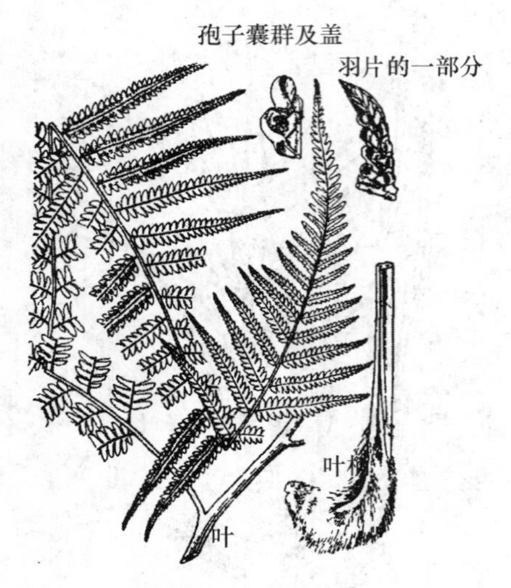

图 6-10 金毛狗脊

Cibotium barometz (L.) J. Sm.

(仿中国植物志,1959)

本科有 14 属 300 多种,分布于全国各地。已知药用 16 种。

5. 鳞毛蕨科 Dryopteridaceae

草本。根状茎粗短,直立,密被鳞片,网状中柱。叶轴上面有纵沟,叶片 1～4 回羽状分裂。孢子囊群顶生或背生于小脉,有盖,孢子囊扁圆形,有长柄,环带垂直。囊群盖圆肾形。孢子两面型,具薄壁。

本科有 20 属 1 700 多种,分布于温带与亚热带地区。我国有 13 属 700 余种,分布于全国各地区。已知药用 5 属 59 种。

本科植物含间苯三酚衍生物,有驱虫作用。

【药用植物】

绵马鳞毛蕨(粗茎鳞毛蕨)*Dryopteris crassirhizoma* Nakai. 根茎直立,密被褐棕色卵状披针形大鳞片,断面有黄白色维管束小点 5～13 个,环列。叶簇生,二回羽裂,羽片矩圆形,被黄褐色鳞片。孢子囊群仅分布于叶片中部以上的羽片上,生于叶背小脉中下部,囊群盖圆肾形,棕色(图 6-11)。分布于东北及河北。生于林下湿地。根状茎及叶柄残基含绵马精(filmarone)等化合物。根状茎及叶柄残基(绵马贯众)性微寒,味苦。能清热解毒,抑菌,驱虫,抗炎,止血。用于子宫功能性出血、虫积(绦虫、十二指肠虫病)、流感、流行型脑脊髓膜炎、麻疹、热毒疮疡。

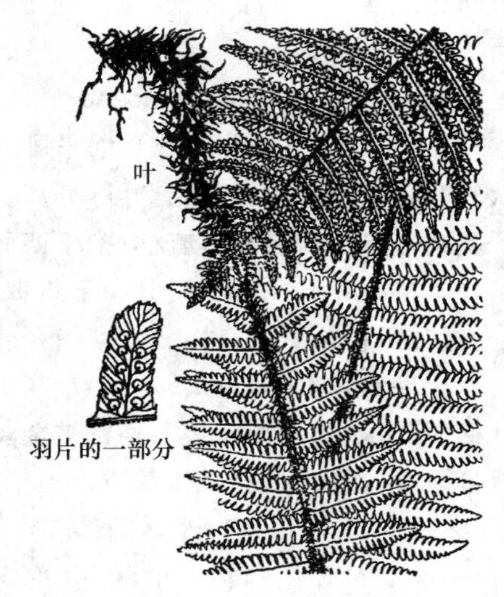

图 6-11 粗茎鳞毛蕨

Dryopteris crassirhizoma Nakai.(仿中国植物志,2000)

贯众 *Cyrtomium fortunei* J. Sm.　根状茎短。1 回奇数羽状复叶，丛生，叶柄基部密被黑褐色阔卵状披针形大鳞片；羽片镰状披针形，纸质，基部上侧稍呈耳状，边缘有细锯齿，叶脉网状。断面近棱角处有黄白色维管束 4 个。叶轴腹面有浅纵沟，疏生披针形及线性棕色鳞片。孢子囊群遍布羽片背面，囊群盖圆盾形。分布于西北、华北及长江以南各地。生于溪沟边、石缝中、山坡林下、墙脚边等阴湿处。根状茎及叶柄残基含黄绵马酸(flavaspidicacid)。根状茎及叶柄残基性寒，味苦；能清热解毒、杀虫、止血。用于感冒发热、痢疾、湿热、产后出血、便血、尿血、月经过多、刀伤出血、疮疡、蛔虫、蛲虫、绦虫病。

6. 水龙骨科 Polypodiaceae

常附生。根状茎长而横生，肉质，粗壮，网状中柱，排列成一环。密被大而狭长的鳞片，盾状着生，通常具粗筛孔，边缘有睫毛。叶常二型，以关节着生于根状茎上，叶脉多为网状，网眼内通常有分叉的内藏小脉。孢子囊群无盖而有隔丝。孢子囊具长柄，纵行环带；孢子两侧对称。

本科有 50 属 600 种，主要分布于热带和亚热带地区。我国有 27 属 150 种，分布于长江以南。已知药用 18 属 86 种。

【药用植物】

石韦 *Pyrrosia lingua* (Thunb.) Farwell　根状茎长而横走，密被褐色针形鳞片。叶披针形，基部楔形，对称，革质，背面密生灰棕色星状毛。孢子囊群生于侧脉间，排列紧密且整齐。分布于长江以南，生于岩石或树干上。全草含里白烯(diploptene)等成分。地上部分(石韦)性微寒；味苦、甘。能清热止血，利尿通淋。

庐山石韦 *P. sheareri* (Bak.) Ching　与石韦的主要区别是根状茎粗短，叶阔披针形，基部耳状偏斜，边缘常内卷。孢子囊群小，在下表面侧脉间排成多行，无盖。分布于长江以南，生于岩石或树干上。全草含里白烯(diploptene)等成分。功效同石韦。

瓦韦 *Lepisorus thunbergianus* (Kaulf.)Ching　附生。根状茎肉质，粗壮，网状中柱，密被鳞片，盾状着生，通常具粗筛孔，叶常二型，以关节着生于根状茎上，叶脉多为网状。孢子囊群无盖而有隔丝。孢子囊具长柄，纵行环带；孢子两侧对称。全草能清热利湿，祛风通络，消肿止血。

7. 槲蕨科 Drynariaceae

多年生附生植物。根状茎横生，肉质，粗壮，内有穿孔的网状中柱，排列成一环。密被大而狭长的鳞片，基部盾状着生，边缘有睫毛状锯齿。叶大，常二型，叶片深羽裂或羽状，1～3 回，叶脉粗而隆起，形成方形网眼。孢子囊群没有盖。孢子囊为水龙骨型；孢子两侧对称。

本科有 8 属 25 种。分布于热带、马来西亚、菲律宾至澳大利亚。我国 3 属约 14 种，分布于长江以南。已知药用 2 属 7 种。国际上有把槲蕨科作为水龙科成员的倾向。

【药用植物】

槲蕨(骨碎补) *Drynaria fortunei* (Kze.) J. Sm.　多年生复生草本。根状茎横走，长而粗壮，肉质，密被钻状披针形鳞片，边缘流苏状。叶二型，营养叶枯黄色，卵圆形，羽状浅裂，紧密覆盖在根状茎上；孢子叶绿色，长椭圆形，羽状深裂，基部裂片耳状，叶柄有狭翅，叶脉明显，呈长方形网眼状。孢子囊群圆形，生于叶背，在主脉两侧各有 2～4 行(图 6-12)。分布于中南、西南、福建、浙江及台湾等省。附生于树上或岩石上。根状茎含黄酮类等化合物。根状茎(骨碎补)性温，味苦。能补肾坚骨，活血止痛。用于跌打损伤、牙痛、腰痛。外治白癜风，斑秃。

中华槲蕨 *D. baronii* (Christ)Diels　与槲蕨的主要区别：营养叶稀少，羽状深裂；孢子囊群在主脉两侧各有1行。也作骨碎补入药。

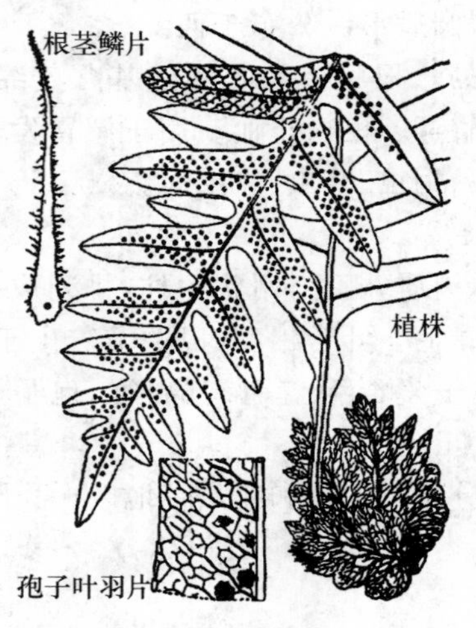

图 6-12　槲蕨
***Drynaria fortunei* (Kze.) J. Sm.**
(仿中国植物志，2000)

【思考题】

1. 简述蕨类植物的主要特征。
2. 蕨类植物含有哪些药用成分？简述其生活史。
3. 蕨类植物有哪些亚门？请列举其中的常用中药材。
4. 水龙骨科有何特征？列举主要的药用植物。

第 7 章 裸子植物门 Gymnospermae

教学目的和要求：

1. 掌握裸子植物门的主要特征，了解裸子植物的主要化学成分；
2. 掌握裸子植物门的分类及主要科的识别特征，熟悉常用的药用裸子植物种类。

7.1 裸子植物门概述

裸子植物大多具有颈卵器构造，又能产生种子，所以裸子植物既是颈卵器植物，又是种子植物。裸子植物广布于世界各地，主要分布在北半球，常组成大面积森林，是木材的主要来源。有些裸子植物可供药用，还有一些种类则可作为绿化观赏植物。

7.1.1 裸子植物的主要特征

（1）孢子体发达　裸子植物的孢子体特别发达，大多数为单轴分枝的高大乔木，具有形成层和次生生长。木质部大多只有管胞，极少数有导管；韧皮部中有筛胞，无筛管和伴胞。叶多为针形、条形或鳞形。

（2）配子体简化　小孢子在小孢子囊中萌发为雄配子体，成熟的雄配子体仅由 4 个细胞组成：2 个退化的原叶细胞、1 个管细胞和 1 个生殖细胞。除苏铁和银杏外精子不具鞭毛，受精靠花粉管来完成，摆脱了水对受精的限制。大孢子在大孢子囊内萌发为雌配子体。雌、雄配子体都寄生在孢子体上。

（3）胚珠裸露，不形成果实　花单性，同株或异株，无花被（仅买麻藤纲有类似花被的盖被）。小孢子叶（雄蕊）聚生成小孢子叶球（雄球花，staminate cone），每个小孢子叶下面生有贮藏小孢子（花粉）的小孢子囊（花粉囊）；大孢子叶（心皮）丛生或聚生成大孢子叶球（雌球花，female cone），胚珠（大孢子囊）裸露，不为大孢子叶所包被。胚珠发育为种子，裸露在心皮上。

（4）具有颈卵器的构造　裸子植物除百岁兰属（*Welwitschia*）和买麻藤属（*Gnetum*）外都具有颈卵器，产生于雌配子体的近珠孔端，但结构简单，埋藏于胚乳中，仅有 3～4 个颈壁细胞露在外面。颈卵器内有 1 个卵细胞和 1 个腹沟细胞，无颈沟细胞，较蕨类植物的颈卵器更为退化。

（5）具有多胚现象　大多数裸子植物都具有多胚现象（polyembryony）。一是简单多胚现象，即一个雌配子体上的几个或多个颈卵器的卵细胞同时受精，形成多胚；二是裂生多胚现象（cleavage polyembryony），即一个受精卵在发育过程中因胚原组织分裂而成为几个胚。

7.1.2 裸子植物的化学成分

裸子植物所含化学成分的类型很多，主要有黄酮类、生物碱类、挥发油、树脂等。

(1)黄酮类　裸子植物富含黄酮类及双黄酮类化合物,其中双黄酮类是裸子植物的特征性成分。常见的黄酮类有槲皮素(quercetin)、山柰酚(kaempferol)、芸香苷(rutin)、杨梅树皮素(myrcene)等。双黄酮类多分布在银杏科、柏科、杉科,如柏科植物含柏双黄酮(cupressuflavone),杉科和柏科含扁柏双黄酮(hinokiflavone),银杏叶中含银杏双黄酮(ginkgetin)、异银杏双黄酮(isoginkgetin)、去甲银杏双黄酮(bilobetin)。银杏叶总黄酮制剂用于治疗冠心病。

(2)生物碱类　生物碱在裸子植物中分布不普遍,现知的仅存于三尖杉科、红豆杉科、罗汉松科、麻黄科及买麻藤科。三尖杉属(*Cephalotaxus*)植物含多种生物碱,其中的酯型生物碱有抗癌活性,如三尖杉酯碱(harringtonine)和高三尖杉酯碱(homoharrgtonine)在临床上用于治疗白血病。红豆杉属(*Taxus*)植物所含的紫杉醇(taxol)对卵巢癌、乳腺癌、子宫颈癌等有抑制作用。麻黄属(*Ephedra*)植物多含有麻黄碱类生物碱(ephedra alkaloids),如左旋麻黄碱(*L*-ephedrine)、右旋伪麻黄碱(*D*-pseudoephedrine)等,它们被用于治疗支气管哮喘等症。

(3)树脂、挥发油、有机酸　松科和柏科植物含丰富的挥发油和树脂,如松香、松节油是重要的工业和医药原料。金钱松根皮含有的土模皮酸有抗真菌作用,用于治疗脚癣、湿疹、神经性皮炎。

7.2　裸子植物门的分类

裸子植物最早出现于距今约3亿5千万年前的泥盆纪,由于地史和气候的多次重大变化,古老的裸子植物相继灭绝,现存的裸子植物分属于5纲9目12科71属近800种,我国有5纲8目11科41属236种47变种,其中药用植物有10科25属104种。5个纲的分纲检索表如下:

裸子植物门分纲检索表

1. 乔木或灌木;花无假花被;次生木质部无导管。
  2. 树干通常不分枝,呈棕榈状;叶为羽状复叶 ………… **苏铁纲(Cycadopsida)**
  2. 树干分枝,不呈棕榈状;叶为单叶。
    3. 叶扇形,二叉脉序;精子多鞭毛 ………… **银杏纲(Ginkgopsida)**
    3. 叶针形、鳞片形或条形;精子无鞭毛。
      4. 大孢子叶鳞片状,集成球果;种子有翅或无翅,不具假种皮 ………… **松柏纲(Coniferopsida)**
      4. 大孢子叶特化成珠托或套被,不形成球果;种子具肉质假种皮 ………… **红豆杉纲(Taxopsida)**
1. 藤本或小灌木;花具假花被;次生木质部具导管 ………… **买麻藤纲(Gnetopsida)**

7.2.1　苏铁纲* Cycadopsida

常绿木本植物,茎干粗壮,常不分枝。羽状复叶,集生于茎干顶部。雌雄异株,大小孢子叶球生于茎顶。游动精子有多数鞭毛。

本纲现存仅1目1科10属约110种,分布于南北半球的热带及亚热带地区。

苏铁科 Cycadaceae

常绿木本植物,茎单一、粗壮,常不分枝,髓部大。叶大,多为一回羽状复叶,革质,集生于茎顶。雌雄异株。小孢子叶球木质、直立,由无数小孢子叶组成;小孢子叶鳞片状或盾状,下面生无数小孢子囊;小孢子发育产生具多鞭毛的精子。大孢子叶球由许多大孢子叶组成,丛生茎顶；大孢子叶中上部扁平羽状，中下部柄状，边缘生2～8个胚珠，或大孢子叶呈盾状而下面生一对向下的胚珠。种子核果状，种皮有3层，胚乳丰富，胚具2枚子叶。

本科有10属110种，分布于热带及亚热带地区；我国有1属8种，分布于西南、华南、华东等地。已知药用的有4种。

【药用植物】

苏铁(铁树) *Cycas revoluta* Thunb.　常绿乔木，茎干圆柱形，其上有明显的叶柄残基。羽状复叶集生茎顶，叶柄基部两侧有刺，叶革质，深绿色有光泽，边缘反卷。雄球花圆柱状，雄蕊顶部宽平，有急尖头，下面生许多花药，常3～4枚聚生。大孢子叶密生黄褐色绒毛，上部羽状分裂，下部柄状，柄的两侧各生1～4枚胚珠。种子核果状，熟时橙红色(图7-1，彩图7-1)。分布于四川、台湾、福建、广东、广西、云南等地。种子及种鳞(苏铁种子)能理气止痛、益肾固精；叶(苏铁叶)能收敛、止痛、止痢；根(苏铁根)为祛风湿药，能祛风、活络、补肾。

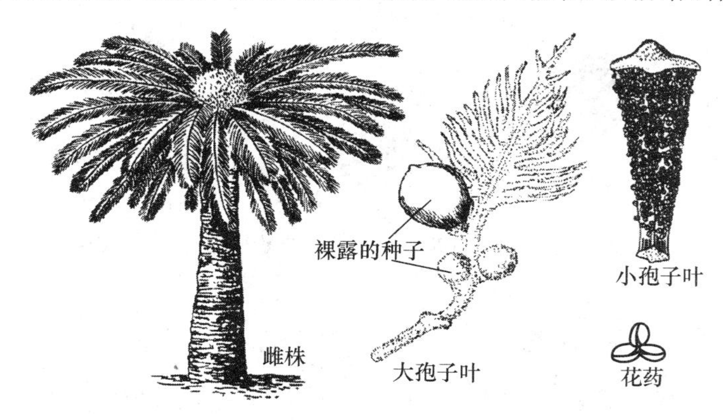

图7-1　苏铁 *Cycas revoluta* Thunb.(仿孙启时，2009)

同属的华南苏铁(*C. rumphii* Miq.)在华南各地有栽培，根治无名肿毒；云南苏铁(*C. siamensis* Miq.)分布于云南和广东，根治黄疸型肝炎，茎、叶治慢性肝炎、难产、癌症，叶治高血压，果实治肠炎、痢疾、消化不良、气管炎等症；篦齿苏铁(*C. pectinata* Griff.)产于云南西南部，功效同苏铁。

7.2.2　银杏纲* Ginkgopsida

落叶乔木，枝条有长枝、短枝之分。叶扇形，先端二裂或波状缺刻，具分叉的脉序，在长枝上螺旋状散生，在短枝上簇生。球花单性，雌雄异株，精子具有多鞭毛。种子核果状，具2层种皮，胚乳丰富。

本纲现存仅1目1科1属1种，为我国特产，在国内外栽培甚广。

银杏科 Ginkgoaceae

落叶乔木。营养性长枝顶生，叶螺旋状排列，稀疏；生殖性短枝侧生，叶簇生。叶片扇形，2裂，叶脉二叉状分枝。雄球花葇荑花序状，雄蕊多数，花药二室；雌球花具长柄，柄端有两个杯状心皮(珠托)，其上各生一直立胚珠，常1个发育。种子核果状；外种皮肉质，成熟时橙黄色；中种皮白色，骨质；内种皮淡红色，纸质。胚乳肉质，胚具2枚子叶。

本科有仅1属1种，产于我国及日本。

【药用植物】

银杏(白果,公孙树)*Ginkgo biloba* L. 我国特产树种,著名的孑遗植物,形态特征与科同(图7-2,彩图7-2)。北自辽宁,南至广东,东起浙江,西南至云贵均有栽培。去掉肉质外种皮的种子(白果)为止咳平喘药,能敛肺定喘、止带浊、缩小便;叶能益气敛肺、化湿止咳、止痢;从根、叶提取的总黄酮能扩张动脉,用于治疗冠心病。

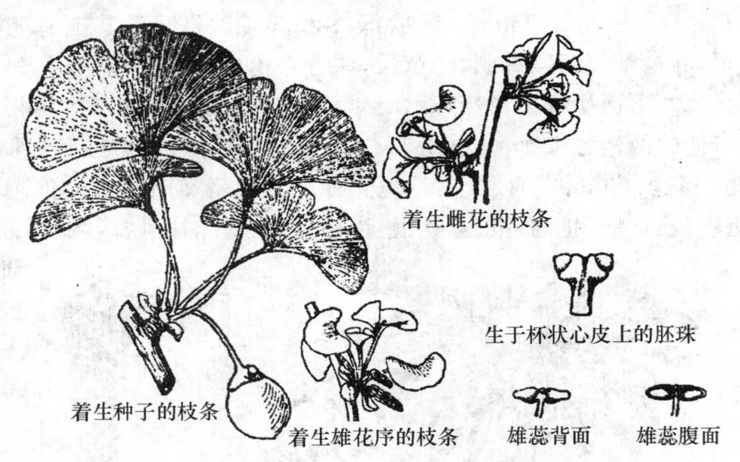

图7-2 银杏 *Ginkgo biloba* L.(仿谈献和,王德群,2013)

7.2.3 松柏纲 Coniferopsida

木本,茎多分枝,常有长短枝之分。茎的木质部由管胞组成,无导管;具树脂道(resin duct)。叶单生或成束,针形、鳞形、条形、披针形或刺形,螺旋着生或交互对生或轮生,叶的表皮通常具较厚的角质层及下陷的气孔。孢子叶球单性同株或异株,孢子叶常排列成球果状。小孢子叶有气囊或无气囊,精子无鞭毛。种子有翅或无翅,胚乳丰富。

本纲有7科57属约600种,分布于南北两半球,以北半球温带、寒温带的高山地带最为普遍。我国有3科23属150种。

1. 松科 Pinaceae

常绿或落叶乔木;叶在长枝上螺旋排列,在短枝上簇生,针形或条形。球花单性,雌雄同株;雄球花穗状,雄蕊多数,花药二室,花粉粒具翅;雌球花球状,由多数螺旋状排列的珠鳞组成,每个珠鳞的腹面基部有2颗胚珠,背面有1个苞鳞,苞鳞与珠鳞分离,珠鳞在结果时称种鳞,聚成木质球果。种子具单翅;有胚乳;子叶2~16枚。

本科约10属230种,广布于全世界;我国有10属113种,分布于全国各地;已知药用的有8属48种。

【药用植物】

马尾松 *Pinus massoniana* Lamb. 常绿乔木;叶2针1束。雄球花穗状,生于新枝下部;雌球花2个,生于新枝顶端。球果卵圆形或圆锥状卵圆形,成熟时栗黑色;种子长卵形,子叶5~8枚(图7-3)。分布于淮河和汉水流域以南各地,西至四川、贵州和云南。松节(油松节)为祛风湿药,能祛风燥湿、活血止痛;树皮(松树皮)为收敛止血药,能收敛生肌;叶(松针)为祛风湿药,能祛风、活血、安神、解毒、止痒;花粉(松花粉)为收敛止血药,能收敛止血;种子(松子仁)

为润下药，能润肺滑肠；松脂及其加工品（松香）为祛风湿药，能燥湿祛风、生肌止痛。

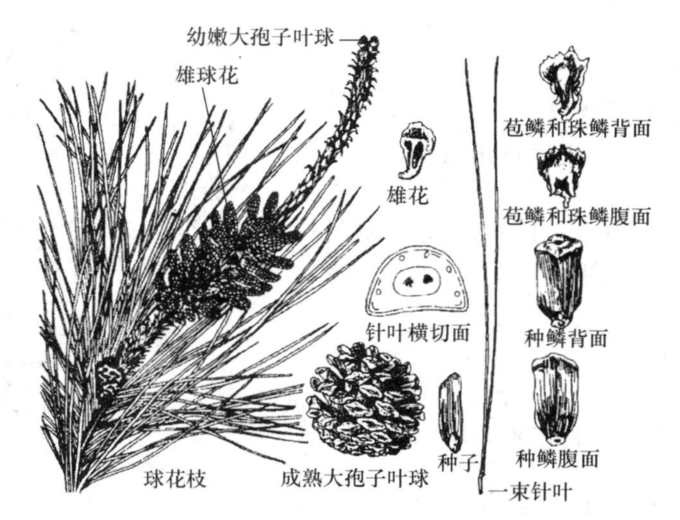

图 7-3　马尾松 *Pinus massoniana* Lamb.（仿谈献，王德群，2013）

松属的油松（*P. tabulaeformis* Carr.）产于吉林南部、辽宁、河北、河南、内蒙古、山东、陕西、甘肃、宁夏、青海及四川等地。红松（*P. koraiensis* Sieb. et Zucc.）产于黑龙江小兴安岭和吉林的东部及北部。云南松（*P. yunnanensis* Franch.）产于西南地区和广西。华山松（*P. armandi* Franch.）分布于山西南部、河南西南部、陕西南部、甘肃南部、四川、湖北西部、贵州中部及西北部、云南和西藏，它们均可入药，功效同马尾松。白皮松（*P. bungeana* Zucc. ex Endl.）产于山西、河南西部、陕西秦岭、甘肃南部、四川北部、湖北西部等地，球果有镇咳、祛痰、消炎、平喘的功能，用于慢性气管炎、咳嗽、气短、吐白沫痰等症的治疗。

金钱松 *Pseudolarix kaempferi* Gord.　落叶乔木。长枝上的叶螺旋散生；短枝上的叶15～30 枚簇生，辐射平展，秋后金黄色，似铜钱。球花单性，雌雄同株；雄球花数个簇生于短枝顶端；雌球花单生于短枝顶端；苞鳞大于珠鳞，成熟时种鳞和种子一起脱落；种子白色，具翅（彩图 7-3）。分布于我国长江以南各省。根皮及近根的树皮（土荆皮）为驱虫药，能杀虫、止痒，外用治手足癣、神经性皮炎、湿疹等症。

2. 柏科 Cupressaceae

常绿乔木或灌木，叶交互对生或轮生，常为鳞片状或针状。球花小，单性，同株或异株。雄球花生于枝顶，有 3～8 对交互对生的雄蕊，每雄蕊有 2～6 药室；雌球花球形，有 3～6 枚交互对生的珠鳞，珠鳞与苞鳞合生，每珠鳞有 1 至数枚胚珠。球果木质或革质。种子具有胚乳，子叶 2 枚。

本科有 22 属 150 种，广布于全世界；我国有 8 属 29 种，分布在全国各地；已知供药用的有6 属 20 种。

【药用植物】

侧柏（扁柏）*Platycladus orientalis* (L.) Franco　常绿乔木，小枝扁平且排成一平面，直展。叶鳞片状，交互对生，贴生于小枝上。球花单性同株。球果具种鳞 4 对，扁平、木质、蓝绿色，被白粉；中部种鳞各有种子 1～2 枚，种子卵形，无翅（图 7-4）。我国特有种，除新疆、青海外广布全国。枝叶（侧柏叶）为止血药，能凉血止血、祛风消肿、清肺止咳；种子（柏子仁）为安神药,能养心安神、润肠通便。

柏木 *Cupressus funebris* Endl. 为我国特有种,分布于浙江、福建、江西、湖南、湖北、四川、贵州、广东、广西、云南等省,枝、叶入药治吐血、血痢、痔疮、烫伤,果实入药能凉血止血、祛风安神。

同属的藏柏(*C. torulosa* D. Don)分布于西藏的东部及南部,种子有补心脾、安神、止汗、润燥、通便的功效。

圆柏 *Sabina chinensis* (L.) Ant. 分布于华北、西北、华东、华中、华南和西南,枝、叶、树皮入药,能祛风散寒、活血消肿,解毒利尿。

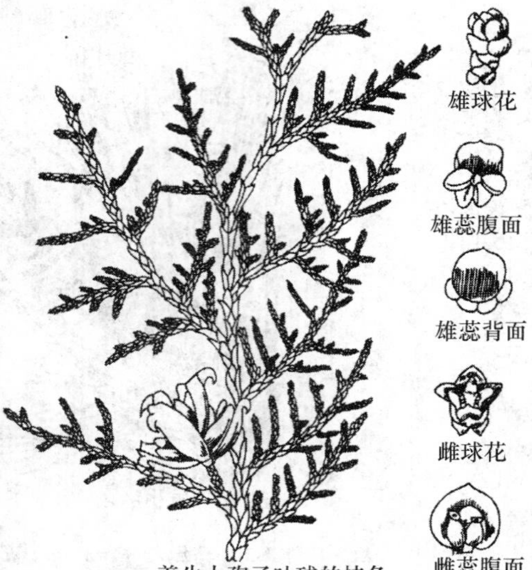

雄球花
雄蕊腹面
雄蕊背面
雌球花
雌蕊腹面
着生大孢子叶球的枝条

图 7-4 侧柏(仿孙启时,2009)

7.2.4 红豆杉纲* Taxopsida

常绿乔木或灌木,多分枝。叶为条形、披针形、鳞形或退化的叶状枝。孢子叶球单性异株,稀同株。胚珠生于盘状或漏斗状的珠托上,或由囊状或杯状的套被所包围。种子具肉质的假种皮或外种皮。

本纲有 3 科 14 属 162 种;我国有 3 科 7 属 33 种。

1. 红豆杉科(紫杉科)Taxaceae

常绿乔木或灌木。叶条形或披针形,螺旋状排列或交互对生。球花单性,雌雄异株,稀同株。雄球花常单生叶腋或苞腋,或成穗状花序状集生于枝顶,雄蕊多数,各具 3~9 个花药,花粉球形。雌球花单生或成对,胚珠 1 枚,生于苞腋,基部具盘状或漏斗状珠托。种子浆果状或核果状,包于杯状肉质假种皮中。

本科有 5 属 23 种,主要分布于北半球;我国有 4 属 12 种;供药用的有 3 属 10 种。

【药用植物】

东北红豆杉 *Taxus cuspidata* Sieb. et Zucc. 乔木,高达 20 m,树皮红褐色,假种皮熟时肉质、鲜红色(图 7-5)。分布于小兴安岭和长白山区。树皮、枝叶、根皮可提取紫杉醇,用于治疗癌症和糖尿病;叶有利尿、通经之效。

同属的云南红豆杉(*T. yunnanensis* Cheng et L. K. Fu)、红豆杉(*T. chinensis* (Pilger) Rehd.)、南方红豆杉(*T. chinensis* var. *mairei* (Lemee et Levl.) S. Y. Hu ex Liu)、西藏红豆杉(*T. wallichiana* Zucc.)等均可药用,功效同东北红豆杉。

榧树 *Torreya grandis* Fort. ex Lindl. 乔木,高达 20~30 m,树皮浅黄色至灰褐色,不规则纵裂。球花单性异株,雄球花单生叶腋,雌球花成对生于叶腋。种子椭圆形或卵形,成熟时核果状,被由珠托发育成的假种皮所包被,假种皮淡紫红色、肉质。分布于华东地区。种子(香榧子)为杀虫剂,能杀虫消积、润燥通便;根皮治风湿肿痛;花可去蛔虫。

同属的云南榧树(*T. yunnanensis* Cheng et L. K. Fu)分布于滇西北,功效同榧树。

2. 三尖杉科(粗榧科)Cephalotaxaceae

常绿小乔木或灌木。叶条形或条状披针形,交互对生或近对生,在侧枝上基部扭转排成两

图 7-5 东北红豆杉 ***Taxus cuspidata*** **Sieb. et Zucc.**（仿孙启时，2009）

列，上面中脉隆起，下面有两条宽气孔带。球花单性，雌雄异株，稀同株。雄球花有雄花 6～11 枚，聚成头状；雌球花有长柄，生于小枝基部苞片的腋部，花轴上有数对交互对生的苞片，每苞片腋生胚珠 2 枚，仅 1 枚发育。种子核果状，全部包于由珠托发育成的肉质假种皮中，子叶 2 枚。

本科有 1 属 9 种，分布于亚洲东部和南部；我国产 7 种 3 变种，主要分布于秦岭以南及海南岛；供药用的有 5 种。

【药用植物】

三尖杉 *Cephalotaxus* fortunei Hook. f. 为我国特有树种，分布于浙江、安徽南部、福建、江西、湖南、湖北、河南南部、陕西南部、甘肃南部、四川、云南、贵州、广东和广西等地。种子能驱虫、润肺、止咳、消食；从枝叶提取的三尖杉酯碱和高三尖杉酯碱能治疗白血病（图 7-6）。

同属中有抗癌功效的种类还有海南粗榧（*C. hainanensis* Li）、粗榧（*C. sinensis* (Rehd. et Wils.) Li）、篦子三尖杉（*C. oliveri* Mast.）、台湾三尖杉（*C. wilsoniana* Hayata）等。

7.2.5 买麻藤纲 Gnetopsida

灌木或木质藤本；次生木质部常具导管，无树脂道；单叶对生或轮生。孢子叶球有类似于花被（perianth）的盖被，也称假花被，盖被膜质、革质或肉质。胚珠 1 枚，珠被 1～2 层，具珠孔管（micropylar tube），颈卵器极其退化或无。种子包于由盖被发育而成的假种皮中，种皮 1～2 层，胚乳丰富，子叶 2 枚。

本纲有 3 目 3 科 3 属约 80 种；我国有 2 目 2 科 2 属 19 种，分布于全国各地。

1. 麻黄科 Ephedraceae

小灌木或亚灌木；小枝对生或轮生，节明显，节间具纵沟，茎内次生木质部具导管。叶呈鳞片状，于节部对生或轮生，基部多少连合，常退化成膜质鞘。雌雄异株。雄球花由数对苞片组合而成，每苞有 1 雄花，每花有 2～8 个雄蕊，花丝合成一束，雄花外包有膜质假花被。雌球花

图 7-6 三尖杉 *Cephalotaxus fortunei* Hook. f.（仿孙启时，2009）

由多数苞片组成，仅顶端 1～3 片苞片生有雌花；雌花具有顶端开口的囊状假花被，包于胚珠外；胚珠 1 枚，具一层珠被，珠被上部延长成珠被管，自假花被开口处伸出。种子浆果状，假花被发育成革质假种皮，外层苞片发育而增厚成肉质、红色，富含黏液和糖，俗称"麻黄果"，可以食用。胚乳丰富，胚具 2 枚子叶。

本科约 1 属 40 种，主要分布于亚洲、美洲、欧洲东南部及非洲北部的干旱、荒漠地区；我国有 16 种（含变种），以西北各省区及云南、四川、内蒙古较多；供药用的有 15 种。

【药用植物】

草麻黄 *Ephedra sinica* Stapf　植株无直立木质茎，呈草本状，小枝节间较长；大孢子叶球成熟时近圆球形，种子常 2 粒（图 7-7）。广布于我国东北、华北及西北等省区。茎入药，含生物碱 1.3%，主要为左旋麻黄碱（80%～85%），其次为右旋伪麻黄碱，能发汗、平喘、利尿；根能止汗、降压。

木贼麻黄 *E. equisetina* Bunge　含生物碱 1.02%～3.33%，是本属中生物碱含量最高的种类，功效同草麻黄。

中麻黄 *E. intermedia* Schr. et Mey.　含生物碱 1.1%，也可药用。

同属中供药用的还有丽江麻黄（*E. likiangensis* Florin）、膜果麻黄（*E. przewalskii* Stapf）、双穗麻黄（*E. distachya* L.）、藏麻黄（*E. saxatilis* Royle. ex Florin）、山岭麻黄（*E. gerardiana* Wall.）、单子麻黄（*E. monosperma* Gmel. ex Mey.）、川麻黄（*E. minuta* Florin）等。

2. 买麻藤科 Gnetaceae

常绿木质藤本，节膨大。单叶对生，全缘，革质，具网状脉。球花单性，雌雄异株，稀同株，伸长成穗状花序。雄球花序生于小枝上，各轮总苞内有雄花 20～80，排成 2～4 轮，雄花具杯状假花被，雄蕊 2，花丝合生。雌球花序生于老枝上，每轮总苞内有 4～12 朵雌花，假花被囊状或管状，紧包于胚珠之外；胚珠具两层珠被，内珠被顶端延长成珠被管，从假花被顶端开口处伸出，外珠被的肉质外层与假花被合生成假种皮。种子核果状，包于红色肉质的假种皮中；胚乳丰富；子叶 2 枚。

本科有 1 属 30 种，分布于亚洲、非洲及南美洲的热带及亚热带地区；我国有 10 种，分布于华南等地；已知药用的有 8 种。

【药用植物】

小叶买麻藤 *Gnetum parvifolium* (Warb.) C. Y. Cheng ex Chun　常绿木质大藤本；茎枝圆形，有明显皮孔，节膨大；叶对生，革质。花单性同株；种子核果状，无柄，成熟时肉质假种皮呈红色或黑色（图 7-8）。分布于华南，生于山谷、山坡疏林中。茎、叶（麻骨风）为祛风湿药，能祛风除湿、活血祛瘀、消肿止痛、行气健胃、接骨。

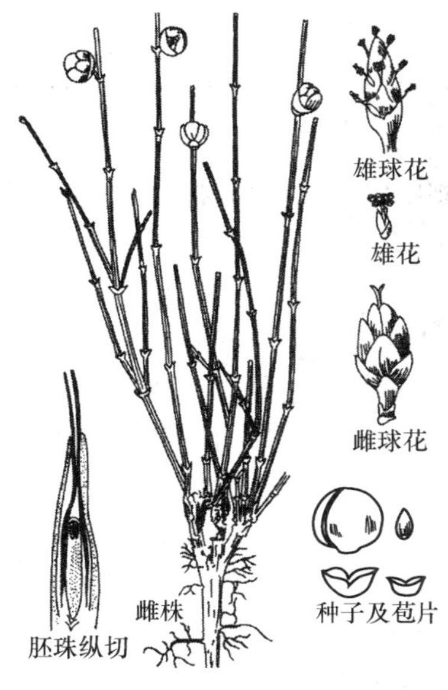

图 7-7　草麻黄
***Ephedra sinica* Stapf**
（仿孙启时，2009）

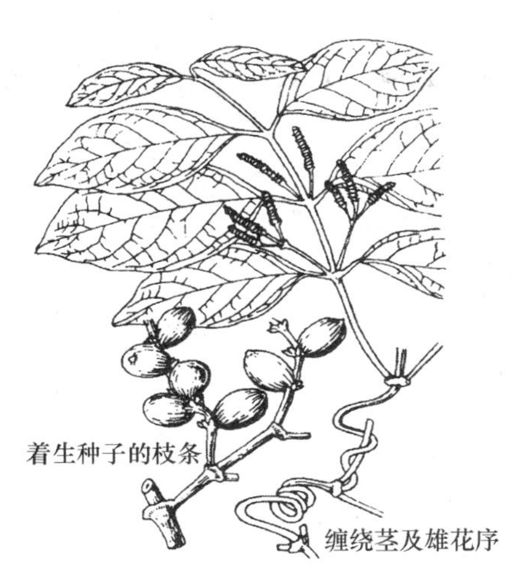

图 7-8　小叶买麻藤 *Gnetum parvifolium* (Warb.) C. Y. Cheng ex Chun
（仿谈献和，王德群，2013）

同属植物买麻藤（*G. montanum* Markgr.）分布于广东、广西和云南，功效同小叶买麻藤。

【阅读材料】

观赏植物中的裸子植物

裸子植物大多为常绿树，树形优美，寿命长，是重要的观赏和庭院绿化树种。苏铁类植物树姿优美，终年常绿，可孤植、对植、丛植于草坪、花坛等地，是园林景观中体现热带景观风貌的造景树种。银杏叶形奇特古雅，秋天叶色变黄，是黄色秋景的典型园林树木，常用作行道树、风景树，也是汉传佛教中常用的景观树。世界五大庭园观赏树种均属于裸子植物：南洋杉（*Araucaria heterophylla* (Salisb.) Franco）叶色浓绿，层次分明，适宜孤植、列植为园景树或行道树；金钱松枝条平展，深秋时簇生叶呈圆形且金黄色，极似铜钱，是营造秋景的色叶树种，可孤植或群植；雪松（*Cedrus deodara* (Roxb.) F. Don.）树冠塔形，常孤植或群植于公园或庭院；北美红杉（*Sequoia sempervirens* (Lamb.) Endl.）树干端直，气势雄伟，寿命极长，号称“世界爷”；金松（*Sciadopitys verticillata* Sieb. et Zucc.）树形端丽，常孤植于花坛或庭院的中心。

松科的落叶松属(*Larix*)和杉科的落羽杉属(*Taxodium*)均为落叶乔木,秋天时叶片金黄色或棕褐色,是优良的秋色叶树种,常配植于河畔、池旁。松柏纲中的松属(*Pinus*)、冷杉属(*Abie*)、云杉属(*Picea*)、黄杉属(*Pseudotsuga*)、铁杉属(*Tsuga*)、银杉属(*Cathaya*)、台湾杉属(*Taiwania*)、柳杉属(*Cryptomeria*)、水杉属(*Metasequoia*)、侧柏属(*Platycladus*)、翠柏属(*Calocedrus*)、柏木属(*Cupressus*)、扁柏属(*Chamaecyparis*)、福建柏属(*Fokienia*)、圆柏属(*Sabina*)和刺柏属(*Juniperus*)中有许多树种均为重要的园林观赏树种。罗汉松(*Podocarpus macrophylla*(Thunb.)D. Don)绿色的种子着生在红色的种托上,似许多披着红色袈裟打坐的罗汉,观赏价值较高。买麻藤可用于垂直绿化或棚架绿化。

【思考题】

1. 简述裸子植物的主要特征。

2. 编写一定距检索表,将苏铁科、银杏科、松科、柏科、红豆杉科、三尖杉科、麻黄科和买麻藤科分开。

3. 裸子植物含有哪些药用成分?请列举裸子植物中的常用中药材。

第8章　被子植物门 Angiospermae

教学目的和要求：

1. 掌握被子植物门的主要特征，了解被子植物的分类系统；
2. 掌握桑科、蓼科等主要科的识别特征，熟悉其中常用的药用植物；
3. 了解三百草科、金粟兰科等其他科常用药用植物。

8.1　被子植物的主要特征和分类的一般规律

被子植物是当今植物界中最高级、分布最广泛的类群，植物种类繁多，形态多样，构造复杂，具备了对现有环境条件的适应能力。已知全世界被子植物有20多万种，占植物界总数的一半以上。

8.1.1　被子植物的主要特征

1. 孢子体高度发达

被子植物的孢子体高度发达，植物组织进一步分化，生理活动的效率进一步提高。在习性上有木本、草本；乔木、灌木、藤本；常绿的、落叶的；多年生的、两年生的、一年生的等类型。茎内维管束由木质部和韧皮部组成，木质部出现了导管，并具有纤维，韧皮部具有筛管和伴胞，加强了水分和营养物质的运输能力。叶通常具有展开的宽阔叶片，增强了光合作用的能力，进一步扩大了对分布环境的适应范围。

2. 配子体极度简化

被子植物的配子体进一步趋于简单化，雌配子体为成熟时期的胚囊，常只有7个细胞，8个核，即1个卵细胞、2个助细胞、2个极核和3个反足细胞。雄配子体成熟时则为萌发的花粉管，即由1个粉管细胞和2个精子组成。

3. 具有真正的花和果实结构

被子植物具有高度特化的、真正的花，典型被子植物的花由花被（花萼和花冠）、雄蕊群、雌蕊群4部分组成。花被的出现，不仅加强了对花部的保护作用，同时又增强了传粉效率，以达到异花传粉的目的。而雌蕊由心皮组成，绝大多数被子植物的心皮已经完全闭合，胚珠则包裹在心皮组成的子房内。受精过程后，胚珠发育成种子，包被于由心皮（子房壁）发育的果皮内，形成果实。果实对种子的成熟和促进种子的传播起到重要作用。

4. 具有独特的双受精现象

被子植物在受精过程中，一个精子与卵细胞结合，形成合子（受精卵），另一个精子与极核结合，发育成胚乳。胚乳具有双亲的特性，为幼胚发育提供营养。普遍认为，被子植物的双受精现象是促进其种类繁衍，并最终取代裸子植物的根本原因。

5. **具有多种营养方式和传粉方式**

被子植物以自养营养方式为主，同时，也存在其他营养方式，如寄生、共生、腐生等，多种营养方式能更好地适应环境条件变化。另外，被子植物具有多种传粉方式，即风媒、虫媒、水媒等，进一步提高了被子植物的繁殖效率。

8.1.2 被子植物分类的一般规律

传统或经典的植物分类法是以植物的形态特征为主要标准，特别是花和果实的形态特征更为重要。但由于经历上亿年的地理和气候变化，物种的消亡和新生，导致缺乏被子植物起源以来的连续性资料，同时，现存的被子植物种类繁多，为了适应环境条件变化，器官分化过程中的特化、简化现象明显，导致很多植物器官的演化不是同步的，而且同一植物器官形态在不同植物中的进化意义和分类标准也不是绝对的。这就使得仅利用形态特征进行被子植物的演化和亲缘关系的研究变得相当困难。一般公认的被子植物形态构造的演化规律和分类依据见表 8-1。

表 8-1 被子植物形态构造的主要演化规律

器官类型	初生的、原始性状	次生的、进化性状
根	主根发达（直根系）	主根不发达（须根系）
茎	木本，不分枝或二叉分枝 直立 无导管，有管胞	草本，合轴分枝 藤本 有导管
叶	单叶 互生或螺旋排列 常绿 有叶绿素，自养	复叶 对生或轮生 落叶 无叶绿素，腐生，寄生
花	花单生 两性花 辐射对称 虫媒花 双被花 花的各部离生、螺旋排列、多数而不固定 子房上位 心皮离生 胚珠多数 边缘胎座，中轴胎座 花粉粒具单沟	具花序 单性花 两侧对称或不对称 风媒花 单被花或无被花 花的各部合生、轮状排列、各部有定数（3、4或5） 子房下位 心皮合生 胚珠少数 侧膜胎座，特立中央胎座 花粉粒具3沟或多孔
果实	单果、聚合果 真果	聚花果 假果
种子	胚小、有发达胚乳 子叶2片	胚大、无胚乳 子叶1片

在利用这些原则时，不能只根据某一条进化规律来判定某一植物类群的系统位置和亲缘关系，而必须对性状进行全面的综合分析。而随着现代科学的迅速发展，植物解剖学、细胞学、植物化学和分子生物学等学科对研究植物类群的亲缘关系和进化提供了新的方法和证据。

8.2　被子植物分类系统

植物的分类系统分为人为分类系统和自然分类系统。人为分类系统是为了某种应用上的需要，一般就植物的形态、习性及用途的不同进行分类。如中药学以功效分类、中药鉴定学是以药用部位分类，均属于人为分类(artificial system)。19 世纪后半期开始，随着人们掌握的植物知识越来越多，力求编排出能客观反映自然界中植物的亲缘关系和演化发展过程的自然分类系统或系统发育分类系统(phylogenetic system)。但由于有关被子植物起源、演化的知识和化石证据不足，直到现在也没有一个比较完善的公认的分类系统。目前世界上运用比较广泛、较为主流的主要有恩格勒系统、哈钦松系统、塔赫他间系统和克隆奎斯特系统。

8.2.1　恩格勒系统

1897 年，德国植物分类学家恩格勒(A.Engler)和勃兰特(K.Prantl)《植物自然分科志》(Die natuelichen pflanzenfamilien)巨著中所发表的系统，它是植物分类史上第一个比较完整的系统。它把植物界分为 13 个门，第 13 个为种子植物门，种子植物门再分为裸子植物和被子植物两个亚门，被子植物亚门再分为单子叶植物和双子叶植物两个纲，共 45 目 280 科，并将双子叶植物纲分为离瓣花亚纲和合瓣花亚纲。该系统经过多次修改，于 1964 年的第 12 版《植物分科志要》已将被子植物亚门列为被子植物门，并将原置于双子叶植物前的单子叶植物移至双子植物之后，共有 62 目 344 科。

恩格勒系统以假花学说(pseudanthium theory)为基础，认为被子植物的花和裸子植物的球花完全一致，每个雄蕊和心皮分布相当于 1 个极端退化的雄花和雌花。设想被子植物是来源于裸子植物麻黄类的弯柄麻黄(*Ephedra campylopoda*)，认为雄花的苞片变成花被，雌花的苞片变成心皮，每个雄花的小苞片消失后，只剩下一个雄蕊，雌花小苞片消失后只剩下胚珠，着生于子房基部。由于裸子植物，尤其是麻黄和买麻藤等都是以单性花为主，因而设想原始被子植物具单性花。据此认为现代被子植物的原始类群，应该是具有单性花、无被花、风媒花和木本的葇荑花序类植物，木兰目和毛茛目被作为较进化的类型。虽然根据解剖学、孢粉学等研究资料证明葇荑花序类应为次生类群。但恩格勒系统包括了全世界植物的纲、目、科、属，各国沿用历史已久，为许多植物工作者所熟悉，因此，在世界范围内使用广泛。本教材被子植物分类部分采用修订后的恩格勒系统，并针对其部分内容有所变动。

8.2.2　哈钦松系统

1926 年和 1934 年，英国植物学家哈钦松(J.Hutchinson)在《有花植物志》(The Families of Flowering Plants)中发表了被子植物分类系统，1973 年修订版中，共有 111 目 411 科，其中，双子叶植物 82 目 342 科，单子叶植物 29 目 69 科。

哈钦松系统以真花学说为理论基础，认为被子植物起源于原始的已灭绝的具有两性孢子叶球的裸子植物，特别是拟苏铁(*Cycadeoidea dacotenses*)及其相近种，认为其孢子叶球上的苞片演变为花被，小孢子叶演变为雄蕊，大孢子叶演变为雌蕊(心皮)，其孢子叶球轴则缩短为花轴。据此认为多心皮的木兰目、毛茛目是被子植物的原始类群，强调了木本和草本两个来源，认为木本植物均由木兰目演化而来，草本植物均由毛茛目演化而来，这两支是平行发展的。由于该系统过分强调木本和草本分属于两个来源，结果使得亲缘关系很近的一些科在系统位置上都相隔很远。但这个系统为多心皮学派奠定了基础，塔赫他间系统和克隆奎斯特系统均由此系统发展而来，我国华南、西南、华中的一些植物研究所和大学标本馆多采用该系统。

8.2.3 塔赫他间系统

1954 年，苏联植物学家塔赫他间(A.L.Takhtajan)在《被子植物的起源》(Origins of the Angiospermous Plants)中公布了该系统。该系统也经历过多次修订(1966 年、1986 年和 1980 年)，在 1980 年修订版中，把被子植物分为两个纲：木兰纲(即双子叶植物纲)和百合纲(即单子叶植物纲)，共 28 超目 92 目 416 科，其中，双子叶植物纲 20 超目 71 目 333 科，单子叶植物纲 8 超目 21 目 77 科。

塔赫他间系统也主张真花学说，首次打破了把双子叶植物分为离瓣花亚纲和合瓣花亚纲的传统分类方法，并在分类等级上设立了“超目”。

8.2.4 克隆奎斯特系统

1968 年，美国植物学家克隆奎斯特(A.Cronquist)在《有花植物的分类和演化》(The Evolution and Classification of Flowering Plants)中发表了该植物分类系统。在该系统中将被子植物称为木兰植物门，分为木兰纲和百合纲，取消了“超目”一级的分类单元，科的数量上也有所压缩。我国的部分植物园和一些教科书已采用这一系统。

8.3 被子植物的分类和常用药用植物

本教材的被子植物门采用了恩格勒分类系统，分为双子叶植物纲(Dicotyledoneae)和单子叶植物纲(Monocotyledoneae)。

8.3.1 双子叶植物纲 Dicotyledoneae

双子叶植物纲种子的胚通常具 2 枚子叶，多有发达的主根。茎内维管束具形成层。叶脉多为网状脉。花部常为 5 数或 4 数。

双子叶植物纲分为离瓣花亚纲(Choripetalae)和合瓣花亚纲(Sympetalae)。

8.3.1.1 离瓣花亚纲 Choripetalae

离瓣花亚纲，又称原始花被亚纲或古生花被亚纲(Archichlamydeae)。花无被、单被或重被，花瓣分离；雄蕊和花冠离生。

1. 三白草科 Sanruracese

$⚥ * P_0 A_{3\sim8} \underline{G}_{3\sim4:1:2\sim4(3\sim4:1:\infty)}$

多年生草本。单叶互生；托叶有或无，常与叶柄合生成鞘状。花序总状或穗状，基部常有总苞片；花小，两性，无花被；雄蕊 3～8；心皮 3～4，离生或合生，若为合生，则子房为 1 室的侧膜胎座。蒴果或浆果。

【药用植物】

蕺菜（鱼腥草）*Houttuynia cordata* Thunb. 多年生草本，有鱼腥气。根茎横走，茎上部直立，常呈紫红色，下部匍匐。单叶互生，叶片心形，纸质，托叶线形，下部与柄合生成鞘。穗状花序，总苞片 4，白色花瓣状；花小，无花被；雄蕊 3，花丝下部与子房合生；雌蕊 3 心皮，下部合生。蒴果，顶端开裂。种子多数，卵形（图 8-1）。全草（鱼腥草）为清热解毒药，能清热解毒、排脓消痈、利尿通淋。

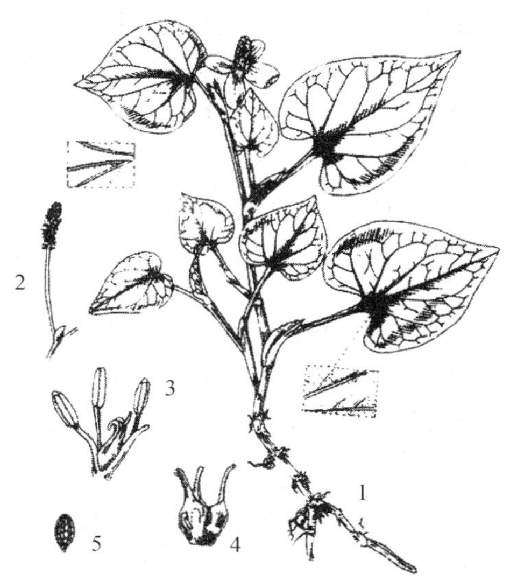

图 8-1　鱼腥草 *Houttuynia cordata* Thunb.

（仿谈献和，王德群，2009）

1. 植株全形　2. 花序　3. 花　4. 果实　5. 种子

三白草 *Saururus chinensis* (Lour) Baill.　多年生草本。根状茎较粗，白色，多节。茎上部直立，下部匍匐状。叶互生，长卵形，基部心形或耳形，茎顶端 2～3 片叶在花期常为白色。总状花序 1～2 枝顶生，花序下具 2～3 片乳白色叶状总苞；花小，无花被，生于苞片腋内，雄蕊 6，花丝与花药等长；雌蕊由 4 枚心皮合生，子房上位。蒴果，果实分裂为 3～4 个果瓣，分果近球形。种子球形。地上部分（三白草）能清热利水、解毒消肿。

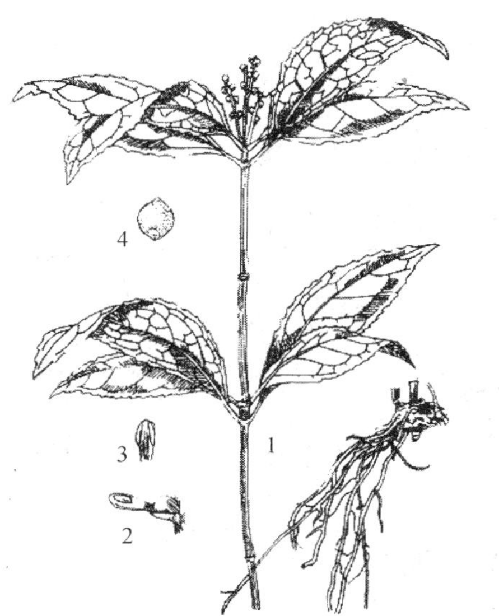

图 8-2　草珊瑚 *Sarcandra glabra* (Thunb.) Nakai

（仿谈献和，王德群，2009）

1. 植株全形　2. 花　3. 雄蕊　4. 果实

2. 金粟兰科　Chloranthaceae

$⚥ * P_0 A_{(1\sim3)} \overline{G}_{(1:1:1)}$

草本或灌木；节部常膨大。常具油细胞，有香气。单叶对生，叶柄基部通常合生成鞘状，叶缘有锯齿；托叶小。花序穗状，顶生；花小，多数为两性花，少有单性；无花被，基部有 1 苞片，雄蕊 1～3，合生成一体，常贴生在子房的一侧，花丝极短，药隔发达；子房下位，单心皮，1 室，1 胚珠，悬垂于子房室顶部。核果，种子具丰富胚乳。

【药用植物】

草珊瑚（接骨金粟兰）*Sarcandra glabra* (Thunb.) Nakai　常绿亚灌木，节膨大。叶近革质，对生，长椭圆形或卵状披针形，边缘有粗锯齿，托叶鞘状。穗状花序顶生，常分枝，花小，花两性，黄绿色，无花被；雄蕊1，花药2室；雌蕊柱头近头状。核果，熟时红色（图8-2）。分布于长江流域以南；生于常绿阔叶林下。全草（肿节风、草珊瑚）能清热凉血，活血消斑，祛风通络。

及己 *Chloranthus serratus* (Thunb.) Roem. et Schult.　草本，叶对生，常4片生于茎上部，卵形或卵状披针形。穗状花序单生或2～3分枝，顶生或腋生；花两性；雄蕊3，下部合生。核果近球形，绿色。分布于长江流域及以南地区；生于林下湿地。全草（及己）有毒，能活血散瘀，祛风止痛，解毒杀虫。

同属植物还有银钱草、宽叶金粟兰和丝穗金粟兰等，全草有毒，功效类同及己。

3. 桑科* Moraceae

$♂ P_{4\sim5} A_{4\sim5}$　$♀ P_{4\sim5} \underline{G}_{(2:1:1)}$

木本，稀草本和藤本。木本常有乳汁。叶常互生，稀对生，托叶早落。花小，单性，雌雄同株或异株，常集成柔荑、穗状、头状或瘾头花序；单被花，花被片4～5；雄蕊与花被片同数且对生；雌花花被有时肉质；子房上位，2心皮，合生，1室，1胚珠。果多为聚花果。

部分属检索表

1. 隐头花序立，花集生于中空的总花托（花序轴）内壁上，小枝有环状托叶痕；叶全缘或缺裂 …………………………………………………… 榕属 *Ficus*
1. 柔荑花序或头状花序。
  2. 雄花与雌花均为柔荑花序，或仅雌花为头状花序；花丝在芽内内曲；叶具锯齿。
    3. 雄花与雌花均为柔荑花序；芽鳞3～6 ………………………… 桑属 *Morus*
    3. 雄花为柔荑花序，雌花为头状花序；芽鳞2～3 ………………… 构树属 *Broussonetia*
  2. 雄花与雌花均成头状花序；花丝在芽内直立；叶全缘或3裂。
    4. 小乔木或灌木，有枝刺；花雌雄异株；花序球形 ……………… 柘树属 *Cudrania*
    4. 大乔木，无枝刺；花雌雄同株；花序长圆形或球形 …………… 桂木属 *Artocarpus*

【药用植物】

桑 *Morus alba* L.　落叶乔木或灌木，有乳汁。单叶互生，卵形，有时分裂，托叶早落。柔荑花序，花单性，雌雄异株；雄花花被片4，雄蕊4，与花被片对生，中央有退化雄蕊；雌花花被片4，子房上位，由2个合生心皮组成，1室，1胚珠。瘦果包于肉质化的花被片内；组成聚花果，黑紫色或白色（图8-3）。全国各地均有分布。根皮（桑白皮）能泻肺平喘，利水消肿；嫩枝（桑枝）能祛风湿，利关节；叶（桑叶）能疏散风热，清肺润燥，清肝明目；果穗（桑葚）能补血滋阴，生津润燥。

图8-3　桑 *Morus alba* L.

（仿谈献和，王德群，2009）

1. 雌花枝　2. 雄花枝　3. 雄花　4. 雌花

薜荔 *Ficus pumils* L.　常绿攀援灌木，具白色乳汁。叶互生，营养枝上的叶小而薄，生殖枝上的叶大而近革质。隐头花序单生叶腋，花序托肉质。雄花和瘿花同生于一花序托中，雌花生于另一花序托中；雄花有雄蕊2；瘿花为不结实的雄花，花柱较短，常有瘿蜂产卵于其子房内，在其寻找瘿花过程中进行传粉(图 8-4)。分布于华东、华南和西南;生于丘陵地区。隐花果(木馒头、薜荔果)能补肾固精,清热利湿,活血通经;茎、叶能祛风除湿,通络活血,解毒消肿。

大麻 *Cannabis sativa* L.　一年生高大草本。叶互生或下部对生,掌状全裂,裂片披针形。花单性异株;雄花排成圆锥花序;雌花丛生叶腋。瘦果扁卵形,为宿存苞片所包被(图 8-5)。原产亚洲西部,现我国各地有栽培。果实(火麻仁)能润肠通便,利水通淋;雌花序及幼嫩果序能祛风镇痛,定惊安神(幼嫩果序有致幻作用,为毒品之一)。

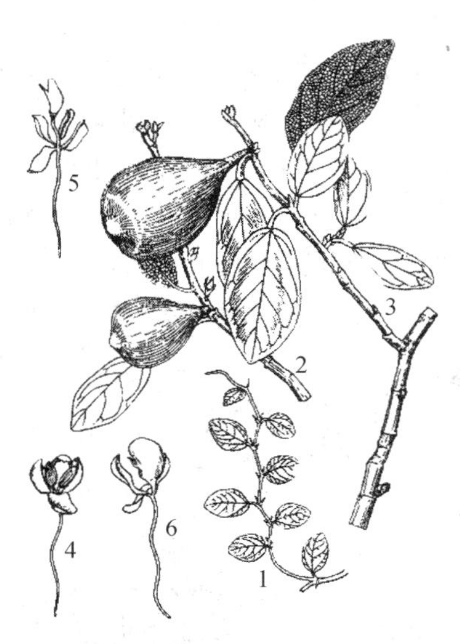

图 8-4　薜荔 *Ficus pumils* L.

(仿谈献和,王德群,2009)

1. 不育幼枝　2. 果枝(雄隐头花序)　3. 果枝(雌隐头花序)　4. 雄花　5. 雌花　6. 瘿花

图 8-5　大麻 *Cannabis sativa* L.

(仿谈献和,王德群,2009)

1. 根　2. 着雄花序枝　3. 着雌花序枝　4. 雄花(示萼片及雄蕊)　5. 雌花(示雌蕊、小苞片和苞片)　6. 果实外被苞片　7. 果实

构树 *Broussonetia papyrifera* (L.) Vent.　落叶乔木;有乳汁。单叶互生,叶阔卵形至长圆状卵形,不分裂或 3～5 裂,叶两面被毛。花单性异株;雄花序为葇荑花序;雌花序为头状花序。聚花果肉质,球形,成熟时橙红色。果实(楮实子)能滋阴益肾、清肝明目、健脾利水。

无花果 *Ficus carica* L.　落叶小乔木,有白色乳汁。叶互生,厚纸质,广卵圆形,3～5 裂;托叶卵状披针形(彩图 8-1)。隐头花序(无花果)能清热生津,健脾开胃,解毒消肿。

常见的药用植物还有:啤酒花(忽布)(*Humulus lupulus* L.),未成熟的带花果穗为制啤酒原料之一,能健胃消食、安神利尿。葎草(*H. scandens* (Lour.) Merr.),全草能清热解毒、利尿通淋。柘树(*Madrania tricuspidata* Carr.),根皮和树皮(去栓皮,柘木白皮)能补肾固精、利湿解毒、止血化瘀。

4. **马兜铃科** Aristolochiaceae

$⚥ * \uparrow P_{(3\sim6)} A_{6\sim12} \overline{G}_{(4\sim6:4\sim6:\infty)}, \underline{\overline{G}}_{(4\sim6:4\sim6:\infty)}$

多年生草本或藤本。单叶互生,基部常心形。花两性;辐射对称或两侧对称;单被花,下部

合生成管状，顶端3裂或向一侧扩展；雄蕊6～12，花丝短，分离或花柱合生；雌蕊心皮4～6，合生，子房下位或半下位，4～6室，中轴胎座。蒴果，种子多数。

【药用植物】

北细辛（辽细辛）*Asarum heterotropoides* Fr. Schmidt var. *mandshuricum*（Maxim.）Kitagawa　多年生草本。根状茎横走，具多数细长须根，有浓烈辛香气。叶基生，常2片，具长柄，叶片肾状心形，全缘，两面有毛。花单生叶腋；花被紫棕色，顶端3裂，裂片向下反卷；雄蕊12；子房半下位，花柱6，柱头着生于顶端外侧。蒴果浆果状，半球形，种子椭圆状船形（图8-6，彩图8-2）。全草（细辛）能祛风散寒，通窍止痛，温肺化饮。

同属植物还有华细辛（*A. sieboldii* Miq.）和汉城细辛（*A. sieboldii* Miq. f. seoulense（Nakai）C.Y.Cheng et C.S.Yang），两者与辽细辛功效相同，全草均作药材细辛入药。

马兜铃 *Aristolochia debilis* Sieb.et Zuce.　草质藤本。叶互生，三角状狭卵形，基部心形。花单生叶腋，花被基部球状。种子三角形，有宽翅（图8-7）。根（青木香）为理气药，能平肝止痛，行气消肿；茎（天仙藤）能行气活血，利水消肿；果实（马兜铃）为止咳平喘药，能清肺止咳，祛痰平喘。

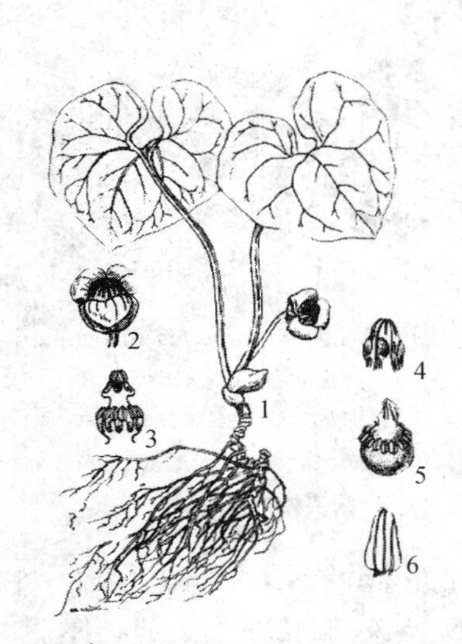

图8-6　北细辛 *Asarum heterotropoides* Fr. Schmidt var. *mandshuricum*（Maxim.）Kitagawa

（仿谈献和，王德群，2009）

1. 植株全形　2. 花　3. 雄蕊及雌蕊　4. 柱头　5. 去花被的花　6. 雄蕊

图8-7　马兜铃 *Aristolochia debilis* Sieb. et Zuce.

（仿谈献和，王德群，2009）

1. 根　2. 果实　3. 花枝

同属植物还有北马兜铃（*A. contorta* Bge.），根、茎、果实亦可分别作药材青木香、天仙藤与马兜铃入药。

木通马兜铃 *A. manshurienses* Kom.　木质藤本。叶片圆心形，下面有稀疏短毛。花腋生；花梗基部具1～2片淡褐色的鳞片；花被筒呈马蹄形弯曲，檐部圆盘状，边缘3浅裂。蒴果长圆柱形。种子三角状心形。茎（关木通）能清心火、利小便、痛经下乳。用量过大易中毒而引起肾功能衰竭。

常见的药用植物还有：杜衡（*Asarum forbesii* Maxim.），全草（杜衡）祛风散寒、消痰行水、活血止痛。小叶马蹄香(*A. ichangense* C.Y.Cheng et C.S.Yang)，全草亦作药材杜衡入药。单叶细辛(*A. himalaicum* Hook.f. et Thoms. ex Klotzsch.)，全草(水细辛)发散风寒、温肺化饮、理气止痛。广防己(*A. fangchi* Y.C.Wu ex L.D.Chow et. S.M.Hwang)，根(广防己)能祛风止痛、清热利水。绵马马兜铃(*A. mollissima* Hance)，全草(寻骨风)能祛风除湿、活血通络、止痛。

5. 蓼科* Polygonaceae

⚥ $* P_{3\sim6(3\sim6)} A_{3\sim9} \underline{G}_{(2\sim3:1:1)}$

多为草本。茎节常膨大。单叶互生，托叶膜质，包围茎节基部成托叶鞘。花多两性；常排成穗状、圆锥状或头状；花单被，花被片 3～6，常花瓣状，宿存；雄蕊 3～9；子房上位，心皮多 3 枚，稀 2 或 4 枚，1 室，1 胚珠，胎座基生；瘦果凸镜形、三棱形或近圆形，常包于宿存花被内，多具翅。种子有胚乳。

部分属检索表

1. 瘦果具翅；花被片 6，果时不增大；直立草本 ………………………………………… **大黄属 *Rheum***
1. 瘦果无翅。
 2. 花被片 6；柱头画笔状 ………………………………………………………………… **酸模属 *Rumex***
 2. 花被片 5，稀 4；柱头头状。
  3. 瘦果具 3 棱，明显比宿存的花被长……………………………………………… **荞麦属 *Fagopyrum***
  3. 瘦果具 3 棱，或双凸镜状，常比宿存花被短 ………………………………… **蓼属 *Polygnum***

【药用植物】

(1)大黄属 *Rheum*

掌叶大黄 *R. palmatum* L.　多年生高大草本。根及根茎粗壮，断面黄色。基生叶有长柄，叶大，宽卵形或近圆形，掌状深裂，裂片 3～5，裂片有时再羽裂；茎生叶较小；托叶鞘膜质。圆锥花序；花梗纤细，中下部有关节，花小，花被片 6，排成 2 轮，紫红色，果时不增大。瘦果具 3 棱，棱缘有翅(图 8-8A)。

唐古特大黄 *R. palmatum* L.　叶片深裂，裂片通常又二回羽状深裂，裂片呈三角状披针形或窄条形(图 8-8B)。

药用大黄 *R. officinale* Baill.　基生叶掌状浅裂，浅裂片呈大齿形或宽三角形；花较大，黄白色(图 8-8C)。

以上 3 种属掌叶组，根及根状茎(大黄)能泻热通肠，凉血解毒，逐瘀通经。

(2)蓼属 *Polygonum*

拳参 *P. bistorta* L.　多年生草本。根状茎肥厚。茎直立。基生叶宽披针形或狭卵形，基部下延成翅；托叶鞘筒状，无缘毛。总状花序穗状，

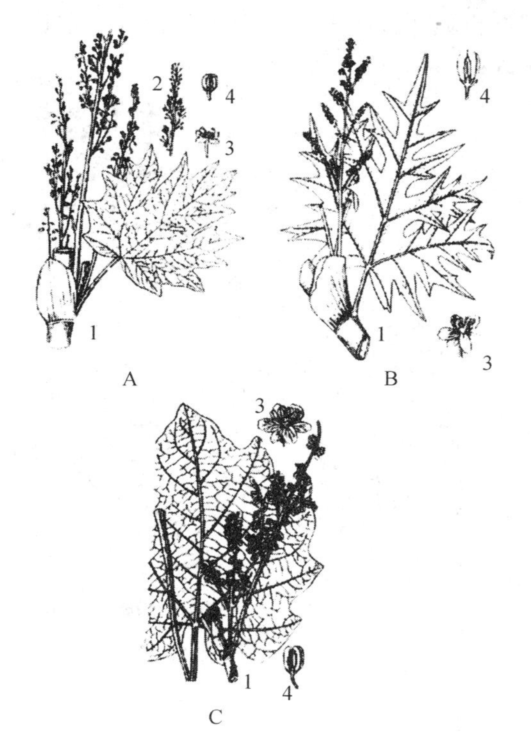

图 8-8　三种大黄原植物

(仿谈献和，王德群，2009)

A. 掌叶大典　B. 唐古特大黄　C. 药用大黄

1. 带花(或果)序的部分茎　2. 花序　3. 花　4. 果实

顶生，紧密；花白色或淡红色（图 8-9）。根状茎（拳参）能清热解毒，消肿，止血。

蓼蓝 *P. tinctorium* Ait.　叶（蓼大青叶）能清热解毒，凉血消斑；茎叶加工可制青黛。

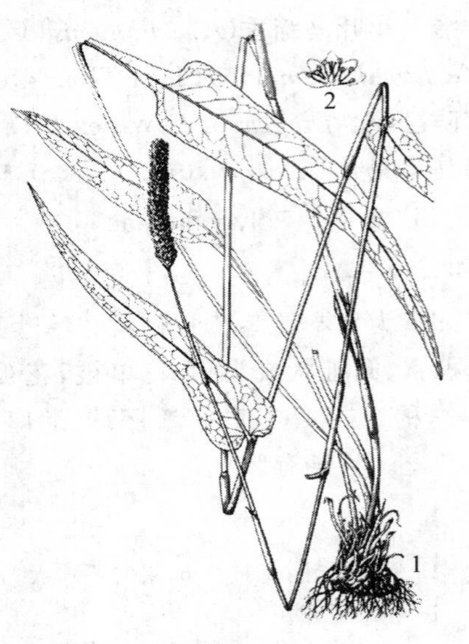

图 8-9　拳参 *P. bistorta* L.

（仿谈献和，王德群，2009）

1. 根状茎　2. 花

何首乌 *P. multiflorum* Thunb.　多年生缠绕草本。块根暗褐色，断面具异型维管束形成的“云锦花纹”。叶卵状心形，有长柄，托叶鞘短筒状。圆锥花序大型；花小，白色；花被 5，外侧 3 片，背部有翅。瘦果具 3 棱（图8-10）。全国均有分布；生于灌丛、山脚阴湿处。块根（何首乌）生用能解毒，消痈润肠通便；制首乌能补肝肾，益精血，乌须发，强筋骨；茎藤（首乌藤、夜交藤）能养血安神，祛风通络。

虎杖 *P. cuspidatum* Sieb.et Zucc.　多年生粗壮草本，根状茎粗大。地上茎散生红色或紫红色斑点。叶阔卵形；托叶鞘短筒状。圆锥花序；花单性异株；花被 5，外轮 3 片，果时增大，背部生翅；雄花雄蕊 8；雌花花柱 3。瘦果卵状 3 棱形（图 8-11）。分布于西北及长江流域及其以南地区；生于山谷、路旁潮湿处。根状茎和根（虎杖）能祛风利湿，散瘀定痛，止咳化痰。

图 8-10　何首乌 *P. multiflorum* Thunb.

（仿谈献和，王德群，2009）

1. 花枝　2. 块根

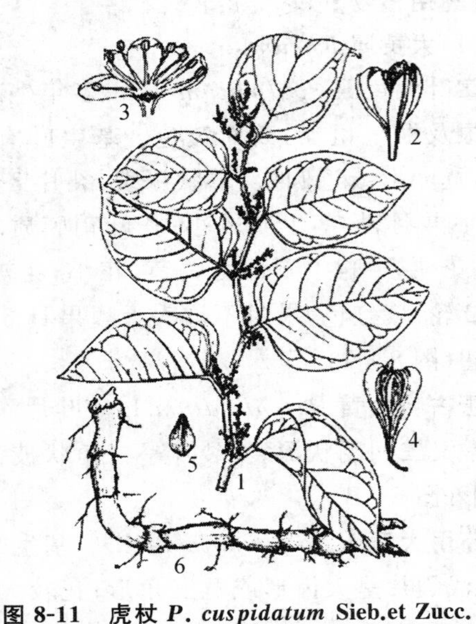

图 8-11　虎杖 *P. cuspidatum* Sieb.et Zucc.

（仿谈献和，王德群，2009）

1. 花被　2. 花的侧面　3. 花被展开（示雄蕊）

4. 包在花被内的果实　5. 果实　6. 根茎

红蓼（荭草）*P. orientale* L.　一年生草本。全体有毛；茎多分枝。叶卵形或宽卵形；托叶鞘筒状，上部有绿色环边。总状花序穗状；花红色、淡红色或白色。瘦果扁圆形，黑褐色，有光泽。果实（水红花子）能活血消积，健脾利湿。

羊蹄 *Rumex japonicus* Houtt. 草本。根粗大，断面黄色。基生叶长椭圆形，边缘有被状皱褶。茎生叶较小；托叶鞘筒状。花序圆锥状；花被片 6，内轮随果实增大，边缘有不整齐的牙齿；雄蕊 6；花柱 3 。瘦果有 3 棱。分布于长江以南地区；生于山野湿地。根（土大黄）能清热解毒，凉血止血，通便。

常见的药用植物还有：萹蓄（*Polygonum aviculare* L.），全草（萹蓄）为能利水通淋、杀虫止痒。金荞麦（*Fagopyrum dibotrys* (D.Don) Hara.），根状茎（金荞麦）能清热解毒、活血消痈、祛风除湿。

6. **苋科** Amaranthaceae

$⚥ * P_{3\sim5}\ A_{5\sim1}\ \underline{G}_{(2\sim3:1:1\sim\infty)}$

多为草本。单叶对生或互生；无托叶。花小，两性，稀单性；聚伞花序排成穗状、圆锥状或头状；花单被，花被片 3～5，干膜质，每花下常有 1 枚干膜质苞片和 2 枚小苞片；雄蕊与花被片对生，多为 5 枚；子房上位。心皮 2～3，合生，1 室，胚珠 1 枚，稀多数。胞果，稀浆果或坚果。

【药用植物】

牛膝 *Achyranthes bidentata* Blume 多年生草本。根长圆柱形。茎四棱形，节膨大。叶对生，椭圆形，全缘。穗状花序腋生或顶生；苞片 1，膜质，小苞片硬刺状；花被片 5，披针形；雄蕊 5，花丝下部合生。胞果长圆形，包于宿萼内（图 8-12）。全国主要栽培于河南，习称怀牛膝。根（牛膝）能补肝肾，强筋骨，逐瘀通经。

同属植物柳叶牛膝（*A. longifolia* (Makino) Makino）、粗毛牛膝（*A. aspera* L.）及野生的牛膝根（土牛膝）能活血祛瘀、泻火解毒、利尿通淋。

川牛膝 *Cyathula officinalis* Kuan 多年生草本。根圆柱形。茎中部以上近四棱形，疏被粗毛。叶对生。复聚伞花序密集成圆头状；花小，绿白色；苞片干膜质，顶端刺状；两性花居中，不育花居两侧；雄蕊 5，与花被片对生，退化雄蕊 5；子房 1 室，胚珠 1 枚。胞果（图 8-13）。根（川牛膝）能逐瘀通经，通利关节，利尿通淋。

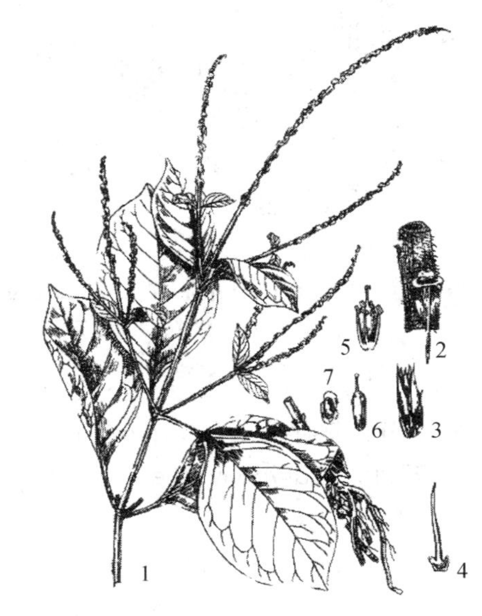

图 8-12 牛膝 *Achyranthes bidentata* Blume
（仿谈献和，王德群，2009）
1. 花枝 2. 花梗（示下折苞片） 3. 花 4. 小苞片
5. 去花被的花 6. 雄蕊 7. 胚胎

鸡冠花 *Celosia cristata* L. 一年生草本。单叶互生。穗状花序顶生，呈扁平肉质，鸡冠状、卷冠状或羽毛状。胞果卵形（彩图 8-3）。花序（鸡冠花）能收敛止血，止带，止痢。

青葙 *C. argentea* L. 一年生草本，全株无毛。单叶互生。穗状花序呈圆柱形或圆锥形；花着生甚密，初为淡红色，后变为银白色；苞片、小苞片和花被片干膜质，白色光亮。胞果盖裂。种子扁圆形，黑色，光亮。种子（青葙子）能祛风热、清肝火、明目退翳。

7. **商陆科** Phytolaccaceae

$⚥ * P_{4\sim5}\ A_{4\sim5(\infty)}\ \underline{G}_{1\sim\infty(1\sim\infty)}$

草本或灌木，稀乔木。单叶互生，全缘。花两性，稀单性，辐射对称；排成总状花序或聚伞花序；花被 4～5 裂，宿存；雄蕊 4～5 或多数；心皮 1 或多数，分离或合生；子房多上位，胚珠单生于每个皮内。浆果、蒴果或翅果。

【药用植物】

商陆 *Phytolacca acinose* Roxb. 多年生草本。根粗壮，肉质，圆锥形，有横长皮孔。茎直立，绿色或紫红色。叶互生，卵状椭圆形。总状花序顶生或侧生；花被片 5，白色，后变淡红色；雄蕊 8～10，通常为 8，分离。果序直立；浆果扁球形，熟时紫黑色（图 8-14）。

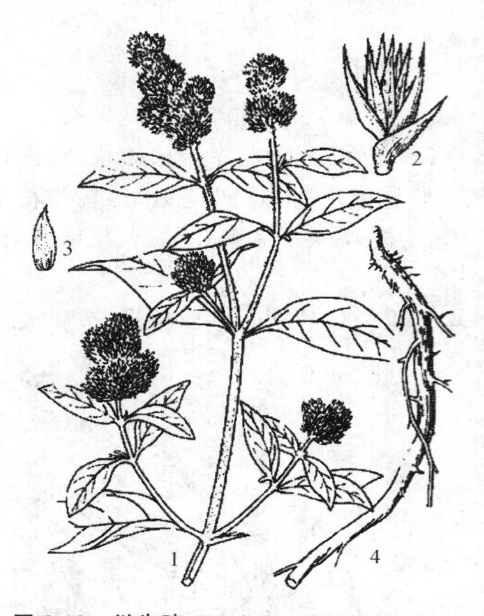

图 8-13 川牛膝 *Cyathula officinalis* Kuan

（仿谈献和，王德群，2009）

1. 花枝 2. 花 3. 苞片 4. 根

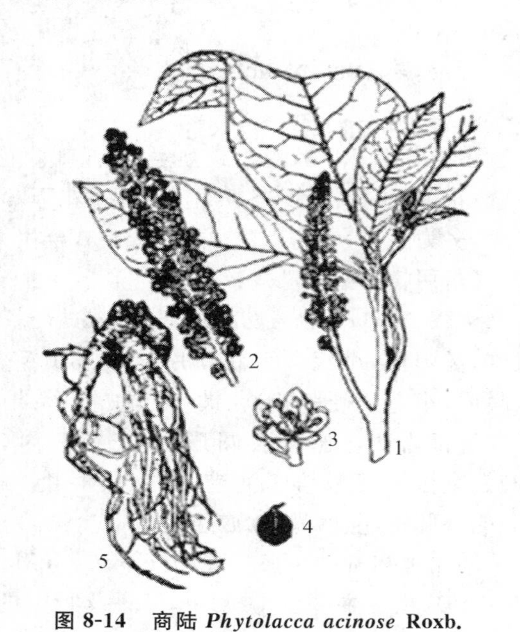

图 8-14 商陆 *Phytolacca acinose* Roxb.

（仿谈献和，王德群，2009）

1. 花枝 2. 果序 3. 花 4. 种子 5. 根

同属植物垂穗商陆（*P. americana* L.），根亦作药材商陆入药。

8. 石竹科 Caryophyllaceae

$⚥ * K_{4\sim5(4\sim5)} C_{4\sim5} A_{8\sim10} \underline{G}_{(2\sim5:1:1\sim\infty)}$

草本，茎节常膨大。单叶对生，全缘。聚伞花序或单生，花两性，辐射对称；萼片 4～5，分离或连和；花瓣 4～5，分离，常具爪；雄蕊为花瓣的倍数，8～10；子房上位，心皮 2～5，特立中央胎座，胚珠多数。蒴果齿裂或瓣裂，稀浆果。种子多数，具胚乳。

【药用植物】

瞿麦 *Dianthus superbus* L. 多年生草本。叶对生，披针形或条状披针形。聚伞花序；花萼下有小苞片 4～6 个；萼筒先端 5 裂；花瓣 5，粉紫色，有长爪，顶端深裂成丝状；雄蕊 10，子房上位，1 室，花柱 2。蒴果长筒形，顶端 4 齿裂（图 8-15）。全草（瞿麦）能利尿通淋，破血痛经。

石竹 *D. chinensis* L. 与上种相似，但本种花瓣顶端不整齐浅齿裂（彩图 8-4）。全草亦作瞿麦药用。

孩儿参（异叶假繁缕、太子参）*Pseudostellaria heterophylla* (Miq.) Pax 草本。块根肉质，纺锤形。叶对生，下部叶匙形，顶端两对叶片较大，排出十字形。花二型：普通花 1～3

朵着生茎端总苞内，白色，萼片5，花瓣5，雄蕊10，花柱3；闭花受精花着生茎下部叶腋，小型，萼片4，无花瓣。蒴果熟时下垂。根（太子参）为补气药，能益气健脾，生津润肺。

麦蓝菜（王不留行）*Vaccaria segetalis*（Neck.）Garcke 一年生或二年生草本，全株光滑无毛。叶窄卵状椭圆形或阔披针形。聚伞花序顶生；苞片2；萼筒壶状，5裂；花瓣5，淡红色；雄蕊10。蒴果，4齿裂。种子球形，黑色。种子（王不留行）为活血调经药，能活血通经、下乳消肿。

银柴胡 *Stellaria dichotoma* L. var. *lanceolata* Bge. 多年生草本。主根粗壮，圆柱形。茎丛生，多次二歧分枝，被腺毛或短柔毛。叶线状披针形或长圆状披针形。聚伞花序顶生；花瓣5，白色；花柱3。蒴果，常具1枚种子。根（银柴胡）为清虚热药，能清热凉血。

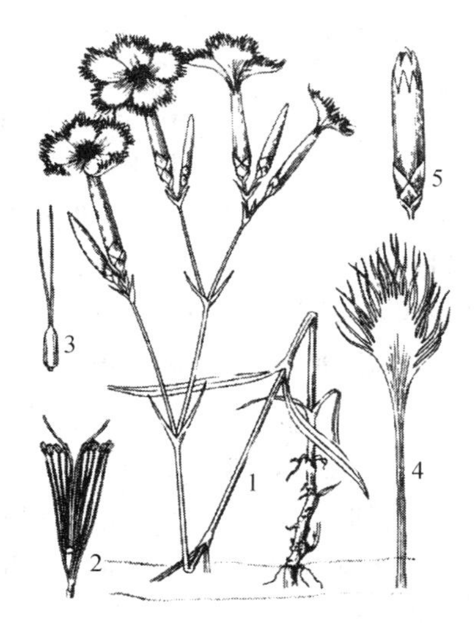

图8-15 瞿麦 *Dianthus superbus* L.

（仿谈献和，王德群，2009）

1. 植株全形 2. 雄蕊和雌蕊 3. 雌蕊 4. 花瓣 5. 蒴果及宿存萼片和苞片

【阅读材料】

怀牛膝与川牛膝的识别

怀牛膝又叫淮牛膝、对节草，为苋科植物牛膝的干燥根。怀牛膝在药典中的名字叫牛膝，是常用的一种活血通经、通利关节、引血下行药。商品中分生熟两种，生用活血；熟用补肾，强壮筋骨。因原植物茎上的节与牛的膝盖相似，所以叫作牛膝。其根为细长圆柱形，有的稍弯曲，上端稍粗下端较细，直径在0.4～1 cm。表面灰黄色或淡棕色，略扭曲，可见细微的纵皱纹、横长皮孔及稀疏的细根痕。质硬而脆易折断，受潮后则变柔软。断面平坦，黄棕色，微呈角质样而油润，中心维管束木部较大，黄白色，外围散有多数点状的维管束，排列成2～4轮。气微，味微甜而稍苦涩。以根长、肉肥、皮细、色黄白的质量为优。

川牛膝以主产于四川而得名，川牛膝又有天全牛膝、甜牛膝、肉牛膝等名字，其中"天全牛膝"是因为一般认为以四川天全县所产的药材质量最好而得名，"甜牛膝"是因为其具有显著的甜味而得名。干燥的川牛膝药材因有的扭曲度大形如拐杖，所以又被称为拐牛膝，商品以"特拐"、"赛拐"、"拐膝"之名分为一、二、三等规格。在商品药材中的川牛膝一般多为上粗下略细的长圆柱形，直径0.5～3 cm。其表面黄棕色或灰褐色，可见纵皱纹、支根痕和多数横向突起的皮孔。质较韧不易折断，断面浅黄色或黄棕色，其上有排列成数轮同心环的点状维管束。气微味甜。

怀牛膝除了正品外，有些地区还习用同属植物红牛膝和土牛膝。红牛膝（苋科柳叶牛膝）是民间草药，不宜与怀牛膝混用。其根多呈簇状，表面黄棕色，具明显的纵皱纹及细侧根。质地较韧而不易折断，断面灰棕色、淡红色或微带紫红色，有排列成1～4层的维管束小点。微臭，味略甜而微苦麻舌。

有些地区还有误用情况，主要的误用品种有味牛膝和白牛膝。味牛膝（爵床科腺毛马兰），又叫窝牛膝、尾膝、未牛膝。其根茎为不规则的块状结节，根的分枝较多，有的形如马尾。表面较光滑呈暗灰色，有环状纹。断面皮部灰白色，木部紧韧不易折断，呈暗灰色。气微味淡。白牛膝(苋科粗毛牛膝),其根多呈细长圆柱形,顶端有根茎痕。表面灰黄色具细顺纹与侧根痕。质地柔韧不易折断,断面显纤维性,维管束成数层状排列。气微,味微甜涩。

在川牛膝的习用品中除上面所述的红牛膝外,在四川西南部和云南部分地区有将麻牛膝(苋科头花杯苋)混作川牛膝入药的情况。麻牛膝又称为金河牛膝、头花蒽草。唯其根较短小,呈上粗下细的圆柱状锥形,且略扭曲。表面灰褐色或微带棕红色。质脆易折断,断面显纤维性,老根则不易折断。断面灰褐色或略棕红,略角质样,味微甜微苦而麻舌。其性味功能与川牛膝不同,不应混充川牛膝使用,应该注意鉴别。

9. 睡莲科 Nymphaeaceae

$⚥ * K_{3\sim\infty} C_{3\sim\infty} A_{\infty} \underline{G}_{3\sim\infty(3\sim\infty)}, \overline{G}_{3\sim\infty(3\sim\infty)}$

水生草本。根状茎横走。叶具漂浮叶与沉水叶,互生,漂浮叶心形至盾状,沉水叶细弱,有时细裂。花单生,两性,辐射对称;萼片 3 至多数;花瓣 3 至多数;雄蕊多数;雌蕊由 3 至多数离生或合生心皮组成,子房上位或下位,胚珠多数。坚果埋于膨大的海绵状花托内或为浆果状。

本科有 8 属约 100 种。我国有 5 属 13 种,各省均有。已知药用植物有 5 属 10 种。

【药用植物】

莲 *Nelumbo nucifera* Geatn 又名荷花,多年生水生草本。具横走根状茎(藕)。叶基生,盾状圆形,柄长有刺毛。花单生,萼片 4~5,早落,花瓣多数,红色、粉红色或白色;雄蕊多数;心皮多数,离生。坚果(莲子)椭圆形,埋藏于倒圆锥形的海绵质花托(莲蓬)内(图 8-16,彩图 8-5)。我国各地均有栽培。根状茎的节部(藕节)为收敛止血药,能消止血瘀;叶(荷叶)能清暑利湿;叶柄(荷梗)能通气宽胸、和胃安胎;花托(莲房)能化瘀止血;雄蕊(莲须)能固肾涩精;种子(莲子)能补脾止泻,益肾安神;莲子中的绿色胚(莲子心)能清心安神、涩精止血。

芡实 *Euryale ferox* Salisb 又名鸡头米、鸡头莲。一年生大型水生草本。全株具尖刺。根状茎短。叶盾圆形或盾状心形,上面有皱折,脉上有刺。花萼宿存,外面密生钩刺;花瓣紫红色、多枚;雄蕊多枚;子房下位,8 室。果实浆果状、海绵质、球形紫红色,形如鸡头,密生硬刺。种子球形黑色(图 8-17)。种子(芡实)有益肾固精、补脾止泻的作用。

10. 毛茛科* Ranunculaceae

$⚥ * \uparrow K_{3\sim\infty} C_{3\sim\infty,0} A_{\infty} \underline{G}_{1\sim\infty:1:1\sim\infty}$

草本,稀灌木或藤本。单叶或复叶;叶互生或基生,少对生;叶片多缺刻或分裂,稀全缘;无托叶。花通常两性,辐射对称或两侧对称,花单生或排成聚伞花序和总状花序;重被或单被,萼片 3 至多数,常呈花瓣状;花瓣 3 至多枚或缺;雄蕊和心皮多数,离生,螺旋状排列在隆起的花托上,稀定数;子房上位,1 室,每心皮含 1 至多数胚珠。聚合蓇葖果或聚合瘦果,稀浆果。

本科约 50 属约 2 000 种,广泛分布于全球,主要分布在北温带。我国有 42 属 800 种,各省均有。已知药用植物有 30 属近 500 种。

图 8-16　莲 *Nelumbo nucifera* Geatn

（仿杨春澍，2008）

1. 叶　2. 花　3. 花托　4. 果实和种子　5. 雄蕊　6. 根茎的一部分

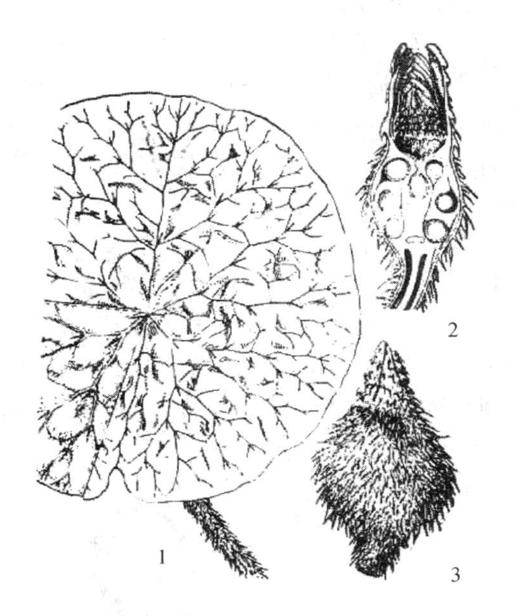

图 8-17　芡实 *Euryale ferox* Salisb

（中国高等植物图鉴，2001 版）

1. 叶　2. 果实纵剖　3. 果实

部分属检索表

1. 草本；叶互生或基生。
 2. 花辐射对称。
  3. 瘦果，每心皮有 1 枚胚珠。
   4. 有 2 枚对生或 3 枚以上轮生苞片形成的总苞；叶均基生。
    5. 果期花柱不延长 ……………………………… **银莲花属 *Anemone***
    5. 果期花柱强烈伸长成羽毛状 ……………………… **白头翁属 *Pulsatilla***
   4. 无总苞；叶基生和茎生。
    6. 无花瓣 ……………………………………… **唐松草属 *Thalictrum***
    6. 有花瓣 ……………………………………… **毛茛属 *Rannunculus***
     7. 花瓣有蜜腺。
     7. 花瓣无蜜腺 …………………………………… **侧金盏花属 *Adonis***
  3. 蓇葖果，每心皮有 2 枚以上胚珠。
     8. 有退化雄蕊。
      9. 总状或复总状花序；无花瓣；退化雄蕊位发育雄蕊外侧 ………… **升麻属 *Cimicifuga***
      9. 单花或单歧聚伞花序；花瓣下部筒形，上部近二唇形；退化雄蕊位发育雄蕊内 ………………………… **天葵属 *Semiaquilegia***
     8. 无退化雄蕊 ………………………………………… **黄连属 *Coptis***
 2. 花两侧对称，花瓣有长爪 ……………………………… **乌头属 *Aconitum***
1. 常为藤本；叶对生 ……………………………………… **铁线莲属 *Clematis***

【药用植物】

(1)乌头属 *Aconitum*

草本。通常具有块根,由一母根和多旁生的子根组成,稀为直根系。叶多为掌状复叶。总状花序;花两性,两侧对称;萼片 5 枚,花瓣状,常呈蓝紫色,稀为黄色,最上一片萼片呈盔状或圆筒状;花瓣 2 枚,特化为蜜腺叶,由距、唇和爪三部分组成;另 3 片花瓣消失;雄蕊多数,心皮 3~5 枚。聚合蓇葖果。

乌头 *Aconitum carmichaeli* Debx. 多年生草本。块根呈倒圆锥形或卵形,似乌鸦头。叶片 3 全裂,中央裂片近羽状分裂,侧生裂片 2 深裂。总状花序,密生反微曲柔毛;萼片蓝紫色,上萼片盔帽状,花瓣 2,有长爪;雄蕊多数;心皮 3~5,离生。聚合蓇葖果(图 8-18,彩图 8-6)。分布于长江中下游、华北、西南等地区;生于山坡草地灌丛中。根有大毒,一般经炮制后入药。栽培种母根(川乌)能祛风除湿、散寒止痛。子根(附子)能回阳救逆、温中散寒、止痛。

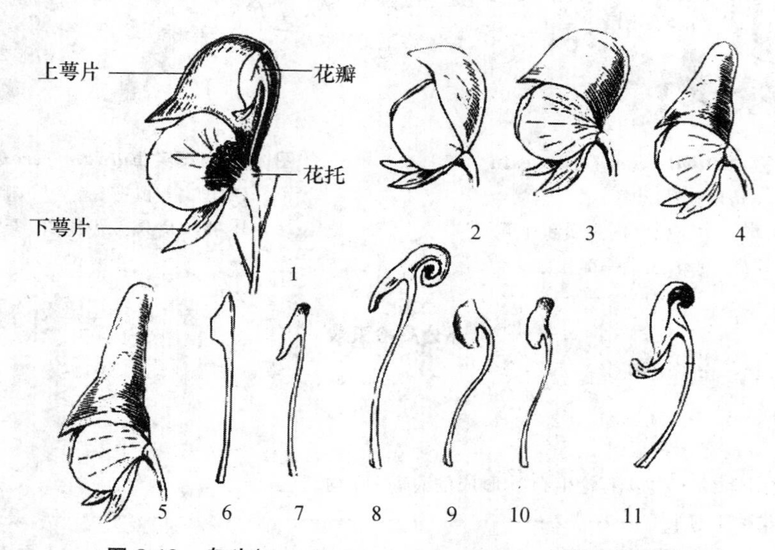

图 8-18 乌头(*Aconitum carmichaeli* Debx.)花的解剖图

(仿杨春澍,2008)

1. 花的纵剖面模式图 2~5. 花的外形 6~11. 花瓣

北乌头 *A. kusnezoffii* Rehb. 多年生草本。叶片纸质或近革质,3 全裂,中裂片菱形,近羽状分裂。花序无毛,萼片蓝紫色。分布于东北、华北。块根作草乌入药,功效同川乌。叶能清热、解毒、止痛。

同属药用植物还有:黄花乌头(*A. coreanum* (Levl.) Raipaics.),分布于东北及河北北部,块根(关白附)有大毒,能祛寒湿,止痛。短柄乌头(*A. brachypodium* Diels.),分布于四川、云南。块根(雪上一枝蒿)有大毒,能祛风止痛。

(2)黄连属 *Coptis*

多年生草本。根状茎黄色,生多数须根。叶全部基生,有长柄,三或五全裂。花葶 1~2 条;聚伞花序;花辐射对称;萼片 5 枚,花瓣状,黄绿色或白色;雄蕊多枚;心皮 5~14 枚,有明显的柄。聚合蓇葖果(图 8-19)。含小檗碱 5%~8%,有良好的消炎解毒作用。

图 8-19　黄连属(*Coptis*)植物

(仿杨春澍,2008)

1～4. 黄连(1. 着花植物　2. 萼片　3. 花瓣　4. 蓇葖果)　5～7. 三角叶黄连(5. 叶片　6. 萼片　7. 花瓣)　8～10. 云南黄连(8. 叶　9. 花瓣　10. 萼片)

黄连 *Coptis chinensis* Franch.　多年生草本。根状茎黄色,分枝成簇。叶基生,叶片 3 全裂,中央裂片具细柄,卵状菱形,羽状深裂,侧裂片不等 2 裂。聚伞花序,花黄绿色;萼片 5 枚,狭卵形;花瓣条状披针形,中央有蜜腺;雄蕊多数;心皮 8～12 枚,离生,有柄。聚合蓇葖果。分布于湖北、四川、陕西、贵州、湖南等地;生于海拔 500～2 000 m 间山林阴湿处,多为栽培。根状茎(黄连)能清热燥湿,泻火解毒。

同属植物作黄连用的还有:三角叶黄连(雅连)(*C. deltoidea* C.Y.Cheng et Hsiao),与黄连相似,但本种的根状茎不分枝或少分枝。叶的一回裂片的深裂片彼此邻接。特产于四川。云南黄连(云连)(*C. teeta* Wall.),根状茎分枝少而细。叶的羽状深裂彼此疏离。花瓣匙形,先端盾圆。分布于云南西北部,西藏东南部。

(3)铁线莲属 *Clematis*

多年生木质藤本。叶对生。花单被;萼片 4～5 枚,镊合状排列,雄蕊和雌蕊多数。聚合瘦果具宿存的羽毛状花柱,聚成一头状体。

威灵仙 *Clematis chinensis* Osbeck　藤本。根须状。茎具条纹,茎、叶干后变黑色。叶对生,羽状复叶,小叶 5 片,狭卵形,花序圆锥状;萼片 4 枚,白色,矩圆形,外面边缘密生短柔毛;无花瓣;雄蕊及心皮均多数。聚合瘦果,宿存花柱羽毛状。分布于长江中、下游及其以南地区;生于山区林缘及灌丛中。根及根状茎(威灵仙)能祛风除湿,通络止痛。

同属植物的根及根状茎亦作药材威灵仙入药的有:棉团铁线莲(*C. hexapetala* Pall.),茎直立；叶对生，羽状复叶，小叶条状披针形；萼片背面密生棉绒毛。分布于东北、华北等地。东北铁线莲（*C.Mandshurica* Rupr.），藤本，一回羽状复叶，小叶卵状披针形。分布于东北。

同属多种植物的藤茎如川木通、小木通（*C. armandii* Franch.）分布于华中、华南、西南等地。绣球藤（*C. montana* Buch.-Ham.）分布于华东、西南、河南、陕西、甘肃等地。两者的藤茎（川木通）能清热利尿，通经下乳。

白头翁 *Pulsatilla chinensis* (Bunge) Regel　多年生草本。植株密被白色长柔毛。叶基生，三出复叶，小叶2～3裂。花葶顶生1花；总苞片3枚；萼片6枚，紫色；无花瓣。瘦果聚合成头状，宿存花柱羽毛状，下垂如白发。分布于东北、华北、华东和河南、陕西、四川等地。根（白头翁）能清热解毒，凉血止痢。

升麻 *Cimicifuga foetida* L.　多年生草本。根状茎粗壮，表面黑色，粗糙不平，有多个内陷的圆洞状老茎残迹。基生叶与下部茎生叶为二至三回羽状复叶；小叶菱形或卵形，边缘有不整齐锯齿。圆锥花序，密被腺毛和柔毛；萼片白色；无花瓣；雄蕊多数，退化雄蕊宽卵圆形，先端二浅裂，基部具蜜腺；心皮2～5。蓇葖果，有柔毛。分布于云南、四川、青海、甘肃等地；生于1 700～2 300 m的林缘和草丛。根状茎（升麻）能发表透疹，清热解毒，升举阳气。

同属植物大三叶升麻（*C. heraleifolia* Kom.）、兴安升麻（*C. dahurica* (Turcz.) Maxim.）的根状茎亦作升麻入药。

本科常见的药用植物还有：多被银莲花（*Anemone raddeana* Regel）的根状茎（竹节香附）有毒，能祛风湿，消肿痛。天葵（*Semiaquilegia adoxoides* (DC.) Makino）的块根（天葵子），能清热解毒，消肿散结。侧金盏花（*Adonis amurensis* Regel et Radde）全草含强心苷，能强心利尿。高原唐松草（*Thalictrum cultratum* Wall.）的根和根状茎（马尾莲）能清热燥湿，解毒。毛茛（*Ranunculus japonicus* Thunb.）全草入药，外用治跌打损伤，又作发泡药。

11. 芍药科* Paeoniaceae

$⚥ * K_5 C_{5\sim10} A_\infty \underline{G}_{2\sim5}$

多年生草本或灌木。根肥大。通常为二回羽状复叶。花大，单花顶生或数朵生枝顶和茎上部叶腋；花萼宿存5基数；花瓣5～10枚（栽培者多为重瓣），红、黄、白、紫各色；雄蕊多数，离心发育，花盘杯状或盘装，包裹心皮；心皮2～5，离生。聚合蓇葖果。种子具假种皮。

本科1属约35种，分布于欧亚大陆、北美西部温带地区。我国有20种，主要分布于西南、西北地区，少数在东北、华北及长江两岸。几乎全部可作药用。

【药用植物】

芍药 *Paeonia lactiflora* Pall.　多年生草本。根粗壮，圆柱形。二回三出复叶，小叶窄卵形，叶缘具骨质细乳突。花白色、粉红色或红色，大而艳丽，顶生或腋生；萼片4～5枚；花瓣5～10枚；雄蕊多数，花盘肉质，仅包裹心皮基部。聚合蓇葖果，卵形，先端钩状向外弯（图8-20，彩图8-7）。分布于我国北方地区，生于山坡草丛，各地均有栽培。栽培种刮去外皮的根（白芍）能平肝止痛，养血调经，敛阴止汗。野生种不去外皮的根（赤芍）能清热凉血，散瘀止痛。

牡丹 *Paeonia suffruticosa* Andr.　落叶灌木。根皮厚，外皮灰褐色至紫红色。二回三出羽状复叶。花单生枝顶，白色、紫红色或黄色，大而艳丽；萼片5枚，宿存；花瓣5枚或重瓣；花盘杯状，包住心皮。蓇葖果卵形，表面密被黄褐色柔毛（图8-21）。原产我国，各地栽培，根皮（牡丹皮）能清热凉血、活血化瘀。

图 8-20　芍药 *Paeonia lactiflora* Pall.
（中国高等植物图鉴，2001 版）
1. 植株　2. 蓇葖果　3. 雄蕊

图 8-21　牡丹 *Paeonia suffruticosa* Andr.
（中国高等植物图鉴，2001 版）
1. 植株　2. 根皮（丹皮）

12. 小檗科 Berberidaceae

$⚥ * K_{3+3,\infty} C_{3+3,\infty} A_{3\sim9} \underline{G}_{1:1:1\sim\infty}$

小灌木或草本。叶互生，单叶或复叶。花两性，辐射对称，单生、簇生或排成总状、穗状花序；萼片与花瓣相似，各 2～4 轮，每轮常 3 片，花瓣常具蜜腺；雄蕊 3～9 枚，常与花瓣对生，花药瓣裂或纵裂；子房上位，常由 1 枚心皮组成 1 室，花柱极短或缺，柱头常为盾形；胚珠一至多枚。浆果、蓇葖果或蒴果。

本科 17 属约 650 种，分布于北温带和亚热带高山地区。我国有 11 属约 320 种，分布于全国各地，以西南地区为多。已知药用植物有 11 属 140 余种。

【药用植物】

箭叶淫羊藿（三枝九叶草）*Epimedium sagittatum* (Sieb. et Zucc.) Maxim.　多年生常绿草本。根状茎结节状，质硬。基生叶 1～3 片，三出复叶，小叶长卵圆形，两侧小叶基部呈明显不对称的箭状心形。总状花序；萼片 8 枚；2 轮，外轮早落，内轮花瓣状，白色；花瓣 4 枚，黄色，有短距；雄蕊 4 枚，花药瓣裂；1 心皮。蓇葖果有喙（图 8-22）。分布于长江以南各地；生于山坡、林下或石缝处。全草（淫羊藿）能补肾壮阳、强筋健骨、祛风除湿。

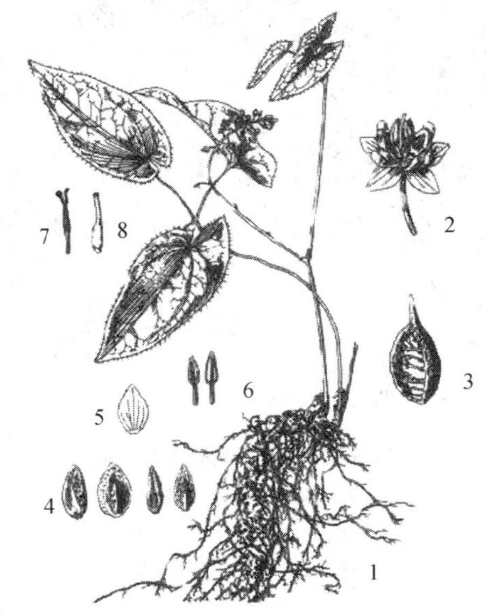

图 8-22　箭叶淫羊藿 *Epimedium sagittatum* (Sieb. et Zucc.) Maxim.
（中国高等植物图鉴，2001 版）
1. 植株　2. 花　3. 果实　4. 外轮萼片　5. 内轮萼片
6. 雄蕊　7. 雄蕊（示瓣裂）　8. 雌蕊

淫羊藿（心叶淫羊藿）*Epimedium brevicornum* Maxim.　二回三出复叶，小叶片宽卵圆形或近圆形，侧生小叶基部不对称，偏心形，外侧较大，呈耳状。聚伞状圆锥花序，花序轴及花梗密被腺毛；花瓣白色。分布于安徽、山西、广西、西北等地。生于林下、灌丛阴湿地。全草（淫羊藿）能清热、燥湿、解毒。

同属多种均做淫羊藿入药，如巫山淫羊藿（*E. wushanense* T. S. Ying.）、柔毛淫羊藿（*E. pubesens* Maxim.）、朝鲜淫羊藿（*E. koreanum* Nakai）等。

阔叶十大功劳 *Mahonia bealei*（Fort.）Carr. 常绿灌木。奇数羽状复叶，互生，厚革质，小叶卵形，边缘有刺状锯齿。总状花序丛生于茎顶；花黄褐色，萼片 9 枚，3 轮，花瓣状；花瓣 6 枚；雄蕊 6 枚，花药瓣裂。浆果，熟时暗蓝色，有白粉（图 8-23）。分布于长江流域陕西、河南、福建；生于山坡或灌丛中，也有栽培。茎（功劳木）能清热、燥湿、解毒等。叶（十大功劳叶）能清虚热、燥湿消肿、解毒等。根、茎可用作提取小檗碱的原料。

同属植物细叶十大功劳（*M. Fortunei*（Lindl.）Fedde）、华南十大功劳（*M. Japonica*（Thunb.）DC.）的茎也作功劳木入药。

蠔猪刺（三颗针）*Berberis julianae* Schneid. 灌木。叶刺三叉状，粗壮坚硬。叶常 5 片丛生于刺腋内，卵状披针形，叶缘有锯齿。花黄色，数十朵簇生于叶腋；小苞片 3 枚；萼片、花瓣、雄蕊均 6 枚，花瓣顶端微凹，基部有 2 蜜腺；花药瓣裂。浆果，椭圆形，熟时黑色，有白粉（图 8-24）。分布于长江中、上游；生于山地灌丛中、山坡、路边。根、茎可提取小檗碱，能清热燥湿，泻火解毒。

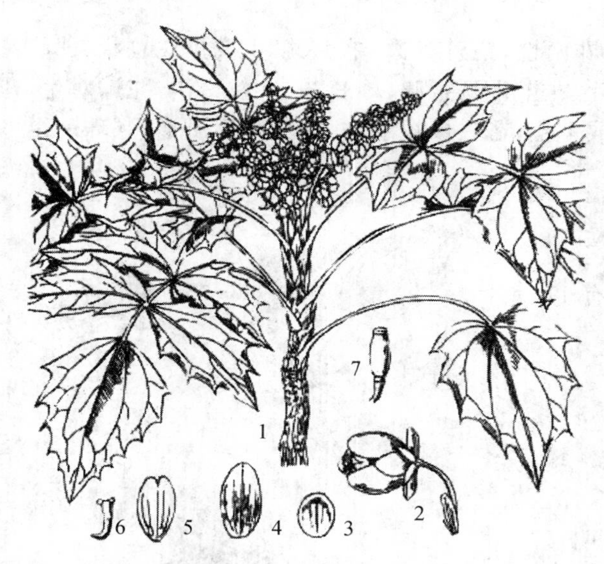

图 8-23 阔叶十大功劳 *Mahonia bealei*（Fort.）Carr.

（中国高等植物图鉴，2001 版）

1. 花枝 2. 花的侧面观 3. 中萼片 4. 内萼片 5. 花瓣（示基部蜜腺） 6. 雄蕊 7. 雌蕊

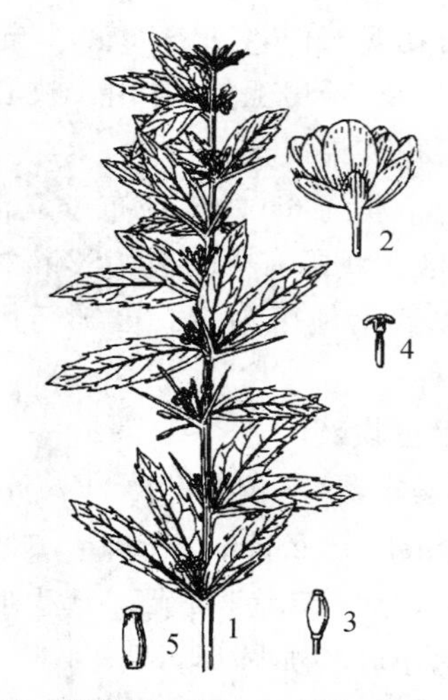

图 8-24 蠔猪刺 *Berberis julianae* Schneid.

（中国高等植物图鉴，2001 版）

1. 花枝 2. 花 3. 果实 3. 雄蕊（示花药瓣裂状） 4. 雌蕊 5. 果实

八角莲 *Dysosma versipellis*（Hance）M.Cheng ex Ying 多年生草本。根状茎粗壮、横走，具明显的碗状节。茎生叶 1～2 片，盾状着生；叶片圆形，掌状深裂。花 5～8 朵排成伞形花序，着生于叶柄基部上方近叶片处；花下垂，深红色；萼片 6 枚；花瓣 6 枚，勺状倒卵形；柱头大盾状。浆果（图 8-25）。分布于长江流域以南各地；生于山坡林下阴湿处。根状茎（八角莲）含鬼臼毒素，能化瘀散结、祛瘀止痛、清热解毒。

常见的药用植物还有：南天竹（*Nandina domestica* Thunb.），分布于陕西及长江流域以南各地；果实（南天竹子）能敛肺止咳、平喘。根、茎、叶均有清热利湿、解毒作用。鲜黄连（*Jeffersonia dubia* (Maxim.)Benth. et Hook. F.），分布于东北地区，根状茎及根有清热燥湿、泻火解毒等作用。

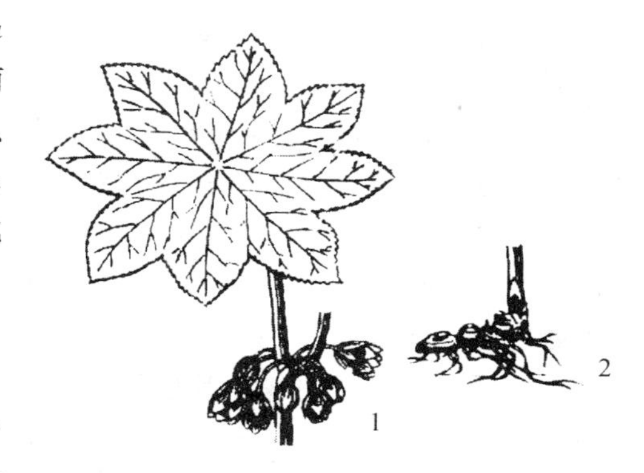

图 8-25 八角莲 *Dysosma versipellis* (Hance) M.Cheng ex Ying
（中国高等植物图鉴，2001 版）
1. 花枝 2. 根状茎

13. 防己科 Menispermaceae

♂ * $K_{3+3}C_{3+3}A_{3\sim6,\infty}$ ♀ $K_{3+3}C_{3+3}\underline{G}_{3\sim6:1:1}$

多年生草质或木质藤本。单叶互生，叶片有时盾状；无托叶。花小，单性异株；聚伞花序或圆锥花序；萼片、花瓣均 6 枚，2 轮，每轮 3 枚；花瓣常小于萼片；雄蕊通常 6 枚，稀为 3 或多数，分离或合生；子房上位，通常 3 心皮，分离，每室 2 枚胚珠，仅 1 枚发育。核果，核多呈马蹄形或肾形。内果皮有各式雕纹。

本科 65 属 350 种，分布于热带及亚热带地区。我国有 19 属 78 种，主要分布于长江流域及其以南各省区。已知药用植物 15 属 67 种，多集中于千金藤属 *Stephania*。

【药用植物】

粉防己 *Stephania tetrandra* S. Moore 草质藤本。块根圆柱形，长而弯曲。叶三角状阔卵圆形，全缘，掌状脉 5 条，两面密被短柔毛；叶柄盾状着生。花小，单性雌雄异株；聚伞花序聚成头状；雄花萼片通常 4 枚，花瓣 4 枚，淡绿色，雄蕊 4 枚，花丝愈合成柱状；雄花的萼片与花瓣同数；心皮 1 枚，花柱 3 条。核果球形，熟时红色，核呈马蹄形，有小瘤状突起及横条纹（图 8-26）。分布于我国东部及南部；生于山坡、林缘、草坡等处。根（防己、粉防己）能祛风止痛、利水消肿。

图 8-26 粉防己 *Stephania tetrandra* S. Moore
（仿杨春澍，2008）
1. 果枝 2. 雄花枝 3. 雄花序
4. 雄花 5. 根 6. 果核

同属多种功效相近，如千金藤（*S. Japonica* (Thunb.) Miers.）、头花千金藤（*S. cepharantha* Hayata）块根（白药子）等。

木防己 *Cocculus orbiculatus* (Linn.) DC. 草质或近木质藤本，幼枝密被柔毛。叶纸质，形状多变，从线状披针形至近圆形，全缘或 3 裂，有时掌状 5 裂。聚伞花序，花淡黄色。核果近球形，红色或紫红色。分布于我国大部分地区；生于灌丛、林缘等处。根（木防己）能祛风止痛、利尿消肿。

蝙蝠葛 *Menispermum dauricum* DC. 多年生落叶藤本。根状茎细长，圆柱形，味苦。叶圆肾形或卵圆形，全缘或 5～7 浅裂，掌状脉 5～7 条；叶柄盾状着生。花单性异株，圆锥花序；萼片 6 枚；花瓣 6～9 枚；雄花有 10～16 雄蕊；雌花具 3 心皮，分离。核果紫黑色，核马蹄形（图 8-27）。分布于东北、华北和华东地区；生于沟谷、灌丛中。根状茎（北豆根）能清热解毒，祛风止痛。

金果榄 *Tinospora capillipes* Gagnep.　缠绕藤本。块根球形，常数个相连成串。叶卵状箭形，叶基耳状，背部被疏毛。花单性异株，圆锥花序；萼片、花瓣各6枚；雄花有6枚雄蕊；雌花具离生3心皮。核果红色。分布于华中、华南、西南；生于山谷溪边、林下。根能清热解毒、止痛、利咽。

常见的药用植物还有：青藤（*Sinomenium acutum* (Thunb.) Rehd.et Wils.），分布于长江流域及其以南各地。茎藤（青风藤）能祛风湿，通经络，利小便。锡生藤（*Cissampelos pareira* L. var. *hirsuta* (Buch. ex DC.) Forman），分布于广西、贵州、云南等地。全株（亚乎奴）能消肿止痛，止血，生肌。

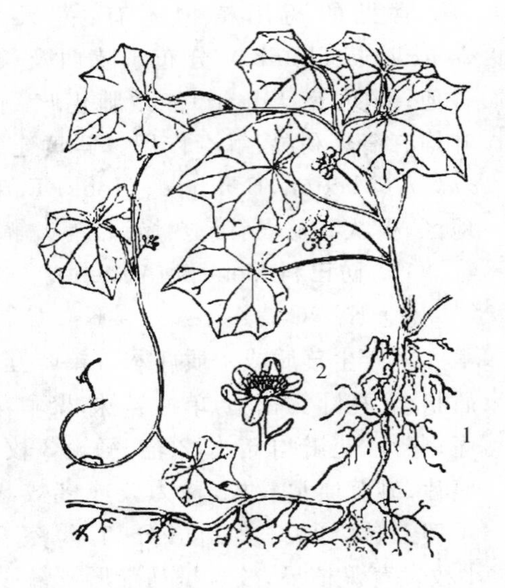

图 8-27　蝙蝠葛

***Menispermum dauricum* DC.**

（仿杨春澍，2008）

1. 植株　2. 雄花

14. 木兰科* Magnoliaceae

$⚥ * P_{6\sim12} A_{\infty} \underline{G}_{\infty:1:1\sim2}$

木本，具油细胞，有香气。单叶互生，常全缘；常具托叶，托叶包被幼芽，早落，在节上留有环状托叶痕。花单生，两性，稀单性，辐射对称；花被片常多数，有时分化为萼片和花瓣，每轮3枚，雄蕊、雌蕊多数，分离，螺旋状排列在伸长的花托上；花丝短，花药长；子房上位。每心皮含胚珠1～2枚。聚合蓇葖果或聚合浆果。

本科18属330种，主要分布于美洲和亚洲的热带和亚热带地区。我国约14属160余种，主要分布于东南部和西南部地区，向北渐少。已知药用植物有8属约90种。

木兰科部分属检索表

1. 木质藤本。叶纸质或近膜质，罕为革质。花单性，雌雄异株或同株。肉质小浆果。
  2. 雌蕊群的花托发育时不伸长；聚合果球状或椭圆体 ………………………… **南五味子属 *Kadsura***
  2. 雌蕊群的花托发育时明显伸长；聚合果长穗状 ………………………… **五味子属 *Schisandra***
1. 乔木或灌木。叶革质或纸质。花两性。蓇葖果。
  3. 芽为托叶包围。小枝上具环状托叶痕。雄蕊和雌蕊呈螺旋状排列于伸长的花托上。
    4. 花顶生。雌蕊群无柄或具柄。
      5. 每一心皮具3～12枚胚珠 ………………………… **木莲属 *Manglietia***
      5. 每一心皮具2枚胚珠 ………………………… **木兰属 *Magnolia***
    4. 花腋生。雌蕊群具明显的柄 ………………………… **含笑属 *Michelia***
  3. 芽具多枚芽鳞。无托叶。雄蕊和雌蕊轮状排列于平顶隆起的花托上 ……………… **八角属 *Illicium***

【药用植物】

(1)木兰属 *Magnolia*

落叶或常绿木本。小枝具环状托叶痕，叶全缘，花大，单生茎顶；花被片9～15片，多轮排列，萼片与花瓣区分不明显；雄蕊和雌蕊多数，螺旋状排列在伸长的花托上。聚合蓇葖果。每蓇葖果有种子2枚，外种皮肉质红色。

厚朴 *Magnolia officinalis* Rehd. et Wils.　落叶乔木。叶大，革质，倒卵形，集生于小枝

顶端。花白色；花被片 9～12 枚。聚合蓇葖果木质，长椭圆状卵形（图 8-28）。分布于长江流域或陕西、甘肃等省区，多为栽培。根皮、干皮和枝皮（厚朴）能燥湿消痰，下气除满。花蕾（厚朴花）能行气宽中，开郁化湿。

凹叶厚朴 *Magnolia officinalis* subsp. *biloba* (Rehd. et Wils.) Cheng.　与厚朴的区别在于叶先端 2 圆裂。分布于福建、浙江、安徽、江西、湖南等省。根皮、干皮、枝皮作厚朴入药；花蕾作药材厚朴花入药。

望春花 *Magnolia biondii* Pamp.　落叶乔木。树皮灰色或暗绿色；小枝无毛或近梢处有毛；芽卵形，密被淡黄色柔毛。叶长卵状披针形，先端急尖，基部楔形。花先叶开放；萼片 3 枚，近线形，花瓣 6 枚，2 轮，匙形，先端圆，白色，外面基部带红色；花丝肥厚；雄蕊、心皮均多数，离生。聚合蓇葖果圆柱形，稍扭曲。种子深红色（图 8-29）。分布于陕西、甘肃、河南、湖北、四川等省；生于山坡、路旁。花蕾（辛夷）能散风寒，通鼻窍。

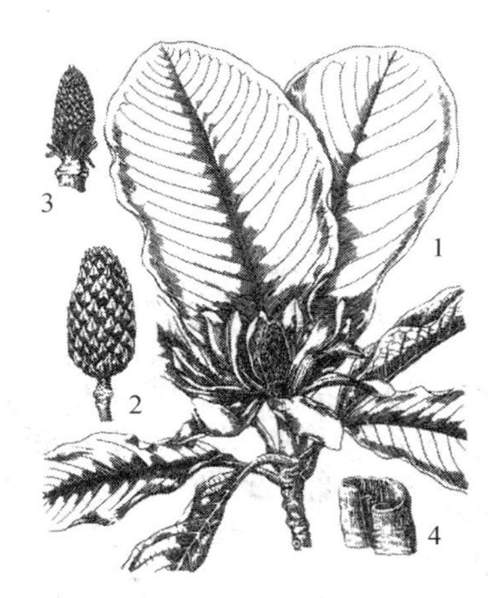

图 8-28　厚朴 *Magnolia officinalis* Rehd. et Wils.

（仿杨春澍，2008）

1. 花枝　2. 果实　3. 雄蕊和雌蕊　4. 部分树皮

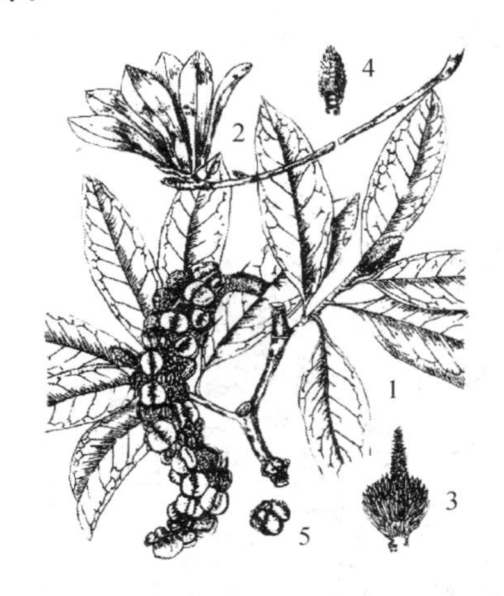

图 8-29　望春花 *Magnolia biondii* Pamp.

（仿杨春澍，2008）

1. 果枝　2. 花枝　3. 雄蕊群和雌蕊群　4. 花蕾　5. 蓇葖果及种子

同属植物紫玉兰（*Magnolia liliiflora* Desr.）（彩图 8-8）、玉兰（*Magnolia denudata* Desr.）、武当玉兰（*Magnolia sprengeri* Pamp.）的花蕾也作辛夷入药。

（2）五味子属 *Schisandra*

木质藤本。叶互生，在短枝上聚生；全缘或有稀疏锯齿，无托叶。花单性，同株或异株，单生或数多簇生于叶腋；有长梗；花被片 5～12 枚，花瓣状；雄蕊 4～60 枚，离生或聚成头状或圆锥状的雄蕊柱；雌蕊 12～120 枚，花期聚成头状。结果时花托延长，成熟心皮为小浆果，排列于下垂肉质果托上，形成长穗状聚合果。

五味子 *Schisandra chinensis* (Turcz.) Baill.　落叶木质藤本。叶纸质或膜质，阔椭圆形或倒卵形，边缘具腺齿。花单性，异株；花被片 6～9 枚，乳白色至粉红色；雄蕊 5 枚；心皮 17～40 枚。聚合浆果排成穗状，红色（图 8-30）。分布于东北、华北、华中等地；生于山林中。果实（五味子、北五味子）能收敛固涩，益气生津，补肾宁心。

华中五味子 *S. sphenanthera* Rehd. et Wils.　果实（南五味子）的功效同五味子。

(3)南五味子属 *Kadsura*

本属特征似北五味子属,但在结果时本属花托不延长,聚合浆果集成球形。

南五味子 *Kadsura longipedunculata* Finet et Gagnep. 木质藤本。叶近革质,椭圆形至椭圆状披针形,近缘具疏锯齿。花单性异株,单生,黄色。聚合浆果深红色。分布于华中、华南和西南等地。根(红木香)能祛风活血,理气止痛。根皮(紫金皮)效用同根。茎(大活血)多用于伤科。叶能消肿镇痛,去腐生新。

常见的药用植物还有:八角茴香(*Illicium verum* Hook. f.),常绿乔木。叶革质,倒卵状椭圆形至椭圆形,有透明油点。花粉红色至深红色,单生于叶腋或近顶生;花被片 7～12 枚;雄蕊 11～20 枚;心皮通常 8 枚。聚合果由 8 个蓇葖果组成,呈八角形(图 8-31)。分布于广西地区,其他地区有引种。果实(八角茴香)能温阳散寒、理气止痛。同属有毒植物莽草(*Illicium lanceolatum* A.C.Smith)、红茴香(*Illicium henryi* Diels)等的果实,外形与八角极相似,应注意鉴别,避免中毒。地枫皮(*Illicium difengpi* K. I.B.et K.I.M.),分布于广西。树皮(地枫皮)能祛风除湿、行气止痛。白兰(*Michelia alba* DC.),在我国亚热带地区多栽培。花(白兰花)能化湿行气,止咳化痰。

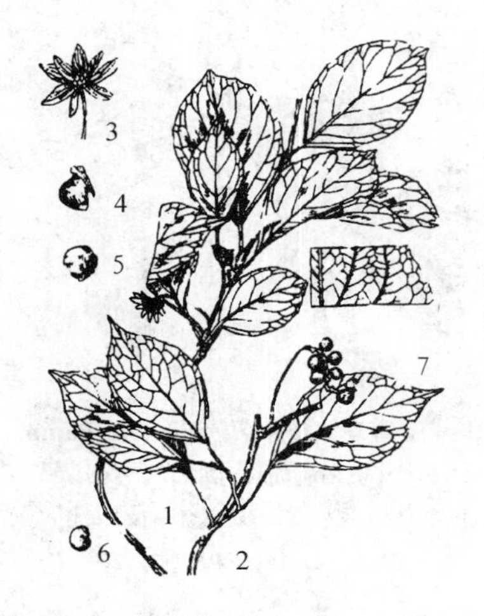

图 8-30 五味子 *Schisandra .chinensis* (Turcz.) Baill.

(仿杨春澍,2008)

1. 雄花枝 2. 果枝 3. 雌花 4. 心皮 5. 果实 6. 种子 7. 叶缘放大

图 8-31 八角茴香 *Illicium verum* Hook. f.

(中国高等植物图鉴,2001 版)

1. 花枝 2. 果枝 3. 蓇葖果 4. 种子

15. 樟科 Lauraceae

⚥ $* P_{3+3} A_{3+3+3+3} \underline{G}_{(3:1:1)}$

木本(仅无根藤属 *Cassytha* 为无叶寄生小藤本),植物体具油细胞,常芳香。单叶互生,稀对生或轮生,多为革质;三出脉或网状脉,无托叶。花两性或单性,辐射对称,排成圆锥花序、总状花序或聚伞花序;花 3 基数,轮状排列,花被片 6,排成 2 轮;雄蕊 3～12,常 9,排成 3～4 轮,每轮 3 枚,花药 2 或 4 室,瓣裂,第三轮雄蕊基部常具 2 腺体,第 4 轮常退化;雌蕊由 3 心皮合生,子房上位,子房 1 室,具 1 枚悬垂的倒生胚珠。常为核果,着生于果托上,或为增大宿存花被筒所包被。种子无胚乳。

本科约45属2 000多种，主要分布于热带、亚热带地区。我国有20属约423种，多产于长江以南各省区。已知药用植物13属113种，主要分布在樟属(*Cinnamomum*)、山胡椒属(*Lindera*)和木姜子属(*Litsea*)。

部分属检索表

1. 有叶的乔木或灌木。
　2. 第3轮雄蕊花药外向，花多为两性。
　　3. 花被片花后早落 ………………………………………… 樟属 *Cinnamomum*
　　3. 花被片果时宿存 ………………………………………… 楠木属 *Phoebe*
　2. 各轮雄蕊花药均为内向，花多为单性，雌雄异株。
　　4. 花药4室。
　　　5. 花两性 ………………………………………… 檫木属 *Sassafras*
　　　5. 花为雌雄异株 ………………………………………… 木姜子属 *Litsea*
　　4. 花药2室 ………………………………………… 山胡椒属 *Lindera*
1. 无叶攀援寄生植物 ………………………………………… 无根藤属 *Cassytha*

樟属 *Cinnamonum*

常绿乔木或灌木。叶互生、近对生或对生，有时聚生于枝顶，革质，离基三出脉或三出脉，亦有羽状脉。花黄色或白色，两性，稀为杂性，组成腋生或近顶生、顶生的圆锥花序，由3至多花的聚伞花序所组成；花被裂片6，近等大，花后完全脱落，或上部脱落而下部留存在花被筒的边缘上，极稀宿存；能育雄蕊9，稀较少或较多，排列成三轮，第一、二轮花丝无腺体，第三轮花丝近基部有一对具柄或无柄的腺体；花药4室，稀第三轮为2室，第一、二轮花药药室内向，第三轮花药药室外向；退化雄蕊3，位于最内轮，心形或箭头形，具短柄；花柱与子房等长，纤细，柱头头状或盘状，有时具三圆裂。果肉质，有果托；果托杯状、钟状或圆锥状，截平或边缘波状，或有不规则小齿。

本属约250种，产于热带亚热带亚洲东部、澳大利亚及太平洋岛屿。我国约有46种和1变型，主产南方各省区，北达陕西及甘肃南部。

【药用植物】

肉桂 *Cinnamomum cassia* Presl　常绿乔木。树皮灰褐色，内皮红棕色。叶互生，长椭圆形，革质，离基三出脉。花小，排成圆锥花序；花被片6；雄蕊9，排成3轮，第三轮外向，其基部具腺体，花药4室，最内还有一轮退化雄蕊；子房上位，1室，1枚胚珠。核果。我国华南地区广泛栽培。树皮(肉桂)能补火助阳，散寒止痛，活血通经；嫩枝(桂枝)能发汗解肌，温通经脉；挥发油(肉桂油)能祛风健胃；果实(桂子)能散寒止痛。

樟 *Cinnamomum camphora* (L.) Presl　常绿乔木。叶互生，离基三出脉，在脉腋间有隆起的腺体。果圆球形，熟时紫黑色，有杯状果托(图8-32，彩图8-9)。我国长江以南及西南地区分布广泛。全株各部分均可药用，可祛风湿，行气血，杀虫；木材、根、叶及果可用于提取樟脑和樟脑油，能通窍，杀虫，止痛，辟秽。

乌药 *Lindera aggregata* (Sims) Kosterm.　根膨大呈纺锤形或结节状，外皮淡紫红色，内部近白色。伞形花序腋生；花单性，雌雄异株，黄绿色；雄花有雄蕊9，排成3轮，内2轮基部有腺体，花药2室，均向内瓣裂；雌花有退化雄蕊数枚，子房1室，1胚珠。核果，椭圆形，紫黑色(图8-33)。分布于长江以南及西南地区。块根药用，能理气止痛，温中散寒。

图 8-32 樟 *Cinnamomum camphora* (L.) Presl

（仿肖培根，2002）

1. 花枝 2. 果枝 3. 花纵剖图
4. 第一、二轮雄蕊 5. 第三轮雄蕊

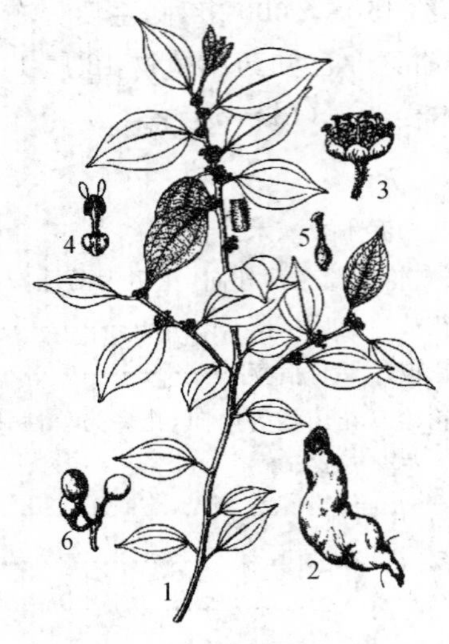

图 8-33 乌药 *Lindera aggregata* (Sims) Kosterm.

（仿肖培根，2002）

1. 花枝 2. 根 3. 雄花
4. 雄蕊 5. 雌蕊 6. 果枝

同属植物山胡椒 *Lindera glauca* (Sieb. Et Zucc.) Bl. 分布于陕西、甘肃、山西、四川及华东、中南地区。其根、叶及成熟果实药用，能祛风活络，解毒消肿，止血止痛。

山鸡椒 *Litsea cubeba* (Lour.) Pers. 花雌雄异株；雄花有雄蕊9，内向，排成3轮，第3轮雄蕊基部有腺体，花药4室，瓣裂；雌花，花柱短，柱头头状，有退化雄蕊6～12，呈舌状。核果，近球形，熟时黑色。分布于长江以南地区。其成熟果实(荜澄茄)，具温中散寒，行气止痛之功效。

16. 罂粟科 Papaveraceae

$⚥ * \uparrow K_2 C_{4\sim6}\ A_{\infty,4\sim6}\ \underline{G}_{(2\sim\infty:1:\infty)}$

草本，稀灌木，常有黄色、白色或红色汁液。叶互生，常分裂，无托叶。花两性，单生或成聚伞、总状或圆锥花序；萼片2，稀3～4，离生，早落；花瓣4～6，离生，排列成2轮；雄蕊多数，离生，花药2室，纵裂，或雄蕊6，合成2束，稀4枚，离生；子房上位，2至多心皮合生成1室，侧膜胎座，胚珠多数。蒴果，瓣裂或孔裂。种子胚乳丰富。

本科约38属700多种，主要分布于北温带地区。我国有18属360余种，南北均有分布。已知药用植物15属约136种，主要分布在罂粟属(*Papaver*)和紫堇属(*Corydalis*)。

部分属检索表

1. 雄蕊多数，分离；花辐射对称；植株含乳汁。
  2. 柱头与胎座互生。
    3. 花瓣4枚 ………………………………………… 白屈菜属 *Chelidonium*
    3. 花瓣不存在 ………………………………………… 博落回属 *Macleaya*
  2. 柱头与胎座对生 ………………………………………… 罂粟属 *Papaver*
1. 雄蕊6枚，合成2束；花两侧对称，外侧1花瓣基部形成距 ……………… 紫堇属 *Corydalis*

(1)罂粟属 *Papaver*

一年生、二年生或多年生草本,稀亚灌木。茎圆柱形,通常被刚毛,稀无毛,具乳白色、恶臭的液汁,具叶或不具叶。基生叶形状多样,羽状浅裂、深裂、全裂或二回羽状分裂,有时为各种缺刻、锯齿或圆齿,极稀全缘,表面通常具白粉,两面被刚毛,具叶柄;茎生叶若有,则与基生叶同形,但无柄,有时抱茎。花单生,稀为聚伞状总状花序;具总花梗或有时为花葶,延长直立;花蕾下垂,卵形或球形;萼片2,开花前即脱落;花瓣4,着生于短花托上,通常倒卵形,二轮排列,外轮较大,常为红色,鲜艳而美丽,早落;雄蕊多数,花丝大多丝状,白色、黄色、绿色或深紫色,花药近球形或长圆形;子房1室,上位,通常卵珠形,稀圆柱状长圆形,心皮4～8,连合,胚珠多数;花柱无,柱头4～18,辐射状,连合成扁平或尖塔形的盘状体盖于子房之上;盘状体边缘圆齿状或分裂。蒴果狭圆柱形、倒卵形或球形。种子多数,小,肾形,黑色、褐色、深灰色或白色,具纵向条纹或蜂窝状。

本属约100种,主产中欧、南欧至亚洲温带,少数种产美洲、大洋洲和非洲南部。我国有7种3变种和3变型,分布于东北部和西北部,或各地栽培。大多庭园栽培供观赏,有些种类入药。

【药用植物】

罂粟 *Papaver somniferum* L. 一年生或二年生草本,全株均被白粉,具白色乳汁。叶互生,长椭圆形,基部抱茎,边缘具缺刻。花大,单生;萼片2,早落;花瓣4,绯红、白或淡紫色;雄蕊多数,离生;多心皮合生,子房1室,侧膜胎座;无花柱,柱头呈辐射状分枝。蒴果,椭圆形或卵状球形,孔裂(图8-34)。从未成熟果实割取乳汁,制干后称鸦片,含吗啡等生物碱,具有镇痛、止咳、止泻之功效;已割取乳汁的成熟果壳(罂粟壳或米壳),能敛肺,涩肠,止痛。

布氏紫堇 *Corydalis bungeana* Turcz. 一年或多年生草本。根细而直。茎直立或倾斜向上,多分枝。基生叶丛生;茎生叶互生,具长柄,叶片三至四回羽状全裂。总状花序;花萼片2,鳞片状;花瓣4、2列,外列2瓣大,唇形,前面1瓣平展,后面1瓣成距,内侧2瓣小,具爪;雄蕊6,花丝联合成2束;子房上位,1室,花柱线形,柱头2裂。蒴果,扁圆形,熟时裂为2瓣,种子细小,扁心形,黑色有光泽,种脐旁生有白色膜质种阜(图8-35)。主要分布于甘肃中部、陕西北部、山西、山东、河北和辽宁北部等地。全草作"苦地丁"入药,能清热解毒,凉血消肿。

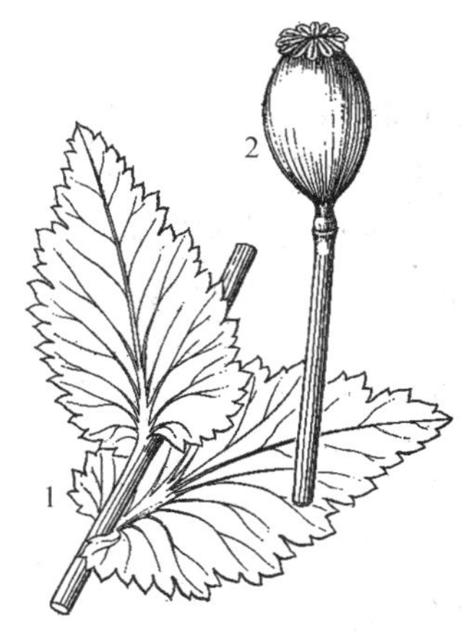

图8-34 罂粟 *Papaver somniferum* L.

(云南植物志,1977—2006版)

1. 叶 2. 果实

图8-35 布氏紫堇 *Corydalis bungeana Turcz.*

(仿肖培根,2002)

1. 植株 2. 花 3. 雌蕊及雄蕊 4. 种子

伏生紫堇 *C. decumbens* (Thunb.) Pers. 多年生草本。块茎近球形,直径 3～9 mm,表面黑色,生有须根。茎细弱,不分枝,单生或由块茎上端抽出数枝。基生叶 2～5,具长柄,2 回三出全裂或深裂;茎生叶 2～3 片,较小,1～2 回三出分裂。总状花序顶生;花淡紫红色,花萼小,不明显;上花瓣近圆形,顶端微凹,距直或稍向上弯,圆筒状,长 6～8 mm。蒴果长圆状椭圆形(图 8-36)。主要分布于湖南、福建、台湾、浙江、江苏、安徽等地。块茎(夏天无)药用,能活血通络,行气止痛。

延胡索 *Corydalis yanhusuo* W. T. Wang 多年生草本。块茎球形,直径 0.7～2 cm。分布于浙江和江苏。块茎药用,能镇痛,活血,行气。

白屈菜 *Chelidonium majus* L. 多年生草本,含黄色汁液。叶羽状全裂。花瓣 4,黄色,雄蕊多数(图 8-37,彩图 8-10)。主要分布于华北、东北、新疆等地。全草药用,能镇痛,止咳,消肿。

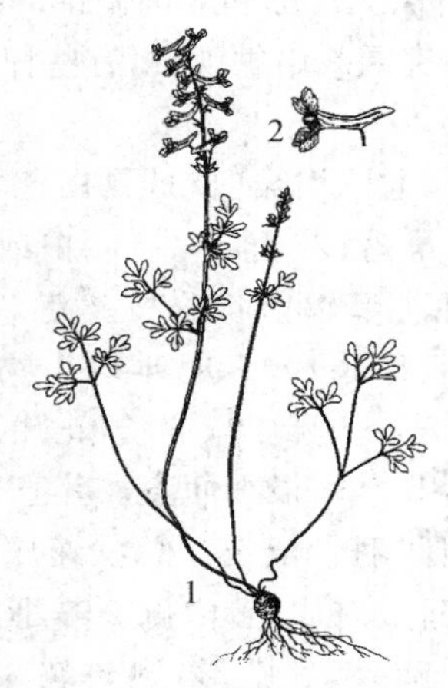

图 8-36 伏生紫堇
***C. decumbens* (Thunb.) Pers.**
(仿肖培根,2002)
1. 植株 2. 花

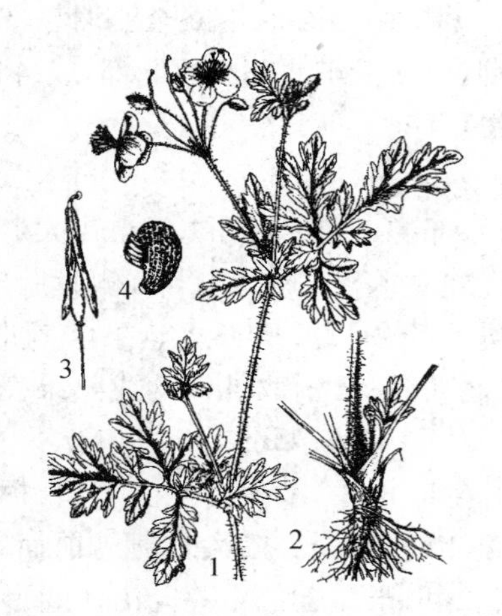

图 8-37 白屈菜 *Chelidonium majus* L.
(秦岭植物志,1964—1981 版)
1. 植株上部 2. 植株下部
3. 开裂的果实 4. 种子

博落回 *Macleaya cordata* (Willd.) R. Br. 含黄色汁液。叶掌状裂。萼片 2,花瓣缺(图 8-38)。主要分布于长江中下游地区。根药用,有大毒,能消肿解毒,杀虫止痒。

藤铃儿草 *Dactylicapnos scandens* (D. Don.) Hutch. 多年生草质藤本,折断时流出黄红色汁液。根木质,圆柱形,直径可达 5 cm。分布于云南、广西等地。根(紫金龙)药用,能止血止痛,降血压。

17. 十字花科* Cruciferae 或 Brassicaceae

$⚥ * \ K_{2+2}C_{2+2}A_{2+4}\underline{G}_{(2:1:\infty)}$

草本。单叶互生,无托叶。花两性,辐射对称,总状花序;萼片 4,排成 2 轮;花瓣 4,十字形排列,基部常成爪;雄蕊 6,外轮 2 枚短,内轮 4 枚长,即四强雄蕊;子房上位,2 心皮合生,子房 1 室,侧膜胎座,由次生的假隔膜将子房分成假 2 室,胚珠多数。长角果或短角果,2 瓣开裂。

本科约 350 属 3 200 种,主要分布于北温带地区。我国有 95 属 425 种,全国各地均有分布。已知药用 26 属约 75 种。

图 8-38　博落回 *Macleaya cordata*（Willd.）R. Br.

（中国植物志，1959—2004 版）

1. 花枝　2. 花　3. 雌蕊　4. 雄蕊　5. 果实　6. 种子

部分属检索表

1. 叶羽状浅裂、深裂、全裂或大头羽裂。
 2. 长角果。
  3. 叶为二至三回羽状全裂；花黄色或乳黄色 ………………………………… **播娘蒿属 *Descurainia***
  3. 叶为大头羽裂、一回羽状浅裂、深裂。
   4. 叶为大头羽裂。
    5. 花两性 ……………………………………………………………………………… **萝卜属 *Raphanus***
    5. 花为雌雄异株 ……………………………………………………………………… **芸薹属 *Brassica***
   4. 叶为羽状浅裂或深裂；花黄色；果常为条状圆柱形、椭圆形 ………………………… **蔊菜属 *Rorippa***
 2. 短角果。
     6. 果实近圆形、卵形或倒卵形，每室种子 1 枚 ……………………………… **独行菜属 *Lepidium***
     6. 果实倒卵形；每室种子多枚 ……………………………………………………… **荠属 *Capsella***
1. 叶全缘或有锯齿；短角果，边缘有翅。
      7. 果实不开裂，1 室，种子 1 枚；花黄色 ……………………………………… **菘蓝属 *Isatis***
      7. 果实开裂，2 室，种子多数；花白色或带粉红色 …………………………… **菥蓂属 *Thlaspi***

（1）芸薹属 *Brassica*

一年、二年或多年生草木。基生叶常成莲座状，茎生有柄或抱茎。总状花序伞房状，结果时延长；花黄色，少数白色；萼片近相等，内轮基部囊状。长角果线形或长圆形，圆筒状，少有近压扁，常稍扭曲，喙多为锥状，喙部有 1～3 种子或无种子；果瓣无毛，有一显明中脉，柱头头状，近 2 裂；隔膜完全，透明。种子每室 1 行，球形或少数卵形；子叶对折。

本属约 40 种，多分布在地中海地区；我国有 14 栽培种、11 变种及一变型。本属植物为重要蔬菜，一些种类的种子可榨油；为蜜源植物；某些种类可供药用。

【药用植物】

菘蓝 *Isatis indigotica* Fort. 二年生草本，高 40～100 cm。主根长圆柱形。叶互生，基生叶具柄，较大，长圆形或倒披针形，全缘或波状；茎生叶长圆状披针形，基部垂耳圆形，半抱茎。圆锥花序，花黄色。长角果扁平，边缘翅状，紫色，顶端截形或圆钝（图 8-39，彩图 8-11）。全国各地有栽培。根（板蓝根）和叶（大青叶）药用，能清热解毒，凉血消斑；叶或茎叶经加工所得沉淀物制得的干燥粉末、团块或颗粒称为蓝靛或青黛，能解诸毒，止血杀虫，其功效与大青叶相同。

欧洲菘蓝 *I. tinctoria* L. 叶基部垂耳箭形，长角果有短尖。原产欧洲，我国有栽培。药用部位及功效同菘蓝。

白芥 *Sinapis alba* L. 一年生或两年生草本。茎直立，植株粗壮，被白色粗毛。叶互生，茎基部的叶具长柄，叶片大头羽状裂或近全裂，边缘具疏锯齿；茎生叶，叶片小，裂片细。总状花序；萼片 4，披针形；花瓣 4，长宽卵形，黄色，基部有爪；雄蕊 6，4 强；子房长柱形。长角果圆柱形，密被白色粗毛，种子间缢缩，先端有喙。原产欧洲，我国有栽培。种子（白芥子），能豁痰利气，温中除寒，散肿止痛。

芥 *Brassica juncea* (L.) Czern. et Coss. 长角果，圆柱形，光滑无毛。全国各地有栽培。种子（黄芥子），功效与白芥子同。

独行菜 *Lepidium apetalum* Willd. 花小，白色；排成总状花序；花瓣退化成条形；雄蕊 2。短角果，近圆形，扁平，光滑，顶端凹陷，假隔膜膜脂，白色（图 8-40，彩图 8-12）。主要分布于西南、华北、东北等地。种子（北葶苈子）入药，能泻肺平喘，行水消肿。

图 8-39 菘蓝 *Isatis indigotica* Fort.

（仿肖培根，2002）

1. 植株上部 2. 植株下部 3. 花 4. 花瓣 5. 去花瓣后示雄蕊

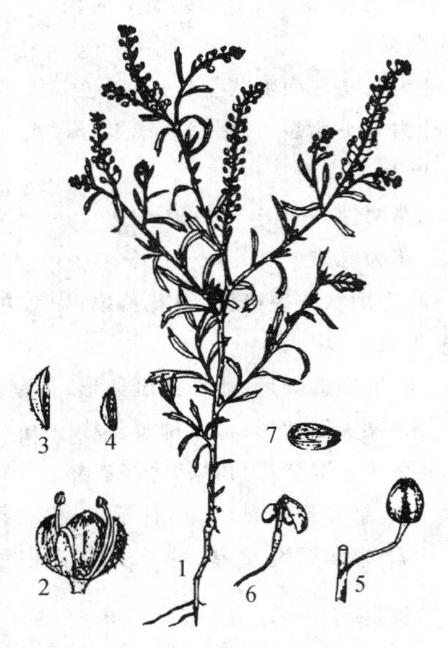

图 8-40 独行菜 *Lepidium apetalum* Willd.

（中国植物志，1959—2004 版）

1. 植株 2. 花 3. 外萼片 4. 内萼片 5. 短角果 6. 开裂的短角果 7. 种子

播娘蒿 *Descurainia sophia* (L.) Webb ex Prantl 花小，黄色；排成总状花序。长角果，细圆柱形，熟时呈念珠状，果瓣中肋明显（图 8-41）。全国各地均有分布。种子（南葶苈子）入药，功效与北葶苈子相同。

萝卜 *Raphanus sativus* L.　长角果，圆柱形，肉质，种子间缢缩，有种子 1～6 粒。全国各地普遍栽培。种子(莱菔子)入药，能消食除胀，降气化痰。

油菜 *Brassica campestris* L.　长角果，先端具长喙。全国各地有栽培。种子(芸苔子)药用，能行血破气，散结消肿。

卷心菜 *Brassica oleracea* L. var. *capitata* L.　长角果，圆柱形，两侧稍压扁，先端有短喙。全国各地普遍栽培。鲜叶汁药用，能益肾，止痛，促伤口愈合。

图 8-41　播娘蒿 *Descurainia sophia* (L.) Webb ex Prantl

(中国植物志，1959—2004 版)

1. 植株下部　2. 植株上部
3. 花瓣　4. 雄蕊　5. 子房

18. 景天科 Crassulaceae

$⚥ * K_{4\sim5} C_{4\sim5} A_{8\sim10} \underline{G}_{4\sim5:1:\infty}$

草本或半灌木，茎、叶肉质。单叶互生，对生或轮生，无托叶。花两性，稀单性，排成聚伞花序，有时单生；萼片与花瓣同数，常为 4～5，离生，或基部合生；雄蕊与花瓣同数或为其 2 倍；心皮 4～5，离生或仅基部结合，每心皮基部外侧有鳞状腺体，子房上位，1 室，胚珠多数。蓇葖果。种子小，有胚乳。

本科约 34 属 1 500 多种，主要分布于温带和热带地区。我国有 10 属 242 种，全国都有分布。已知药用植物 8 属约 67 种。

部分属检索表

1. 雄蕊 2 轮。
  2. 花单性，雌雄异株；茎基部有鳞片状叶，根状茎肉质或木质化 …………………… **红景天属 *Rhodiola***
  2. 花两性；茎基部无鳞片状叶。
    3. 无莲座状叶 ……………………………………………………………… **景天属 *Sedum***
    3. 有莲座状叶 ……………………………………………………………… **瓦松属 *Orostachys***
1. 雄蕊 1 轮，与花瓣同数 ……………………………………………………… **石莲属 *Sinocrassula***

(1)景天属 *Sedum*

一年生或多年生草本，肉质，直立或外倾的，有时丛生或藓状。叶各式，对生、互生或轮生，全缘或有锯齿。花序聚伞状或伞房状，腋生或顶生；花常为两性，5 基数，少有 4～9 基数；花瓣分离或基部合生；雄蕊通常为花瓣数的两倍，对瓣雄蕊贴生在花瓣基部或稍上处；心皮分离，或仅基部合生。蓇葖有种子多数或少数。

本属约 470 种。主要分布在北半球，一部分分布在南半球的非洲和拉丁美洲，在西半球以墨西哥种类丰富。我国有 124 种 1 亚种 14 变种及 1 变型，我国西南地区种类繁多。

【药用植物】

费菜(土三七，景天三七)*Sedum aizoon* L.　多年生草本。茎高 20～50 cm，直立，不分枝。叶互生，披针形，先端渐尖，基部楔形，边缘有不整齐的锯齿，近革质。聚伞花序；萼片 5，条形，不等长；花瓣 5，黄色，椭圆状披针形，先端有短尖头；雄蕊 10，稍短于花瓣；鳞片 5，近正方形；心皮5，基部稍合生（图8-42）。蓇葖果，星芒状排列。分布于四川、山西、西北、东北及华北等地。全草药用，能止血散瘀，安神镇痛。

图8-42 费菜 *Sedum aizoon* L.

（中国植物志，1959—2004版）

1. 植株上部 2. 萼片 3. 花瓣及雄蕊 4. 鳞片 5. 心皮

图8-43 垂盆草 *Sedum sarmentosum* Bunge

（仿肖培根，2002）

1. 植株上部 2. 茎生叶 3. 花 4. 花瓣及雄蕊 5. 雌蕊

垂盆草 *S. sarmentosum* Bunge 多年生肉质草本。茎细弱，匍匐生根。3叶轮生，倒披针形至菱形，顶端近急尖，基部有距。花瓣5，淡黄色，披针形至矩圆形；雄蕊10，短于花瓣；雌蕊心皮5，略叉开，长5～6 mm（图8-43）。分布于东北、华北、华东及华中。全草药用，能清利湿热，解毒。

佛甲草 *S. lineare* Thunb. 多年生肉质草本。茎直立。叶条形，肥厚，先端钝（彩图8-13）。分布于长江中下游地区。药用部位及功效同垂盆草。

景天 *S. erythrostictum* Miq. 多年生肉质草本。块根长圆锥形。茎直立，不分枝。叶常对生，近无柄；叶片长圆形，边缘有疏锯齿。伞房花序顶生。蓇葖果直立，先端渐尖。分布于东北、华北、西北及西南等地区。全草药用，能祛风清热，活血化瘀，止血止痛。

狭叶红景天 *Rhodiola kirilowii* (Regel) Maxim 多年生草本。根粗壮，直立，顶端有鳞片。叶互生，无柄，条形至条状披针形。花雌雄异株，黄绿色，雄蕊10或8，与花瓣等长或稍超出；鳞片5或4；心皮5或4，直立（图8-44）。分布于云南、四川至新疆、河北等地。根及根状茎药用，止血止痛，破坚消积。

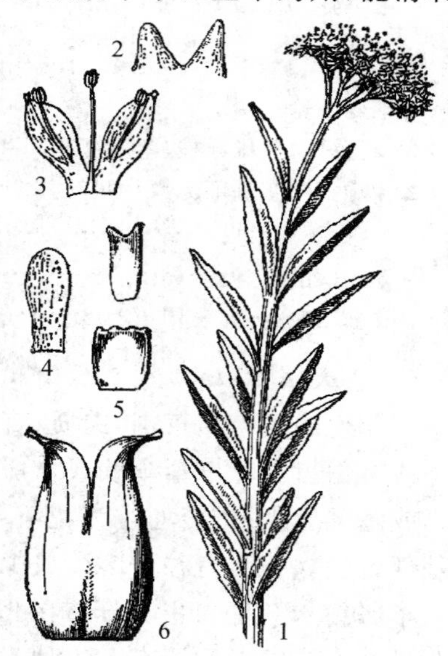

图8-44 狭叶红景天
***Rhodiola kirilowii* (Regel) Maxim**

（中国植物志，1959—2004版）

1. 植株上部 2. 萼片 3. 雄花花瓣及雄蕊 4. 雌花花瓣 5. 鳞片 6. 心皮

大花红景天 *Rhodiola crenulata* (Hook. f. et Thoms.) Ohba 多年生草本。花雌雄异株，红色。分布于西藏、云南西北部及四川西部等地。根状茎药用，能止血，祛风湿。

豌豆七 *Rhodiola henryi* (Diels) Fu　多年生草本。3 叶轮生，无柄，卵状菱形。花雌雄异株，黄绿色；萼片 4，花瓣 4；雄蕊比花瓣短；心皮 4。分布于四川、湖北西部、甘肃、陕西及河南西部等地。带根全草（白三七）能理气活血，接骨止痛，解毒消肿。

瓦松 *Orostachys fimbriatus* (Turcz.) Berger　两年生草本。第一年生莲座叶。穗状花序；花两性；萼片 5，花瓣 5；雄蕊 10，与花瓣等长或稍短；心皮 5。分布于长江中下游地区，北至内蒙古等地。全草药用，能止血敛疮，清热解毒。

19. 虎耳草科 Saxifragaceae

$⚥ * \uparrow K_{4\sim5}C_{4\sim5,0}A_{4\sim5,8\sim10}\underline{G}_{(2\sim5:1\sim4:\infty)},\overline{G}_{(2\sim5:1\sim4:\infty)}$

草本，少为亚灌木，常有毛。叶互生，有时基生，无托叶。花两性，少单性，排成聚伞花序、总状花序或圆锥花序；萼片 4～5；花瓣 4～5 或缺，常具爪；雄蕊与花瓣同数或为其倍数，着生于花瓣上；心皮 2～5，全部或基部合生，稀离生，子房上位或下位，1～4 室，少 5 室，胚珠多数，着生于中轴胎座，或下部为中轴胎座而上部边缘胎座，或侧膜胎座，或顶生胎座。蒴果或浆果。种子小而多数，有胚乳。

本科约 80 属 1 200 多种，主要分布于北温带。我国有 28 属 500 种，南北均产，主产西南。已知药用植物 24 属约 155 种。

部分属检索表

1. 心皮常合生，有时分离；雄蕊 2 轮，内轮对瓣，或为单轮雄蕊。
 2. 花序为穗状花序或总状花序组成的圆锥花序；心皮几分离；叶为 2～3 回三出复叶…………………………………………………………………………………… **落新妇属 *Astilbe***
 2. 聚伞花序或总状花序，或花单生；单叶至 3 小叶，掌状分裂或羽状分裂。
  3. 心皮分离，但基部合生；花较大 ……………………………………………… **岩白菜属 *Bergenia***
  3. 心皮多少合生，并完全与花托结合；花较小…………………………………… **虎耳草属 *Saxifraga***
1. 心皮合生；雄蕊多数为花瓣数的 2 倍。
  4. 草本；花序最外轮的花不育而有增大的倾向，萼片成花瓣状 ………………… **绣球属 *Hydrangea***
  4. 灌木或小乔木；花全部能育，萼片不成花瓣状。
   5. 果为浆果…………………………………………………………………………… **黄常山属 *Dichroa***
   5. 果为蒴果 ………………………………………………………………………… **山梅花属 *Philadelphus***

(1)虎耳草属 *Saxifraga*

多年生，稀一年生或二年生草本。茎通常丛生，或单一。单叶全部基生或兼茎生；茎生叶通常互生，稀对生。花通常两性，有时单性，辐射对称，稀两侧对称，多组成聚伞花序，有时单生，具苞片；花托杯状（内壁完全与子房下部愈合），或扁平；萼片 5；花瓣 5；雄蕊 10，花丝棒状或钻形；心皮 2，通常下部合生，有时近离生；子房近上位至半下位，通常 2 室，具中轴胎座，有时 1 室而具边缘胎座，胚珠多数；蜜腺隐藏在子房基部或花盘周围。通常为蒴果，稀蓇葖果。种子多数。

本属约 400 种，分布于北极、北温带和南美洲（安第斯山），主要生于高山地区。我国有 203 种，南北均产，主产于西南和青海、甘肃等省的高山地区。

【药用植物】

虎耳草 *Saxifraga stolonifera* Meerb.　多年生常绿草本，有细长匍匐茎。叶基生，肾形，边缘有钝齿,两面被长柔毛,叶柄长 3～21 cm。花萼片 5,稍不等大;花瓣 5,白色,上方 3 瓣较小,卵形,有红色斑点,下方 2 瓣较大,披针形;雄蕊 10;2 心皮合生,子房 2 室。蒴果(图 8-45)。分布于河南南部、陕西南部及江南地区。全草药用,能清热凉血,解毒。

落新妇(红升麻)*Astilbe chinensis* (Maxim.) Franch. et Sav. 多年生草本,有粗大根状茎。叶为 2～3 回三出复叶。圆锥花序长达 30*cm*,花密集,几无梗;花萼 5 深裂;花瓣 5,红紫色,狭条形;雄蕊 10;心皮 2,离生。蓇葖果(图 8-46,彩图 8-14)。分布于长江中下游至东北地区。根状茎或全草药用,能散瘀止痛,祛风除湿,祛痰止咳。

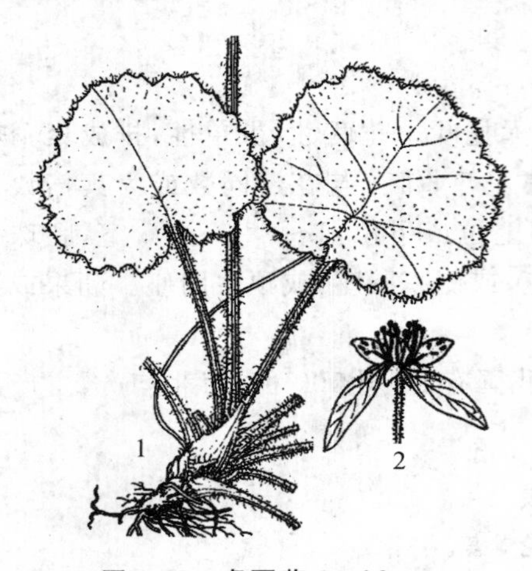

图 8-45 虎耳草 *Saxifraga stolonifera* Meerb.

(云南植物志,1977—2006 版)

1. 植株 2. 花

图 8-46 落新妇(红升麻)*Astilbe chinensis* (Maxim.) Franch. et Sav.

(中国植物志,1959—2004 版)

1. 茎生叶 2. 花序 3. 花 4. 蓇葖果

常山 *Dichroa febrifuga* Lour. 落叶灌木,高 1～2 m。主根木质化,圆柱形,断面黄色。茎有明显的节;小枝常有 4 钝棱。叶对生,椭圆形或倒卵状矩圆形。花两性,蓝色,排成圆锥花序;萼筒 5～6 齿裂;花瓣 5～6;雄蕊 10～12;子房半下位,3～5 室,花柱 4～6,棒状。浆果,蓝色,有宿存萼齿及花柱。分布于长江以南、甘肃及陕西南部等地。根药用,能截疟,清热,祛痰。

太平花 *Philadelphus pekinensis* Rupr. 灌木。叶对生,叶片纸质,卵形或狭卵形,边缘有疏锯齿,主脉 3 出,主脉腋内有簇生毛。总状花序顶生;萼片及花瓣均为 4;雄蕊多数;子房下位,4 室。蒴果,4 瓣裂。分布于辽宁、河北、山西、山东、江苏及四川等地。根药用,能解热镇痛,截疟。

岩白菜 *Bergenia purpurascens* (Hook. f. et Thoms.) Engl. 多年生草本。根状茎粗壮。单叶,基生,厚而大,叶柄基部具托叶鞘。总状花序,花紫红色。蒴果(图 8-47)。分布于云南、四川、西藏。全草药用,能清热解毒,止血调经。

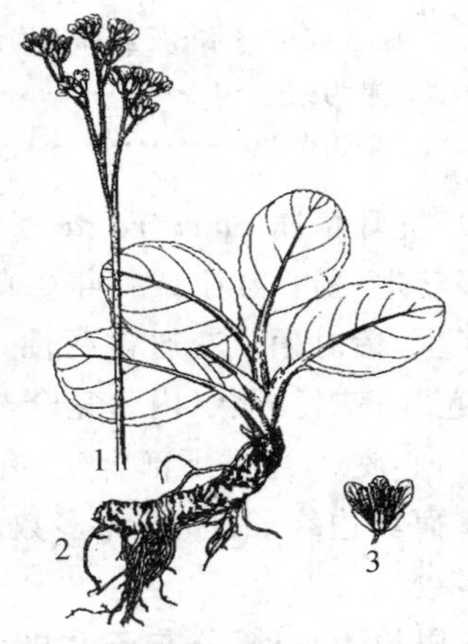

图 8-47 岩白菜 *Bergenia purpurascens* (Hook. f. et Thoms.) Engl.

(仿肖培根,2002)

1,2. 植株 3. 花(去除部分花被及雄蕊)

白耳菜(白须草)*Parnassia foliosa* Hook. F. et Thoms.　多年生草本。叶肾状心形。花瓣 5,边缘丝状裂。蒴果。分布于华东至广西等地。全草药用,能清热利尿,镇咳止血。

20. 金缕梅科 Hamamelidaceae

$⚥ * K_{(4\sim5)} C_{4\sim5,0} A_{4\sim5,\infty} \overline{G}_{(2:2:1\sim\infty)}, \overline{\underline{G}}_{(2:2:1\sim\infty)}$

乔木或灌木,具星状毛。单叶互生,有托叶。花两性或单性同株,排成头状、穗状或总状花序;花萼 4～5 齿,萼筒多少与子房结合;花瓣与萼片同数,常线形、匙形或鳞片状,有时花瓣不存;雄蕊 4～5,或更多;子房下位或半下位,心皮 2,合生成 2 室,每室胚珠 1 至多数,花柱 2。木质蒴果,有 2 尖喙,2 瓣裂。种子多,常具翅,有胚乳。

本科约 27 属 140 多种,主要分布于亚洲东部地区。我国有 17 属 75 种,在南方分布集中。已知药用 11 属约 23 种。

部分属检索表

1. 子房每室有 1 枚胚珠;叶为羽状脉。
　2. 花无花冠,果时萼不增大,雄蕊 2～6 枚 ……………………………… **蚊母树属 *Distylium***
　2. 花有花冠。
　　3. 萼裂显著;花药 2 室,药隔不突出 ……………………………… **金缕梅属 *Hamamelis***
　　3. 萼裂不显著;花药 4 室,药隔突出成尖头状 ……………………… **檵木属 *Loropetalum***
1. 子房每室有数枚胚珠;叶常为掌状脉。
　　4. 结果时宿存花柱针刺状;叶 3～5 裂,基部心形,主脉 3～5 条 ………… **枫香树属 *Liquidambar***
　　4. 结果时宿存花柱弯斜;叶多形,基部宽楔形,离基三出脉 ……………… **半枫荷属 *Semiliquidambar***

(1)枫香树属 *Liquidambar*

落叶乔木。叶互生,有长柄,掌状分裂,具掌状脉,边缘有锯齿,托叶线形,或多或少与叶柄基部连生,早落。花单性,雌雄同株,无花瓣。雄花多数,排成头状或穗状花序,再排成总状花序;每一雄花头状花序有苞片 4 个,无萼片及花瓣;雄蕊多而密集,花丝与花药等长,花药卵形,先端圆而凹入,2 室,纵裂。雌花多数,聚生在圆球形头状花序上,有苞片 1 个;萼筒与子房合生,萼裂针状,宿存,有时或缺;退化雄蕊有或无;子房半下位,2 室,花柱 2 个,柱头线形,有多数细小乳头状突起;胚珠多数,中轴胎座。头状果序圆球形;蒴果木质,室间裂开为 2 片,果皮薄,有宿存花柱或萼齿。种子多数,有窄翅,种皮坚硬,胚乳薄,胚直立。

本属 5 种,我国有 2 种及 1 变种;此外,小亚细亚 1 种,北美及中美各 1 种。本属各种的树脂及茎、叶、果实可供药用,树脂为苏合香或其代用品。

【药用植物】

枫香树 *Liquidambar formosana* Hance.　落叶乔木,高可达 40 m。叶互生,掌状 3 裂,边缘有锯齿;叶柄长;托叶条形,早落。花单性同株;雄花排成穗状花序,无花被,雄蕊多数;雌花排成头状花序,萼齿 5,钻形,花后增大,无花瓣;子房半下位,2 室。头状果序圆球形,宿存花柱和萼齿针刺状(图 8-48)。主要分布于黄河以南各省区,西至四川、贵州。果实(路路通)能祛风活络、利水通经;树干流出的树脂(枫香脂)能活血止痛、解毒生肌。

同属植物苏合香树(*L. orientalis* Mill.)原产于波斯湾地区、土耳其、叙利亚、埃及和索马里。我国的广西和云南有引种。树脂(苏合香)具开窍、破秽、止痛之功效。

檵木 *Loropetalum chinensis* (R. Br.) Oliv.　落叶灌木或小乔木。叶革质,下面密生星状柔毛。花两性,3～8 朵簇生;萼齿 4;花瓣 4,白色,条形;雄蕊 4,花丝极短;子房半下位,2 室,每室1悬生胚珠；花柱2，极短。木质蒴果，2瓣裂（图8-49）。主要分布于长江中下游以南地区。根、叶、花、果均可入药，能解热止血，通经活络。

图 8-48 枫香树 *Liquidambar formosana* Hance.

（中国植物志，1959—2004版）

1. 花枝 2. 果枝 3. 雌花 4. 雄花

图 8-49 檵木 *Loropetalum chinensis* (R. Br.) Oliv.

（中国植物志，1959—2004版）

1. 果枝 2. 花枝 3. 花

4. 去花瓣的花 5. 雄蕊侧面

半枫荷 *Semiliquidambar cathayensis* H. T. Chang 常绿或半常绿乔木。叶革质，常为卵状椭圆形。花单性同株，成头状花序。木质蒴果有宿存花柱，2瓣裂（图8-50）。主要分布于广东、江西、湖南等地。根入药，能治风湿跌打，散瘀止痛。

金缕梅 *Hamamelis mollis* Oliv. 落叶灌木或小乔木。叶薄革质；托叶早落。头状或短穗状花序腋生；花无梗；萼齿4，萼筒短；花瓣4，条形；雄蕊4，花丝短；子房上位，2室，花柱2，分离。蒴果卵圆形，萼筒长约蒴果的1/3（图8-51）。分布于四川及长江中下游地区。根药用，能清热解毒。

图 8-50 半枫荷 *Semiliquidambar cathayensis* H. T. Chang

（中国植物志，1959—2004版）

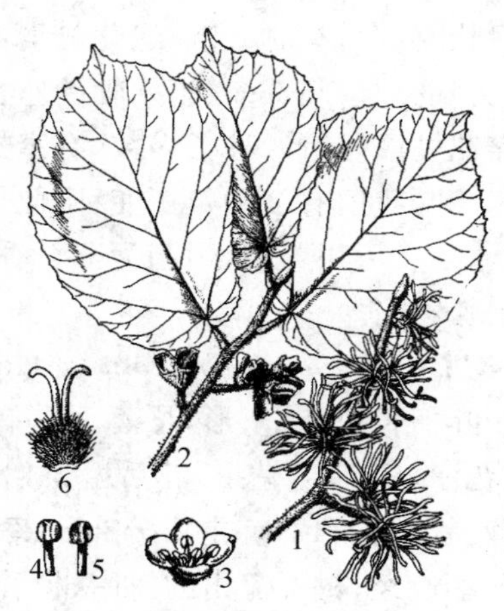

图 8-51 金缕梅 *Hamamelis mollis* Oliv.

（中国植物志，1959—2004版）

1. 花枝 2. 果枝 3. 去花瓣的花

4,5. 雄蕊 6. 雌蕊

牛鼻栓 *Fortunearia sinensis* Rehd. et Wils.　落叶灌木或小乔木。小枝青棕色，有皮孔，被星状柔毛。花杂性，雄花与两性花同株。分布于陕西、四川、河南及长江中下游地区。枝及叶药用，能益气，止血，生肌。

21. 杜仲科 Eucommiaceae

$♂ * P_0 A_{6 \sim 10}$　$♀ * P_0 \underline{G}_{(2:1:2)}$

落叶乔木，枝、叶折断后有银白色胶丝。单叶互生，叶片椭圆形或椭圆状卵形，无托叶。花单性，雌雄异株；无花被，先叶开放，生于小枝基部；雄花具短梗，簇生，雄蕊 6～10，花药条形，药隔伸出，花丝极短；雌花单生于小枝下部，有短梗，子房上位，2 心皮合生，仅 1 个发育，扁平狭长，顶端具 2 叉状柱头，1 室，胚珠 2，倒生下垂而并立。翅果，狭椭圆形，先端 2 裂。种子 1 枚，扁平，胚乳丰富。

本科仅有 1 属 1 种。杜仲特产于我国西部、西北部至东部各省，现广泛栽培。

【药用植物】

杜仲 *Eucommia ulmoides* Oliv.　特征同科(图 8-52)。树皮药用，能补肝肾，强筋骨，安胎，降血压。另外，植物体各部均产杜仲胶，属硬橡胶类，绝缘性能优异，耐腐蚀。

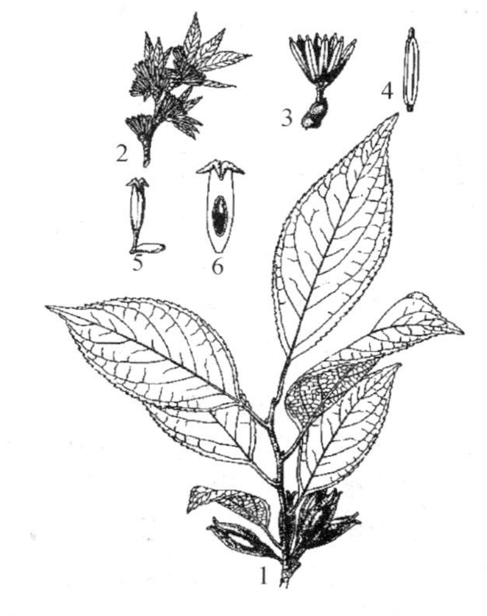

图 8-52　杜仲 *Eucommia ulmoides* Oliv.
(云南植物志，1977—2006 版)
1. 果枝　2. 花枝　3. 雄花　4. 雄蕊
5. 雌花　6. 子房纵切面

22. 蔷薇科* Rosaceae

$⚥ * K_5 C_5 A_{5 \sim \infty} \underline{G}_{1 \sim \infty} \overline{G}_{(2\text{-}5)}$

草本、乔木或灌木，茎常有刺或无刺。单叶或复叶，常互生，多有托叶。花两性，辐射对称，伞房花序、圆锥花序或单生；花托凸起或凹陷，花被(花萼、花冠)、花丝的基部与花托的周边部分愈合成一碟状、杯状或坛状结构，称为花筒或被丝托(hypanthium)，花萼、花冠和雄蕊均着生于花筒上部边缘；萼片 5；花瓣 5，分离；雄蕊多数，离生；心皮 1 至多数，离生或合生，子房上位至下位。蓇葖果、瘦果、梨果和核果。种子无胚乳。

本科约 124 属 3 300 多种，近于世界性分布，但主要产于北半球的温带和亚热带地区。我国有 51 属 1 000 多种，全国各地均有分布。已知药用植物 43 属约 363 种。

根据心皮数目、子房位置和果实类型，本科分为 4 个亚科：绣线菊亚科、蔷薇亚科、苹果亚科、李亚科(表 8-2)。

表 8-2　蔷薇科四个亚科的特征比较

项目	绣线菊亚科	蔷薇亚科	苹果亚科	李亚科
花纵剖图	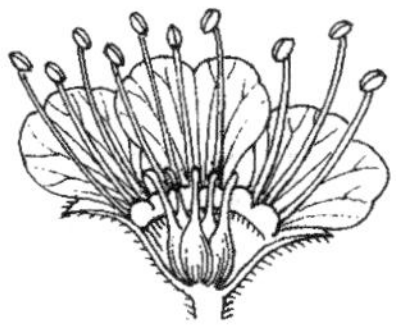	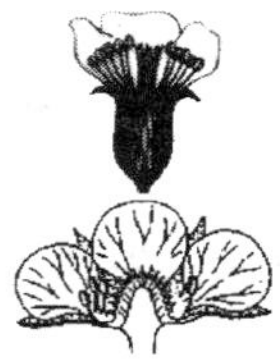		

续表8-2

项目	绣线菊亚科	蔷薇亚科	苹果亚科	李亚科
花图式		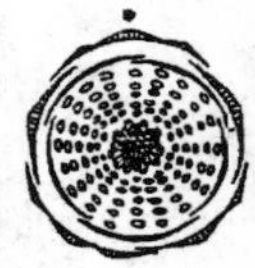		
果实类型		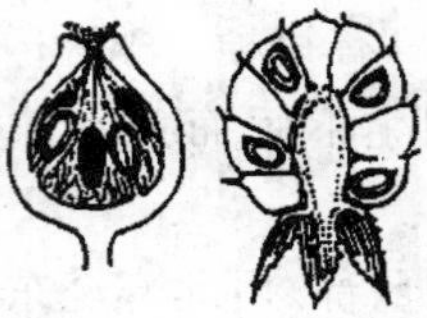		

四亚科及部分属检索表

1. 果实开裂，蓇葖果，稀蒴果；心皮常为5，离生；多无托叶(绣线菊亚科 Spiraeoideae)。
  2. 单叶，无托叶；花序伞形、总状、伞房状或圆锥状 ………………………… 绣线菊属 ***Spiraea***
  2. 羽状复叶，有托叶；大型圆锥花序 ………………………… 珍珠梅属 ***Sorbaria***
1. 果实不开裂；具托叶。
  3. 子房上位。
    4. 心皮多数，离生；聚合瘦果或小核果，或蔷薇果(由多数瘦果集生于肉质的凹陷花筒内，组成的一个聚合果)；常为复叶(蔷薇亚科 Rosoideae)。
      5. 雌蕊由杯状或坛状的花托包围。
        6. 雌蕊多数；聚合瘦果；灌木 ………………………… 蔷薇属 ***Rosa***
        6. 雌蕊1～3，花托成熟时干燥坚硬；草本。
          7. 无花瓣；萼裂片4 ………………………… 地榆属 ***Sanguisorba***
          7. 有花瓣；萼裂片5 ………………………… 龙芽草属 ***Agrimonia***
      5. 雌蕊生于平坦或隆起的花托上。
        8. 心皮各含2胚珠；聚合小核果；花柱在结果时不延长；植株有刺 ………… 悬钩子属 ***Rubus***
        8. 心皮各含1胚珠；瘦果，分离；花柱在结果时延长；植株无刺 ………… 水杨梅属 ***Geum***
    4. 心皮常为1，稀2或5；核果；单叶(李亚科 Prunoideae) ………………………… 李属 ***Prunus***
  3. 子房下位或半下位；心皮常2～5；梨果(苹果亚科 Maloideae)。
    9. 内果皮成熟时革质或纸质，每室1至多数种子。
      10. 伞形或总状花序，有时单生。
        11. 心皮含1～2种子。
          12. 花柱离生 ………………………… 梨属 ***Pyrus***
          12. 花柱基部合生 ………………………… 苹果属 ***Malus***
        11. 心皮各含3至多数种子 ………………………… 木瓜属 ***Chaenomeles***
      10. 复伞房或圆锥花序。
        13. 心皮全部合生，子房下位 ………………………… 枇杷属 ***Eriobotrya***
        13. 心皮部分合生，子房半下位 ………………………… 石楠属 ***Photinia***
    9. 内果皮成熟时骨质，果实含1～5小核；枝有刺 ………………………… 山楂属 ***Crataegus***

【药用植物】

(1)绣线菊亚科 Spiraeoideae

绣球绣线菊 *Spiraea blumei* G. Don　灌木，小枝深红褐色或暗灰褐色。叶互生，菱状卵形至倒卵形，边缘自近中部以上有少数圆钝缺刻状锯齿或 3～5 浅裂。伞形花序；花白色，萼片 5，三角形；花瓣 5，宽倒卵形，先端微凹；雄蕊多数，较花瓣短；雌蕊 5 心皮，离生，花柱短于雄蕊。蓇葖果，直立，无毛，宿存萼片直立(图 8-53)。分布于辽宁、内蒙古、河北、四川、云南、贵州及长江中下游地区。根及果实入药，能调气止痛，祛瘀生新。

图 8-53　绣球绣线菊
***Spiraea blumei* G. Don.**
(仿赵建成等，2011)
1. 花枝　2. 叶　3. 花(去除部分花被及雄蕊)
4. 雌蕊　5. 雄蕊　6. 蓇葖果

柳叶绣线菊 *Spiraea salicifolia* L.　蓇葖果直立，具反折萼片。分布于东北至华北。全株药用，能通经活血，通便利水。

(2)蔷薇亚科 Rosoidae

龙牙草(仙鹤草)*Agrimonia pilosa* Ledeb.　多年生草本，高 30～60 cm，全株密生白色长柔毛。奇数羽状复叶，小叶 3～5 对，其间生有小型叶，无柄，椭圆状卵形或倒卵形，边缘有锯齿。总状花序顶生，有多花，花黄色，花瓣 5；雄蕊多数；心皮 2。瘦果倒圆锥形，生于杯状花筒内(图 8-54)。分布于全国各地。地上部分药用，能收敛止血，益气强心，解毒杀虫。

地榆 *Sangusorba officinalis* L.　多年生草本，高 1～2 m。根茎粗壮，生多数深褐色肥厚的根，纺锤形。茎直立，有棱。奇数羽状复叶，小叶 4～6 对，矩圆状卵形至长椭圆形，叶缘有圆而锐的锯齿。花小，密集排成顶生、圆柱形的穗状花序，圆柱形；花萼片 4，花瓣状，紫红色；无花瓣；雄蕊 4。瘦果，褐色有细毛，有纵棱，包藏于宿存萼内(图 8-55，彩图 8-15)。分布于华北、华中、华南及西南地区。根药用，能凉血止血，解毒敛疮。

图 8-54　龙牙草 *Agrimonia pilosa* Ledeb.
(仿王冰等，2008)
1. 花枝　2. 根　3. 叶　4. 花

图 8-55　地榆 *Sanguisorba officinalis* L.
(仿王冰等，2008)
1. 根状茎　2. 茎生叶　3. 花枝　4. 基生叶　5. 花

金樱子 *Rosa laevigata* Michx. 常绿攀援灌木，高约5 m，有钩状皮刺。羽状复叶，小叶3～5，椭圆状卵形或披针状卵形，叶缘有细锯齿。花单生于侧枝顶端，白色，花梗及花筒外密生刺毛；雄蕊多数；雌蕊多心皮，离生。蔷薇果，近球形或倒卵形，有直刺，顶端具长而扩展或外弯的宿存萼片。分布于华中、华东及华南地区。果实药用，能补肾益精、收敛利尿、止咳。

玫瑰 *R. rugosa* Thunb. 蔷薇果，扁球形，红色，平滑，具宿存萼片。原产我国北方，现各地栽培。花蕾或初开放的花药用，能疏肝理气，和血调经。

月季 *R. chinensis* Jacq. 蔷薇果，卵圆形或梨形，红色。花蕾或初开放的花药用，能活血调经，散毒消肿。

掌叶覆盆子 *Rubus chingii* Hu 落叶灌木，高2～3 m，有倒刺。单叶互生，近圆形，掌状5深裂，叶缘有重锯齿。花单生于短枝顶端，白色。核果小，集生于凸起的花托上，构成聚合果，球形，直径1.5～2 cm，红色，下垂。分布于安徽、江苏、浙江、江西及福建。果实（覆盆子）药用，能补肾益精、缩尿；根药用，能止咳、活血消肿。

悬钩子 *R. palmatus* Thunb. 落叶灌木，高1～2 m，疏生皮刺。聚合小核果，球形，黄色。分布于安徽、江苏、浙江及江西。果实亦作覆盆子药用。

委陵菜 *Potentilla chinensis* Ser. 多年生草本，根肥大，木质化；茎丛生；羽状复叶；聚散花序顶生，花黄色；聚合瘦果。分布于东北、华北、西北及西南等地。全草药用，能清热解毒，凉血止血，祛风湿。

翻白草 *P. discolor* Bunge 多年生草本，根肥厚；羽状复叶，小叶下面密生白色绒毛。分布于南北各地。药用部位及功效似委陵菜。

(3)苹果亚科 Maloideae

贴梗海棠 *Chaenomeles speciosa* (Sweet) Nakai 灌木，高约2 m。枝有刺。叶互生，革质，卵形至长椭圆形；托叶大型，肾形或半圆形。花先叶开放，猩红色，3～5朵簇生，花梗短粗。梨果球形或卵形，直径4～6 cm，黄色，有芳香。分布于华东、华中、西北及西南等地，现各地栽培。果实干后表皮皱缩，称皱皮木瓜（图8-56），药用能平肝和胃，化湿舒筋。

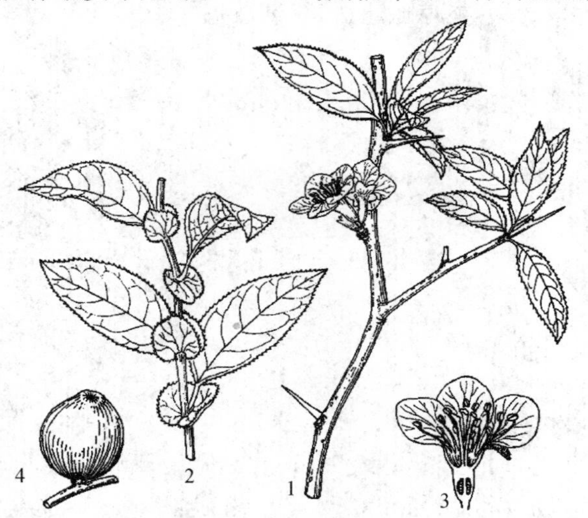

图8-56 贴梗海棠 *Chaenomeles speciosa* (Sweet) Nakai

（云南植物志，1977—2006版）

1. 花枝 2. 叶枝 3. 花纵剖图 4. 果实

榠楂 *C. sinensis* (Thouin) Koehne 落叶灌木或小乔木，枝无刺，托叶较小。果实长椭圆形，暗黄色，木质，芳香。分布于江南地区，各地有栽培。果实干后表皮不皱缩，称光皮木瓜，亦作木瓜药用。

山楂 *Crataegus pinnatifida* Bunge 乔木。梨果近球形，直径1～1.5 cm，深红色(图8-57)。分布于东北、华北及江苏。果实药用，能消食健胃，行气散瘀。其变种山里红 *Crataegus pinnatifida* Bunge var. *major* N. E. Br. 果较大，直径2.5 cm，深亮红色。在华北地区栽培。果实亦作山楂药用。

图8-57 山楂 *Crataegus pinnatifida* Bunge

(仿王冰等，2008)

1. 果枝 2. 花

枇杷 *Eriobotrya japonica* (Thunb.) Lindl. 常绿小乔木，高约10 m。叶革质，上面多皱，下面及叶柄密生灰棕色绒毛。梨果，球形或矩圆形，直径2～4 cm，黄色。分布于长江流域、甘肃、陕西、河南。叶药用，能清肺止咳，降逆止呕。

石楠 *Photinia serrulata* Lindl. 常绿灌木或小乔木，树冠圆形，多分枝。叶互生，革质，上面深绿色，有光泽，下面具白粉。梨果，近球形，直径5～6 mm，黄色。分布于长江以南及陕西南部。叶药用，能祛风通络，益肾。

(4)李亚科 Prunoideae

杏 *Armeniaca vulgaris* L. 乔木，高约10 m。叶卵形至近圆形，叶柄近顶端有2腺体。花单生，先叶开放，无梗或有极短梗；花瓣白色或稍带红色；雄蕊多数；心皮1。核果，球形，黄色或黄红色，成熟时不开裂，有沟，果肉多汁；核平滑。种子，扁圆形，味苦或甜。分布于华东、西北、西南及长江中下游等地。种子(苦杏仁)药用，能降气止咳平喘，润肠通便。同属植物山杏(*A. sibirica* L.)和东北杏(*A. mandshurica* (Maxim) Koehne)的种子都可作苦杏仁药用。

郁李 *Cerasus japonica* Thunb. 灌木，高约1.5 m。核果近球形，无沟。分布于华北、华中及华南。种子(郁李仁)药用，能润肠，利水。

梅 *A. mume* Sieb. et Zucc. 落叶乔木，少为灌木，高达10 m。核果近球形，有沟，黄色，带短柔毛，味酸；核卵圆形，表面蜂窝状。各地有栽培。近成熟果实(乌梅)药用，能敛肺涩肠，生津，安蛔；花药用，能开郁和中，化痰，解毒。

桃 *Amygdalus persica* (L.) Batsch 核果卵球形，有沟，有绒毛，果肉多汁；核表面具沟孔和皱纹。各地有栽培。种子(桃仁)药用，能活血祛瘀，润肠通便。

23. 豆科* Leguminosae

$⚥ * \uparrow K_{5,(5)} C_5 A_{10,(9)+1,\infty} \underline{G}_{1:1:1\sim\infty}$

木本或草本，有时藤本。常有根瘤。叶互生，多为复叶，有托叶，叶枕发达。花两性，辐射对称或两侧对称，花部5基数；花萼常结合，裂片5；花瓣5，通常分离，花冠有蝶形、假蝶形或非蝶形；雄蕊多数至定数，常为10，以9与1的方式结合成二体雄蕊，少为全部分离或单体雄蕊；雌蕊1心皮，1室，子房上位，胚珠1至多数。荚果。种子无胚乳。

本科约650属18 000多种，分布于温带和亚热带地区。豆科是种子植物第三大科，仅次于菊科（Asteraceae）和兰科（Orchidaceae）。我国有172属1 500多种，全国各地均有分布。已知药用植物109属约600种。

豆科植物依据花冠类型、雄蕊数目及结合状态，可分为3个亚科：含羞草亚科、云实亚科和蝶形花亚科。

三亚科及部分属检索表

1. 花辐射对称；花瓣镊合状排列；雄蕊多数或定数（含羞草亚科 Mimosoideae）。
  2. 雄蕊多数，荚果扁平，不开裂 …… **合欢属 *Albizia***
  2. 雄蕊5～10，荚果成熟时裂为数节 …… **含羞草属 *Mimosa***
1. 花两侧对称；花瓣覆瓦状排列；雄蕊常为10枚。
  3. 花冠假蝶形；最上一瓣在最内方；雄蕊分离（云实亚科 Caesalpinioideae）。
    4. 单叶，全缘；荚果于腹缝线上具翅 …… **紫荆属 *Cercis***
    4. 羽状复叶。
      5. 花单性异株或杂性；常具分枝硬刺 …… **皂荚属 *Gleditsia***
      5. 花两性；无刺 …… **决明属 *Cassia***
  3. 花冠蝶形；最上一瓣（旗瓣）在最外方（蝶形花亚科 Papilionoideae）。
    6. 雄蕊10，分离或基部合生 …… **槐属 *Sophora***
    6. 雄蕊10，合生为二体或单体，常具明显的雄蕊管。
      7. 单体雄蕊。
        8. 荚果不肿胀，常具1枚种子，不开裂；单叶，有腺点 …… **补骨脂属 *Psoralea***
        8. 荚果肿胀，常具2枚以上种子，开裂；单叶或复叶 …… **猪屎豆属 *Crotalaria***
      7. 二体雄蕊。
        9. 小叶1～3片。
          10. 藤本；小叶3片；常具块根 …… **葛属 *Pueraria***
          10. 直立草本或灌木。
            11. 荚果仅一节，含1枚种子，不开裂；无小托叶 …… **胡枝子属 *Lespedeza***
            11. 荚果扁平，常数节，成熟时逐节脱落；有小托叶 …… **山蚂蝗属 *Desmodium***
        9. 小叶5至多片。
          12. 木质藤本；大型圆锥花序；子房无柄 …… **鸡血藤属 *Millettia***
          12. 草本；总状、穗状或头状花序。
            13. 花药均同大；荚果常肿胀，因背缝线深延而纵隔成2室 …… **黄芪属 *Astragalus***
            13. 花药不同大；荚果常有刺或瘤状突起，1室 …… **甘草属 *Glycyrrhiza***

【药用植物】

（1）含羞草亚科 Mimosoideae

合欢（马缨花）*Albizia julibrissin* Durazz.　乔木。二回羽状复叶，由4～12对羽片组成，每个羽片具10～30对小叶，小叶镰刀形，先端锐尖，基部截形，中脉偏斜，托叶早落。头状花序，多个在枝顶端排成伞房花序；花小，粉红色；花萼钟形，裂片5；花冠漏斗状，裂片5；雄蕊多数，花丝长，粉红色，基部合生，花药狭小；心皮1，子房上位，花柱细丝状，与花丝等长，粉红色。荚果扁平，带状（图8-58）。分布于我国东部至西南部。树皮药用，能解郁安神，活血消肿。

含羞草 *Mimosa pudica* L.　二回羽状复叶，掌状排列，由4个羽片组成，每个羽片具7～

24对小叶，小叶长圆形。头状花序腋生。荚果扁平，呈节状，共3～4节，每节1粒种子。原产热带美洲，我国多栽培。全草药用，能安神，散瘀止痛。

（2）云实亚科 Caesalpinioideae

皂荚 *Gleditsia sinensis* Lam.　落叶乔木，高达15 m。茎干上有粗棘刺，刺分枝。偶数羽状复叶。花杂性，排成总状花序；萼裂片4；花瓣4，黄白色；雄蕊6～8，其中3～4枚较长，花药丁字着生；子房条形，有短柄，被毛。荚果扁条形，先端具长喙，被白色粉霜，此种果实为皂角（图8-59）。同一植株由于外伤或衰老，其果实呈新月形，弯曲如眉状，被白色粉霜，此种果实称猪牙皂。我国各地区有栽培。皂角和猪牙皂药用，均能祛痰开窍，散结消肿；棘刺（皂角刺）能活血消肿，排脓，杀虫。

图8-58　合欢 *Albizia julibrissin* Durazz.

（秦岭植物志，1964—1981版）

1. 花枝　2. 小叶　3. 萼片　4. 花
5. 花瓣　6. 雄蕊　7. 雌蕊　8. 荚果

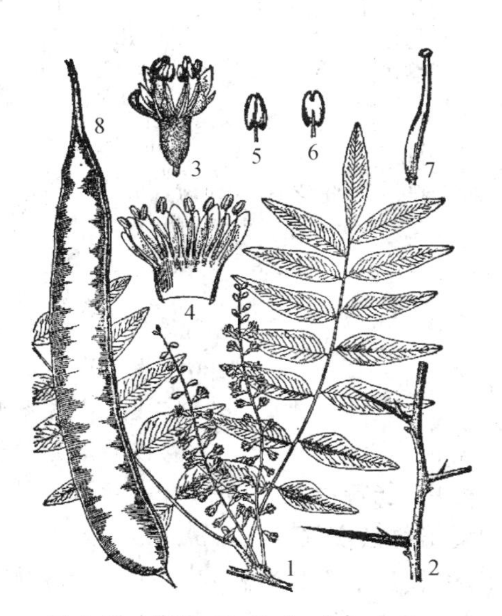

图8-59　皂荚 *Gleditsia sinensis* Lam.

（秦岭植物志，1964—1981版）

1. 花枝　2. 枝刺　3. 花　4. 展开的花
5,6. 雄蕊　7. 雌蕊　8. 荚果

决明 *Cassia obtusifolia* L.　一年生半灌木状草本，高0.5～1.5 m，全株被短柔毛。偶数羽状复叶，小叶3对，倒卵形。花常2朵生于叶腋，萼片5，分离；花冠黄色，花瓣5，下面2枚稍长，有爪；雄蕊10，不等长，上面3枚退化，下面7枚发育，花丝较长，3个较大的花药顶端急窄成瓶颈状；子房长而弯曲，花柱短。荚果条形，长达15 cm。种子多数，菱形，淡褐色，有光泽（图8-60）。分布于长江以南地区。种子（决明子）药用，能清热明目，润肠通便。

小决明 *C. tora* L.　植株矮小，臭味较浓；发育雄蕊中3枚较大的花药先端圆形。分布于台湾、广西及云南。种子亦作决明子药用。

紫荆 *Cercis chinensis* Bunge　落叶灌木或乔木。叶近圆形，先端稍突尖，基部心形。花先叶开放，3～5朵簇生，紫红色；花萼钟形，有5齿；花冠假蝶形，最上方1花瓣最小，位于最内侧；雄蕊10，分离。荚果长扁圆形（图8-61）。分布于华北、华东、中南及西南等地。树皮药用，能消肿解毒，活血通经。

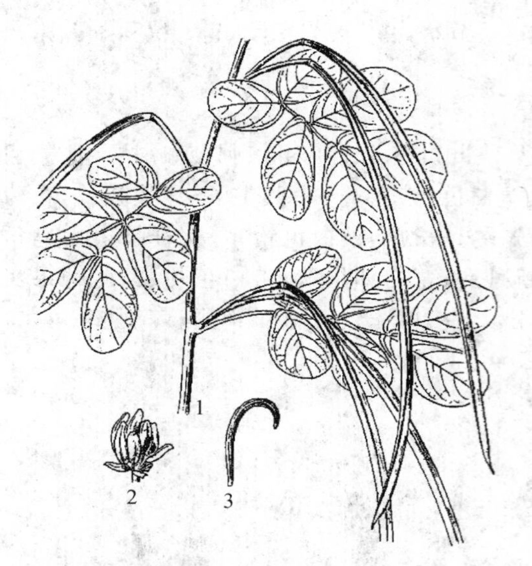

图 8-60 决明 *Cassia obtusifolia* L.

(仿王冰等,2008)

1. 果枝 2. 雄蕊 3. 雌蕊

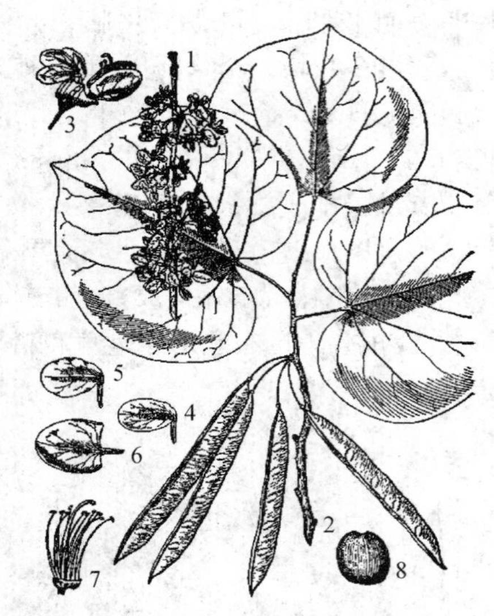

图 8-61 紫荆 *Cercis chinensis* Bunge

(秦岭植物志,1964—1981 版)

1. 花枝 2. 果枝 3. 花 4. 上部花瓣 5. 中部花瓣 6. 下部花瓣 7. 雄蕊及雌蕊 8. 种子

苏木 *Caesalpinia sappan* L. 灌木或小乔木,树干有刺。二回羽状复叶,由 7～13 对羽片组成,每个羽片具 10～17 对小叶,小叶矩圆形,偏斜。花排成圆锥花序,雄蕊 10,分离,花丝下半部密被绵毛;子房密生棕色绒毛。分布于广东、广西、台湾、云南及贵州。黄红色至棕红色的心材药用,能行血祛瘀,消肿止痛。

同属植物云实(*C. decapetala* (Roth) Alst.)分布于河南、陕西、甘肃及长江以南各地区。根药用,能祛风散寒,除湿;种子药用,能清热除湿,杀虫。

(3)蝶形花亚科 Papilionoideae

①黄芪属 *Astragalus*

草本,稀为小灌木或半灌木。茎发达或短缩,稀无茎或不明显。羽状复叶,稀三出复叶或单叶。总状花序或密集呈穗状、头状与伞形花序式,稀花单生,腋生或由根状茎(叶腋)发出;花萼管状或钟状,萼筒基部近偏斜,或在花期前后呈肿胀囊状,具 5 齿;花瓣近等长或翼瓣和龙骨瓣较旗瓣短,下部常渐狭成瓣柄,旗瓣直立,翼瓣长圆形、全缘,龙骨瓣向内弯,近直立,先端钝,一般上部粘合;雄蕊二体;子房有或无子房柄,花柱丝形,劲直或弯曲,柱头小,顶生,头形。荚果形状多样,由线形至球形,一般肿胀,先端喙状,1 室,有时因背缝隔膜侵入分为不完全假 2 室或假 2 室,开裂或不开裂,果瓣膜质、革质或软骨质;种子通常肾形,无种阜。

本属约 2 000 种,分布于北半球、南美洲及非洲。我国有 278 种 2 亚种和 35 变种 2 变型,南北各省区均产,但主要分布于中国西藏(喜马拉雅山区)、亚洲中部和东北等地。本属植物主要用于牲畜饲料,其次为药用和绿肥。

膜荚黄芪 *Astragalus membranaceus* (Fisch.) Bunge 多年生草本,主根粗壮。奇数羽状复叶,小叶 6～13 对。总状花序,蝶形花冠黄白色;雄蕊 10,二体;子房被柔毛,有子房柄。荚果膜质,膨胀,卵状矩圆形,被黑色短柔毛(图 8-62)。分布于东北、华北、甘肃、四川及西藏。

根(黄芪)药用,能补气固表,利尿,排脓,敛疮生肌。

蒙古黄芪 *A. membranaceus* (Fisch.) Bunge var. *mongholicus* (Bunge) Hsiao　子房与荚果无毛。分布于内蒙古、山西、河北及吉林。根作黄芪药用。

扁茎黄芪 *A. complanatus* R. Br.　直立草本。奇数羽状复叶,小叶 9～21,椭圆形,下面有白色柔毛;托叶狭披针形。花 3～7 朵排成总状花序,腋生;花萼钟状,萼齿 5,披针形,与萼筒等长;花瓣浅黄色,旗瓣近圆形,先端凹,基部具短爪;子房密生白色柔毛,有子房柄。荚果纺锤形。分布于内蒙古、山西、陕西及河北。种子(沙苑子)药用,能补肝肾,固精,缩尿,明目。

多序岩黄芪 *Hedysarum polybotrys* Hand.—Mazz.　多年生草本,主根粗大,皮红棕色;茎纤细,坚硬。奇数羽状复叶,小叶 3～12 对。总状花序;花萼斜钟形,下面 1 萼齿较其余萼齿长 1 倍;蝶形花冠淡黄白色。荚果有 3～5 荚节,荚节近圆形,被短柔毛(图 8-63)。分布于内蒙古、宁夏、甘肃南部、四川及西藏。根(红芪)药用,能补气固表,利尿,托毒排脓,生肌。

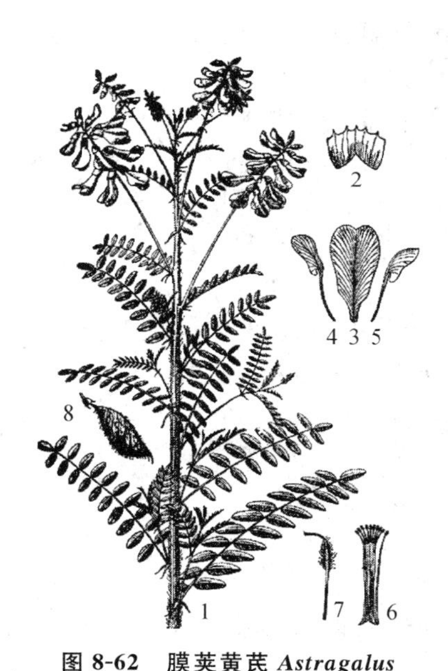

图 8-62　膜荚黄芪 *Astragalus membranaceus* (Fisch.) Bunge

(中国植物志,1959—2004 版)

1. 花枝　2. 展开的花萼　3. 旗瓣　4. 翼瓣　5. 龙骨瓣　6. 雄蕊　7. 雌蕊　8. 荚果

图 8-63　多序岩黄芪 *Hedysarum polybotrys* Hand. -Mazz.

(仿肖培根,2002)

1. 花枝　2. 根　3. 荚果

甘草 *Glycyrrhiza uralensis* Fisch.　多年生草本。根和根状茎粗壮,根状茎横走。奇数羽状复叶,小叶 7～17,卵形或宽卵形,两面有短毛和腺体。总状花序腋生,花密集,花萼钟状;花冠蓝紫色;雄蕊 10,二体。荚果条形,镰刀状或环状弯曲,外面密生刺毛状腺体(图 8-64,彩图 8-16)。主要分布于我国东北、华北及西北地区。根和根状茎药用,能补脾益气,清热解毒,祛痰止咳,缓急止痛,调和诸药。

同属植物胀果甘草(*G. inflata* Bat.)主产于新疆;光果甘草(*G. glabra* L.)分布于新疆、青海和甘肃。这两种植物的根和根状茎亦作甘草药用。

密花豆 *Spatholobus suberectus* Dunn　木质藤本，长达数十米。老茎扁圆柱形，砍断后有红色汁液流出，横断面有数圈偏心环。三出复叶，小叶宽椭圆形，长 10～20 cm，宽 7～15 cm，上面疏生柔毛，下面脉腋间有黄色髯毛。大型圆锥花序，腋生；萼筒二唇形，肉质；花冠肉质，白色，旗瓣近圆形，具爪；子房有白色硬毛。荚果舌形，有黄色绒毛。种子 1 枚，生荚果顶部。分布于广东、广西、福建、云南及贵州。藤茎（鸡血藤）药用，能补血，活血通络。

香花崖豆藤 *Millettia dielsiana* Harms ex Diels　攀援灌木，老茎折断时有红色汁液流出，横断面仅有 1 环。羽状复叶，小叶 5，革质。圆锥花序顶生，花萼钟状，密生锈色毛；花冠紫色，旗瓣外面白色，密生锈色毛。荚果条形，近木质，密生黄褐色绒毛。分布于我国南方和西南地区。藤茎亦作鸡血藤药用。

补骨脂 *Psoralea corylifolia* L.　一年生草本，全株有白色柔毛及黑棕色腺点。单叶互生，叶片宽卵形。花密集成近头状的总状花序；花萼钟状，萼齿 5，中央萼齿较长而大；花冠蝶形，淡紫或白色；雄蕊 10，成单体。荚果卵形，黑色，有宿存花萼。种子 1 枚（图 8-65）。分布于山西、陕西、河南、安徽及西南地区，多为栽培。果实药用，能温肾助阳，纳气，止泻。

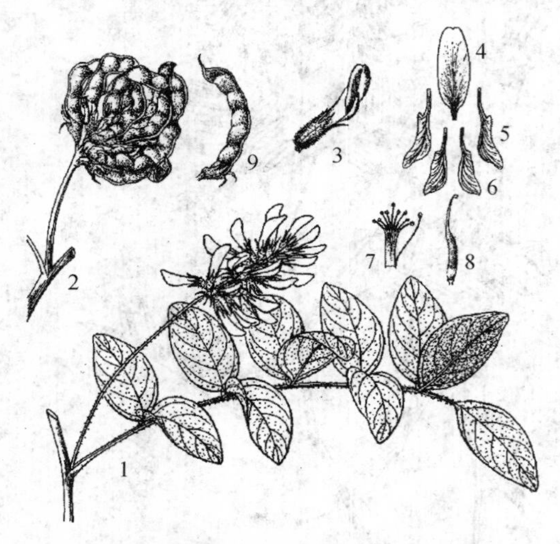

图 8-64　甘草 *Glycyrrhiza uralensis* Fisch.

（中国植物志，1959—2004 版）

1. 花枝　2. 果枝　3. 花　4. 旗瓣　5. 翼瓣　6. 龙骨瓣　7. 雄蕊　8. 雌蕊　9. 荚果

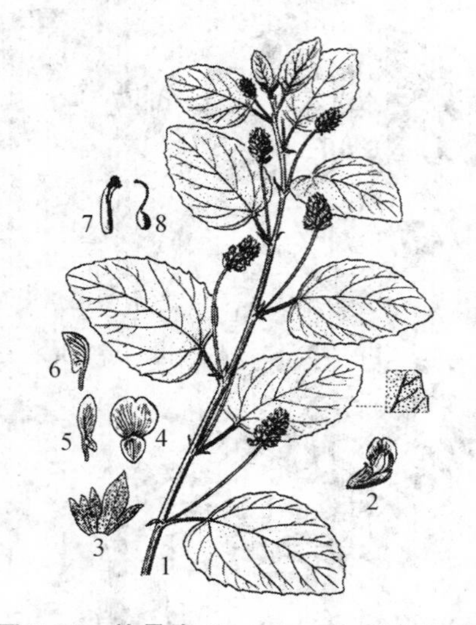

图 8-65　补骨脂 *Psoralea corylifolia* L.

（仿王冰等，2008）

1. 花枝　2. 花　3. 展开的花萼　4. 旗瓣　5. 翼瓣　6. 龙骨瓣　7. 雄蕊　8. 雌蕊

野葛 *Pueraria lobata*（Willd.）Ohwi.　藤本；全株被黄色长硬毛；块根肥大。三出复叶。总状花序腋生，花萼钟状，内外均有黄色柔毛，萼齿 5，披针形，上面 2 齿合生，下面 1 齿较长；花冠紫红色。荚果条形，被黄褐色长硬毛。除新疆、西藏外，分布遍及全国。块根药用，能解表退热，生津止渴，止泻。

槐 *Sophora japonica* L.　乔木。奇数羽状复叶，小叶 7～17，卵状矩圆形。圆锥花序顶生；花乳白色，蝶形花冠，旗瓣宽心形，先端凹，基部有爪；雄蕊 10，分离。荚果肉质，串珠状，不裂（图 8-66）。花蕾（槐米）、花及果实（槐角）药用，能凉血止血，清热泻火。槐花为提取芦丁的原料。

苦参 *S. flavescens* Ait.　灌木，根圆柱形，外皮黄白色。奇数羽状复叶，小叶披针形。总状花序顶生；花淡黄色，雄蕊 10，分离或基部稍联合；子房被毛，有短柄。荚果条形，略呈串珠状，先端有长喙（图 8-67）。分布南北各地。根药用，能清热燥湿，祛风杀虫，利尿。

图 8-66　槐 *Sophora japonica* L.
（中国植物志，1959—2004 版）
1. 果枝　2. 花　3. 旗瓣　4. 翼瓣
5. 龙骨瓣　6. 去花瓣的花

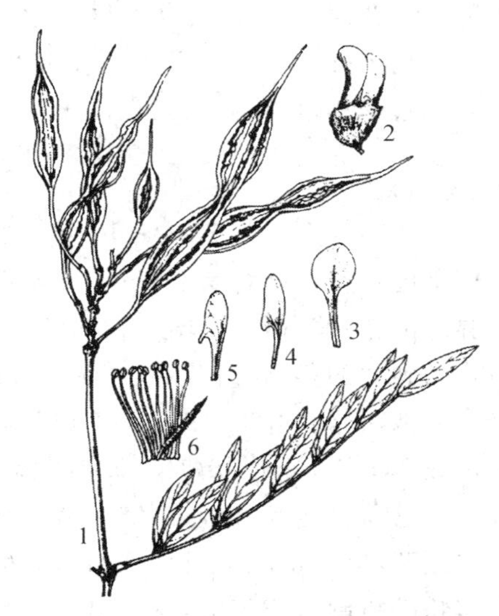

图 8-67　苦参 *Sophora flavescens* Ait.
（中国植物志，1959—2004 版）
1. 果枝　2. 花　3. 旗瓣　4. 翼瓣
5. 龙骨瓣　6. 雄蕊及雌蕊

越南槐 *S. tonkinensis* Gapnep.　小灌木，直立或平卧。根圆柱状，黄褐色。分布于江西、广西、广东、云南及贵州等地区。根（山豆根）药用，能清热解毒，消肿止痛。

米口袋 *Gueldenstaedtia verna* (Georgi) A. Bor.　多年生草本，全株被白色柔毛。叶丛生，奇数羽状复叶。花冠蝶形，紫色；雄蕊 10，成二体。分布于东北、华北、西北、华东及中南等地。全草（甜地丁）药用，能清热解毒，凉血消肿。

降香檀 *Dalbergia odorifera* T. Chen　木本。奇数羽状复叶。花萼钟状，萼齿 5，下面 1 齿最长；花冠蝶形，黄白色；雄蕊 9，成单体（图 8-68）。分布于西南、华南。根和树干心材（降香）药用，能行气活血，止痛，止血。

广州相思子 *Abrus cantoniensis* Hance　多年生小灌木。根粗壮；茎细，深紫红色。偶数羽状复叶。花冠蝶形，淡紫红色。分布于广东及广西。全草（鸡骨草）药用，能清热解毒，舒肝止痛。

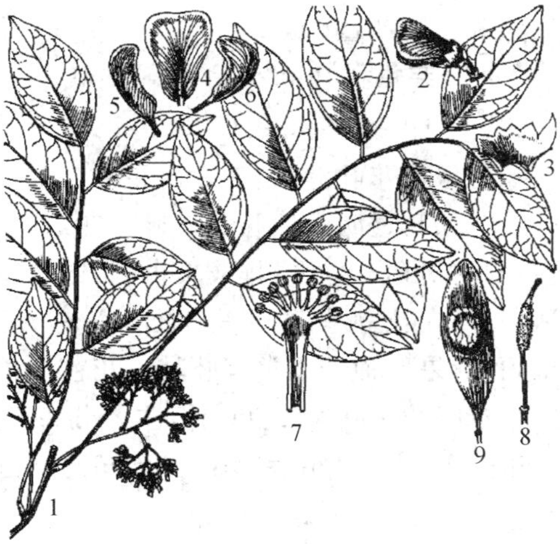

图 8-68　降香檀 *Dalbergia odorifera* T. Chen
（中国植物志，1959—2004 版）
1. 花枝　2. 花　3. 展开的花萼　4. 旗瓣　5. 翼瓣
6. 龙骨瓣　7. 雄蕊　8. 雌蕊　9. 荚果

广金钱草 *Desmodium styracifolium* (Osb.) Merr.　半灌木状草本。茎直立或平卧，基部木质，枝呈圆柱形，密被柔毛。花冠蝶形，紫色，有香气；雄蕊 10，成二体。分布于福建、海南、广西、广东、云南及四川。全草药用，能清热除湿，利尿通淋。

赤小豆 *Phaseolus calcaratus* Roxb. 一年生半攀援状草本。茎细长，密被倒生长柔毛。三出复叶。花冠蝶形，黄色。全国各地有栽培。种子药用，能利水消肿，解毒排脓。

白扁豆 *Dolichos lablab* L. 一年生缠绕草本。茎近光滑或被疏毛，淡绿或淡紫色。三出复叶。花冠蝶形，白色或紫红色。全国各地有栽培。种子(白扁豆)药用，能健脾化湿、消暑。

【阅读材料】

种类繁多的豆科

广义的豆科包括含羞草亚科、苏木亚科和蝶形花亚科，其共同特征是果实为荚果，应该是很好界定的自然类群。在哈钦松(1973)、克朗奎斯特(1988)等人植物分类系统中，这三个亚科都被作为独立的科：含羞草科、苏木科和蝶形花科。塔赫他间最初也采用同样的划分方法，而在最近的两次修订中(1987，1997)把这三科降为亚科。采用广义豆科的划分还包括索恩(Thorne)等，克隆奎斯特(1981)和塔赫他间(1997)等将广义的豆科归于豆目，克隆奎斯特认为豆目与蔷薇目更为接近，而塔赫他间则认为豆目与无患子目更为接近。豆科的演化趋势是由木本到草本，花由辐射对称到两面对称，雄蕊由多数到定数、由分离到结合。花部的衍变与虫媒传粉的机制可能相关，体现出与传粉昆虫的协同进化。豆科单心皮这一性状可能源自于蔷薇科的梅亚科或与梅亚科有一共同的祖先。

豆科是种子植物第三大科(仅次于菊科和兰科)，其种类遍布全世界。具有较多原始性状的木本类群(如含羞草亚科和苏木亚科的一些种类)大多分布于热带、亚热带地区，而具有较多进化性状的草本类群(如蝶形花亚科的一些种类)分布于温带地区。从农业经济角度来看，豆科的价值仅次于禾本科。除了药用、食用和油料作物外，一些种类的根系与根瘤菌共生形成根瘤，通过固氮作用将大气中游离氮转变为化合态，能够供植物生长发育的需要，也能提高土壤肥力和作物产量。

24. 芸香科 Rutaceae

⚥ $* K_{3\sim5} C_{3\sim5} A_{3\sim\infty} \underline{G}_{(2\sim\infty:2\sim\infty:1\sim2)}$

常绿或落叶乔木、灌木或攀援藤本，稀草本。有时具刺。植物体内常有油细胞或分泌腔，叶、花、果具透明的油腺点。叶互生，少数对生，单叶、羽状复叶或单身复叶，无托叶。花多两性，辐射对称，单生或排成聚伞、圆锥花序；萼片3～5；花瓣3～5；雄蕊常与花瓣同数或为其倍数，着生在花盘基部；子房上位，心皮2至多数，合生或离生；每室胚珠1～2。柑果、蒴果、核果、蓇葖果。种子通常有胚乳。花粉粒通常具3～6沟孔，近长球形至近球形。

本科约150属1 700种，主要分布于热带和亚热带，少数生于温带。我国有28属150种，分布全国，主产西南和华南。已知药用植物23属105种。

部分属检索表

1. 果实成熟时彼此分离为开裂的蓇葖果。
  2. 木本或木质藤本；花单性。
    3. 叶互生。
      4. 奇数羽状复叶；茎枝有皮刺 ………………………………………… **花椒属** ***Zanthoxylum***
      4. 单叶；茎枝无刺 ………………………………………………………… **臭常山属** ***Orixa***
    3. 叶对生 ……………………………………………………………………… **吴茱萸属** ***Evodia***

2. 草本；花两性 …………………………………………………………………… 白鲜属 *Dictamnus*

1. 果为核果或浆果。

5. 核果 ………………………………………………………………………… 黄檗属 *Phellodendron*

5. 浆果。

6. 草本；二至三回羽状深裂 ……………………………………………………… 芸香属 *Ruta*

6. 木本；单叶，单小叶，3小叶。

7. 落叶小乔木；叶具3小叶 …………………………………………………… 枳属 *Poncirus*

7. 常绿乔木或灌木；单小叶，稀单叶 ………………………………………… 柑橘属 *Citrus*

【药用植物】

橘 *Citus reticulata* Blanco　常绿小乔木或灌木，具枝刺。叶互生，革质，单身复叶，叶翼不明显，具半透明油点。萼片5；花瓣5，黄白色；雄蕊15～30，花丝常3～5个在中下部连合成数束。心皮7～15。柑果扁球形，橙黄色或橙红色，囊瓣7～12(图8-69)。长江以南各省广泛栽培。成熟果皮(陈皮)能理气健脾，燥湿化痰。幼果或未成熟果皮(青皮)能疏肝破气，消积化滞。中果皮及内果皮间维管束群(橘络)能通络理气，化痰；种子(橘核)能理气散结，止痛；叶(橘叶)能行气，散结。

橘的栽培变种茶枝柑(*C. reticulata* ‘Chachi’)、大红袍(*C. reticulata* ‘Dahongpao’)、温州蜜柑(*C. reticulata* ‘Unshiu’)、福橘(*C. reticulata* ‘Tangerina’)各药用部分均与橘同等入药。

酸橙 *C. aurantium* L.　主要区别为：小枝三棱形；叶柄有明显叶翼。柑果近球形，橙黄色，果皮粗糙。主产于四川、江西等各省区，多为栽培。未成熟横切两半的果实(枳壳)能理气宽中，行滞消胀。幼果(枳实)能破气消积，化痰除痞。

中药化橘红来源于化州柚(*Citrus grandis* (L.) Osbeck var. *tomentosa* Hort.)的近成熟外层果皮，能燥湿化痰、理气、消食。柚(*C. grandis* (L.) Osbeck)的近成熟外层果皮同等入药。

黄檗 *Phellodendron amurense* Rupr.　落叶乔木，树皮木栓层发达，内皮鲜黄色。叶对生，奇数羽状复叶，小叶5～15。披针形至卵状长圆形，边缘有细钝齿，齿缝有腺点。雌雄异株；圆锥状聚伞花序；萼片5；花瓣5，黄绿色；雄蕊5；雌花退化鳞片状。浆果状核果，球形，紫黑色。种子2～5(图8-70)。分布于华北、东北。生于山区杂木林中。有栽培。除去栓皮的树皮(关黄柏)能清热燥湿，泻火除蒸，解毒疗疮。

同属植物黄皮树(*P. chinense* Schneid.)主要区别为：树皮的木栓层薄，小叶7～15片，下面密被长柔毛。分布于四川、贵州、云南、陕西、湖北等区。树皮(川黄柏)功效同黄柏。

吴茱萸 *Evodia rutaecarpa* (Juss.) Benth.　常绿小乔木。幼枝、叶轴及花序均被黄褐色长柔毛。有特殊气味。单数羽状复叶具小叶5～9，对生；叶两面被白色长柔毛，有透明腺点。雌雄异株，聚伞状圆锥花序顶生。花萼5，花瓣5，白色。蓇果扁球形开裂时成蓇葖果状，紫红色，有粗大油腺点。分布于长江流域及南方各省区。生于山区疏林或林缘，现多栽培。未成熟果实有小毒，能散寒止痛，疏肝下气，温中燥湿。

石虎(*E. rutaecarpa* (Juss.) Benth. var. *officinalis* (Dode) Huang)和疏毛吴茱萸(*E. rutaecarpa* (Juss.) Benth. var. *bodinieri* (Dode) Huang)的未成熟果实同等入药。

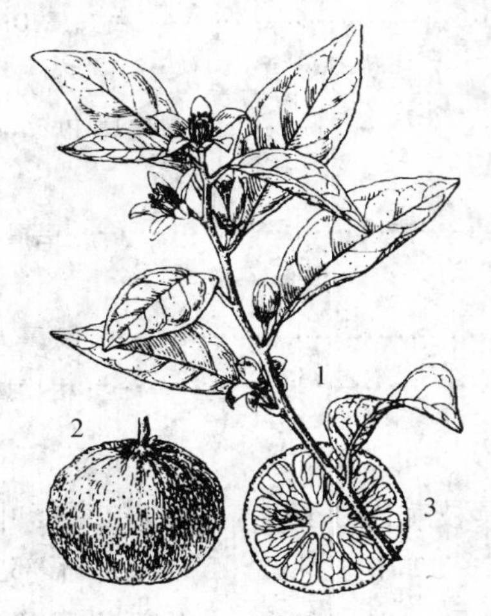

图 8-69 橘 *Citrus reticulata* Blanco

(仿丁景和,1985)

1. 枝条 2. 果实 3. 果实横切

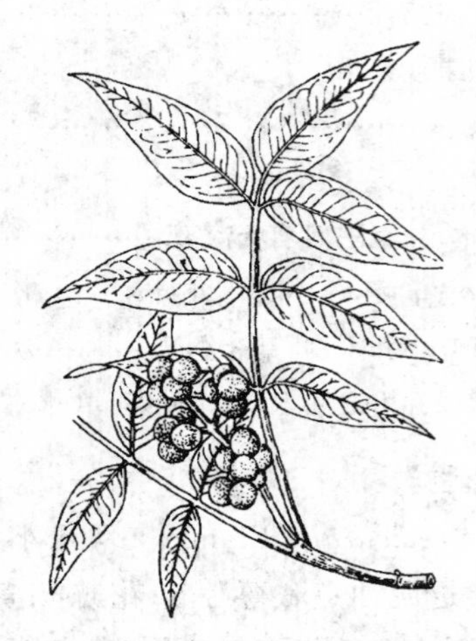

图 8-70 黄檗 *Phellodendron amurense* Rupr.

(仿丁景和,1985)

常见的药用植物还有:枸橘(*Poncirus trifoliata* (L.) Raf.),分布于我国中部、南部及长江以北地区。未成熟果实为中药枳实、枳壳(绿衣枳壳)。枸橼(*Citrus medica* L.)和香圆(*C. wilsonii* Tanaka),分布于长江中下游地区。果实为中药香橼。花椒(川椒、蜀椒)(*Zanthoxylum bungeanum* Maxim.)和青椒(*Z. schinifolium* Sieb. et Zucc.),分布于除新疆及东北外的地区。果皮为中药花椒;种子为中药椒目。白鲜(*Dictamnus dasycarps* Turcz.),分布于东北至西北。根皮为中药白鲜皮(彩图 8-17)。

佛手柑(*C. medica* L. var. *sarcodactylis* (Noot.) Swingle)的果实为中药佛手。竹叶椒(*Zanthoxylum nitidum* (Roxb.) DC.)的根或枝叶为中药两面针(彩图 8-18)。

25. 楝科 Meliaceae

$⚥ * K_{(4\sim5)} C_{4\sim5} A_{(8\sim10)} \underline{G}_{(2\sim5:2\sim5:1\sim2)}$

乔木或灌木。叶互生,羽状复叶,很少单叶,无托叶。花两性,辐射对称,聚伞或圆锥花序;萼 4～5 裂,花瓣与萼片同数,分离或基部合生;雄蕊 8～10,花丝合生成管,管顶全缘或撕裂,很少离生;子房上位,与花盘离生或多少合生,常 2～5 室,少多室,每室有胚珠 1～2。蒴果、浆果或核果。种子有翅或无翅。

本科约 50 属 1 400 种,分布于热带和亚热带地区,少数分布至温带地区。我国产 18 属 65 种,主产于长江以南各省区,少数分布至长江以北。药用植物 13 属 30 种。

【药用植物】

楝 *Melia azedarach* Linn. 落叶乔木。树皮暗褐色,纵裂;幼枝有星状毛,很快即脱落。二至三回奇数羽状复叶,小叶卵形至椭圆形,边缘有钝尖锯齿,深浅不一,有时微裂。圆锥花序与叶近等长或较短;花萼 5 裂,裂片披针形;花瓣 5,淡紫色,倒披针形,有短柔毛;雄蕊 10。核果近球形,淡黄色,4～5 室,每室有 1 种子。花期 4～5 月,果期 10 月(图 8-71,彩图 8-19)。分布全国大部分地区。树皮及根皮(苦楝皮)有毒,能驱虫疗癣。

川楝 *Melia toosendan* Sieb. et Zucc. 落叶乔木。幼枝密被褐色星状鳞片,老时无,暗红色,具皮孔,叶痕明显。二回奇数羽状复叶,具长柄;小叶对生,具短柄或近无柄,椭圆状披针形，先端渐尖，全缘或有不明显钝齿。圆锥花序聚生于小枝顶部之叶腋内，密被灰褐色星状鳞片；花具梗，较密集；萼片长椭圆形至披针形；花两性，辐射对称；花瓣淡紫色，雄蕊为花瓣的 2 倍，成管状，紫色，顶端有裂齿，花盘近杯状；子房近球形，花柱近圆柱状，柱头有不明显的 6 齿裂，包藏于雄蕊管内。核果大，椭圆状球形，熟后淡黄色。花期 3～4 月，果期 10～11 月（图 8-72）。分布于秦岭至淮河以南、云贵高原以北地区。成熟果实（金铃子）有小毒，有除湿热清肝火、止痛驱虫的功能，而且还是制作高效无残毒无污染的新型植物类农药的重要原料。主产于我国的南方各地，以四川的产者最为上乘，故又名川楝子。

图 8-71　楝 *Melia azedarach* Linn.

（安徽植物志，1986—1992 版）

1. 花枝　2. 花丝筒　3. 果实

图 8-72　川楝 *Melia toosendan* Sieb. et Zucc.

（安徽植物志，1986—1992 版）

1. 果枝　2. 花

香椿 *Toona sinensis* (A.Juss.)Roem.　多年生落叶乔木。叶互生，为偶数羽状复叶，小叶长椭圆形，叶端锐尖，叶背红棕色，轻被蜡质，略有涩味，叶柄红色。圆锥花序与叶等长或更长，下垂，两性花白色钟状，有香味，花萼 5 齿裂或浅波状，花瓣 5；雄蕊 10，其中 5 枚能育，5 枚退化；子房圆锥形，5 室；蒴果，狭椭圆形或近卵形，成熟后呈红褐色，果皮革质，开裂成钟形。种子基部通常钝，上端有膜质的长翅，下端无翅。花期 6～8 月，果期 10～12 月。分布于长江南北的广泛地区。嫩芽（香椿头）可食用，有清热解毒、健脾理气作用；树皮及根皮（椿白皮）能清热燥湿，止血杀虫；果实（香椿子）能祛风散寒，润肤明目。

26. 远志科 Polygalaceae

⚥ $\uparrow K_5\ C_{3,5}\ A_{(4\sim8)}\ \underline{G}_{(1\sim3:1\sim3:1)}$

草本、灌木或乔木。单叶互生，稀轮生，全缘，无托叶。花两性，左右对称，组成总状、穗状或圆锥花序；萼片 5，不等大，里面 2 枚大，呈花瓣状；花瓣 5 或 3，不等大，最下 1 枚呈龙骨状，顶端常具流苏状附属物；雄蕊 10，常减为 4～8；花丝常合生成鞘；子房上位，1～3 室，每室有胚珠 1 颗。蒴果、坚果或核果。

本科共 13 属 1 000 种左右，广布于全世界，以热带和亚热带最多。我国有 4 属 51 种，南北均产，西南和华南较多。药用植物 3 属 27 种。

【药用植物】

远志 *Polygala tenuifolia* Willd. 多年生草本。根圆柱形，粗壮肥厚，淡黄白色，具少数侧根。茎直立或斜上，丛生，上部多分枝。披针叶互生，狭线形或线状，先端渐尖，基部渐窄全缘，无柄或近无柄。少花，总状花序偏侧生于小枝顶端，细弱常稍弯曲；花淡蓝紫色，花梗细弱，苞片 3，极小易脱落；萼片的外轮 3 片较小，线状披针形，内轮 2 片呈花瓣状，成稍弯长圆状倒卵形，花瓣的两侧瓣倒卵形，中央花瓣较大，呈龙骨瓣状，背面顶端有撕裂成条的鸡冠状附属物；雄蕊 8，花丝基部合生成鞘状；子房倒卵形，扁平，花柱线形，弯垂，柱头 2 裂。蒴果扁平卵圆形，边有狭翅，绿色光滑。种子卵形，微扁，棕黑色，密被白色细绒毛，上端有发达的种阜。花期 5～7 月，果期 7～9 月（图 8-73）。分布于东西伯利亚至中国东北、华北、山东、陕西和甘肃。根皮（远志或远志筒）能化痰、安神，对慢性支气管炎有作用。卵叶远志（*P. sibirica* L.）的根同等入药。

瓜子金 *P. japonica* Houtt. 多年生草本。根圆柱形，表面褐色，有纵横皱纹和结节，支根细。茎丛生，微被灰褐色细毛。叶互生，卵状披针形，侧脉明显，有细柔毛。总状花序腋生，花紫色；萼片 5，不等大，内面 2 片较大，花瓣状；花瓣 3，基部与雄蕊鞘相连，中间 1 片较大，龙骨状，背面先端有流苏状附属物；雄蕊 8，花丝几全部连合成鞘状；子房上位，柱头 2 裂，不等长。蒴果广卵形，顶端凹，边缘有宽翅，具宿萼。种子卵形，密被柔毛。花期 4～5 月，果期 5～7 月（图 8-74，彩图 8-20）。主产于安徽、浙江、江苏，生于山坡草丛中，路边，根及全草能祛痰止咳、活血消肿、解毒止痛。

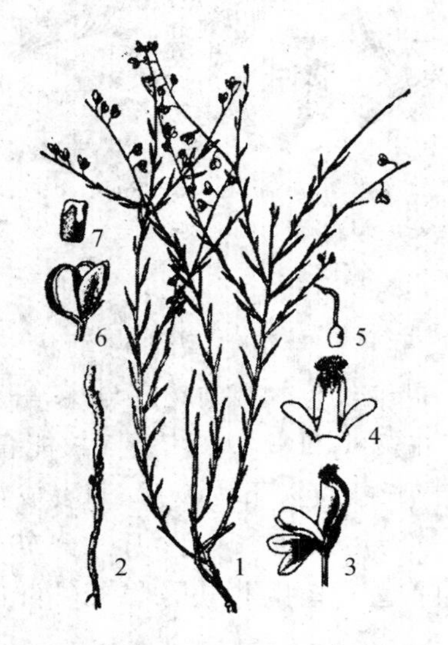

图 8-73 远志 *Polygala tenuifolia* Willd.
（安徽植物志，1986—1992 版）
1. 植株 2. 根 3. 花 4. 花冠
5. 雄蕊 6. 果实 7. 种子

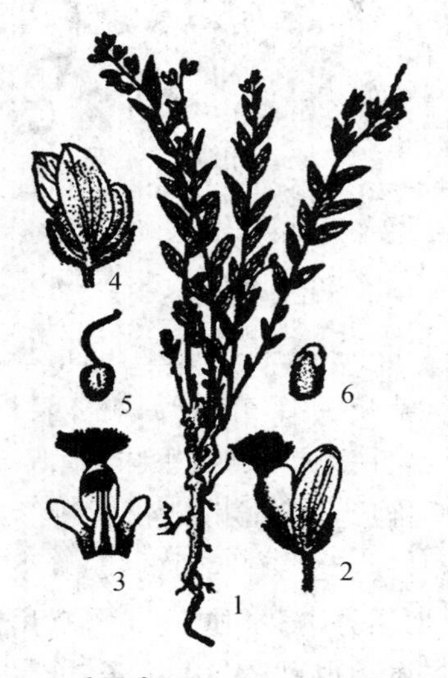

图 8-74 瓜子金 *Polygala japonica* Houtt.
（安徽植物志，1986—1992 版）
1. 植株 2～4. 花 5,6. 花部分放大

华南远志 *Polygala glomerata* Lour. var. *glomerata* 一年生小草本，叶椭圆形或长圆状披针形，总状花序极短，花黄色，密集，蒴果具缘毛。产于中国广东、广西和云南至中南半岛。生于海拔 500～1 000(1 500)m 的草地或灌丛中。全草（金不换）有清热解毒、消积、祛痰止咳、活血散瘀功能。

常见药用植物还有：黄花远志(*Polygala arillata* Buch. -Ham.)，分布于西南、华东和陕西、湖北等地。根(鸡根)能祛痰除湿，强壮滋补，安神益智。

27. **大戟科*** Euphorbiaceae

♂ $* K_{0\sim5} C_{0\sim5} A_{1\sim\infty}$ ♀ $* K_{0\sim5} C_{0\sim5} \underline{G}_{(3:3:1\sim2)}$

草本、灌木或乔木，常含乳汁。单叶，互生，有托叶，叶基部常有腺体。花辐射对称，常单性，同株或异株；多种花序，常为聚伞、总状、穗状、圆锥或杯状聚伞花序；重被、单被或无花被，有时花被萼状，具花盘或退化为腺体；雄蕊 1 至多数，花丝分离或连合；子房上位，3 心皮，3 室，中轴胎座，每室 1～2 胚珠。蒴果，稀浆果或核果；种子有胚乳。

本科约 300 属 5 000 余种，广布全世界，主要分布于热带和亚热带。我国 70 属约 460 种，分布全国。已知药用植物 39 属 160 种。

部分属检索表

1. 杯状聚伞花序 …………………………………… **大戟属 *Euphorbia***
1. 非杯状聚伞花序。
 2. 单叶。
  3. 子房每室有 2 胚珠 …………………………………… **一叶萩属 *Securinega***
  3. 子房每室有 1 胚珠
   4. 无退化雄蕊 …………………………………… **巴豆属 *Croton***
   4. 有退化雄蕊。
    5. 雄蕊有花瓣 …………………………………… **油桐属 *Vernicia***
    5. 雄蕊无花瓣。
     6. 叶片盾状着生 …………………………………… **蓖麻属 *Ricinus***
     6. 叶片非盾状着生。
      7. 花丝分离或仅基部合生。
       8. 花单生或簇生于叶腋 …………………………………… **叶下珠属 *Phyllanthus***
       8. 花排列成总状、穗状或圆锥状花序。
        9. 雄蕊 3 枚以下 …………………………………… **乌桕属 *Sapium***
        9. 雄蕊通常 8 枚 …………………………………… **铁苋菜属 *Acalypha***
      7. 花丝连合成柱状 …………………………………… **算盘子属 *Glochidion***
 2. 三出复叶 …………………………………… **重阳木属 *Bischofia***

(1)大戟属 *Euphorbia*

草本或亚灌木，有白色乳汁。叶互生。无被花，组成杯状聚伞花序，又称大戟花序(由 1 朵雌花居中，周围环绕以数朵或多朵仅有 1 枚雄蕊的雄花所组成花序)，总苞萼状，辐射对称，通常 4～5 裂，裂片弯缺处常有腺体；雄花生于总苞内，每一花由单一的雄蕊组成，花丝与花梗间有关节，为花被退化的痕迹；雌花单生于总苞的中央，具长的子房柄伸出总苞之外；子房上位，3 心皮，3 室，每室 1 胚珠；花柱 3，离生或多少合生，顶常 2 裂。蒴果成熟时开裂为 3 个 2 瓣裂的分果爿。

本属约 2 000 种，产亚热带和温带地区，我国有 60 种以上，广布于全国。有些种类有毒；有些种类茎、叶入药治肠炎、痢疾，外用治疮疖；有些可为庭园观赏用。

【药用植物】

大戟 *Euphorbia pekinensis* Rupr. 多年生草本，有乳汁。根圆锥形。茎被短柔毛。单叶互生，矩圆状披针形。总花序常有5伞梗，基部有5枚叶状苞片；每伞梗又作1至数回分叉，最后小伞梗顶端着生1杯状聚伞花序；杯状总苞顶端4裂，腺体4。蒴果表皮有疣状突起（图8-75）。遍布全国，生于路旁、山坡及原野湿润处。根（京大戟）有毒，能泄水逐饮。

同属药用植物还有：泽漆（*E. helioscopia* L.），全草入药，有毒，能逐水消肿、散结杀虫（彩图8-21）。甘遂（*E. kansui* T. N Liou ex T. P. Wang），根入药，有毒，能泄水逐饮。地锦（*E. humifusa* Willd.），分布于我国大部分地区。全草（地锦草）入药，能清热解毒、凉血止血。斑地锦（*E. maculata* L.）同等入药。狼毒大戟（*E. fischeriana* Steud），根入药，有大毒，能破积杀虫。续随子（*E. lathyris* L.），原产欧洲，我国有栽培。种子（千金子）入药，能逐水消肿、破血消癥。

一叶萩 *Securinega suffruticosa* (Pal1.) Rehd.　灌木。茎丛生，多分枝，小枝绿色有棱线，上半部多下垂；老枝呈灰褐色，平滑无毛。单叶互生；具短柄；叶片椭圆形。3～12朵花簇生于叶腋；花小，淡黄色，无花瓣；单性，雌雄同株；萼片5，卵形；雄花花盘腺体5，分离，2裂，5萼片互生，退化子房小，圆柱形，2裂；雌花花盘几不分裂，子房3室，花柱3瓣（图8-76）。枝条、根、叶、花能活血通络，治面神经麻痹、小儿麻痹后遗症等。

图8-75　大戟 *Euphorbia pekinensis* Rupr.

（仿丁景和，2009）

图8-76　一叶萩 *Securinega suffruticosa* (Pall.) Rehd.

（安徽植物志，1986—1992版）

1. 果枝　2. 雄花　3. 果实

铁苋菜 *Acalypha australis* L.　草本。叶互生，卵状菱形。花单性同株，无花瓣；穗状花序，雄花生花序上端，花萼4，雄蕊8；雌花萼片3，子房3室，生花序下部并藏于蚌形叶状苞片内。蒴果。分布于全国各地。生于河岸、田野、路边、山坡林下。全草能清热解毒、止血、止痢。

巴豆 *Croton tiglium* L.　常绿灌木或小乔木。单叶互生，卵形至椭圆状卵形，基部具3脉。花小，单性同株；总状花序顶生，雄花在上，雌花在下；花瓣5，反卷；雄蕊多数；雌花常无花瓣，子房上位，3室。蒴果卵形。分布长江以南及西南地区。种子有大毒，外用蚀疮；制霜用能峻下积滞，逐水消肿。

常见的药用植物还有：叶下珠（*Phyllanthus urinaria* L.），全草能清热利尿、明目、消积。蜜甘草（*P. ussuriensis* Rupr. et Maxim.），全草能清热利尿、明目、消积、止泻、利胆。余甘子

(*P. emblica* L.)，果实能清热凉血、消食健胃、生津止渴。蓖麻(*Ricinus communis* L.)，种子有毒，能消肿拔毒、泻下通滞。乌桕(*Sapium sebiferum* (L.) Roxb.)，种子能杀虫、利水、通便。油桐(*Vernicia fordii* (Hemsl.) Airy Shaw)，以根、叶、花、果壳及种子油入药(彩图 8-22)。

28. 冬青科 Aquifoliaceae

$\male * K_{(3\sim6)} C_{4\sim5(4\sim5)} A_{4\sim5}$　$\female * K_{(3\sim6)} C_{4\sim5(4\sim5)} \underline{G}_{(2\sim\infty:2\sim\infty:1\sim2)}$

常绿乔木或灌木。单叶互生，托叶细小或早落。花小，辐射对称，单性，稀两性或杂性，簇生或为聚伞、伞形花序生于叶腋内；花萼 3～6 裂，宿存；花瓣 4～5，分离或基部连合；雄蕊与花瓣同数且互生，花丝粗短(雌花中形成假雄蕊，有时花瓣形)，花药 2 室；子房上位，2 至多室，每室有胚珠 1～2 颗(雄蕊中有退化雄蕊)，花柱短或缺，柱头头状、盘状或脐状。核果有分核 2 至多颗，稀为 1 核，分核背面维管束形成各种雕纹，为分类的主要特征；种子具丰富胚乳，胚小，直生。

本科有 3 属 400 多种，分布于热带、亚热带及温带地区。我国有 1 属(冬青属 *Ilex*)170 多种，分布于华东、华南及西南等地区海拔 4 000 m 以下阔叶林和灌丛中。

【药用植物】

枸骨 *Ilex cornuta* Lindl.　常绿阔叶小乔木，在野生状态下常长成丛生灌木状。树干灰色，平滑不裂；小枝灰白色，幼枝上有稀疏的短茸毛，顶芽上也略带茸毛。单叶对生或互生，硬革质，长方状五角形，在叶片的顶端和四周各伸出一个突出的三角形尖刺，中央一枚向背面弯；叶表面隆起，有时翻转扭曲，深绿而有光泽，叶脉羽状，侧脉不明显，中肋明显下凹。花小，单性异株或偶为杂性花，簇生于 2 年生枝叶腋，花萼 4 裂，花瓣 4，基部连合；雄蕊 4，与花瓣互生，子房上位，4 室。核果球形，红色，具 4 核。花期 4～5 月；果 9～10(11)月成熟(图 8-77)。分布于长江中、下游地区。叶(功劳叶)能清虚热、益肝肾、祛风湿。嫩叶加工为苦丁茶。

大叶冬青 *I. latifolia* Thunb.　常绿乔木。树皮灰黑色，粗糙。叶厚革质，长椭圆形，主脉在背面显著隆起，互生。聚伞花序密集于二年生枝条叶腋内，雄花序每 1 分枝有花 3～9 朵，雌花序每 1 分枝有花 1～3 朵；花瓣椭圆形，基部连合，长约为萼裂片的 3 倍。果实球形，红褐色；分核 4。花期 4～5 月，果熟期 10 月(图 8-78)。分布于华东、广西及云南东南部(西畴、麻栗坡)等省区，日本也有。生于海拔 250～1 500 m 的山坡常绿阔叶林中、灌丛中或竹林中。叶(苦丁茶)性凉，味苦、甘，有消炎解暑、消食化痰、清脾肺、软化血管、降血压血脂等功效。

图 8-77　枸骨 *Ilex cornuta* Lindl.

(安徽植物志，1986—1992 版)

1. 果枝　2. 花

图 8-78　大叶冬青 *I. latifolia* Thunb.

(安徽植物志，1986—1992 版)

1. 果枝　2. 花

铁冬青 *I. rotunda* Thunb. 常绿乔木。树皮灰色至灰黑色，小枝圆柱形，挺直，较老枝具纵裂缝，皮孔不明显，当年生幼枝具纵棱，无毛，稀被微柔毛。顶芽圆锥形，叶仅见于当年生枝上，叶片薄革质或纸质，卵形、倒卵形或椭圆形。花小，单性，雌雄异株，聚伞花序或簇生花序腋生，无毛，白色，芳香。浆果状核果椭圆形，有光亮，深红色。花期 3～4 月，果成熟期 11 月。国内分布于长江以南，国外分布于朝鲜、日本和越南北部，生于海拔 400～1 100 m 的山坡常绿阔叶林中和林缘。根(救必应)主治感冒发热、胃及十二指肠溃疡；树皮清热解毒、止痛；叶止血，治湿疹。

常见的药用植物还有：冬青(*I. chinensis* Sims.)，分布于长江以南及陕西地区。叶(四季青)治烫伤、溃疡久不愈合。毛冬青(*I. pubescens* Hook. et Arn.)，主产于广东、广西、福建、江西。根、叶清热解毒，活血通络，可治闭塞性脉管炎。

29. 卫矛科 Celastraceae

$⚥ * K_{(4\sim5)} C_{4\sim5} A_{(4\sim5)} \underline{G}_{(2\sim5:2\sim5:2\sim6)}$

乔木或灌木，常攀援状。托叶小或无，早落；叶通常革质，单叶互生或对生。花序为腋生或顶生的聚伞花序或总状花序；花两性，有时单性；萼小，4～5 裂，宿存；花瓣 4～5；雄蕊 4～5，与花瓣互生；子房上位，2～5 室，每室具 2～6 胚珠，少数退化为 1。翅果、浆果或蒴果。种子常有假种皮。

本科约 60 属 850 种以上，分布于温带、亚热带和热带。我国产 12 属 201 种，大多分布于长江流域及长江以南各省。药用植物 9 属 99 种。

部分属检索表

1. 果实成熟时彼此分离为开裂的蒴果。
  2. 叶对生 ………………………………………………………… 卫矛属 *Euonymus*
  2. 叶互生 ………………………………………………………… 南蛇藤属 *Celastrus*
1. 果为不开裂的翅果 ………………………………………………… 雷公藤属 *Tripterygium*

【药用植物】

卫矛 *Euonymus alatus* (Thunb.) Sieb. 灌木，小枝四棱形，有木栓质的阔翅。叶对生，叶片倒卵形至椭圆形，两头尖，很少钝圆，边缘有细尖锯齿；早春初发时及初秋霜后变紫红色；花黄绿色，常 3 朵集成聚伞花序，花盘肥厚方形。蒴果棕紫色，深裂成 4 裂片。种子褐色，有橘红色的假种皮。花期 4～6 月，果熟期 9～10 月(图 8-79)。产于我国东北、华北、西北至长江流域各地；日本、朝鲜也有分布。翅状物枝条或翅状附属物(鬼箭羽)能破血、通经、杀虫。

雷公藤 *Tripterygium wilfordii* Hook. f. 攀援藤本。小枝红褐色，有棱角 4～6，具长圆形的小瘤状突起和锈褐色绒毛。单叶互生，亚革质，卵形、椭圆形或广卵圆形，先端渐尖，基部圆或阔楔形，边缘有细锯齿，上面光滑，下面淡绿色，主脉和侧脉在叶的两面均稍隆起，脉上疏生锈褐色短柔毛：叶柄表面密被锈褐色短绒毛。花小，白色，为顶生或腋生的大形圆锥花序，萼为 5 浅裂；花瓣 5，椭圆形；雄蕊 5，花丝近基部较宽，着生在杯状花盘边缘；子房上位，三棱状，花柱短，柱头头状。翅果，膜质，先端圆或稍成截形，基部圆形，黄褐色，3 棱，中央通常有种子 1 粒。种子细长，线形。花期 5～6 月，果熟期 8～9 月(图 8-80)。分布于长江流域以南及西南。根的木质部(雷公藤)有大毒，能祛风除湿、舒经活血、杀虫解毒。

图 8-79　卫矛 *Euonymus alatus* (Thunb.) Sieb.
（安徽植物志，1986—1992 版）

图 8-80　雷公藤 *Tripterygium wilfordii* Hook. f.
（安徽植物志，1986—1992 版）
1. 花枝　2. 果枝　3. 果

南蛇藤 *Celastrus orbiculatus* Thunb.　藤本。小枝光滑无毛，灰棕色或棕褐色，具稀而不明显的皮孔。叶通常阔倒卵形，具有小尖头或短渐尖，基部阔楔形到近钝圆形，边缘具锯齿。聚伞花序腋生，间有顶生，小花梗关节在中部以下或近基部；雄花萼片钝三角形；花瓣倒卵椭圆形或长方形，花盘浅杯状，裂片浅，顶端圆钝；退化雌蕊不发达；雌花花冠较雄花窄小，花盘稍深厚，肉质，退化雄蕊极短小；子房近球状，柱头 3 深裂，裂端再 2 浅裂。蒴果近球状。种子椭圆状稍扁，赤褐色。花期 5～6 月，果期 7～10 月。茎藤能祛风除湿、通经止痛、活血解毒。

常见的药用植物还有：昆明山海棠（*Tripterygium hypoglaucum* (Lévl.) Hutch.），分布于浙江、安徽、江西、湖南、四川、贵州、云南。根有大毒，能祛风除湿、活血散瘀、舒筋接骨。美登木（*Mayterus hookeri* Loes.），分布于云南西南部、缅甸、印度等地，根、茎、叶能败毒抗癌、破瘀消肿。

30. 无患子科 Sapindaceae

$⚥ * \uparrow K_{4\sim5} C_{4\sim5} A_{8\sim10} \underline{G}_{(2\sim4:2\sim4:1\sim2)}$

乔木或灌木，稀为具卷须的攀援藤本。叶互生，常为羽状复叶，无托叶。花小，单性，两性或杂性，总状花序或圆锥花序；萼片 4～5，花瓣常 4～5，花瓣内面常有鳞片；雄蕊常 8～10，长而伸出，有肥大的花药，但药室有厚壁，不开裂，花粉无萌发力；雌蕊由 2～4 个合生心皮组成，子房上位，花盘肥大，富蜜汁；这种花外貌似两性，实为单性（雌花）。蒴果、核果或浆果。种子较大，有些具假种皮，部分种类深裂为 2～3 分果爿。

本科约 150 属 2 000 种，广布于热带和亚热带地区，是热带雨林中乔木层和灌木层的重要组成成分。我国有 25 属 56 种，主要分布在西南部、南部和东南部，药用植物 11 属 19 种。

【药用植物】

龙眼 *Dimocarpus longan* Lour.　常绿乔木，树体高大，幼枝和花被锈色柔毛。多为偶数羽状复叶，小叶对生或互生，革质，椭圆形至卵状披针形，先端短尖或钝，基部偏斜，全缘或波浪形，下部通常粉绿色；圆锥花序顶生或腋生，花黄白色，被锈色星状小柔毛，杂性；花萼 5 深裂；花瓣 5，匙形，内面有毛；雄蕊通常 8，子房 2～3 室，柱头 2 裂；果球形，核果状，种子黑色，有光泽。花期 3～4 月，果期 7～8 月（图 8-81）。分布于华南、西南。假种皮（龙眼肉、桂圆）能补益心脾、养血安神；叶或嫩芽(龙眼叶)能泻火解毒，主治感冒疟疾、疔肿痔疮；果皮(龙眼壳)祛风散邪，主治心虚头晕、耳聋眼花；花(龙眼花)温肾利尿；种子(龙眼核)止血定痛、理气化湿；根皮(龙眼根)及树皮(龙眼皮)也可入药。

荔枝 *Litchi chinensis* Sonn. 常绿乔木。树冠广阔，树皮灰黑色；枝多拗曲，小枝圆柱状，褐红色，密生白色皮孔。偶数羽状复叶，小叶 2 或 3 对，较少 4 对，薄革质或革质，披针形或卵状披针形，有时长椭圆状披针形，顶端骤尖或尾状短渐尖，全缘，腹面深绿色，有光泽，背面粉绿色，两面无毛；侧脉常纤细，在背面明显或稍凸起。圆锥花序顶生，多分枝；萼被金黄色短绒毛，4 裂；无花瓣；雄蕊 6～8，子房密覆小瘤体和硬毛，花盘肉质杯状。核果卵圆形至近球形，果皮暗红色，具瘤状突起。种子全部被肉质假种皮包裹，鲜时半透明凝脂状。花期春季，果期夏季(图 8-82)。分布于华南、西南。假种皮(荔枝)益智健气、止渴通神、益人颜色；种子(荔枝核)能行气散结、祛寒止痛；花及皮、根主治喉痹肿痛。

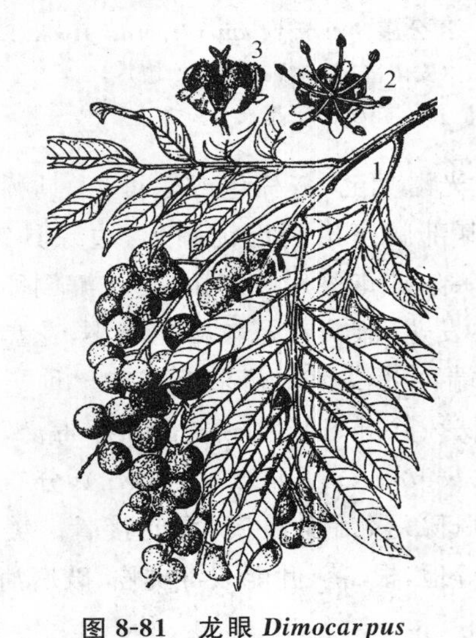

图 8-81 龙眼 *Dimocarpus longan* Lour.

(中国植物志，1985 版)

1. 果枝 2. 雄花 3. 雌花

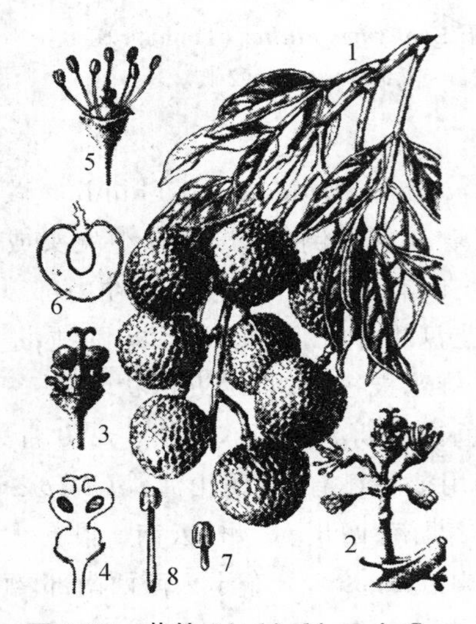

图 8-82 荔枝 *Litchi chinensis* Sonn.

(中国植物志，1985 版)

1. 果枝 2. 花序一部分 3. 雌花 4. 雌蕊纵切面 5. 雄花 6. 发育雄蕊 7. 不育雄蕊 8. 核果纵切面

无患子 *Sapindus mukurossi* Gaertn. 落叶乔木。枝开展，密生多数皮孔；冬芽腋生，外有鳞片 2 对。通常为偶数羽状复叶，互生；无托叶；小叶 8～12 枚，柄极短，广披针形或椭圆形，先端长尖，全缘，基部阔楔形或斜圆形，左右不等，革质。圆锥花序，顶生及侧生。花杂性，小形无柄；萼 5 片，外 2 片短，内 3 片较长；花冠淡绿色，5 瓣，卵形至卵状披针形，有短爪；花盘杯状；雄花有 8～10 枚发达的雄蕊，着生于花盘内侧，花药背部着生；雌花，子房上位，通常仅 1 室发育；两性花雄蕊小，花丝有软毛。核果球形，径 15～20 mm，熟时黄色或棕黄色。种子球形，黑色。花期 6～7 月，果期 9～10 月。原产于我国长江流域以南各地以及中南半岛各地，印度和日本也有。根、果具有清热解毒，化痰止咳的功效。

31. 鼠李科 Rhamnaceae

⚥ $* K_{(4\sim5)} C_{4\sim5} A_{4\sim5} \underline{G}_{(2\sim4:2\sim4:1)}$

乔木、灌木，稀藤本，常有刺。单叶互生，托叶小或成刺状。花常两性，花盘发达。多为聚伞花序，花萼筒状，4～5浅裂，镊合状排列，花瓣4～5；雄蕊5，与花瓣对生，且常为花瓣所包藏；花盘明显；子房上位或一部分埋藏于花盘内，2室至4室，各有一胚珠。核果、浆果、坚果，少数属为蒴果。

本科58属约900种，广布全球，主要分布北温带。我国有14属135种，分布于西南和华南。药用植物12属77种。

部分属检索表

1. 内果皮革质或纸质，具2～4分核。
  2. 花序轴膨大成肉质，叶羽状脉。
    3. 穗状花序或穗状圆锥花序 …………………… 雀梅藤属 *Sageretia*
    3. 花单生或簇生，或聚伞花序 …………………… 鼠李属 *Rhamnus*
  2. 花序轴不膨大成肉质，叶基生三出脉 …………………… 枳椇属(拐枣属)*Hovenia*
1. 内果皮骨质或木质，无分核。
  4. 叶羽状脉，无托叶刺 …………………… 猫乳属 *Rhamnella*
  4. 叶基生三出脉，有托叶刺 …………………… 枣属 *Ziziphus*

【药用植物】

枣 *Ziziphus jujuba* Mill. var. *inermis* (Bunge) Rehd. 落叶灌木或小乔木。枝平滑，具成对的针刺，长刺粗壮直立，短刺钩状；幼枝纤弱而簇生，颇似羽状复叶，成"之"字形曲折。单叶互生；卵圆形至卵状披针形，先端短尖而钝，基部歪斜，边缘具细锯齿，基生三出脉，侧脉明显。花成短聚伞花序，丛生于叶腋，黄绿色；萼5裂，上部呈花瓣状，下部连成筒状，绿色；花瓣5；雄蕊5，与花瓣对生；子房2室，花柱突出于花盘中央，先端2裂。核果卵形至长圆形，熟时深红色，果肉味甜，核两端锐尖。花期4～5月，果期7～9月(图8-83，彩图8-23)。分布全国各地，一般多为栽培。果实能补中益气、养血安神；根(枣树根)能行气活血、调经；树皮(枣树皮)能消炎止血、止泻；叶(枣树叶)及果核(枣核)亦供药用。

图8-83　枣 *Ziziphus jujuba* Mill. var. *inermis* (Bunge) Rehd.

(安徽植物志，1986—1992版)

1. 花枝　2. 果枝　3. 托叶刺　4. 花　5. 果　6. 果核

枳椇 *Hovenia acerba* Lindl.　落叶乔木。叶片顶端渐尖，基部圆形或心形，常不对称，边缘有细锯齿。两叉式聚伞花序顶生和腋生，对称；花小，黄绿色，花瓣扁圆形；花柱常裂至中部或深裂。果柄肉质，扭曲，红褐色；果实近球形，形态似万字符"卍"，故也称万寿果。花期6月，果期8～10月(图8-84)。广泛分布各地。果柄及果实(拐枣)有活血、散瘀、去湿、平喘等功效，为清凉利尿药，并能解酒；种子(枳椇子)能清热利尿、止渴除烦、解酒毒、利二便；叶及根也可入药。北枳椇(*H. dulcis* Thunb.)聚伞花序不对称；花大，种子亦做枳椇子用。

酸枣 *Z. jujuba* Mill. var. *spinosa* (Bunge) Hu ex H.F.Chow　落叶灌木或小乔木；小枝呈之字形弯曲，紫褐色。叶互生，叶片椭圆形至卵状披针形，较小，边缘有细锯齿，基部3出脉。花黄绿色，簇生于叶腋。核果小，熟时红褐色，近球形或长圆形，味酸，核两端钝。花期4～5月，果期8～9月。分布于长江以北，东北无分布，主产于河北、河南、陕西、辽宁等地。种子(酸枣仁）有补肝胆、宁心敛汗作用。嫩叶（酸枣叶）可制茶，有镇定、养心安神，治失眠作用。

图 8-84 枳椇 *Hovenia acerba* Lindl.

（安徽植物志，1986—1992 版）

1. 花枝 2. 花 3. 花纵剖 4. 花柱 5. 花药 6. 果实

32. 葡萄科* Vitaceae

⚥ $* K_{(4\sim5)} C_{4\sim5} A_{4\sim5} \underline{G}_{(2\sim6:2\sim6:1\sim2)}$

藤本或草本，多为攀援植物。茎通常合轴，有卷须。叶为单叶或复叶，互生，有托叶。聚伞花序，常与叶对生。花小，两性或单性，黄绿色。萼片 4～5，不明显或有时合生呈盘状或碗状。花瓣 4～5，镊合状排列，分离或基部合生，有时在顶部合生，在开花时呈帽状脱落。雄蕊与花瓣同数对生，着生于下位花盘的基部。子房上位，多为 2 心皮，2 室，每室有 1～2 颗胚珠。浆果圆形或椭圆形，因品种不同，有白、青、红、褐、紫、黑等不同果色。果熟期 8～10 月。

本科约 16 属 700 种，主要分布于热带及亚热带。我国有 9 属约 150 种，多数分布于秦岭以南诸省区，少数种类越过秦岭分布到华北及东北。药用植物 7 属 100 种，多种植物的果实可食或供酿造用。

部分属检索表

1. 髓褐色，圆锥花序 …………………………………………………… **葡萄属** ***Vitis***
1. 髓白色，聚伞花序。
  2. 花序与叶对生或顶生；花 5 数。
    3. 卷须顶端不扩大；花盘明显 ……………………………… **蛇葡萄属** ***Ampelopsis***
    3. 卷须顶不扩大成吸盘；花盘不明显 ……………………… **爬山虎属** ***Parthenocissus***
  2. 花序腋生；花 4 数 ……………………………………………… **乌蔹莓属** ***Cayratia***

【药用植物】

白蔹 *Ampelopsis japonica* (Thunb.) Makino　攀援木质藤本，块根粗壮，肉质，数个相聚；茎多分枝，幼枝带淡紫色，光滑，有细条纹；卷须与叶对生。掌状复叶互生；小叶 3～5，羽状分裂或羽状缺刻，裂片卵形或卵状披针形，先端渐尖，基部楔形，边缘有深锯齿或缺刻，中轴有阔翅，裂片基部有关节。聚伞花序与叶对生，花序梗细长，常缠绕；花小，黄绿色；花萼 5 浅裂；花瓣、雄蕊各 5；花盘边缘稍分裂。浆果球形，熟时白色或蓝色，有针孔状凹点。花期 5～6 月，果期 9～10 月（图 8-85）。分布于东北南部、华北、华东、中南地区。块根（白蔹）能清热解毒、消痈散结。

乌蔹莓 *Cayratia japonica* (Thunb.) Gagnep.　多年生蔓生草本。茎有卷须，有时有柔毛。掌状复叶，小叶 5，少为 3 或 7，排成鸟足状，中间小叶椭圆状卵形，两侧小叶渐小，成对着生于同一叶柄上，各小叶有小叶柄。伞房状聚伞花序腋生或假顶生；花黄绿色；花萼浅杯状，花瓣 4，雄蕊 4；花盘橘红色，4 裂。浆果倒卵圆形，成熟时黑色。花期 6～7 月，果熟期 8～9 月（图 8-86，彩图 8-24）。分布于华东和中南各省，生于山坡或旷野草丛中。全草入药，有凉血解毒、利尿消肿功效；根煎汁服，可治乳肿。

图 8-85　白蔹 *Ampelopsis japonica* (Thunb.) Makino
（安徽植物志，1986—1992 版）
1. 果枝　2. 花序　3. 花　4. 花（去花瓣）

图 8-86　乌蔹莓 *Cayratia japonica* (Thunb.) Gagnep.
（安徽植物志，1986—1992 版）

葡萄 *Vitis vinifera* L.　落叶藤本植物。掌状叶 3～5 缺裂。复总状花序，通常呈圆锥形。浆果多为圆形或椭圆，色泽随品种而异。绝大部分分布在北半球，我国各地栽培；果实有补气血、益肝肾、生津液、通利小便的功效；根、藤茎有止吐、利尿消肿功效；叶可用于治疗婴儿腹泻。

33. 锦葵科* Malvaceae

$⚥ * K_{(5),5} C_5 A_{(\infty)} \underline{G}_{(3\sim\infty:3\sim\infty:1\sim\infty)}$

木本或草本。具黏液细胞；韧皮纤维发达。幼枝、叶表面常有星状毛。单叶互生，常具掌状脉，具托叶。花腋生或顶生，聚伞花序至圆锥花序；花两性，辐射对称；萼片 5，分离或合生；其下面附有总苞状的小苞片（又称副萼）3 至多数；花瓣 5 片，分离；雄蕊多数，连合成一管，为单体雄蕊；子房上位，3 至多室，通常以 5 室较多，由 3 至多枚心皮环绕中轴而成，每室具 1 至多枚胚珠，蒴果，常几枚果爿分裂，很少浆果状，种子肾形或倒卵形，有毛或光滑无毛，有胚乳。

本科约有 50 属约 1 000 种，分布于热带至温带。我国有 16 属，计 81 种和 36 变种或变型，产于全国各地，以热带和亚热带地区种类较多。已知药用植物 12 属 60 种。

部分属检索表

1. 果分裂成分果，与花托或果轴脱离，子房由几个分离心皮组成。
　2. 每室仅有胚珠 1 个。
　　3. 小苞片 3 片，分离；花瓣倒心形或微缺；果轴圆筒形 …………………………… 锦葵属 *Malva*
　　3. 小苞片 3～9 片，基部合生；花瓣齿啮状；果轴盘状。
　　　4. 小苞片 3～6 片；心皮 7～25，花柱基部在果时扩大，圆锥状或盘状；果轴常高出于心皮 …………………………… 花葵属 *Lavatera*
　　　4. 小苞片 6～9 片，心皮 30 或更多，花柱基部在果时不扩大；果轴与心皮相等或较矮 …………………………… 蜀葵属 *Althaea*

2. 每室有胚珠2个或更多 …………………………………………………………………………… 苘麻属 ***Abutilon***

1. 果为蒴果；子房由几个合生心皮组成，子房通常5室，很少10室。

5. 花柱分枝；小苞片5～15。

6. 萼佛焰苞状，花后在一边开裂而早落；果长尖，种子平滑无毛 ……………………… 秋葵属 ***Abelmoschus***

6. 萼钟形、杯形、整齐5裂或5齿，宿存；果常长圆形至圆球形，种子被毛或腺状乳突 …………………………………………………………………………………………… 木槿属 ***Hibiscus***

5. 花柱不分枝；小苞片3 ……………………………………………………………………… 棉属 *Gossypium*

【药用植物】

苘麻 *Abutilon theophrasti* Medic. 一年生亚灌木状草本，高达1～2 m，被星状毛。叶互生，圆心形，托叶早落。花单生于叶腋，花萼杯状，裂片5；花黄色，心皮15～20，顶端平截，具长芒2，排列成轮状，蒴果半球形，分果爿15～20，被粗毛，顶端具长芒2；种子肾形，褐色，被星状柔毛（图8～87）。除青藏高原外，其他各省区均产，东北各地有栽培。常见于路旁、荒地和田野间。分布于越南、印度、日本以及欧洲、北美洲等地区。种子入药称"冬葵子"，润滑性利尿剂，并有通乳汁、消乳腺炎、顺产等功效。全草也作药用。

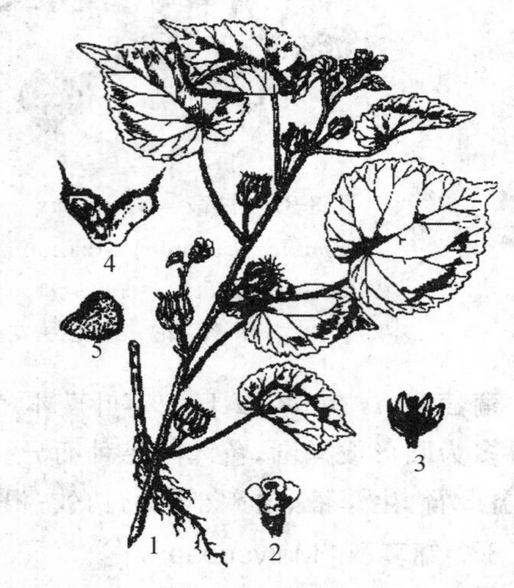

图 8-87 苘麻 *Abutilon theophrasti* Medic.

（仿杨春澍，2005）

1. 花果枝 2. 去花萼及部分花瓣的花（示雄蕊）
3. 去花被及雄蕊的花（示雌蕊）
4. 果瓣开裂（示种子） 5. 种子

木槿 *Hibiscus syriacus* L. 落叶灌木，高3～4 m，小枝密被黄色星状绒毛。叶菱形至三角状卵形，3裂或不裂；托叶线形。花单生于枝端叶腋间；小苞片6～8，线形；花萼钟形，裂片5；花钟形，淡紫色，花瓣倒卵形，蒴果卵圆形；种子肾形。我国中部各省原产，现各地均有栽培。根和茎皮（川槿皮）能清热润燥，杀虫，止痒；花能清热，止痢；果（朝天子）能清肝化痰，解毒止痛。

本科常见的药用植物还有：冬葵（*Malva verticillata* var. *crispa* L.），果（冬葵子）能清热利尿、消肿。草棉（*Gossypium herbaceum* L.），根能补气、止咳、平喘；种子（棉籽）能补肝肾、强腰膝，有毒慎用。野西瓜苗（*Hibiscus trionum* L.），全草和果实、种子入药，治烫伤、烧伤、急性关节炎等。木芙蓉（*Hibiscus mutabilis* L.），叶、花及根皮能清热凉血、消肿解毒。玫瑰茄（*H. sabdariffa* L.），原产印度及马来西亚，现全世界热带地区均有栽培，我国台湾、福建、广东和云南南部等地引入栽培。根及种子有利尿功能；果萼和小苞片肉质，味酸，含柠檬酸、维生素C和果胶等，常用以制果酱及消暑饮料等。

34. **堇菜科** Violaceae

⚥ * ↑ $K_5\ C_5\ A_5\ \underline{G}_{(3\sim5:1:1\sim\infty)}$

多年生草本、半灌木或小灌木。单叶互生，少数对生，托叶小或叶状。花两性或单性，辐射对称或两侧对称，单生或组成腋生或顶生的穗状、总状或圆锥状花序，有2枚小苞片；萼片5，宿存；花瓣5，覆瓦状或旋转状，异形，下面1枚通常较大，基部囊状或有距；雄蕊5，分离或围绕子房成环状靠合，药隔延伸于药室顶端成膜质附属物，花丝很短或无，下方两枚雄蕊，基部有距状蜜腺；子房上位，完全被雄蕊覆盖，3～5 心皮合生 1 室，侧膜胎座，胚珠 1 至多数，蒴果。

本科约有 22 属 900 多种，广布世界各洲，温带、亚热带及热带均产。我国有 4 属 130 多种。南北均有分布。已知药用植物 1 属 50 种。

【药用植物】

紫花地丁（光瓣堇菜）*Viola philippica* Cav. 多年生草本，高 4～14 cm；果期高可达 20 cm。根茎短，叶基生，莲座状；叶长圆形、狭卵状披针形或长圆状卵形，先端圆钝，基部截形或楔形，稀微心形，边缘较平的圆齿，两面无毛或被细短毛，下延于叶柄成翅，果期叶片增大；托叶膜质，离生部分线状披针形。花两侧对称，具长柄，中部有 2 枚苞片；萼片 5；花瓣 5，紫堇色；下面一片有细管状的距，末端略向上弯；子房上位，1 室，花柱棍棒状；蒴果长圆形（图 8-88，彩图 8-25）。分布于东北、华北、中南、华东等地。生于较湿润的路边、草丛中。全草能清热解毒，凉血消肿。

图 8-88　紫花地丁 *Viola philippica* Cav.

（仿杨春澍，2005）

1. 植物全形　2. 花　3. 花展开
4. 花去除花萼花瓣（示雄蕊、雌蕊）
5. 有育雄蕊　6. 雄蕊　7. 雌蕊

同属作"紫花地丁"入药的植物还有：戟叶堇菜（*V. betonicifolea* Smith.）（浙江、江苏）、箭叶堇菜（*V. betonicifolia* Smith. subsp. *nepalensis* W.Beck.）（四川）、早开堇菜（*V. prionantha* Bge.）（北京、天津、内蒙古）、野堇菜（*V. philippica* Cav. ssp. *munda* W. Beck.）（陕西、东北）。

35. 瑞香科 Thymelaeaceae

⚥ $* K_{(4\sim5)} C_0 A_{4\sim5,8\sim10} \underline{G}_{(2:1\sim2:1)}$

落叶或常绿灌木或小乔木，稀草本；茎通常具韧皮纤维。单叶互生或对生，革质或纸质，稀草质，边缘全缘，基部具关节，羽状叶脉，具短叶柄，无托叶。花辐射对称，两性或单性，雌雄同株或异株，头状、穗状、总状、圆锥或伞形花序；花萼管状，裂片 4～5；花瓣缺，或鳞片状，与萼裂片同数；雄蕊常为萼裂片的 2 倍或同数，稀退化为 2；子房上位，心皮 2，合生，1～2 室，每室有悬垂胚珠 1 颗。浆果、核果或坚果，稀为 2 瓣开裂的蒴果。

本科约 48 属 650 种以上，广布热带和温带地区。我国有 10 属 100 种左右，各省均有分布，但主产于长江流域及以南地区。已知药用 7 属 40 种。

【药用植物】

芫花 *Daphne genkwa* Sieb. et Zucc.　落叶灌木，树皮褐色，无毛；幼枝黄绿色或紫褐色，密被淡黄色丝状柔毛，老枝紫褐色或紫红色，无毛。叶对生，卵形或卵状披针形至椭圆状长圆形，边缘全缘，幼时密被绢状黄色柔毛，老时则仅叶脉基部散生绢状黄色柔毛，花先叶开放，紫色或淡紫蓝色，无香味，常 3～6 朵簇生于叶腋或侧生，花萼筒状，外面具丝状柔毛，裂片 4；雄蕊 8，2 轮，分别着生于花萼筒的上部和中部，花盘环状，不发达；果实肉质，白色，椭圆形，包藏于宿存的花萼筒的下部，具 1 颗种子。花期 3～5 月，果期 6～7 月（图 8-89）。分布于长江流域及山东、河南、陕西等省。花蕾药用,为治水肿和祛痰药,根可毒鱼,全株可作农药,煮汁可杀虫,灭天牛虫效果良好。

土沉香 *Aquilaria sinensis* (Lour.) Spreng. 常绿乔木。叶革质,圆形、椭圆形至长圆形,有时近倒卵形。花芳香,黄绿色,伞形花序;萼筒浅钟状,5 裂;花瓣 10,鳞片状,着生于花萼筒喉部,密被毛;雄蕊 10,排成 1 轮;子房,2 室,每室 1 胚珠,花柱极短或无,柱头头状。蒴果。产于广东、海南、广西、福建。含有树脂的木材(沉香)能行气止痛、温中止呕、纳气平喘,为治胃病特效药。

常见的药用植物还有:狼毒(*Stellera chamaejasme* L.)(彩图 8-26),根(红狼毒)北方各省区及西南入药,有祛痰、消积、止痛、杀虫之功效,外敷可治疥癣。

黄瑞香(祖师麻)(*Daphne giraldii* Nitsche),茎皮、根皮有小毒,能麻醉止痛,祛风通络。了哥王(南岭荛花)(*Wikstroemia indica* (L.) C.A.Mey.),全株有毒,能消肿散结,泻下逐火,止痛。

图 8-89 芫花 *Daphne genkwa* Sieb. et Zucc.

(仿杨春澍,2005)

1. 花枝 2. 花萼管剖开(示雄蕊) 3. 雌蕊

36. 胡颓子科 Elaeagnaceae

$⚥ * K_{(2\sim4)}\ C_0\ A_{4\sim8}\ \underline{G}_{(1:1:1)}$

灌木或藤本,稀乔木,有刺或无刺,全体被银白色或褐色盾形鳞片或星状绒毛。单叶互生,稀对生或轮生,全缘。花两性或单性,稀杂性。单生或总状花序,整齐,白色或黄褐色,具香气;花萼常连合成筒,4 裂,稀 2 裂;无花瓣;雄蕊着生于萼筒喉部或上部,与裂片互生,或着生于基部,与裂片同数或为其倍数,花丝分离,短或几无;子房上位,包被于花萼管内,1 心皮,1 室,1 胚珠,花柱单一。瘦果或坚果,为增厚的萼管所包围,核果状,红色或黄色;种皮骨质或膜质。

本科有 3 属 80 余种,主要分布于亚洲东南地区,亚洲其他地区、欧洲及北美洲也有。我国有 2 属约 60 种,遍布全国各地。已知药用 2 属约 32 种。

【药用植物】

中国沙棘 *Hippophae rhamnoides* L. subsp. *sinensis* Rousi 落叶灌木或乔木,棘刺较多,粗壮;嫩枝褐绿色,密被银白色而带褐色鳞片或有时具白色星状柔毛,老枝灰黑色,单叶通常近对生,纸质,狭披针形或矩圆状披针形,两端钝形或基部近圆形,基部最宽,上面绿色,初被白色盾形毛或星状柔毛,下面银白色或淡白色,被鳞片。单性花,雌雄异株;雌株花序轴发育成小枝或棘刺,雄株花序轴花后脱落;雄花先开放,生于早落苞片腋内,花萼 2 裂,雄蕊 4,雌花单生叶腋,花萼囊状,顶端 2 齿裂。坚果核果状,为肉质化的萼管包围,圆球形,橙黄色。花期 4~5 月,果期 9~10 月(图 8-90)。果实止咳祛痰、消食化滞,活血散瘀,可治咳嗽痰多、肺脓肿、肺结核、气管炎。沙棘片剂和浸膏可预防和治疗铅、磷、苯等职业性中毒疾病;对胃病、胃溃疡及消化不良、皮下出血、月经不调等均有一定疗效。种子可作泻药。沙棘、西藏沙棘、柳叶沙棘的果实味酸甜,含有丰富的维生素 A、维生素 C、有机酸和糖类。果汁性质稳定,贮藏和运输均极方便,浓缩亦简单,可制成各种片剂或浸膏,亦可提取维生素 C,供医药上应用。

同属的柳叶沙棘(*Hippophae salicifolia* D. Don)和西藏沙棘(*Hippophae thibetana*

Schlechtend.)的果亦供药用,功效同沙棘。

常见的药用植物还有:胡颓子(*Elaeagnus pungens* Thunb.),根能祛风利湿,行瘀止血;叶能止咳平喘;花能治皮肤瘙痒;果能消食止痢。蔓胡颓子(*Elaeagnus glabra* Thunb.),叶有收敛止泻、平喘止咳之效;根行气止痛,治风湿骨痛、跌打肿痛、肝炎、胃病。沙枣(*Elaeagnus angustifolia* L.),果汁可作泻药,果实与车前一同捣碎可治痔疮;根煎汁可洗恶疥疮和马的瘤疥;叶干燥后研碎加水服,对治肺炎、气短有效。

图 8-90　中国沙棘 *Hippophae rhamnoides* L. subsp. *sinensis* Rousi

(仿杨春澍,2005)

1. 果枝　2. 叶片腹面放大　3. 叶面背面放大　4. 雄花　5. 雌花　6. 果和包围的部分花被

37. 桃金娘科 Myrtaceae

$⚥ * K_{(4\sim5)} C_{4\sim5} A_{\infty} \overline{G}_{(2\sim5:1\sim5:1\sim\infty)}, \overline{\underline{G}}_{(2\sim5:1\sim5:1\sim\infty)}$

乔木或灌木。单叶对生或互生,具羽状脉或基出脉,全缘,常有油腺点,无托叶。花两性,有时杂性,单生或排成各式花序;萼管与子房合生,萼片 4～5 或更多,有时粘合;花瓣 4～5,有时不存在,分离或连成帽状体;雄蕊多数,很少是定数,生于花盘边缘,与花瓣对生,花药药隔末端常有 1 腺体;子房下位或半下位,心皮 2～5,1～5 室,少数的属出现假隔膜,每室 1 至多颗胚珠,花柱单一,柱头单一,有时 2 裂。果为蒴果、浆果、核果或坚果。

本科约 100 属 3 000 种以上,主要分布于美洲热带、大洋洲及亚洲热带。我国原产 8 属 90 种,引入栽培的有 8 属约 40 种,主要产于广东、广西及云南等靠近热带的地区,已知药用 10 属 31 种。

【药用植物】

桉 *Eucalyptus robusta* Smith　大乔木,高 20 m;树皮宿存;嫩枝有棱。幼态叶对生,叶片厚革质,卵形;成熟叶卵状披针形,厚革质,两面均有腺点。揉之有香气,侧脉多而细直,几乎与中脉成直角。伞形花序腋生;萼管半球形或倒圆锥形,裂片与花瓣连成帽状体,帽状体约与萼管同长,先端收缩成喙;雄蕊多数,离生,子房下位,通常 3 室。蒴果倒卵形,果瓣 3～4,深藏于萼管内(图 8-91)。原产于澳大利亚,我国西南部和南部有栽培。叶供药用,可祛风清热、抑菌消炎止痒;同时也是提取桉叶油的原料。

图 8-91　桉 *Eucalyptus robusta* Smith

(仿杨春澍,2005)

1. 花枝　2. 果

丁香 *Eugenia caryophyllata* Thunb.　常绿乔木,叶对生,长椭圆形,先端渐尖,全缘,具透明油腺点。聚伞花序顶生;萼筒 4 裂,肥厚;花瓣 4,淡紫色,有浓烈香气;雄蕊多数;子房下位,2

室。浆果长倒卵形，红棕色，顶端有宿存萼片。产于印尼、东非沿海等地，我国广东有栽培。花蕾（公丁香）、果实（母丁香）均能温中降逆、补肾助阳；并供提取丁香油，治牙痛及作香料。

常见的药用植物还有：蓝桉（*Eucalyptus globulus* Labill.），广西、云南、四川等地栽培，最北可到成都和汉中。叶含油量0.92%，制作白树油，供药用，有健胃、止神经痛、治风湿和扭伤等效；也作杀虫剂及消毒剂，有杀菌作用。白千层（*Melaleuca leucadendron* L.），原产于澳大利亚，我国广东、台湾、福建、广西等地均有栽种。树皮及叶供药用，有安神镇静、祛风止痛之效；枝叶含芳香油，供药用及防腐剂。桃金娘（*Rhodomyrtus tomentosa* (Ait.) Hassk.），根能祛风活络，收敛止泻；叶能止血；花能治慢鼻衄；果能补血，安胎。

38. 五加科* Araliaceae

$⚥ * K_5 C_{5\sim10} A_{5\sim10} \overline{G}_{(2\sim15:2\sim5:1)}$

乔木、灌木或木质藤本，稀多年生草本，有刺或无刺。叶互生，稀轮生，常为掌状复叶或羽状复叶，少数为单叶；花整齐，两性或杂性，稀单性异株，聚生为伞形花序、头状花序、总状花序或穗状花序，通常再组成圆锥状复花序；萼筒与子房合生，边缘波状或有萼齿；花瓣5～10，常离生；雄蕊与花瓣同数而互生，有时为花瓣的2倍，着生于花盘边缘；花盘生于子房顶部，上位，肉质；子房下位，由2～15心皮合生，常2～5室，每室1胚珠。浆果或核果。

本科约有80属900多种，分布于两半球热带至温带地区。我国有22属160多种，除新疆未发现外，分布于全国各地。已知药用18属约112种。

部分属检索表

1. 叶轮生，掌状复叶；草本植物 …………………………………………… 人参属 ***Panax***
1. 叶互生；木本植物，稀草本植物，如草本植物或半灌木则为羽状复叶。
 2. 单叶或掌状复叶。
  3. 单叶。
   4. 叶片掌状分裂。
    5. 植物体有刺；无托叶；花柱合生成柱状 …………………………… 刺楸属 ***kalopanax***
    5. 植物体无刺；有托叶；花柱离生 ………………………………… 通脱木属 ***Tetrapanax***
   4. 叶片不裂或在同一株上有不裂和分裂的两种叶片。
    6. 直立灌木或乔木；叶片有透明红棕色腺点 ………………………… 树参属 ***Dendropanax***
    6. 攀援灌木，具气生根；叶片无腺点 ………………………………… 常春藤属 ***Hedera***
  3. 掌状复叶。
    7. 植物体无刺；子房5～11室；小叶3～16 ………………………… 鹅掌柴属 ***Schefflera***
    7. 植物体常有刺；子房2～5室；小叶3～5 ………………………… 五加属 ***Acanthopanax***
 2. 羽状复叶 …………………………………………………………………… 楤木属 ***Aralia***

(1)人参属 *Panax*

多年生草本；地下茎年生一节，组成合轴式的根状茎；根状茎为短的直立的或斜生的，或匍匐的竹鞭状，或横卧的串珠状。根纤维状，或纺锤形或圆柱形的肉质根。地上茎单生。叶为掌状复叶，轮生于茎顶。花两性或杂性，伞形花序单个顶生，稀有一至数个侧生小伞形花序；萼筒边缘有5个小齿；花瓣5，离生，稀合生；雄蕊5，花丝短；子房下位，子房2室；花柱2；花盘肉质，环形。核果状浆果。

本属约有5种，分布于亚洲东部、中部和北美洲。我国有3种。

【药用植物】

人参 *Panax ginseng* C. A. Mey.　多年生草本；根状茎（芦头）短，直立或斜上，每年增生一节，有时其上生出不定根，习称“艼”。主根肥大，纺锤形或圆柱形。地上茎单生。叶为掌状复叶，3～6 枚轮生茎顶，通常一年生者生 1 片三出复叶（栽培上习称“三花”），二年生者生一片掌状五出复叶（习称“巴掌”），三年生者生 2 片掌状五出复叶（习称“二甲子”），以后每年递生 1 片五出复叶（四年生者称“三批叶”、五年生者称“四批叶”……以此类推），最多可达六片复叶；小叶椭圆形或卵形，上面散生少数刚毛，下面无毛。伞形花序单个顶生，总花梗通常较叶长，花淡黄绿色；萼无毛，边缘有 5 个三角形小齿；花瓣 5，卵状三角形；雄蕊 5，花丝短；子房 2 室；花柱 2，离生。果实扁球形，鲜红色（图 8-92）。分布于辽宁东部、吉林东部和黑龙江东部，生于海拔数百米的落叶阔叶林或针叶阔叶混交林下。现吉林、辽宁栽培甚多，河北、山西有引种。苏联、朝鲜也有分布；朝鲜和日本也多栽培。人参的肉质根为著名强壮滋补药，能大补元气、复脉固脱、补气益血、生津安神，适用于调整血压、恢复心脏功能、神经衰弱及身体虚弱等症，也有祛痰、健胃、利尿、兴奋等功效。叶清肺、生津、止渴。果实能发痘行浆。

西洋参 *Panax quinquefolium* L.　形态和人参很相似，但本种的总花梗与叶柄近等长或稍长，小叶上面脉上几无刚毛，边缘的锯齿不规则且较粗大。原产于加拿大和美国，现北京、吉林等地已引种成功并投入生产。根可补肺降火、养胃生津。

三七（田七）*Panax notoginseng* (Burkill) F. H. Chen ex C. Chow & W. G. Huang　多年生草本，主根肉质，倒圆锥形或圆柱形。掌状复叶，小叶通常 3～7 片，形态变化较大，中央一片最大，长椭圆形至倒卵状长椭圆形，两面脉上密生刚毛（图 8-93）。主要栽培于云南、广西，种植在海拔 400～1 800 m 林下或山坡上人工荫棚下。根能散瘀止血，消肿定痛；花能清热，平肝，降压。

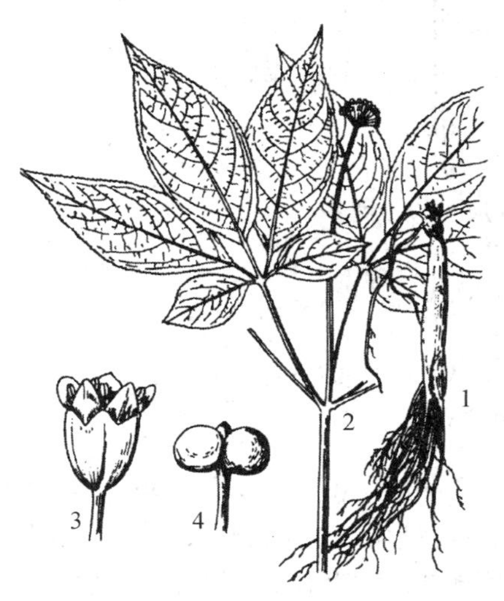

图 8-92　人参 *Panax ginseng* C. A. Mey.

（仿杨春澍，2005）

1. 植株　2. 根　3. 花　4. 浆果

图 8-93　三七 *Panax notoginseng* (Burkill) F. H. Chen ex C. Chow & W. G. Huang

（仿徐寿长，2006）

1. 着果的植株　2. 根茎及根　3. 花　4. 雄蕊
5. 去花瓣及雄蕊后的花（示花柱及花萼）

(2)五加属 *Acanthopanax*

灌木，直立或蔓生，稀为乔木；枝有刺，稀无刺。叶为掌状复叶，有小叶3～5，托叶不存在或不明显。花两性，稀单性异株；伞形花序或头状花序通常组成复伞形花序或圆锥花序；花梗无关节或有不明显关节；萼筒边缘有5～4小齿，稀全缘；花瓣5，稀4，在花芽中镊合状排列；雄蕊5，花丝细长；子房5～2室；花柱5～2，离生、基部至中部合生，或全部合生成柱状，宿存。果实球形或扁球形，有5～2棱。

【药用植物】

五加 *Acanthopanax gracilistylus* W. W. Smith　灌木，枝软弱而下垂，蔓生状，无毛，节上通常疏生反曲扁刺。叶有小叶5，稀3～4，在长枝上互生，在短枝上簇生；叶柄常有细刺；小叶片，倒卵形至倒披针形，两面无毛或沿脉疏生刚毛。伞形花序常单个腋生；花黄绿色；花柱2，细长，离生或基部合生。果实扁球形，黑色(图8-94)。分布于南方各省。生于灌木丛林、林缘、山坡路旁和村落中，垂直分布自海拔数百米至一千余米，在四川西部和云南西北部可达3 000 m。根皮供药用，中药称"五加皮"，能祛风湿、补肝肾、强筋骨；作祛风化湿药；又作强壮药。"五加皮酒"即系五加根皮泡酒制成。根皮中的主要成分是4-甲氧基水杨醛4-methoxylsalicylaldehyde。

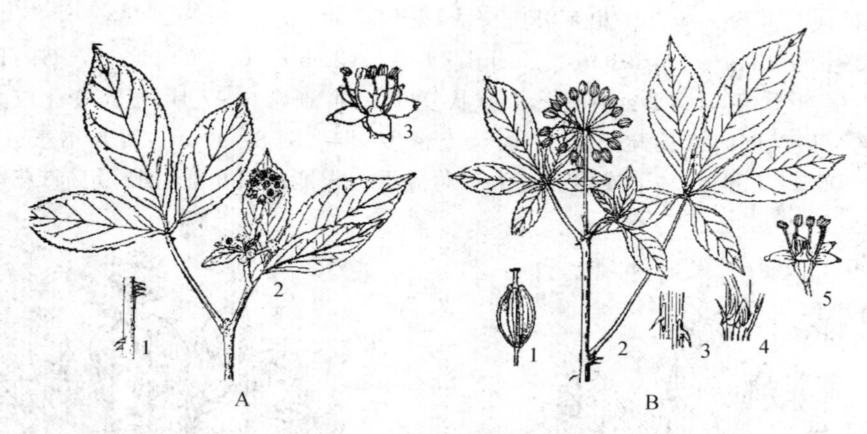

图8-94　五加及刺五加

(仿祝廷成,1959)

A. 五加 *Acanthopanax gracilistylus* W. W. Smith

1. 带刺枝　2. 果枝　3. 花

B. 刺五加 *Acanthopanax senticosus* (Rupr. Maxim.) Harms

1. 未熟果　2. 果枝　3. 枝刺　4. 叶柄茎部　5. 花

刺五加 *Acanthopanax senticosus* (Rupr. Maxim.) Harms　灌木，枝通常密生刺，稀仅节上生刺或无刺；叶有小叶5，稀3，椭圆状倒卵形或长圆形；叶柄常疏生细刺，长幼叶下面沿脉棕色短柔毛。伞形花序单个顶生，或2～6个组成稀疏的圆锥花序，直径；花紫黄色；花柱全部合生成柱状。果实球形或卵球形，有5棱，黑色。分布于东北、河北和山西。生于森林或灌丛中，海拔数百米至2 000 m。朝鲜、日本和苏联也有分布。本种根皮亦可代"五加皮"，供药用；种子可榨油，制肥皂用。

同属的红毛五加(*A. giraldii* Harms)茎皮(红毛五加皮)、无梗五加(*A. sessiliflorus* (Rupr. et Maxim.))根皮都作五加皮用。

通脱木 *Tetrapanax papyrifer* (Hook.) K. Koch 常绿灌木或小乔木,新枝淡棕色或淡黄棕色,有明显的叶痕和大形皮孔,幼时密生黄色星状厚绒毛,茎髓大,白色,叶大,集生茎顶;掌状5~11裂;叶柄粗壮,基部与托叶合生。伞形花序集成圆锥花序;花淡黄白色;花瓣、雄蕊4,稀5,子房2室;花柱2,离生,先端反曲。果实球形,紫黑色。分布于南方各省及陕西。通常生于向阳肥厚的土壤上,海拔自数十米至2 800 m。通脱木的茎髓大,质地轻软,颜色洁白,称为"通草",能清热利尿,通气下乳。

本科常见的药用植物还有:竹节参(*Panax japonicus* C. A. Mey),根状茎能滋补强壮,散瘀止痛,止血祛痰。珠子参(*P. japonicus* C. A. Mey. var. *majou* (Burk.) C. Y. Wu et K. M. Feng),根状茎能补肺,养阴,活络,止血。刺楸(*Kalopanax septemlobus* (Thunb.) Koidz.),树皮(川桐皮)能祛风除湿,通络。短序楤木(*Aralia henryi* Haarms)和食用楤木(土当归)(*Aralia cordata* Thunb.),二者的根状茎均称"九眼独活",能驱风除湿,散寒止痛。树参(半枫荷)(*Dendropanax dentiger* (Harms) Merr.),根、茎、叶能祛风活络,活血。

39. 伞形科* Umbelliferae

$⚥ * K_{(5),0} C_5 A_5 \overline{G}_{(2:2:1)}$

草本。常含挥发油而有香气。茎常中空,有棱和槽。叶互生,常分裂或复叶;叶柄基部扩大成鞘状,通常无托叶。花小,两性或杂性,复伞形花序或单伞形花序,各级花序的基部常有总苞片或小总苞片,花萼与子房贴生,萼齿5或无;花瓣5,雄蕊5,与花瓣互生。子房下位,2室,每室有1个倒悬的胚珠,顶部有盘状或短圆锥状的花柱基;花柱2。双悬果,常裂成两个分生果,心皮的外面有5条主棱(1条背棱,2条中棱,2条侧棱),棱和棱之间有沟槽,有时槽处发展为次棱,而主棱不发育,很少全部主棱和次棱(共9条)都同样发育;中果皮层内的棱槽内和合生面通常有纵走的油管1至多数(图8-95)。

1 2 3 4

图8-95 伞形科植物花及果实

(仿徐寿长,2006)

1. 茴香花 2. 茴香双悬果 3. 天胡荽果实 4. 天胡荽花

本科全世界约275属2 900种,广布于全球温热带。我国约95属540种,全国均产已知药用55属234种。

部分属检索表

1. 单叶 ………… **柴胡属 *Bupleurum***
1. 复叶(或近全裂)。
  2. 果有刺或小瘤。
    3. 果有刺。
      4. 苞片较多,羽状分裂 ………… **胡萝卜属 *Daucus***
      4. 苞片较少或缺 ………… **窃衣属 *Torilis***
    3. 果有小瘤;小叶半裂 ………… **防风属 *Saposhnikovia***

2. 果无刺或瘤。

5. 果有绒毛,叶近革质,海滨植物 ………………………………………………………… 珊瑚菜属 *Glehnia*

5. 果无绒毛,叶非革质,非海滨植物。

6. 呆无棱或不显。

7. 小伞形花序,外缘花瓣为辐射瓣,花白色或淡紫色;果皮薄而坚硬,心皮成熟后不分离,油管不明显 …………………………………………………………………………………… 芫荽属 *Coriandrum*

7. 小伞形花序,外缘花瓣不为辐射瓣,花金黄色或白色;果皮薄而柔软,心皮成熟后分离,油管不明显。

8. 叶三至四回羽状细裂,花金黄色,果棱尖锐,具强烈的茴香气味 …………… 茴香属 *Foeniculum*

8. 叶三出或二至三回羽状分裂,花白色,果有纵棱,但果棱不显,不具茴香气味 ………………………………………………………………………………… 明党参属 *Changium*

6. 果有棱。

9. 果实全部果棱有窄翅或侧棱无翅。

10. 花柱短,果棱无翅或非同形翅。

11. 萼齿明显,三角形;果实背棱有翅;总苞片和小总苞片不发达或公有小总苞片,全缘或罕有分裂 ………………………………………………………………………… 羌活属 *Notopterygium*

11. 萼齿常不明显,果实有窄翅,总苞片和小总苞片发达通常分裂 ………… 藁本属 *Ligusticum*

10. 花柱较长,较花柱基长 2～3 倍,果棱有同形翅 ……………………………… 蛇床属 *Cnidium*

9. 果实背棱、中棱具翅或无翅,侧棱的翅展开。

12. 果实背腹扁平,背棱有翅。

13. 果实侧棱的翅薄,通常与果体的宽度相等或较宽,两个分生果的翅不紧贴,易分离 ……………………………………………………………………………… 当归属 *Angelica*

13. 果实侧棱的翅稍厚,较果体窄,两个分生果的翅紧贴,成熟后分离 ………………………………………………………………………………… 前胡属 *Peucedanum*

12. 果实背腹极压扁,背棱条形,无翅,或不明显。

15. 伞形花序,外缘花瓣无辐射瓣,也不 2 裂,油管长度通常达果实基部 … 阿魏属 *Ferula*

15. 伞形花序,外缘花瓣有辐射瓣,通常 2 裂,油管长度不及或达分生果长度的一半或过半 ……………………………………………………………………… 独活属 *Heracleum*

(1)当归属 *Angelica*

大型草本,茎常中空。叶柄基部常膨大成囊状的叶鞘,叶一出羽状分裂或羽状多裂,或羽状复叶。复伞形花序,多具总苞片和小总苞片;花白色或紫色。果背腹压扁,背棱及主棱条形,突起,侧棱有阔翅。分果横剖面半月形,每棱槽内有油管 1 至数个,合生面 2 至数个。

【药用植物】

当归 *A. sinensis* (Oliv.) Diels　多年生草本。根粗短,具香气。叶为二至三回三出式羽状全裂,或近复叶,最终裂片卵形或狭卵形。复伞形花序;伞辐 9～30,小总苞 2～4;花白色。双悬果椭圆形,分果果棱 5 条,侧棱有宽翅,每棱槽中有油管 1,合生面 2 个油管(图 8-96)。分布于西北、西南地区,多为栽培。根能补血活血,调经止痛,润肠通便。

白芷(兴安白芷)*A. dahurica* (Fisch.ex Hoffm.) Benrh. et Hook. f.　多年生高大草本。根圆柱形。茎和叶鞘紫红色。叶为二至三回羽状全裂,最终裂片披针形至长圆形,基部下延成翅状。复伞形花序;伞辐 18～70,总苞片通常缺,或有 1～2 片,鞘状;小总苞 14～16,条形。双悬果椭圆形,背腹压扁,棱槽中有油管 1,合生面 2。分布于东北、华北,北方常有栽培。根能散风除湿，通窍止痛，消肿排脓。

图 8-96　当归 *A. sinensis* (Oliv.) Diels

(仿徐寿长，2006)

1. 叶　2. 果枝　3. 根

杭白芷 *A. adahurica* (Fisch. ex Hoffm.) Benrh. et Hook. f. var. *fomosana* (Boiss.) shan et Yuan.　本变种与白芷的形态相似，但植株矮小，茎和叶鞘多为黄绿色，根上部近方形，皮孔大而突出。分布于浙江、福建和台湾，浙江、四川等常栽培。根亦做白芷入药。

同属植物还有：毛当归(*A. pubescens* Maxim.)，根(香独活)能祛风除湿，通痹止痛。重齿毛当归(*A. pubescens* Maxim.f. *biserrata* Shan et Yuan)，二者均为栽培，根入药，称"川独活"。

(2)柴胡属 *Bupleurum*

一、二年生或多年生草本植物。茎生叶基部渐狭或心形而抱茎。复伞形花序；总苞和小总苞的苞片呈叶状而宿存；萼齿退废；花瓣近圆形或棱形，背部有突起的中脉；花柱短，果侧面压扁，合生面稍收缩；心皮五角形，主棱明显或扩大成翅，棱槽内油管 1～3(6)，合生面 2～4(6)，较细或全部不明显。本属共有约 120 种，分布于北半球的亚热带地区。我国有 36 种 17 变种，主产于西北与西南高原地区。药用植物约 20 种。

【药用植物】

柴胡(北柴胡)*B. chinense* DC.　多年生草本。主根较粗，坚硬，侧根少数，黑褐色。茎丛生，稀单一，上部分枝略成之字形弯曲。基生叶条状披针形或倒披针形，宽 6 mm 以上，具平行脉 7～9 条，下面粉绿色。复伞形花序；伞辐 3～8；总苞片 2～3，小总苞片通常 5；花黄色。双悬果宽椭圆形，棱狭翅状，棱槽中常有油管 3，合生面 4(图 8-97)。根(北柴胡)能疏散退热，舒肝，升阳。柴胡的主要特点是根较细，多不分枝，红棕色或黑棕色；茎生叶条形或条状披针形，宽 2～6 mm，有平行脉 3～5 条；伞辐(3～)4～6(～8)。

同属做柴胡入药的植物还有膜缘柴胡(竹叶柴胡)(*B. marginatum* Wall. ex Dc.)、银州柴胡(*B. yinchowense* Shan et Y. Li.)和兴安柴胡(*B. sibiricum* Vest)。

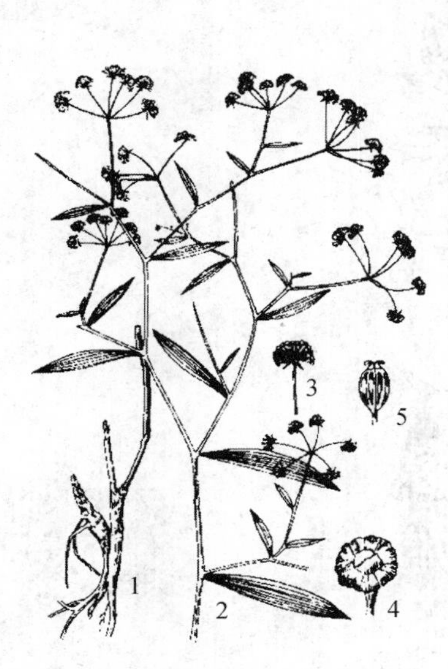

图 8-97 柴胡 *B. chinense* DC.

(仿徐寿长，2006)

1. 根 2. 花枝 3. 小伞形花序 4. 花 5. 果实

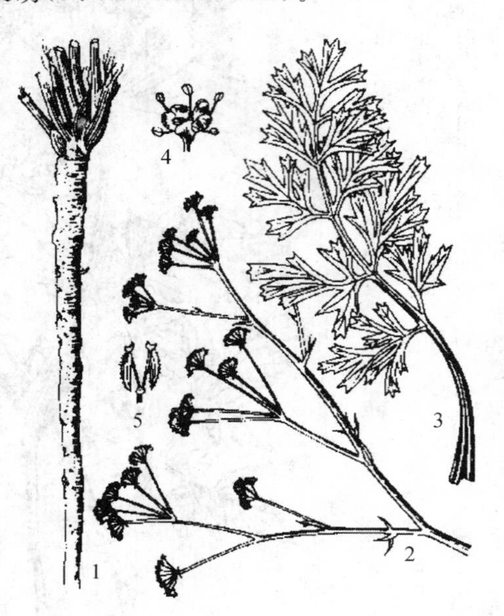

图 8-98 防风 *Saposhnikovia divaricata* (Turcz.) Schischk.

(仿徐寿长，2006)

1. 根 2. 花枝 3. 根出叶 4. 花 5. 双悬果

防风 *Saposhnikovia divaricata* (Turcz.) Schischk. 多年生草本。根长圆锥形。根头密被褐色纤维状的叶柄残基，并有细密横纹。茎二叉状分枝。基生叶二至三回羽状全裂，最终裂片条形。复伞形花序；伞辐 5～9；无总苞或仅 1 片；小总苞片 4～5；花白色。双悬果矩圆状宽卵形，幼时具瘤状突起(图 8-98)。根能解表祛风，胜湿，止痉。

川芎 *Ligusticum chuanxiong* Hort. 多年生草本，根状茎呈不规则的结节状拳形团块，黄棕色。茎丛生，基部的节膨大成盘状，有芽，易生不定根。叶为二至三回羽状复叶，小叶 3～5 对，不整齐羽状分裂。复伞形花序；花白色，双悬果卵形(图 8-99)。根茎能活血行气，祛风止痛。

藁本 *L. sinense* Oliv. 多年生草本，根状茎呈不规则的结节状圆柱形。叶为二至三回羽状复叶，最终裂片卵形，边缘齿状浅裂。复伞形花序；花白色。双悬果卵形。根状茎能祛风、散寒，除湿止痛。辽藁本(*L. jeholense* Naikai et Kitag.)入药同藁本。

羌活 *Notopterygium incisum* Ting ex H.T. Chang 多年生草本，根状茎圆柱形。茎直立，常紫色。叶为二至三回三出式羽状复叶，最终裂片卵状披针形，边缘缺刻状浅裂至羽状浅裂。复伞形花序；伞辐 7～18；花白色双。双悬果长圆形。宽叶羌活(*N. forbesii* Boiss.)，叶末回裂片长圆卵形至卵形，边缘有粗锯齿，脉上及叶缘具微毛，伞辐 10～17(23)；花淡黄色。双悬果近圆形。二者根状茎和根均作药材羌活用，能散寒，祛风，除湿，止痛。

图 8-99　川芎 *Ligusticum chuanxiong* Hort.
（仿徐寿长，2006）
1. 根状茎和地上茎的一部分
2，3. 花序　4. 花　5. 幼果

图 8-100　紫花前胡
Peucedanum decursivum (Miq.) Maxim.
（仿徐寿长，2006）
1. 根和根部的叶　2. 花枝　3. 花序
4. 果　5. 分果的横切面

前胡（紫花前胡）（*Peucedanum decursivum* (Miq.) Maxim.），多年生草本。根粗，圆锥状，下部有分枝。茎单生，紫色。基生叶和下部叶一至二回羽状全裂，叶轴翅状；上部叶逐渐退化成紫色兜状叶鞘。复伞形花序，伞辐 10～20；总苞片 1～2；小总苞片数枚；花深紫色。双悬果椭圆形，扁平（图 8-100）。根能散风清热，降气化痰。

白花前胡（*P. praeruptorum* dunn）与上种区别为：叶为二至三回羽状分裂，花白色。根作前胡入药。

常见的药用植物还有：珊瑚菜（*Glehnia littralis* Fr.Schmidt et Miq.），根（北沙参）能养阴清肺，益胃生津。蛇床（*Cnidium monnieri* (L.) Cuss.），果实（蛇床子）能温肾壮阳，燥湿，祛风，杀虫。明党参（*Changium smyrnioides* Wolff），根能润肺化痰，养阴和胃，平肝，解毒。茴香（*Foeniculum vulgare* Mill），果实（小茴香）能散寒止痛，理气和胃。野胡萝卜 *Daucus carota* L.果实（南鹤虱）能杀虫消积。积雪草（崩大碗、落得打）（*Centella asiatica* (L.) Urb.），全草能清热利湿，解毒消肿。芫荽（胡荽、香菜）（*Coriandrum sativum* L.），全草或果实能发表透疹，消食利气。

40. 山茱萸科 Cornaceae

$⚥ * K_{3\sim5,0}C_{3\sim5}\ A_{4\sim5}\overline{G}_{(2:1\sim4:1)}$

木本，稀草木。单叶对生，无托叶。花两性，稀单性，为圆锥、聚伞、伞形或头状等花序，有苞片或总苞片；花萼管状，3～5 齿裂；花瓣 3～5，常白色；雄蕊与花瓣同数而互生，生于花盘的基部；子房下位，2 心皮合生 1～4 室，每室有 1 胚珠，核果或核果浆果状。

本科 13 属约 100 种，分布于温带和热带。我国 7 属约 46 种，已知药用 6 属 44 种。

【药用植物】

山茱萸 *Cornus officinalis* Sieb. et Zucc. 落叶乔木或灌木，叶对生，卵状披针形或卵状椭圆形，全缘，上面无毛，下面被短柔毛，侧脉6～7对，弓形内弯。伞形花序，有总苞片4，花小，两性，先叶开放；花萼裂片4，花瓣4，黄色；雄蕊4；花盘垫状，子房下位。核果长椭圆形，红色至紫红色(图8-101)。产于长江以北及浙江、河南、陕西等省。生于海拔400～1 500 m，稀达2 100 m的林缘或森林中。在四川有引种栽培。果能补益肝肾，涩精固脱。

图8-101 山茱萸 *Cornus officinalis* Sieb. et Zucc.

(仿杨春澍，2005)

1. 花枝 2. 果枝 3. 花

青荚叶 *Helwingia japonica* (Thunb.) Dietr. 落叶灌木，幼枝绿色，无毛。叶互生，卵形、卵圆形，稀椭圆形。花单性，淡绿色，花萼小，花瓣3～5；雄花4～12，呈伞形或密伞花序，雄蕊3～5，生于花盘内侧；雌花1～3枚，子房卵圆形或球形，柱头3～5裂。浆果幼时绿色，成熟后黑色，分核3～5枚。广布于我国黄河流域以南各省区。常生于海拔3 300 m以下的林中。全株及根药用，活血化瘀、清热解毒。茎髓称“小通草”，能清热，利尿，下乳。同属植物中华青荚叶(*H.chinensis* Batal.)，嫩枝紫绿色；叶条状披针形或卵状披针形，顶端尖尾状，边缘有疏锯齿；托叶边缘有细锯齿。西南青荚叶(*H.himalaica* Clarke)，嫩枝黄褐色；叶长椭圆状披针形；托叶边缘有钝锯齿。以上两种的药用部位和功效同青荚叶。

【阅读材料】

锦葵科其他植物的用途

本科除了部分药用植物外，还有一些极为重要的经济作物，如棉属，其种子纤维是重要的纺织原料棉花的主要来源，种子可以榨油、食用或供工业用，经高温精炼，除掉棉酚后可供食用；其残渣即棉籽饼，可供牲畜饲料或作肥料，世界各国均广泛栽培。目前我国栽培的棉花主要有四种，树棉（*Gossypium arboreum* L.）原产印度，我国现广泛种植于长江和黄河流域，自陆地棉输入我国后，树棉已在淘汰中。海岛棉（*Gossypium barbadense* L.）原产南美热带和西印度群岛，我国产于云南、广西和广东等省区，现今全世界各热带地区广泛栽培，本变种的棉纤维属于长绒棉之一。草棉（*Gossypium herbaceum* L.）原产阿拉伯和小亚细亚，我国产于广东、云南、四川、甘肃和新疆等省区，均系栽培，极适合我国西北地区栽培，但目前种植面积不广。陆地棉（*Gossypium hirsutum* L. ）原产美洲墨西哥，19 世纪末叶始传入我国，现已广泛栽培于全国各产棉区，且已取代树棉和草棉。我国现有栽培品种有：斯字棉、德字棉、岱字棉、柯字棉等，最近在北方地区育出的高产品种为鲁棉一号。此外，大叶木槿、黄槿、大麻槿等的茎皮是极优良的纤维植物；朱槿、木芙蓉、木槿、悬铃花、蜀葵等是著名的园林观赏植物；咖啡黄葵、锦葵、蜀葵等可供食用或者入药用。

8.3.1.2　合瓣花亚纲 Sympetalae

合瓣花亚纲又称后生花被亚纲（Metachlamydeae）。重被花，花瓣多少连合成花冠筒；雄蕊着生在花冠筒上；花的轮数趋向减少，各轮数目也逐步减少，合瓣花类群比离瓣花类群进化。

41. 杜鹃花科 Ericaceae

$⚥ * K_{(4\sim5)} C_{(4\sim5)} A_{8\sim10} \underline{G}_{(4\sim5:4\sim5)}, \overline{G}_{(4\sim5:4\sim5)}$

多为灌木，少乔木，一般常绿。单叶互生，常革质，不具托叶。花两性，辐射对称或略微两侧对称；花萼通常 4～5 裂，宿存；花冠通常鲜艳合瓣（稀离瓣），常 5 裂；雄蕊为花冠裂片数的 2 倍，稀同数或更多，着生于花盘基部，花药 2 室，多顶孔开裂，有些属常有尾状或芒状附属物；子房上位或下位，多为 4～5 心皮，合生成 4～5 室，中轴胎座，每室胚珠常多数。多为蒴果，少浆果或核果。

本科 75 属 1 350 种，除沙漠地区外，广布全球，尤以亚热带地区为多。我国约 20 属 700 余种，分布全国，尤以西南各省区为多。已知药用植物 12 属 127 种，其中杜鹃花属较多。

【药用植物】

兴安杜鹃（满山红）*Rhododendron dahuricum* L.　半常绿灌木。多分枝，小枝具鳞片和柔毛。单叶互生，常集生小枝上部，近革质，椭圆形，下面密被鳞片。花生枝端，先花后叶；花紫红或粉红，外具柔毛；雄蕊 10。蒴果矩圆形（图 8-102，彩图 8-27）。分布于东北、西北、内蒙古；生于干燥山坡、灌丛中。叶能祛痰止咳；根治肠炎痢疾。

羊踯躅（闹羊花，八厘麻）*Rhododendron molle* G.Don　落叶灌木。嫩枝被短柔毛及刚毛。单叶互生，纸质，长椭圆形或倒披针形，下面密生灰色柔毛。伞形花序顶生，先花后叶或同时开放；花冠宽钟状，黄色，5 裂，反曲，外被短柔毛；雄蕊 5。蒴果长圆形（图 8-103）。分布于长江流域及华南。生于山坡、林缘、灌丛、草地。花入药有麻醉、镇痛作用。成熟果实（八厘麻子）能活血、散瘀、止痛。

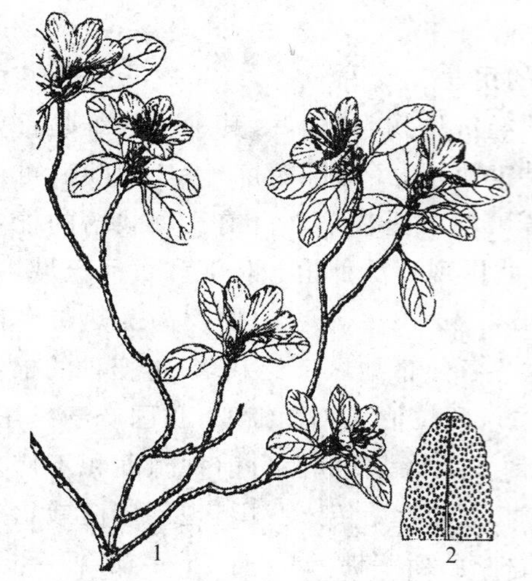

图 8-102 兴安杜鹃 *Rhododendron dahuricum* L.

（中国植物志，1959—2004 版）

1. 花枝 2. 叶下面（示鳞片）

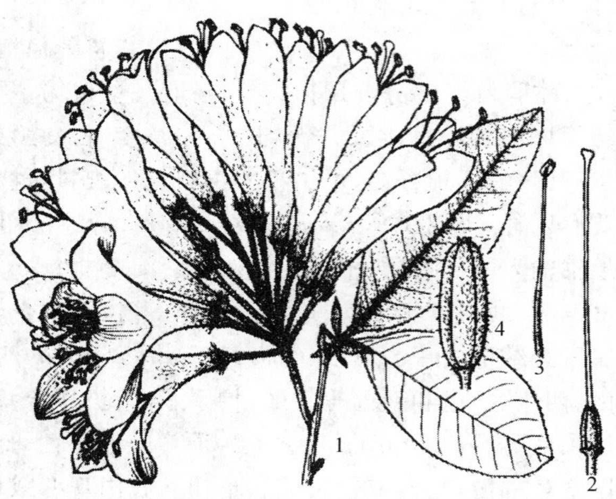

图 8-103 羊踯躅 *Rhododendron molle* G.Don

（中国植物志，1959—2004 版）

1. 花枝 2. 雌蕊 3. 雄蕊 4. 果实

常见的药用植物还有：烈香杜鹃（白香柴、小叶枇杷）(*Rhododendron anthopogonoides* Maxim.)，叶能祛痰、止咳、平喘。照白杜鹃（照山白）(*R. micranthum* Turcz.)，有大毒。叶、枝能祛风通络、止痛、化痰止咳。岭南杜鹃（紫杜鹃）(*R. mariae* Hance)，全株可止咳、祛痰。杜鹃（映山红）(*R. simsii* Planch.)，根有毒，能活血、止血，祛风、止痛；叶能止血，清热解毒；花、果能活血、调经，祛风湿。满山香（冬绿树、云南白珠树）(*Gaultheria yunnanensis* Rehd.)，全株能祛风湿，舒筋活络，活血止痛，是提取水杨酸甲酯（冬绿油）的原料。

42. 报春花科 Primulaceae

⚥ $* K_{(5),5} C_{5,0} A_5 \underline{G}_{(5:1)}$

草本，稀为亚灌木，常有腺点。叶互生、对生、轮生或全部集生；花单生或排成多种花序；两性，辐射对称；萼常 5 裂，宿存；花冠常 5 裂；雄蕊与花冠裂片同数而对生，着生花冠管上；子房上位，稀半下位，1 室，特立中央胎座，胚珠多数。蒴果。

本科 22 属 800 种，世界广布，主要分布于北半球温带及较寒冷地区，有许多为北极及高山类型。我国 12 属 534 种，分布全国，大部分产于西南。已知药用 7 属 119 种。

【药用植物】

过路黄（金钱草、四川大金钱草）*Lysimachia christinae* Hance 多年生草本。茎柔弱，带红色，匍匐地面，常在节上生根。叶、花萼、花冠均具点状及条状黑色条纹。叶对生，心形或阔卵形。花腋生，2 朵相对；花冠黄色，先端 5 裂；雄蕊 5，与花冠裂片对生；子房上位；1 室，特立中央胎座，胚珠多数。蒴果球形（图 8-104，彩图 8-28）。分布于长江流域至南部各省区，北至陕西。生于山坡、疏林下及沟边阴湿处。全草（金钱草）能清热，利胆，排石，利尿。

灵香草 *Lysimachia foenum-graecum* Hance 多年生草本，有香气。茎具棱或狭翅。叶互生，椭圆形或卵形，叶基下延。花单生叶腋，黄色；雄蕊长约花冠的一半。分布于华南及云南。生于林下及山谷阴湿地。带根全草能祛风寒，辟秽浊。同属植物细梗香草（*L. capillipes* Hemsl.）亦具香气。但叶较小，花冠直径不及 2cm；雄蕊与花冠等长或稍短。分布于福建、湖北、台湾及华南、西南。全草能祛风湿、止咳、调经。

点地梅（喉咙草）*Androsace umbellata* (Lour.) Merr.　小草本，被白毛长柔毛。叶基生，平铺地面，心状圆形，具三角状钝裂齿。花茎数条，伞形花序顶生；花白色；萼在果后增大。分布于全国各地。生于山野草地及林下潮湿处。全草能清热解毒，消肿止痛，治咽喉炎等。

图 8-104　过路黄 *Lysimachia christinae* Hance
（全国中草药汇编，1975 版）
1. 植株　2. 花

43. 木犀科* Oleaceae

⚥ $* K_{(4)} C_{(4),0} A_2 \underline{G}_{(2:2:2)}$

灌木或乔木。叶常对生，稀互生，单叶、三出复叶或羽状复叶。花为圆锥、聚伞花序或簇生，极少单生；花通常两性，稀单性异株；辐射对称；花萼花冠常 4 裂，稀无花瓣；雄蕊常 2 枚；子房上位，2 室，每室常 2 胚珠，花柱 1，柱头 2 裂。核果、蒴果、浆果、翅果。

本科 29 属 600 种，广布于温带和亚热带地区。我国 12 属约 200 种，南北均产。已知药用 8 属 89 种。

【药用植物】

连翘 *Forsythia suspensa*.（Thunb.）Vahl.　落叶灌木。茎直立，枝条下垂，有 4 棱，小枝节间中空。单叶对生，叶片完整或 3 全裂，卵形或长椭圆状卵形。春季先叶开花，1～3 朵簇生叶腋；花冠黄色，4 裂，花冠管内有橘黄色条纹；雄蕊 2；子房上位，2 室。蒴果狭卵形，木质，表皮有瘤状皮孔，种子多数，有翅（图 8-105，彩图 8-29）。分布于东北、华北等地。生于荒野山坡或栽培。果（连翘）能清热解毒，消痈散结；种子（连翘心）能清心火，和胃止呕。

女贞 *Ligustrum lucidum* Ait.　常绿乔木，光滑无毛。单叶对生，革质，卵形或椭圆形，全缘。花小，密集成顶生圆锥花序；花冠白色，漏斗状，4 裂；雄蕊 2；子房上位。核果矩圆形，微弯曲，熟时紫黑色，被白粉（图 8-106）。分布于长江流域以南，生于混交林或林缘、谷地。果实能补肾滋阴，养肝明目；枝、叶、树皮能祛痰止咳。

白蜡树 *Fraxinus chinensis* Roxb.　落叶乔木。叶对生，单数羽状复叶，小叶 5～9 片，常为 7 片，椭圆形或椭圆状卵形。圆锥花序侧生或顶生；花萼钟状，不规则分裂；无花冠。翅果倒披针形（图 8-107）。分布于我国南北大部分地区。生于山间向阳坡地润湿处，并有栽培，以养殖白蜡虫生产白蜡。茎皮在四川等地作秦皮用，能清热燥湿，清肝明目。

苦枥白蜡树（大叶白蜡树）*F. rhynchophylla* Hance　与白蜡树近似，但本种的叶宽大，叶背中脉被锈色毛。春季花叶同放。小坚果位于翅果的基部。分布于东北、华北、陕西、湖北。茎皮为我国大部分地区药用的秦皮。

常见的药用植物还有尖叶白蜡树（*F. szaboana* Lingelsh.）、尾叶白蜡树（*F. caudata* J. L. Wu）和宿柱白蜡树（*F. fallax* Lingelsh. var. *stylosa*（Lingelsh.）Chu et J. L. Wu）的树皮亦作秦皮用。

图 8-105 连翘 *Forsythia suspensa* (Thunb.) Vahl.

(仿杜勤,2011)

1. 果枝 2. 花萼展开(示雌蕊)
3. 花冠展开(示雌蕊)

图 8-106 女贞 *Ligustrum lucidum* Ait.

(仿杜勤,2011)

1. 花枝 2. 果枝 3. 花 4. 部分花冠(示雄蕊)
5. 花萼展开(示雌蕊) 6. 种子

44. 马钱科 Loganiaceae

$\text{⚥} * K_{(4\sim5)}C_{(4\sim5)}A_{4\sim5}\underline{G}_{(2:2:2\sim\infty)}$

草本,木本,有时攀援状。单叶,多羽状脉,托叶极度退化。花序种种;花通常两性,辐射对称,花萼4~5裂;花冠 4~5 裂;雄蕊与花冠裂片同数并与之互生,着生花冠管上或喉部;子房上位,通常两室,每室有胚珠 2 至多颗,通常 2 颗。蒴果、浆果或核果。

本科 35 属 750 种,主要分布于热带、亚热带地区。我国 9 属 63 种,分布于西南至东南地区。目前已知药用植物 6 属 14 种。

【药用植物】

马钱(番木鳖)*Strychnos nux-vomica* L. 乔木。叶对生,有短柄;叶片革质,椭圆形、卵圆形至广卵形,基出脉 5 条,聚伞花序顶生;花较小,灰白色;花萼 5 裂;花冠筒状,先端 5 裂;雄蕊 5,着生花冠管喉部;子房上位,花柱细长,柱头 2 裂。

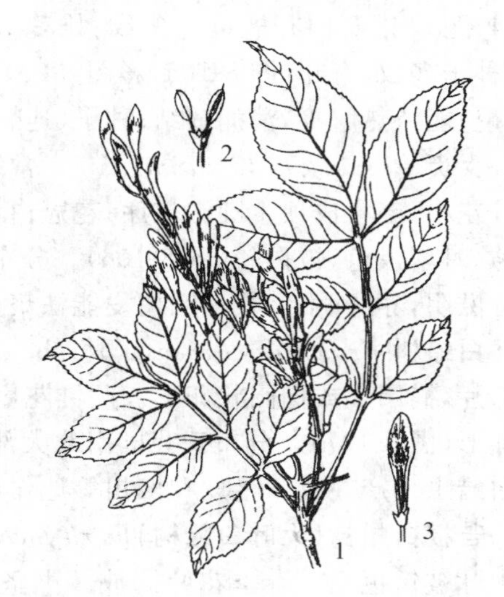

图 8-107 白蜡树 *Fraxinus chinensis* Roxb.

(仿杜勤,2011)

1. 着果的枝 2. 花 3. 翅果

浆果球形，熟时橙色，种子 2～5，圆盘状，纽扣形，直径 1～3 cm，常一面隆起一面稍凹下，表面密被灰棕色或灰绿色丝光状茸毛，从中央向四周射出(图-108)。分布于伊斯兰卡、泰国、越南、老挝、柬埔寨等国，我国福建、广东、云南有栽培。种子有大毒，能通络，止痛，消肿。

长籽马钱 *Strychnos pierriana* A. W. Hill(*S. wallichiana* Steud. ex. DC)　与马钱的主要区别是：木质大藤本，有螺旋形钩状卷须。叶脉为离基三出脉。种子长扁圆形，长 2～3 cm。功效同马钱。分布于印度、孟加拉、伊斯兰卡、越南及我国云南。

密蒙花 *Buddleia officinalis* Maxim.　落叶灌木。小枝略呈四棱形。枝、叶柄、叶背及花序均密被白色星状毛及茸毛。叶对生；矩圆状披针形至条状披针形。聚伞圆锥花序顶生或腋生；花萼 4 裂，外被毛；花冠淡紫色至白色，筒状，上端缢缩，亦 4 裂，外边密被柔毛；雄蕊 4，着生花冠管中部；子房上位，2 室，被毛。蒴果卵形，2 瓣裂。种子多数，具翅(图 8-109)。分布于西北、西南、中南等地。生于石灰岩坡地及河边灌木丛中。花能清热解毒，明目退翳。

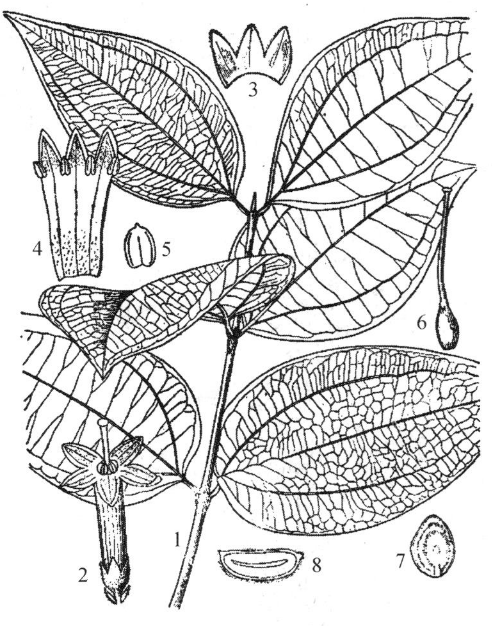

图 8-108　马钱 *Strychnos nux-vomica* L.

(中国植物志，1959—2004 版)

1. 叶枝　2. 花　3. 部分花萼展开

4. 部分花冠展开(示雄蕊)　5. 花药

6. 雌蕊　7. 种子　8. 种子横切面

图 8-109　密蒙花 *Buddleia officinalis* Maxim.

(中国植物志，1959—2004 版)

1. 花枝　2. 花和小苞片　3. 花萼和花冠展开

(示雌蕊和雄蕊着生)　4. 子房横切

钩吻(胡蔓藤)*Gelsemium elegans* (Gardn. et Champ.)Benth.　常绿缠绕藤本。单叶互生；卵形至卵状披针形。聚伞花序；花 5 枚，黄色。蒴果。有大毒。全株或根药用，散瘀止痛，杀虫止痒。

45. 龙胆科 Gentianaceae

$⚥ * K_{(4\sim5)} C_{(4\sim5)} A_{4\sim5} \underline{G}_{(2:1:\infty)}$

草本，茎直立或攀援。单叶对生，全缘，无托叶。花朵集成聚伞花序；花常两性，辐射对称；花萼常 4～5 裂；花冠合瓣，漏斗状或辐状，常 4～5 裂，多旋转状排列，有时具距；雄蕊

4～5，着生于花冠管上；子房上位，常 2 心皮合成 1 室，有 2 个侧膜胎座，胚珠多数。蒴果 2 瓣裂。

本科约 80 属 800 余种，分布于全球，主产于温带。我国 19 属 358 种，各省均产，西南高山地区较多。已知药用植物 15 属 108 种，主要集中在龙胆属（*Gentiana*）和獐牙菜属（*Swertia*）。

【药用植物】

秦艽（大叶秦艽、萝卜艽）*Gentiana macrophylla* Pall.　多年生草本。主根粗长，扭曲不直，有少数分枝，中部多呈罗纹状。茎生叶对生，常为矩圆状披针形，5 条脉明显。聚伞花序顶生或腋生；花萼一侧开裂；花冠蓝紫色。果实无柄（图 8-110，彩图 8-30）。分布于西北、华北、东北及四川。生于高山草地或林缘。根能祛风除湿，退虚热，舒筋止痛。

作中药秦艽用的主要还有达乌里龙胆（兴安龙胆、小秦艽）（*G. dahurica* Fisch.）、粗茎秦艽（粗茎龙胆）（*G. crassicaulis* Duthia ex Burk.）。

龙胆 *Gentiana scabra* Bge.　多年生草本。根细长，簇生，味苦。叶对生，无柄，卵形或卵状披针形，全缘，有主脉 3～5 条。聚伞花序密生于茎顶或叶腋；萼 5 深裂；花冠蓝紫色，管状钟形，5 浅裂，裂片间有褶，短三角形；雄蕊 5，花丝基部有翅；子房上位，1 室。蒴果长圆形，种子有翅（图 8-111）。分布于东北及华北等地区。生于草地、灌丛及林缘。根及根状茎能清肝胆实火，除下焦湿热。

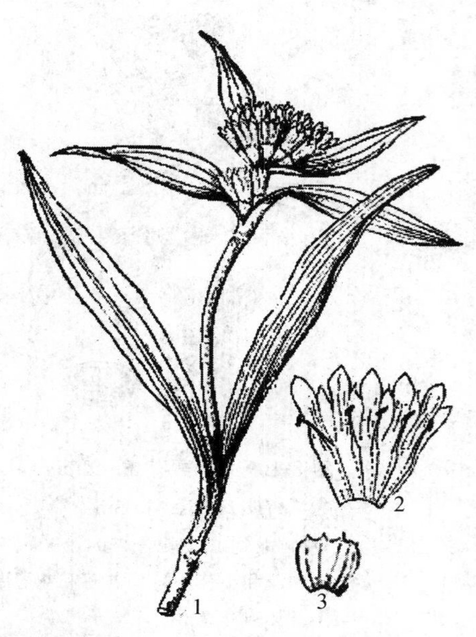

图 8-110　秦艽 *Gentiana macrophylla* Pall.

（中国植物志，1959—2004 版）

1. 花枝　2. 花冠纵剖　3. 花萼纵剖

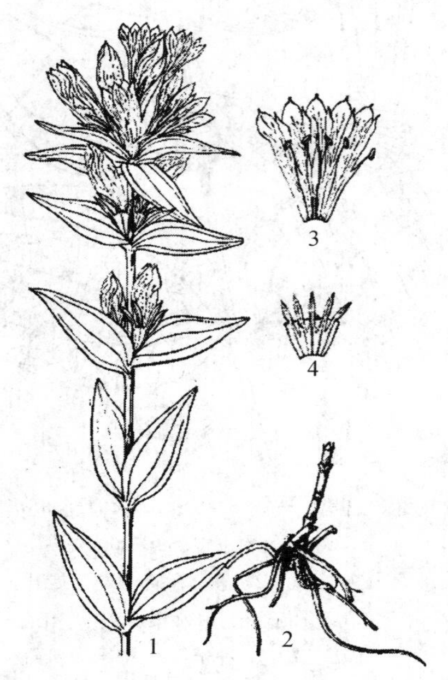

图 8-111　龙胆 *Gentiana scabra* Bge.

（中国植物志，1959—2004 版）

1. 植株上部　2. 植株下部

3. 花冠纵剖　4. 花萼纵剖

同属药用植物还有条叶龙胆（东北龙胆）（*G. manshurica* Kitag.），与龙胆的区别在于本种的叶披针形至线形，宽 14 mm 以下，边缘反卷。花 1～2 朵顶生，花冠裂片先端尖，裂片三角形。分布于黑龙江、江苏、浙江及中南地区。三花龙胆（*G. trillora* Pall.）与条叶龙胆相似，但本种叶宽约 2 cm。苞片较花长。花冠裂片先端钝圆。分布于吉林、黑龙江及内蒙古。坚龙胆

(*G. rigescens* Franch.)，与上面三种不同点是：根近棕黄色，茎常带紫色，花紫红色。分布于湖南、广西、贵州、四川及云南。

瘤毛獐牙菜(紫花当药)*Swertia pseudochinensis* Hara 一年生草本。茎 4 棱。叶对生，披针形。圆锥状聚伞花序；花冠蓝紫色，裂片有紫色条纹，裂片基部具毛状腺窝 2 个，边缘的毛具瘤状突起。分布于东北、华北及山东等地。生于阴坡草丛中。全草能清热利湿，健脾。

同属尚有多种植物具有类似的功效，如青叶胆(*S. mileensis* T. N. He et W. L. Shi)，分布于云南。全草能利肝胆湿热，对病毒性肝炎有较好疗效。

46. 萝藦科 Asclepiadaceae

$⚥ * K_{(5)} C_{(5)} A_5 \underline{G}_{2:1:\infty}$

多为藤本，亦有草本、灌木，有乳汁。单叶对生，少轮生，全缘；叶柄顶端常有腺体；常无托叶。通常为聚伞花序；花两性，辐射对称；萼 5 裂，内面基部常有腺体；花冠 5 裂，裂片旋转；常具副花冠，为 5 枚离生或基部合生的裂片或鳞片所组成；生于花冠管上或雄蕊背部或合蕊冠上；雄蕊 5，与雌蕊贴生成中心柱，称合蕊柱，花药合生成一环而贴生于柱头基部的膨大处，花丝合生成管包围雌蕊，称合蕊冠，或花丝离生；药隔顶端有阔卵形而内弯的膜片；花粉常粘合成花粉块，花粉块通常通过花粉块柄而系结于着粉腺上，每花药有 2～4 个花粉块，但原始类群四合花粉块呈颗粒状，承载于匙形的载粉器上，载粉器下边有一载粉柄，基部有 1 粘盘，粘于柱头上，与花药互生；子房上位，心皮 2，离生；花柱 2 条，顶端合生，柱头膨大，常与花药合生。蓇葖果双生，或因一个不育而单生。种子多数，顶端具丝状长毛(图 8-112)。

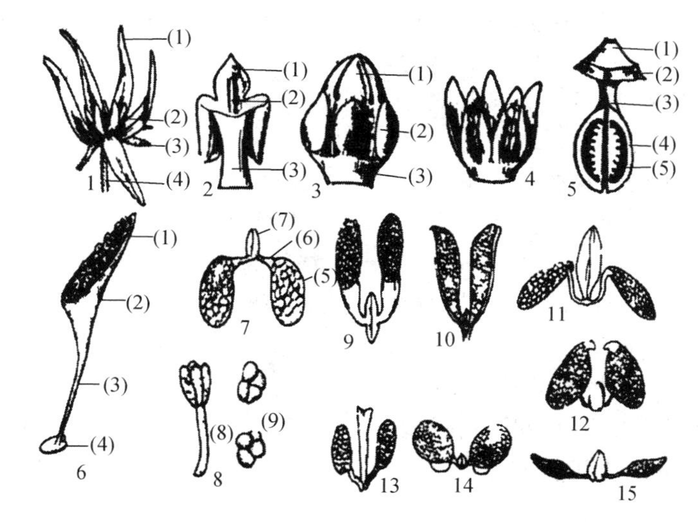

图 8-112 萝藦科花及花粉器的形态和结构

(仿杜勤，2011)

1. 花 (1)花冠裂片 (2)副花冠裂片 (3)萼片 (4)花梗

2. 雄蕊 (1)膜片 (2)药隔 (3)花丝

3. 合蕊柱和副花冠 (1)雄蕊 (2)副花冠裂片 (3)合蕊冠

4. 副花冠 5. 雌蕊 (1)柱头 (2)柱基盘 (3)花柱 (4) 子房纵切面 (5)胚珠

6. 杠柳亚科的花粉器 (1)四合花粉 (2)载粉器 (3)载粉器柄 (4)粘盘

7～15. 萝藦科其他亚科的花粉器 (5)花粉块 (6)花粉块柄 (7)着粉腺 (8)载粉器 (9)四合花粉

本科和夹竹桃科相近，主要区别是本科具花粉块和合蕊柱。另外，在叶柄的顶端(即叶片基部与叶柄相连处)有丛生的腺体。

本科180属2 200余种，分布于热带、亚热带及少数温带地区。我国44属约245种，分布几遍全国，以西南、华南最集中。已知药用植物32属112种。

【药用植物】

白薇 *Cynanchum atratum* Bunge　多年生直立草本，有乳汁，全株被绒毛。根须状，有香气。茎中空。叶对生；卵形或卵状长圆形。伞形状聚伞花序，无花序梗；花深紫色。蓇葖果单生。种子一端有长毛(图8-113)。分布于南北各省。生于林下草地或荒地草丛中。根及根状茎入药，能清热，凉血，利尿。

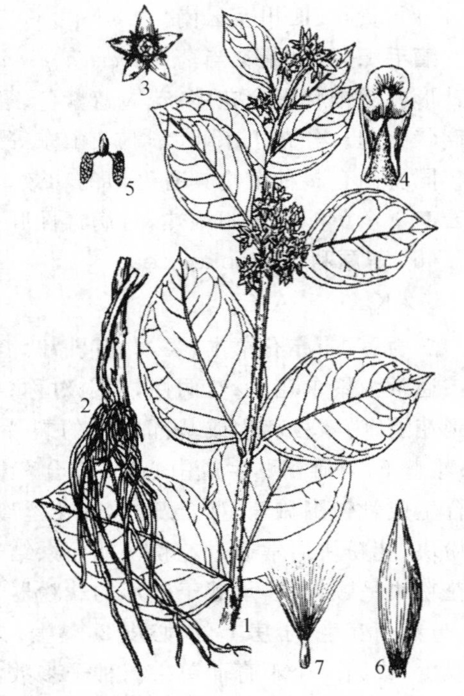

图8-113　白薇 *Cynanchum atratum* Bunge
(中国植物志，1959—2004版)
1. 花枝　2. 根　3. 花　4. 雄蕊
5. 花粉块　6. 果实　7. 种子

蔓生白薇(*C. versicolor* Bunge)与白薇区别是：茎上部蔓生；花初开时黄绿色，后变为黑紫色。分布于南北各地。亦做白薇入药。

柳叶白前(白前、鹅管白前)*Cynanchum stauntonii* (Decne.) Schltr. ex Levl.　直立半灌木。根茎细长，匍匐，须根纤细，节上丛生，无香气。叶对生，狭披针形，无毛。伞形状聚伞花序；花冠紫红色，花冠裂片三角形；副花冠裂片盾状；每室1个花粉块，长圆形。蓇葖果单生。种子顶端具绢毛。分布于长江流域及西南各省。生于低海拔山谷、湿地及溪边。根及根茎能泻肺降气，化痰止咳，平喘。

芫花叶白前 *C. glaucescens* (Decne.) Hand. -Mazz.　本种茎具二列柔毛；叶长圆形；花冠黄色。分布区同柳叶白前。多生于河岸沙地上。根和根状茎亦作白前入药。

徐长卿(寮刁竹) *Cynanchum paniculatum* (Bunge) Kitagawa　多年生直立草本。根为须状，有香气。叶对生，披针形至条形，有疏毛。圆锥状聚伞花序生顶端叶腋内；花冠黄绿色，近辐状，副花冠裂片，基部厚，顶端钝；花粉块每室1个，2心皮离生。蓇葖果单生；种子一端具绢毛(图8-114)。分布于全国大多数省区。生于山地阳坡草丛中。全草能解毒消肿，通经活络，止痛。

白首乌(隔山消、飞来鹤)*Cynanchum auriculatum* Royle ex Wight　蔓生半灌木，具乳汁和具块根。叶对生，心形。伞房状聚伞花序；花白色，副花冠浅杯状，顶端具椭圆形肉质裂片。蓇葖果双生。分布于除新疆以外的各省区。生于林下、灌丛及沟边。块根有小毒；能补肝肾，益精血，强筋骨，健脾。

杠柳 *Periploca sepium* Bunge　落叶蔓生灌木，具乳汁，枝叶无毛。叶对生，披针形。聚伞花序腋生；花萼5深裂，其内面基部有10个小腺体；花冠紫红色，裂片5枚，向外反折，内面被柔毛；副花冠环状，顶端10裂，其中5裂延伸成丝状而顶部内弯；花粉颗粒状，藏在匙形载粉器内，基部的粘盘粘在柱头上。蓇葖果双生，圆柱状。种子顶部有白色长柔毛(图8-115，彩图

8-31)。分布于长江以北及西南地区。生于平原及低山丘的林缘、山坡。根皮(北五加皮、香五加皮)含强心苷如杠柳苷,有毒,能祛风除湿,强壮筋骨,利水消肿。

萝藦 *Metaplexis japonica* (Thunb.) Makino 多年生草质藤本,长达 8 m,具乳汁。叶膜质,卵状心形。总状式聚伞花序腋生或腋外生,具长总花梗,着花通常 13~15 朵;花萼裂片披针形,外面被微毛;花冠白色,有淡紫红色斑纹,近辐状,花冠筒短,花冠裂片披针形,张开,顶端反折,基部向左覆盖,内面被柔毛;副花冠环状,着生于合蕊冠上,短 5 裂,裂片兜状;雄蕊连生成圆锥状,并包围雌蕊在其中。蓇葖果叉生,纺锤形。种子扁平,卵圆形,有膜质边缘,褐色,顶端具白色绢质种毛(图 8-116)。分布于东北、华北、华东以及甘肃、陕西、贵州、河南和湖北等省区。生长于林边荒地、山脚、河边及路旁灌木丛中。全株可药用,果可治劳伤、虚弱、腰腿疼痛、缺奶、白带、咳嗽等;根可治跌打、蛇咬、疔疮、瘰疬、阳痿;茎叶可治小儿疳积、疔肿;种毛可止血;乳汁可除瘊子。

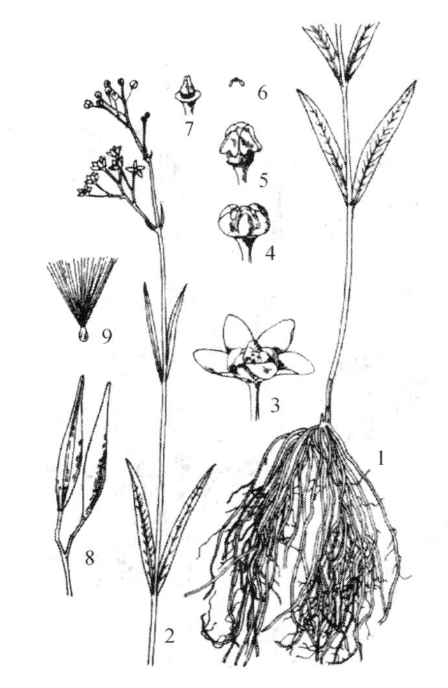

图 8-114 徐长卿 ***Cynanchum paniculatum* (Bunge) Kitagawa**

(中国植物志,1959—2004 版)

1. 植株 2. 花枝 3. 花 4. 副花冠(花萼及花冠已除去) 5. 合蕊柱的侧面观(已去副花冠) 6. 载粉器和花粉块 7. 雌蕊 8. 果实 9. 种子

常用药用植物还有:戟叶牛皮消(泰山何首乌)(*Cynanchum bungei* Decne.),块根功效同白首乌。娃儿藤(三十六荡)(*Tylophora ovata* (Lindl.) Hook. ex Steud.),根和叶含娃儿藤碱,有抗癌作用;根或全草能祛风除湿,散瘀止痛,止咳定喘,解蛇毒。马利筋(莲生桂子花)(*Asclepias curassavica* Linn.),全株含强心苷(马利筋苷),有毒;可退虚热,利尿,消炎散肿,止痛。

47. 旋花科 Convolvulaceae

⚥ $* K_{(5)} C_{(5)} A_5 \underline{G}_{(2:1\sim4:1\sim2)}$

常为缠绕草质藤本,有时含乳状汁液。叶互生;常单叶。花通常美丽,两性,辐射对称;萼片 5,常宿存;花冠漏斗状、钟状、坛状等,一般全缘或微 5 裂,开花前成旋转状;雄蕊 5 枚,着生于花冠管上;子房上位,常为花盘包围,心皮 2(稀 3~5),合生成 1~2 室,有时因假隔膜隔为(3~)4 室;每室有胚珠 1~2 颗。蒴果。稀为浆果。

本科约 56 属 1 800 种,广布全世界,主产美洲、亚洲热带和亚热带地区。我国 22 属约 128 种,南北均产,主产西南与华南。已知药用植物 16 属 54 种。

【药用植物】

裂叶牵牛 *Pharbitis hederacea* (L.) Choisy 一年生缠绕草本,全株被毛。叶互生,叶片阔卵形或长椭圆形,通常 3 裂。花单生或 2~3 朵着生花梗顶端;外萼片披针状线形;花冠漏斗状,浅蓝色或紫红色;雄蕊 5 枚;子房上位,3 室,每室有胚珠 2 颗。蒴果球形;种子卵状三棱形,黑褐色或淡黄白色(图 8-117)。全国大部分地区有栽培。

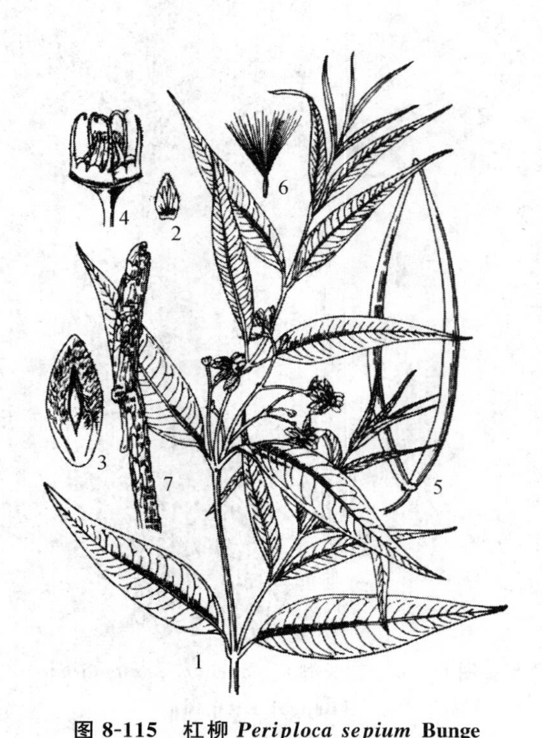

图 8-115　杠柳 *Periploca sepium* Bunge

（中国植物志，1959—2004 版）

1. 花枝　2. 花萼裂片内面，示基部两侧的腺体　3. 花冠裂片内面　4. 副花冠及合蕊柱　5. 果实　6. 种子　7. 根皮

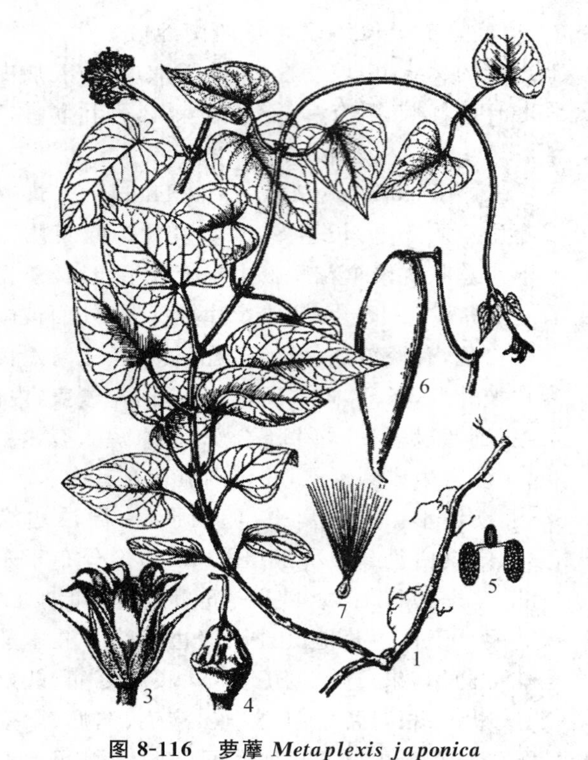

图 8-116　萝藦 *Metaplexis japonica* (Thunb.) Makino

（中国植物志，1959—2004 版）

1. 叶枝　2. 花枝　3. 花　4. 合蕊柱和副花冠　5. 花粉器　6. 蓇葖果　7. 种子

圆叶牵牛 *P. purpurea*（Linn.）Voigt　本种的叶片心状卵形，外萼片长椭圆形。花冠除蓝紫色和紫红色外，还有白色。本种原产热带美洲。我国大部分地区有分布。

上述两种植物的种子称牵牛子，黑色或淡黄白色（黑丑、白丑），能逐水消肿，杀虫。

菟丝子 *Cuscuta chinensis* Lam.　一年生缠绕性寄生草本。茎纤细，黄色。叶退化成鳞片状。花簇生成球形；花萼 5 裂，花冠黄白色，壶状，5 裂，花冠内面基部有鳞片 5，边缘呈长流苏状；雄蕊 5；子房上位，2 室，花柱 2。蒴果成熟时被宿存的花冠全部包住，盖裂；种子 2～4 颗（图 8-118，彩图 8-32）。分布于全国大部分地区，寄生于豆科、菊科等多种植物体上。种子能补肝肾，明目，益精，安胎。

同属植物尚有南方菟丝子（*C. australis* R. Br.）和金灯藤（日本菟丝子）（*C. japonica* Choisy），分布区同菟丝子，种子也称“菟丝子”，效用相同。

丁公藤 *Erycibe obtusifolia* Benth.　木质藤本。单叶互生，叶革质，椭圆形至倒长卵形全缘。聚伞花序；花小，白色；花冠钟状，5 深裂。浆果；种子 1 枚。分布于广东中部及沿海岛屿，生于湿润山谷、密林及灌丛中。茎藤有小毒，能祛风除湿，消肿止痛。是制冯了性药酒的主药。

同属植物光叶丁公藤（*E. schmidtii* Craib）为目前药材丁公藤的主流品种，分布于广东、广西及云南。根和茎也入药，功效相同。

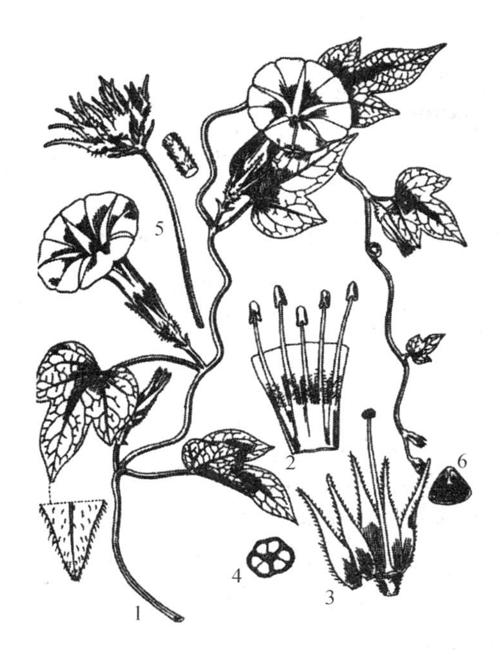

图 8-117　裂叶牵牛 *Pharbitis hederacea* (L.) Choisy

（仿郑汉臣，2002）

1. 花枝　2. 花冠筒部展开（示雄蕊）　3. 萼片展开（示雌蕊）　4. 子房横切面　5. 花序　6. 种子横切

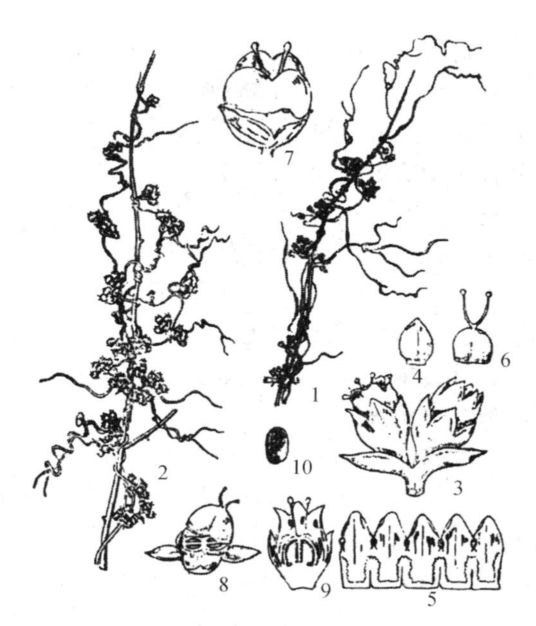

图 8-118　菟丝子 *Cuscuta chinensis* Lam.

（仿杜勤，2011）

1. 花枝　2. 果枝　3. 花　4. 花萼　5. 花冠展开（示雄蕊）　6. 雌蕊　7. 果实　8. 果实横切　9. 果实花纵切　10. 种子

本科药用植物还有马蹄金（黄疸草、金锁匙）（*Dichondra micrantha* Urban），全草能清热利湿，解毒消肿。

48. 马鞭草科 Verbenaceae

⚥ ↑ $K_{(4\sim5)}C_{(4\sim5)}A_4\underline{G}_{(2:4:1\sim2)}$

木本，稀草本，常具特殊气味。单叶或复叶，常对生。花序种种；花两性，常两侧对称，少辐射对称；花萼 4～5 裂，宿存；花冠 4～5 裂，常偏斜或二唇形；雄蕊 4，常 2 强，着生花冠管上；子房上位，全缘或稍 4 裂，多由 2 心皮组成，因假隔膜而成 4 室，少有 2～10 室，每室胚珠 1～2，花柱顶生，柱头 2 裂。果为核果或蒴果状。

本科约 80 属 3 000 余种，分布于热带和亚热带地区，少数延至温带。我国 20 属 174 种，主要分布在长江以南各省。国产种类中，已知药用植物 15 属 101 种。

本科药用植物多用于清热解毒，祛风活血，镇咳祛痰，抗疟，止痛止血等方面。

【药用植物】

牡荆 *Vitex negundo* L. var. *cannabifolia* (Sieb. et Zucc.) Hand. -Mazz.　落叶灌木至小乔木，小枝四方形。掌状复叶对生；小叶常 5 片，披针形或椭圆状披针形，边缘有锯齿，两面绿色。圆锥花序顶生；花冠淡紫色，二唇形，上唇短，2 浅裂，下唇 3 裂，中央裂片大；雄蕊 2 强。核果褐色，具宿萼（图 8-119）。华北、华南、西南及河北、湖南有分布。生于山坡及灌丛中。根、茎能祛风解表，清热止咳，解毒消肿；叶、果含挥发油，叶治痢疾，中暑，疮毒；果止咳平喘，理气止痛。

黄荆 *Vitex negundo* L.　与牡荆区别点是：小叶片通常全缘或每侧有少数锯齿，叶下面密生灰白色绒毛。分布几遍全国，功效同牡荆，一般均混同使用。

同属植物还有荆条（*V. negundo* L. var. *heterophylla*（Franch.）Rehd.），分布于我国大部分省区。功效同牡荆。

蔓荆 *Vitex trifolia* L.　落叶灌木。小枝四方形。掌状复叶具小叶 3 片，有时在侧枝上部也有单叶；小叶片卵形或长倒卵形，全缘，下面密生灰白色绒毛。圆锥花序顶生；花 5 数；萼钟状，5 齿裂；花冠淡紫色，二唇形，下唇中央一裂片明显较大。核果，萼宿存。分布于沿海各省。生于海边、河湖旁及沙滩上。

单叶蔓荆 *Vitex trifolia* L. var. *simplicifolia* Cham.　与蔓荆不同处是：单叶，倒卵形，顶端圆形。该两种的果实，称"蔓荆子"，能疏风散热，清利头目；叶治跌打损伤。

马鞭草 *Verbena officinalis* L.　多年生草本。茎四方形。叶对生卵形至长圆形；基生叶边缘常有粗锯齿及缺刻；茎生叶通常 3 深裂，裂片作不规则的羽状分裂或具锯齿，两面均被粗毛。穗状花序细长如马鞭；花小，花萼先端 5 齿，被粗毛；花冠淡紫色，裂片 5，略二唇形；雄蕊 2 强；子房 4 室，每室 1 胚珠。果为蒴果状；藏于萼内，熟时分裂成 4 个分核（图 8-120）。分布于全国各地。生于山野或荒地。全草能清热解毒，利尿消肿，通经，截疟。

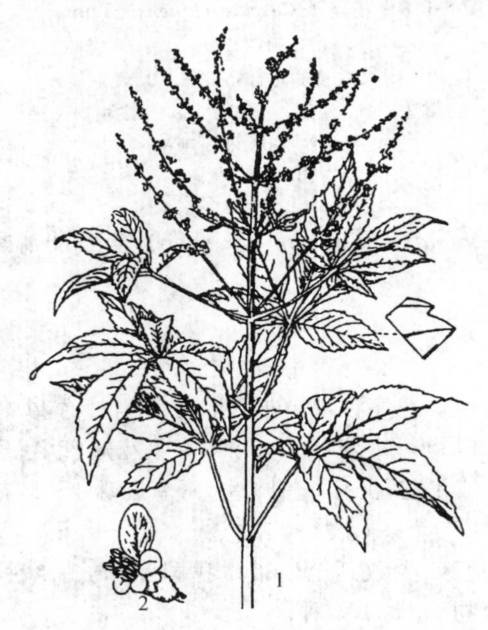

图 8-119　牡荆 *Vitex negundo* L. var. *cannabifolia*（Sieb. et Zucc.）Hand. -Mazz.

（仿杜勤，2011）

1. 花枝　2. 花

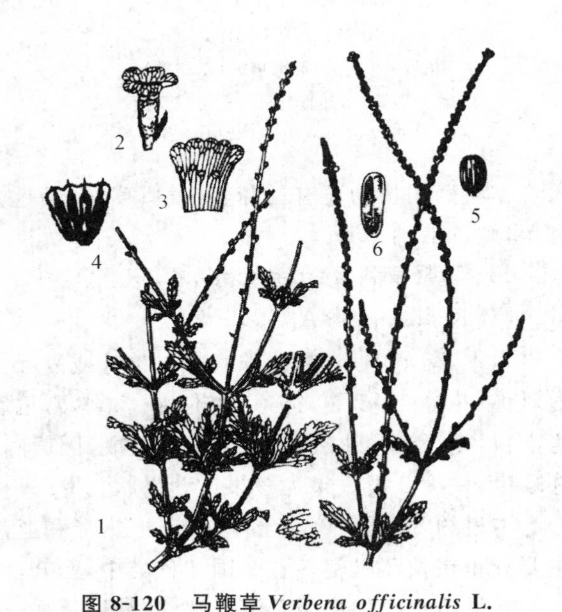

图 8-120　马鞭草 *Verbena officinalis* L.

（仿杜勤，2011）

1. 植株　2. 花　3. 花冠展开（示雄蕊）　4. 花萼展开（示雌蕊）　5. 果实　6. 种子内面

大青 *Clerodendrum cyrtophyllum* Turcz.　灌木或小乔木。枝内髓白色而坚实。叶对生，长椭圆形至卵状椭圆形，全缘，无毛，背面常有腺点。伞房状聚伞花序；花萼粉红色，果时增大变紫红色；花冠白色；雄蕊 4，伸出花冠外。核果浆果状，熟时紫色。分布于华东、中南及西南。生于林边及灌丛中。根、茎、叶能清热解毒,祛风除湿,消肿镇痛。部分地区将叶作"大青叶"入药。

海州常山(臭梧桐)*Clerodendron trichotomum* Thunb. 灌木或小乔木。枝内具横隔片状髓。叶对生,广卵形或卵状椭圆形,全缘或微波状,两面被柔毛。伞房状聚伞花序;花萼紫红色;花冠由白转为粉红色。核果蓝紫色,包藏于增大的宿萼内。枝、叶等部具臭气,故又叫臭梧桐(图 8-121)。分布于华北、华东、中南及西南各省区;生于山坡林缘及溪边丛林中。根、叶能祛风除湿,降血压。外洗治痔疮、湿疹。

同属主要药用植物还有臭牡丹(*C. bungei* Steud.),分布于华北、西北、中南及西南。根、叶能降压,祛风利湿,活血消肿;叶外用治痈疮。

紫珠(杜虹花)*Callicarpa formosana* Rolfe 灌木。小枝和花序均密被黄褐色星状毛和分枝毛。单叶对生,卵状椭圆形或椭圆形,上面被短硬毛,下面密被黄褐色星状毛和疏生黄色透明腺点。聚伞花序腋生;花小,花萼先端4裂,有毛和腺点;花冠紫色;雄蕊4枚,伸出冠外;浆果状核果,蓝紫色(图 8-122)。分布于华南、华东及云南等地;生于林缘及山谷溪旁。根、茎、叶能止血,散瘀,消肿。

图 8-121 海州常山 *Clerodendron trichotomum* Thunb.

(仿杜勤,2011)

1. 花枝 2. 果枝 3. 花萼展开(示雌蕊) 4. 花冠展开(示雄蕊)

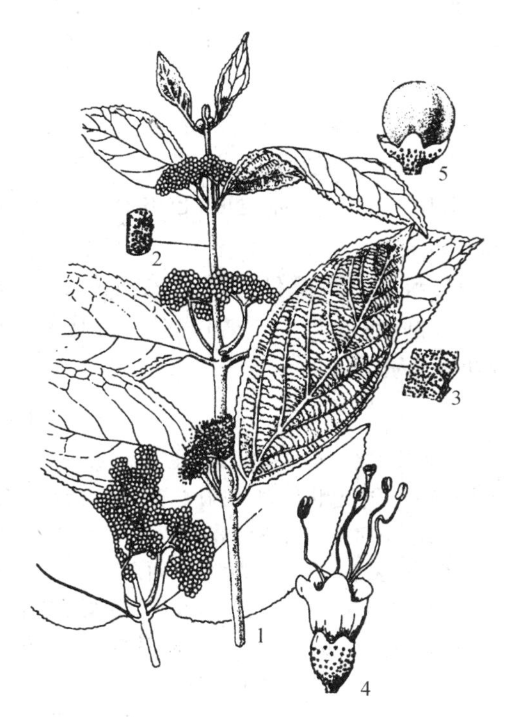

图 8-122 紫珠 *Callicarpa formosana* Rolfe

(仿杜勤,2011)

1. 花枝 2,3. 星状毛 4. 花 5. 果

同属植物还有多种,如大叶紫珠(*C. macrophylla* Vahl.),分布于华南及西南;生于山坡路旁和溪边灌丛中。裸花紫珠(*C. nudiflora* Hook. et Arn.),分布于广东与广西;生于山坡路旁或疏林。功效相同。

常见的药用植物还有兰香草(*Caryopteris incana* (Thunb. ex Hout.) Miq.)和三花莸(*C. ternifolia* Maxim.),植物的全株能疏风解表,祛痰止咳,散瘀止痛。马缨丹(五色梅)(*Lantana camara* L.),多为栽培;根能解毒,散结止痛;枝、叶有小毒,能祛风止痒,解毒消肿。

49. 唇形科* Lamiaceae (Labiatae)

$⚥\uparrow K_{(4\sim5)}C_{(4\sim5)}A_{4,2}\underline{G}_{(2:4:1)}$

常为草本,多含挥发油。茎四方形,叶对生。花序通常为腋生聚伞花序排成轮伞花序,常再组成总状、穗状或圆锥状的混合花序;花两性,两侧对称;花萼5裂,宿存;花冠5裂,唇形(上唇2裂,下唇3裂),少为假单唇形(上唇很短,2裂,下唇3裂,如筋骨草属)或单唇形(即无上唇,5个裂片全在下唇,如香科属);雄蕊4,2强,或仅2枚发育;花盘常存在;雌蕊由2个心皮组成,子房上位,通常4深裂形成假4室,每室有1颗胚珠,花柱着生于4裂子房的底部。果实为4枚小坚果组成(图8-123)。

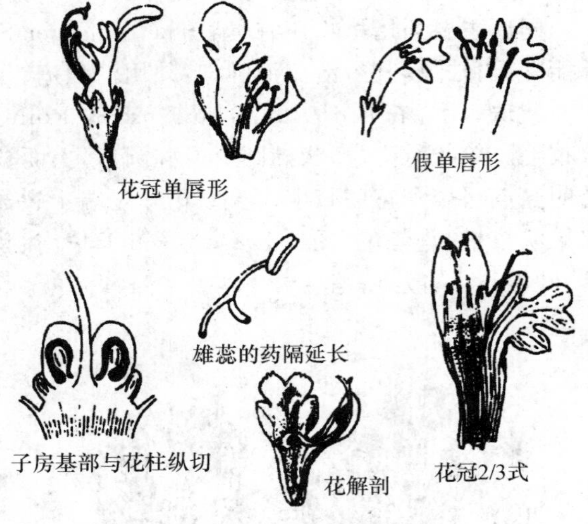

图8-123 唇形科花的解剖

(仿杜勤,2011)

本科约220属3 500种,全球广布,主产地为地中海及中亚地区。我国约99属808种,全国均产。国产种类中,已知药用植物75属436种。

唇形科与马鞭草科、紫草科易混淆。但紫草科茎圆形,叶互生,花辐射对称。马鞭草科花柱顶生,子房不深4裂,不形成轮伞花序,果为核果或蒴果状。

部分属检索表

1. 子房4深裂;小坚果有大而显著的果脐。
  2. 轮伞花序穗状排列;花冠上唇极短,能育雄蕊4 ………… **筋骨草属 *Ajuga***
  2. 聚伞花序排成圆锥状;花冠上唇显著,能育雄蕊2 ………… **水棘针属 *Amethystea***
1. 子房4全裂;小坚果通常具小的果脐。
  3. 萼二唇形,结果时先闭合,后2裂,上裂片脱落,下裂片宿存;种子多少横生 …… **黄芩属 *Scutellaria***
  3. 萼二唇形或近对称,结果时不为上述变化;种子直生。
    4. 雄蕊上升或平展而直伸。
      5. 花冠筒藏于萼内,雄蕊、花柱藏于花冠筒内 ………… **夏至草属 *Lagopsis***
      5. 花冠筒长于花萼。
        6. 花药长圆形、卵圆形至线形,药室平行,或叉开但顶部不贯通。
          7. 花冠明显二唇形,唇裂片不相等。
            8. 雄蕊4,花药卵形。
              9. 后1对雄蕊长于前1对雄蕊。
                10. 两对雄蕊不互相平行,前1对上升,后1对下倾 ………… **藿香属 *Agastache***
                10. 两对雄蕊互相平行,均沿花冠上唇上升。

11. 花萼齿间无小瘤。
12. 茎直立，无匍匐茎；轮伞花序在枝端排成穗状 …………………………………… 荆芥属 *Nepeta*
12. 茎基部伏生，具匍匐茎；轮伞花序生于叶腋 ………………………………… 活血丹属 *Glechoma*
11. 花萼齿间具由脉结形成的小瘤 ………………………………………………… 青兰属 *Dracocephalum*
9. 后 1 对雄蕊短于前 1 对雄蕊。
13. 萼齿极不相等，上唇顶端截形，有 3 齿，喉部果成熟时由于下唇 2 齿斜向上伸而闭合 ……………………………………………………………………………… 夏枯草属 *Prunella*
13. 萼齿多少相似，喉部果成熟时不闭合。
14. 花柱 2 裂片极不等长；花冠上唇边缘多毛或有流苏状缺刻 ………………… 糙苏属 *Phlomis*
14. 花柱 2 裂片近等长至等长。
15. 苞片早落；花冠下唇侧裂片不发达，边缘常有齿 ……………………… 野芝麻属 *Lamium*
15. 苞片宿存；花冠下唇侧裂片显著或与中裂片近等大，边缘无齿。
16. 花萼具 5 脉，小坚果顶端截平 …………………………………………… 益母草属 *Leonurus*
16. 花萼具 5 或 10 脉，小坚果顶端钝或圆 ……………………………………… 水苏属 *Stachys*
8. 雄蕊 2，花药条形 ……………………………………………………………………… 鼠尾草属 *Salvia*
7. 花冠近于辐射对称或二唇形而上唇扁平或外凸。
17. 花柱 2 裂片极不相等；雄蕊药室叉开。
18. 茎基部常匍匐生根；轮伞花序排成穗状或总状，萼齿刺芒状；叶有锯齿 ……………………………………………………………………… 风轮菜属 *Clinopodium*
18. 茎直立；小穗状花序排成圆锥状，萼齿钝或锐尖 ………………………… 牛至属 *Origanum*
17. 花柱 2 裂片相等至近相等；雄蕊药室平行或花药开裂后叉开。
19. 半灌木；叶狭小，全缘或具 1～3 对齿 …………………………………… 百里香属 *Thymus*
19. 草本；叶较宽大，具齿。
20. 常为多年生草本，具根状茎。
21. 芳香旱生草本；雄蕊 4 枚均能育，药室平行 ……………………………… 薄荷属 *Mentha*
21. 沼生或湿生草本；雄蕊 2 枚能育，2 枚退化，后略叉开 ………………… 地笋属 *Lycopus*
20. 一年生芳香草本，无根状茎；雄蕊 4，其后略叉开或极叉开 ……………… 紫苏属 *Perilla*
6. 花药球形，药室水平叉开，顶端贯通为 1 室 ……………………………………… 香薷属 *Elsholtzia*
4. 雄蕊下倾，平卧于花冠下唇上 …………………………………………………… 香茶菜属 *Rabdosia*

【药用植物】

(1)鼠尾草属 *Salvia*

仅有 2 枚雄蕊能育，能育的雄蕊花丝短，药隔呈线形延长，横架于花丝上呈丁字形，与花丝间有关节联结，药隔的上臂顶端生有花粉的药室，下臂顶端无药室或有药室(有粉或无粉)。约 700 种，生于热带及温带。我国有 78 种，全国分布，西南最多。其中的药用植物以丹参和黄芩最著名。

丹参 *S. miltiorrhiza* Bunge　多年生草本，全株密被长柔毛及腺毛，触手有黏性。根肥壮外皮砖红色。羽状复叶对生；小叶 3～5 片，卵圆形或椭圆状卵形，上面有皱，下面毛较密。轮伞花序组成假总状花序；花萼二唇形；花冠紫色，管内有毛环，上唇略呈盔状，下唇 3 裂；能育雄蕊 2，药室为一长而柔软的药隔所远隔，上端的药室发育，在下端的药室不发育。小坚果长圆形(图 8-124)。全国大部分地区有分布，也有栽培；生于向阳山坡草丛、沟边及林缘。根能活血调经，祛瘀生新，清心除烦。

(2)益母草属 *Leonurus*

草本。下部叶宽大,近掌状分裂,上部茎生叶及花序上的苞叶渐狭,具缺刻或3裂。轮伞花序多数,排成长穗状花序;花萼5齿,上唇3齿直立,下唇2齿较长,靠合;花冠二唇形,上唇全缘,下唇3裂;雄蕊4,前对较长;小坚果锐三棱形,顶端平截。约20种,分布欧亚温带。我国12种,分布于南北各地。

益母草 *Leonurus heterophyllus* Sweet [*L. artermisia* (Lour.) S. Y. Hu] 一年生或二年生草本。茎方形。基生叶有长柄,叶片近圆形,边缘5~9浅裂;中部叶菱形,掌状3深裂,柄短;顶部叶近于无柄,线形或线状披针形。轮伞花序腋生;萼具5刺状齿,前2齿较长,靠合;花冠唇形,淡红紫色,长1~5 cm,上唇全缘,下唇3裂,中裂片倒心形;小坚果长圆状三棱形(图8-125)。全国各地均有分布,多生于旷野向阳处,海拔可高达3 400 m是中药益母草和茺蔚子的主流种。全草能活血调经,利尿消肿。全草含益母草碱,制成的益母草注射液作子宫收缩药,用于止血调经,近研究,又可降压,治肾炎水肿;果实(茺蔚子)能清肝明目,活血调经。

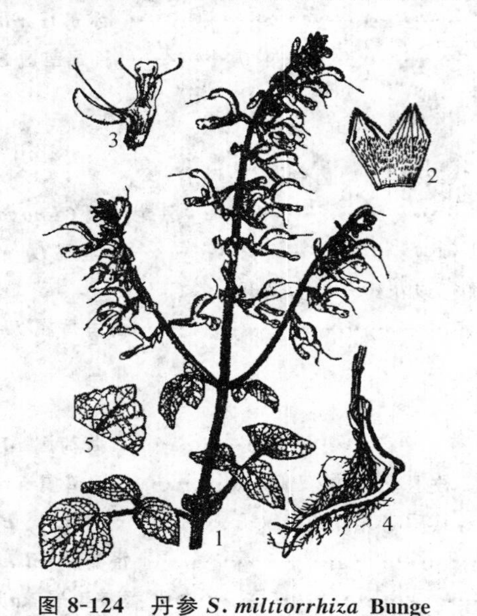

图8-124 丹参 *S. miltiorrhiza* Bunge

(仿杜勤,2011)

1. 花枝 2. 部分展开的花萼

3. 花冠展开(示雄蕊和雌蕊) 4. 根

图8-125 益母草 *Leonurus heterophyllus* Sweet

(仿杜勤,2011)

1. 花枝 2. 基部茎生叶 3. 花 4. 花冠纵剖

5. 花萼 6. 雌蕊 7. 种子

与益母草功效相同尚有变种白花益母草(var. *albiflorus* (Migo) S. Y. Hu),与原种不同仅在于花冠白色。分布于江苏、江西、福建和华南、西南各省区。细叶益母草(*L. sibiricus* L.),与益母草近似,但茎中部的及花序上的叶3全裂,每裂片再分裂成条状小裂片。花较大,长1.5~2 cm。分布于内蒙古、河北、山西及陕西。

黄芩 *Scutellaria baicalensis* Georgi 多年生草本。主根肥厚,断面黄绿色。茎基部多分枝。叶对生,具短柄,披针形至条状披针形,下面被下陷的腺点。总状花序顶生,花偏于一侧;苞片叶状;雄蕊4,二强。小坚果卵球形(图8-126)。分布于北方地区。生于向阳山坡、草原。根能清热泻火解毒,安胎。

同属多种植物的根常作黄芩入药，如滇黄芩（西南黄芩）（*S. amoena* wright.），与黄芩主要区别是根较细瘦，叶短圆形。每节间密被两纵列白柔毛及腺毛。花冠蓝紫色，分布于西南各省。粘毛黄芩（黄花黄芩、腺毛黄芩）（*S. viscidula* Bunge），似黄芩，但植株密被腺毛及柔毛。叶两面被多数腺点；花冠淡黄色。分布于山西、河北、内蒙古。甘肃黄芩（*S. rehderiana* Diels），根常具分枝。叶片卵状披针形，下部边缘具稀疏的圆齿，中部以上全缘。分布于甘肃、山西等省。丽江黄芩（*S. likiangensis* Diels），叶椭圆状卵形或椭圆形，下面密被腺点。花黄白至绿黄色，常染紫斑。分布于滇西北。

薄荷 *Mentha haplocalyx* Briq.　多年生草本，有清凉浓香气。茎四棱。叶对生，叶片卵形或长圆形，两面均有腺鳞及柔毛。轮伞花序腋生；花冠淡紫色或白色，4 裂，上唇裂片较大，顶端 2 裂，下唇 3 裂片近相等；雄蕊 4，前对较长。小坚果椭圆形（图 8-127）。分布于南北各省。生于潮湿地方，全国各地栽培，我国产量占世界首位。主产江苏、江西及湖南等省。全草能疏散风热，清利头目。

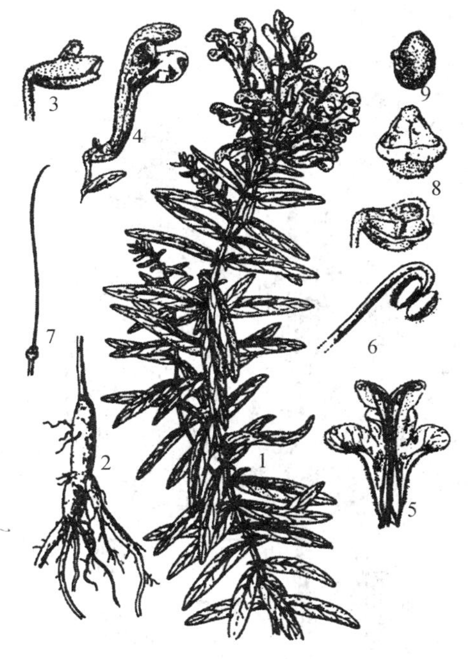

图 8-126　黄芩 *Scutellaria baicalensis* Georgi

（仿杜勤，2011）

1. 花枝　2. 根　3. 花萼侧面观　4. 花冠侧面观和苞片　5. 花冠展开（示雄蕊）　6. 雄蕊　7. 雌蕊　8. 果时花萼　9. 果实

图 8-127　薄荷 *Mentha haplocalyx* Briq.

（仿杜勤，2011）

1. 茎基及根　2. 茎上部　3. 花　4. 花萼展开　5. 花冠展开（示雄蕊）　6. 果实及种子

留兰香 *Mentha spicata* L.　多年生草本，高 0.3～1.3 m，有分枝。根茎横走。茎方形，多分枝，紫色或深绿色。叶对生，椭圆状披针形，长 1～6 cm，宽 3～17 mm，顶端渐尖或急尖，基部圆形或楔形，边缘有疏锯齿，两面均无毛，下面有腺点；无叶柄。轮伞花序密集成顶生的穗状花序；苞片线形，有缘毛；花萼钟状，外面无毛，具 5 齿，有缘毛；花冠紫色或白色，冠筒内面无环毛，有 4 裂片，上面的裂片大；雄蕊 4，伸出于花冠外；花柱顶端 2 裂，伸出花冠外。小坚果卵形，黑色，有微柔毛。花期 7～8 月，果期 8～9 月。全草入药，具疏风、理气、止痛之效。

裂叶荆芥 *Schizonepeta tenuifolia*(Benth.) Briq. 一年生草本,具香气,全体具柔毛。茎4棱,多分枝。叶对生,通常指状3裂,有时羽状深裂,裂片线状披针形,具透明腺点。轮伞花序成假穗状间断排列,顶生。花冠紫蓝色。小坚果长圆状三棱形(图8-128)。分布于东北、华北及四川、贵州等地。生于山坡、路边、山谷及林缘。同属植物多裂叶。

荆芥 *S. multifida* (L.)Briq. 形似前种,主要区别在于本种的叶一回羽状深裂或浅裂,裂片卵形或卵状披针形。假穗状花序连续,很少间断。分布于江苏、河南、河北及山东。

上述两种植物的地上部分通称"荆芥"。花序称"芥穗"。生用能解表散风,透疹;炒炭能止血。

紫苏(白苏)*Perilla frutescens* (Linn.) Britt. 一年生草本,具香气。茎方形,绿色或紫色,有毛。叶阔卵形或圆形,边缘有粗锯齿,两面绿色或紫色,或仅下面紫色,两面有毛。由轮伞花序集成总状花序状;花冠白色至紫红色。小坚果球形,灰褐色(图8-129)。产于全国各地,并多栽培。果(苏子)能降气消痰;叶(苏叶)能解表散寒,行气和胃,解鱼蟹毒;梗(苏梗)能理气宽中。

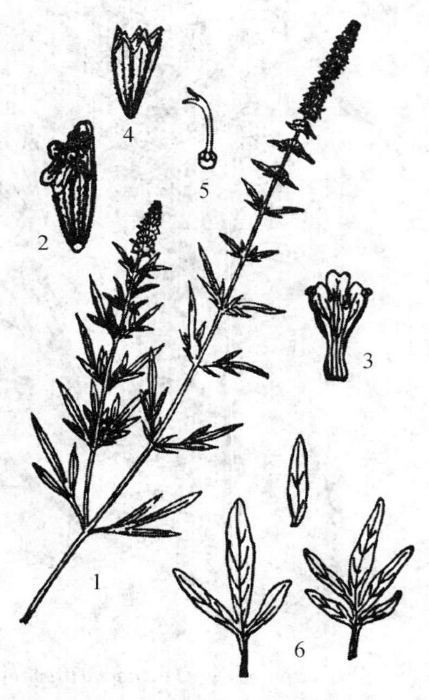

图8-128 裂叶荆芥 *Schizonepeta tenuifolia*(Benth.)Briq.

(仿杜勤,2011)

1. 花枝 2. 花 3. 花冠下唇内面 4. 花萼 5. 雌蕊 6. 各种形状的叶

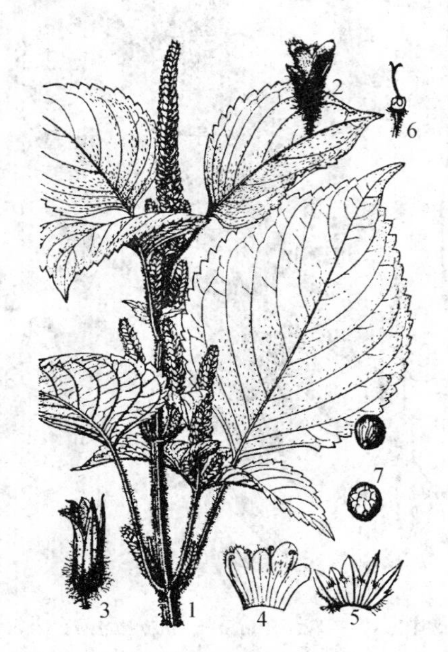

图8-129 紫苏 *Perilla frutescens* (Linn.) Britt.

(中国植物志,1959—2004版)

1. 花枝 2. 花 3. 花萼 4. 花冠展开(示雄蕊和雌蕊) 5. 花萼展开 6. 雌蕊 7. 小坚果

其变种鸡冠紫苏(回回苏)(var. *crispa* (Thunb.) Hand. -Mazz),叶片全部紫色,皱曲,叶缘深锯齿或条裂状,形似鸡冠,疗效同紫苏。

半枝莲(并头草)*Scutellaria barbata* D. Don 多年生小草本。茎4棱。单叶对生;叶片三角状卵形或卵圆状披针形,两面无毛。花单生于茎或分枝上部叶腋内并偏向一侧的总状花序上；花冠紫蓝色，外被短柔毛。分布于华北、华中及长江流域以南。全草能清热解毒，活血消肿。

夏枯草 *Prunella vulgaris* L.　多年生草本。叶对生，卵形。轮伞花序密集成顶生的假穗状花序；花萼二唇形，上唇顶端截形，具 3 短齿，下唇 2 齿细长；花冠红紫色，二唇形，上唇帽状，2 裂，下唇深 3 裂。小坚果三棱形。夏末开花后的枝叶枯萎而名夏枯草。我国大部分地区有分布；生于草地、林缘湿润处。全草或果穗入药，能清肝火，散郁结，降压。

藿香（土藿香）*Agastache rugosa*（Fisch. et Meyer）O. Kuntze.　多年生草本，具香气。叶心状卵形至椭圆状卵形，散生透明腺点，下面多短柔毛。轮伞花序集成顶生的假穗状花序淡紫蓝色，上唇微凹，下唇 3 裂，中裂片最大；雄蕊二强，伸出花冠筒外。小坚果卵状长圆形，顶端具短硬毛（图 8-130）。分布于全国各地，多有栽培。茎叶能芳香化湿，健胃止呕，发表解暑。

青香薷（石香薷，华荠苧）*Mosla chinensis* Maxim.［*Orthodon chinensis*（Maxim.）Kudo］一年生草本。茎纤细，四棱，多分枝。叶对生，条形至条状披针形。头状或假穗状花序；苞片覆瓦状排列；花冠紫红色至白毛（图 8-131）。分布于华东、中南、台湾及贵州。生于草坡、林下，也有栽培。全草能发汗解表，祛暑利湿，利尿。

图 8-130　藿香 *Agastache rugosa* (Fisch. et Meyer) O. Kuntze.

（仿杜勤，2011）

1. 根　2. 花果枝　3. 花　4. 花萼剖面　5. 花冠展开（示雄蕊和雌蕊）　6. 果实

图 8-131　青香薷 *Mosla chinensis* Maxim.

（仿杜勤，2011）

1. 花期植株　2. 花　3. 苞叶　4. 花萼　5. 花冠展开（示雄蕊）　6. 雌蕊

广藿香 *Pogostemon cablin*（Blanco）Benth.　多年生草本或半灌木，具香气。全体密被短柔毛。叶片阔卵形，常浅裂。原产菲律宾；我国南方有栽培，但很少开花。入药部位与功效同藿香。

地瓜儿苗（泽兰、地笋）*Lycops lucidus* Turcz. ex Benth.　多年生草本，根状茎横走肥厚。叶短圆状披针形。轮伞花序无梗，多花密生于叶腋；花白色。小坚果倒卵圆状三棱形。分布于东北、陕西、河北及西南地区。全草作“泽兰”入药。能活血，通经，利尿。

冬凌草(碎米桠)*Rabdosia rubescens*（Hemsl.）Hara　小灌木，茎多分枝。叶和幼枝密被绒毛，老时脱落近无毛。叶卵圆形或菱状卵圆形，基部下延成假翅，边缘具粗圆齿。轮伞花序构成顶生的狭圆锥花序。分布于华北、华中、西北及西南一些省区。含冬凌草甲素和延命素，具有抗菌消炎和抑制肿瘤的活性。

具有类似成分和疗效的同属植物已知有十余种，如香茶菜(*R. amethystoides*(Benth.) Hara)，分布于华东、华中、西南的一些省区；毛叶香茶菜(*R. japonica*（Burn. f.）Hara)，分布于华中、西北、江苏、四川；长管香茶菜(*R. longituba*（Miq.）Hara)，分布于浙江与福建。

海州香薷 *Elsholtzia splendens* Nakai ex F. Maekawa　一年生草本，被短柔毛。叶片披针形，下面具凹陷腺点。轮伞花序排成假穗状花序偏向一侧，顶生；苞片宽卵圆形，具尾尖；花冠紫红色。分布于辽宁、河北、山东、河南、江苏、浙江、广东。生于山坡。全草商品称“江香薷”，功效同“青香薷”。

常见药用植物还有：金疮小草(白毛夏枯草、筋骨草)(*Ajuga decumbens* Thunb.)，全草清热解毒，止咳祛痰，活络止痛。活血丹(连钱草)(*Glecoma longituba*（Nakai）Kupr.)，全草能清热解毒，利尿排石，散瘀消肿。

50. 茄科 Solanaceae

$⚥ * K_5 C_{(5)} A_5 \underline{G}_{(2:2:\infty)}$

草本或木本。叶常互生，无托叶。花单生、簇生或为聚伞花序；两性，辐射对称；花萼常5裂，宿存，果时常增大；花冠合瓣成钟状、漏斗状、辐状，裂片5；雄蕊常5枚，着生在花冠管上；子房上位，由2心皮合成2室，稀因不完全的假隔膜而在下部分隔成4室，或胎座延伸成假多室，中轴胎座，胚珠常多数。浆果或蒴果。

本科约80属3 000种，分布于温带至热带地区。我国26属107种，各省区均有分布。已知药用25属84种。

部分属检索表

1. 灌木；花单生或簇生，花冠漏斗状；浆果 ……………………………… **枸杞属 *Lycium***
1. 草本，极稀为半灌木。
  2. 花集生于聚伞花序上。
    3. 花冠漏斗状，筒状、钟状，花萼花后增大；蒴果。
      4. 果萼广卵状或坛状，完全包被果实 ……………………… **泡囊草属 *Physochlaina***
      4. 果萼筒状或杯状，不完全包围果实 ……………………… **烟草属 *Nicotiana***
    3. 花冠辐状，花药围绕花柱，花萼花后不增大或稍增大；浆果。
      5. 花药常孔裂；通常为单叶(仅马铃薯为复叶) ……………… **茄属 *Solanum***
      5. 花药常纵裂；常为羽状复叶 ……………………………… **番茄属 *Lycopersicon***
  2. 花单生或2至数朵簇生叶腋。
    6. 花萼在果时显著增大，完全包围果实。
      7. 果萼贴近浆果而不成膀胱状，无纵肋 ………………… **散血丹属 *Physaliastrum***
      7. 果萼不贴近浆果而成膀胱状，有10纵肋 ……………… **酸浆属 *Physalis***
    6. 花萼在果时不显著增大，不包果实或仅宿存果实基部。
      8. 花冠辐状，白色；浆果具空腔 …………………………… **辣椒属 *Capsicum***
      8. 花冠长漏斗状；蒴果 ……………………………………… **曼陀罗属 *Datura***

【药用植物】

(1)曼陀罗属 *Datura*

常为粗壮草本,少为木本(木本曼陀罗)。单叶互生。花大,单生于枝的分叉间或叶腋;花萼长筒状,5 齿裂,花后自基部稍上处环状断裂而仅基部宿存部分扩大,或自基部全部脱落;花冠长漏斗状,5 浅裂;雄蕊 5,花丝下部以下紧贴花冠筒;子房 2 室,因两个背缝线生出的假隔膜而隔成不完全的 4 室。蒴果,4 瓣裂,常有刺。种子多数。约 16 种,分布热带和亚热带地区。我国 4 种,分布于南北各省区,野生或栽培。

洋金花 *D. metel* L.　一年生草本。叶互生,茎上部的假对生,卵形至宽卵形,先端渐尖或锐尖,基部不对称楔形,全缘或具稀疏锯齿。花单生枝杈间或叶腋,直立;花萼筒状,先端 5 裂;花冠漏斗状,白色,裂片 5,三角状;雄蕊 5;子房不完全 4 室。蒴果横向或偏垂着生,圆球形,表面疏生短刺,成熟后不规则撕裂。种子扁平,近三角形,褐色(图 8-132)。花能平喘止咳,镇痛,解痉;有毒。其叶和种子也入药。

图 8-132　洋金花 *Datura metel* L.

(中国植物志,1959—2004 版)

1. 花枝　2. 果枝

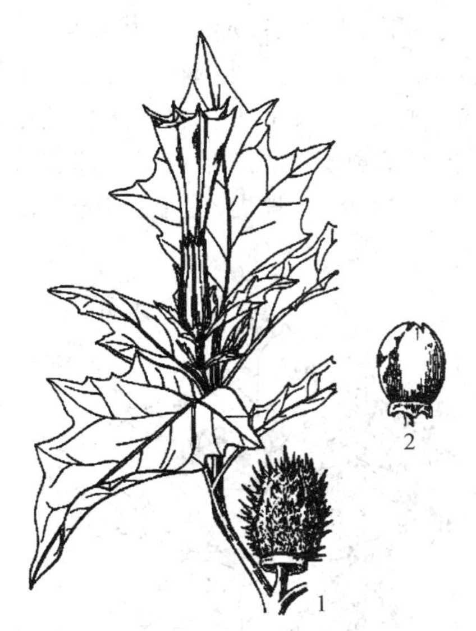

图 8-133　曼陀罗 *Datura stramonium* L.

(中国植物志,1959—2004 版)

1. 花果枝　2. 无刺类型的果

曼陀罗 *D. stramonium* L.　草本或半灌木状。叶广卵形,顶端渐尖,基部不对称楔形,边缘有不规则波状浅裂,裂片顶端急尖,有时亦有波状牙齿。花单生于枝杈间或叶腋,直立,有短梗,花萼筒状,筒部有 5 棱角,两棱间稍向内陷,基部稍膨大,顶端紧围花冠筒,5 浅裂,裂片三角形,花后自近基部断裂,宿存部分随果实而增大并向外反折,花冠漏斗状,下半部带绿色,上部白色或淡紫色,檐部 5 浅裂,裂片有短尖头,长 6～10 cm;雄蕊不伸出花冠;子房密生柔针毛。蒴果直立生,卵状,表面生有坚硬针刺或有时无刺而近平滑,成熟后淡黄色,规则 4 瓣裂。种子卵圆形,稍扁,黑色(图 8-133,彩图 8-33)。广布于世界各大洲;我国各省区都有分布。常生于住宅旁、路边或草地上,也有作药用或观赏而栽培。全株有毒,含莨菪碱,药用,有镇痉、镇静、镇痛、麻醉的功能。种子油可制肥皂和掺和油漆用。前述曼陀罗包括了通常文献中的 3 种:曼陀罗(*D. stramonium* L.),花白色,茎枝淡绿色,果实表皮有针刺;紫花曼陀罗(*D. tatula*

L.)，花紫色，茎枝带紫色，果实表皮有针刺；无刺曼陀罗(*D. inermis* Jacqi.)，花白色，果实表面无针刺。原因是世界上许多植物学家进行实验分类学研究证明：花白色或紫色，果实表面有针刺或无刺，仅是一对基因显性或隐性的不同，这些类型也是变异的，遗传特征并不稳定，因而这些类型只能是一个种，取其最早发表的名称 *Datura stromonium* L.。

毛曼陀罗 *D. innoxia* Mill. 蒴果俯垂，近球状或卵球状，密生细针刺，针刺有韧曲性，全果亦密生白色柔毛，成熟后淡褐色，由近顶端不规则开裂。药用功效同曼陀罗。

(2)茄属 *Solanum*

草本、灌木或小乔木。单叶，偶复叶。花冠常辐状；花药侧面靠合，顶孔开裂；心皮 2 室。浆果。约 2 000 种，我国 39 种。

龙葵 *S. nigrum* L. 一年生草本，植株粗壮，多分枝，花 4～10 朵组成短的蝎尾状花序，腋外生。浆果黑色(图 8-134)。全世界广布。全草有小毒，能清热解毒、活血消肿。

宁夏枸杞(中宁枸杞)*Lycium barbarum* L. 粗壮；灌木，分枝披散或稍斜上，具棘刺。叶互生或丛生，长椭圆状披针形或卵状矩圆形。花数朵簇生短枝上；花萼先端 2～3、裂；花冠漏斗状，5 裂，粉红色或紫色，花冠管长于裂片，裂片无缘毛；雄蕊 5。浆果宽椭圆形，红色；种子长 2 mm(图 8-135)。分布于西北和华北。生于向阳潮湿沟岸、山坡。主产于宁夏(以中宁县最著名)、甘肃；产地有栽培，现已在我国中部、南部许多省区引种栽培。果实(宁夏枸杞)能滋补肝肾，益精明目。根皮(地骨皮)能凉血除蒸，清肺降火。

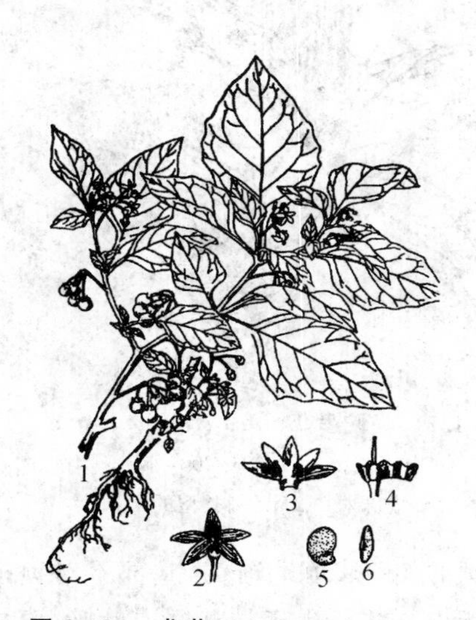

图 8-134 龙葵 *Solanum nigrum* L.

(仿杜勤，2011)

1. 植株 2. 花 3. 剖开的花冠(示雄蕊) 4. 剖开的花萼(示雌蕊) 5. 种子正面 6. 种子侧面

图 8-135 宁夏枸杞 *Lycium barbarum* L.

(仿杜勤，2011)

1. 果枝 2. 花 3. 花冠展开(示雄蕊着生情况) 4. 雄蕊 5. 雌蕊

枸杞 *L. chinense* Mill. 与宁夏枸杞主要不同点是：枝条柔弱，常弯曲下垂。花冠管短或近等于花冠裂片，裂片有缘毛。浆果较小，长椭圆形，种子长 3 mm。广布于南北各省区。多生于山坡荒地、宅旁村边，也有栽培。根皮亦作地骨皮药用；果实(土枸杞)功效同宁夏枸杞；叶能除烦益志，解热毒，消痈肿。

莨菪（天仙子）*Hyoscyamus niger* L.　二年生草本。全株被黏性腺毛和长柔毛，有特殊臭气，根粗壮，肉质。自根状茎发出莲座状叶丛；茎生叶互生，卵形；下部叶有柄；上部叶无柄，基部下延，抱茎，边缘具不规则的波状浅裂或深裂。花单生于叶腋，在茎上端聚集成顶生的蝎尾式总状花序；花萼筒状钟形，果时增大成壶状；花冠漏斗状，黄色，有紫色脉纹。蒴果顶端盖裂，包于宿萼内。种子圆肾形，棕黄色，有网纹（图 8-136）。分布于我国华北、西北和西南，亦有栽培。生于山坡及河岸沙地。种子（天仙子）能定惊止痛；根、茎、叶为提取莨菪碱和东莨菪碱原料。

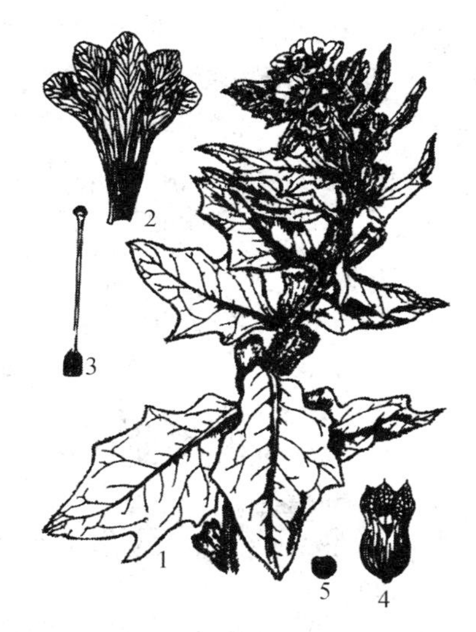

图 8-136　莨菪 *Hyoscyamus niger* L.

（仿杜勤，2011）

1. 花枝　2. 花冠剖开（示雄蕊）
3. 雌蕊　4. 果实　5. 种子

华山参（漏斗泡囊草、秦参）*Physochlaina infundibularis* Kuang　多年生草本，根状茎粗壮。除叶外全体被腺毛。叶互生，三角形，边缘有三角形牙齿。伞形式聚伞花序顶生或腋生；花萼漏斗状钟形，5 中裂，花后增大成漏斗状；花冠漏斗状钟形，除管部略带紫色外其余均绿黄色，5 浅裂；雄蕊 5；子房 2 室。蒴果盖裂。分布于陕西秦岭、河南、山西。生于山谷、林下。根有毒，能温中，安神，补虚，定喘，也是提取托品类生物碱的原料。

茄 *Solanum melongena* L.　全株被星状毛；叶互生，卵形至矩圆状卵形，叶缘波状，花单生。本种为栽培种，花色、果形及颜色均有极大变异。浆果食用；根、茎入药，能祛风、通络、止痛、止血，能治风湿痹痛、手脚麻木、便血、尿血等病。

常见的药用植物还有：白英（*Solanum lyratum* Thunb.），全草有小毒，能清热解毒、熄风、利湿，并试用于抗癌。颠茄（*Atropa belladona* L.），原产欧洲，我国栽培。叶及根为抗胆碱药。有镇痉、镇痛、抑制腺体分泌及扩大瞳孔的作用，也是提取阿托品的原料。挂金灯（灯笼草、红姑娘、锦灯笼）（*Physalis alkekengi* Linn. var. *francheti* (Mast.) Makino），广布于全国各省区，生于村边、路旁及荒地。宿萼或带果实的宿萼（锦灯笼）、根及全草能清热，利咽，化痰，利尿。苦蘵（*Physalis angulata* Linn.），根或全草能清热解毒，消肿利尿，止血。山莨菪（樟柳）（*Anisodus tanguticus* (Maxim.) Pascher），根有毒，能镇痛解痉，活血祛瘀，止血生肌，又为提取莨菪碱、樟柳碱等的原料。三分三（*A. acutangulus* C. Y. Wu et C. Chen），根有大毒，能解痉，镇痛，内服慎用；生药最大剂量不能超过三分三厘，故名“三分三”。马尿泡（*Przewalskia tangutica* Maxim.），根能解痉，镇痛和解毒消肿，也是提取托品类生物碱的重要原料。

51. 玄参科 Scrophulariaceae

$⚥ \uparrow K_{(4\sim5)} C_{(4\sim5)} A_{4,2} \underline{G}_{(2:2:\infty)}$

常为草本，少为灌木（来江藤属）或乔木（泡桐属）。叶多对生，少互生或轮生，无托叶。花两性，常两侧对称，较少近辐射对称（地黄属、毛蕊花属、婆婆纳属）；排成总状或聚伞花序；花萼常 4～5 裂，宿存；花冠 4～5 裂，通常多少呈二唇形；雄蕊着生于花冠管上，多为 4 枚，2 强，少为 2 枚或 5 枚；子房上位，基部常有花盘，心皮 2 枚，2 室，中轴胎座，每室胚珠多数。蒴果。种子多数。

本科约 200 属 3 000 种，遍布于世界各地。我国约 60 属 634 种，分布于南北各地，主产于西南。已知药用植物 45 属 233 种。

部分属检索表

1. 乔木，植物体常被星状毛。雄蕊 2 强，蒴果室背开裂 …………………………… **泡桐属 *Paulownia***
1. 草本。
  2. 叶互生。
    3. 花冠辐状，黄色或白色；雄蕊 5 ……………………………………………… **毛蕊花属 *Verbascum***
    3. 花冠唇状，紫红色，少为白色；雄蕊 4。
      4. 花萼有筒，钟状；花冠 5 裂片近相等 ………………………………………… **地黄属 *Rehmannia***
      4. 花萼分裂几达基部；花冠上唇极短，下唇中裂片最长 ……………………… **毛地黄属 *Digitalis***
  2. 叶对生或轮生。
    5. 雄蕊 5，4 枚能育，2 强。蒴果室背开裂 ………………………………………… **玄参属 *Scrophularia***
    5. 雄蕊 4 或 2 枚，都能育。
      6. 雄蕊 4，2 强；萼筒管状，主脉 10 条；蒴果长椭圆形。叶对生；叶片深裂至全裂 ……………………………………………………………… **阴行草属 *Siphonostegia***
      6. 雄蕊 2；花萼不具上述之特征；蒴果扁圆形，顶端微凹。叶对生或三叶轮生，或上部互生，不深裂 ……………………………………………………………… **婆婆纳属 *Veronica***

【药用植物】

玄参（浙玄参）*Scrophularia ningpoensis* Hemsl.　多年生大草本。根数条，纺锤形，干后变黑色。茎方形。叶下部对生；上部有时互生；叶片卵形至披针形。聚伞花序合成大而疏散的圆锥花序；花萼 5 裂几达基部；花冠褐紫色，管部多少壶状，上部 5 裂，上唇长于下唇；雄蕊 4，二强，退化雄蕊近于圆形。蒴果卵形（图 8-137）。分布于华东、华中、华南、西南等地。生于溪边、丛林及高草丛中。各省区多有栽培。

同属植物北玄参（*S. buergeriana* Miq.）与上种的主要不同点是聚伞花序紧缩成穗状；花冠黄绿色。分布于东北、华北及西北等地。

上述两种植物的根（玄参）能滋阴降火，生津，消肿散结，解毒。

地黄（怀地黄）*Rehmannia glutinosa*（Gaertn.）Libosch.　多年生草本，全株密被灰长柔毛及腺毛。其根肥大；呈块状，鲜时黄色。叶基生成丛，叶片倒卵形或长椭圆形，上面绿色多皱，下面带紫色。总状花序顶生；花冠管稍弯曲，外面紫红色，里面常有黄色带紫的条纹，上端 5 浅裂，略呈二唇形；雄蕊 4，二强；子房上位，2 室。蒴果卵形（图 8-138，彩图 8-34）。分布于辽宁和华北、西北、华中、华东等地，各省多栽培。主产于河南。以块根入药。生地黄能清热凉血，养阴生津；熟地黄能滋阴补肾，补血调经。

胡黄连 *Picrorhiza scrophulariiflora* Pennell　多年生草本。根状茎粗长，节密集，有残基及粗长支根。叶常基生呈莲座状，匙形或近圆形，基部下延成宽柄。花葶上部有棕色腺毛，多花集成顶生的总状花序，花序轴及花梗有棕色毛；花冠浅蓝紫色，裂片略呈二唇形。蒴果卵圆形。分布于四川西部、云南西北部及西藏南部；生于高山山坡及石堆中。根状茎能清虚热燥湿，消疳。

阴行草 *Siphonostegia chinensis* Benth.　一年生草本。全体被粗毛，茎上部多分枝。叶对生；叶片二回羽状深裂至全裂；裂片条形或条状披针形。花对生于茎枝上部；花萼长管状，有明显的 10 条主脉，先端 5 齿；花冠上唇红紫色，下唇带黄色；雄蕊二强。蒴果狭长椭圆形，包于宿萼内。分布于我国各省区；生于山坡、草地。全草（北刘寄奴），能清热止湿，凉血止血，祛瘀止痛。有些地区叫“黑茵陈”、“金钟茵陈”、“土茵陈”，作茵陈用，清湿热、利肝胆。

图 8-137　玄参 *Scrophularia ningpoensis* Hemsl.

（仿杜勤，2011）

1. 花枝　2. 植株　3. 根
4. 花冠展开（示雄蕊）　5. 果实

图 8-138　地黄 *Rehmannia glutinosa* (Gaertn.) Libosch.

（仿杜勤，2011）

1. 带花植株　2. 花冠展开（示雄蕊）
3. 雄蕊　4. 雌蕊　5. 种子　6. 腺毛

紫花洋地黄（洋地黄）*Digitalis purpurea* L.　草本，除花冠外，全体密被灰白色短柔毛和腺毛。茎单生或数枝丛生，基生叶多数呈莲座状，长卵形，基生叶下部与基生叶同形，上部渐小。总状花序顶生，花偏向一侧；花萼 5 裂几达基部；花冠唇形，筒部钟状，外面紫红色，内面白色，带紫色斑点；雄蕊二强；子房上位；蒴果。原产欧洲，我国有栽培。叶含洋地黄毒苷，有兴奋心肌，增强心肌收缩力，使收缩期的血液输出量明显增加，改善血液循环的作用。对心脏水肿患者有利尿作用。

同属植物毛花洋地黄（狭叶洋地黄）（*D. lanata* Ehrh.）与之主要不同点：叶狭长而小，全缘。花淡黄色；萼、花梗、花轴均密被柔毛。产地、功效同上种，有效成分较高。

【阅读材料】

趣话西红柿

番茄（*Lycopersicon esculentum* Mill.）又名西红柿，是茄科番茄属的多年生草本植物，这种果实类似中国茄子形状、又似中国红柿子，由于是从外国、西方传入中国，因而被中国人用汉语命名为“番茄”、“西红柿”。

西红柿植株高 0.7～2 m。全株被黏质腺毛。茎为半直立性或半蔓性。奇数羽状复叶或羽状深裂，互生；小叶极不规则，大小不等，常 5～9 枚，卵形或长圆形，长 5～7 cm，前端渐尖，边缘有不规则锯齿或裂片，局部歪斜，有小柄。圆锥式聚伞花序，腋外生，花 3～9 朵。花萼5～7 裂，果时宿存；花冠黄色，辐状，5～7 裂，直径约 2 cm。果实为浆果，浆果扁球状或近球状，肉质而多汁，橘黄色或鲜红色，光滑。种子扁平，黄色。花、果期夏、秋季。

西红柿原产于秘鲁和墨西哥，是一种生长在森林里的野生浆果，当地人把它称之为“狼桃”，并认为其有毒。虽然西红柿成熟时鲜红欲滴，十分美丽诱人，但未曾有人敢吃上一口，只是把它作为一种观赏植物。16 世纪，英国有位名叫俄罗达拉的公爵在南美洲旅游，很喜欢西红柿这种观赏植物，将之带回英国作为爱情的礼物献给了情人伊丽莎白女王以表达爱意。此后，西红柿以“爱情果”、“情人果”之名广为流传，被人们种在庄园里，并作为象征爱情的礼品赠送给爱人，但过了一代又一代，仍没有人敢吃西红柿。到了 17 世纪，有一位法国画家，吃了一个他曾多次描绘过的，像毒蘑一样鲜红的西红柿，发现它的味道好极了，不久番茄无毒的新闻震动了西方，并迅速传遍了世界。

西红柿既好吃，又营养，每 100 g 鲜果含水分 94 g 左右、碳水化合物 2.5～3.8 g、蛋白质 0.6～1.2 g、维生素 C 20～30 mg 以及胡萝卜素、矿物盐、有机酸等，还含有具有抗癌作用的茄红素，它生吃、熟吃皆可，并有食疗美容作用，被誉为“水果型的蔬菜”，是这位“敢为天下先”的勇士冒死为人们带来的一大口福。

52. 爵床科 Acanthaceae

⚥ ↑ $K_{(4\sim5)}C_{(4\sim5)}A_{4,2}\underline{G}_{(2:2:1\sim\infty)}$

多为草本或灌木。茎节常膨大。单叶对生；叶片、茎的表皮细胞内常含钟乳体。花两性，两侧对称，每花下常具 1 苞片和 2 小苞片；苞片通常大，有时有鲜艳色彩；花常为聚伞花序再组成其他花序；花萼 5 或 4 裂；花冠 5 裂或 4 裂，常为二唇形或裂片近相等；雄蕊 4 枚，2 强，或仅 2 枚；子房上位，2 室，中轴胎座，花柱单一，柱头通常 2 裂。蒴果，室背开裂为 2 果瓣。种子每室 1 至多数，种子着生于胎座的种钩上。

本科约 250 属 2 500 余种，广布于热带及亚热带地区。中国约有 61 属 170 余种，多产于长江流域以南各省。本科植物主要生长在热带至亚热带森林中，尤以湿地或沼泽地方为多。

【药用植物】

爵床 *Rostellularia procumbens* (L.) Nees　一年生小草本。茎常簇生，基部呈匍匐状，上部披散或直立，节稍膨大成膝状。叶对生，卵形、长椭圆形或阔披针形，先端尖或钝，基部楔形，全缘，上面暗绿色，叶脉明显，两面均被短柔毛。穗状花序顶生或生于上部叶腋，圆柱形，密生多数小花；苞片 2；萼 4 深裂，裂片线状披针形或线形，边缘白色；薄膜状，外药室不等大，被毛，下面的药室有距；雌蕊 1，子房卵形，2 室，被毛，花柱丝状。蒴果线形，长约 6 mm，被毛。具种子 4 颗，下部实心似柄状，种子表面有瘤状皱纹。花期 8～11 月，果期 10～11 月（图 8-139）。生于水沟边和草地湿处。全草入药，能清热解毒、利尿消肿。

穿心莲（一见喜）*Andrographis paniculata* (Burm. f.) Nees　一年生草本，茎四棱形，下部多分枝，节膨大。叶对生；叶片卵状长圆形至披针形。总状花序；苞片和小苞片小；花冠白色，二唇形，下唇带紫色斑纹；雄蕊 2，药室 1 大 1 小。蒴果长椭圆形，中有一沟，2 瓣裂（图 8-140）。原产于热带地区，我国南方有栽培。全草入药，味极苦，能清热解毒，消肿止痛。

马蓝 *Strobilanthes cusia* (Nees) Ktze.　草本。茎多分枝，节常膨大。单叶对生；叶片卵形至长圆形。穗状花序，长具 2～3 节，每节具 2 朵对生的花；花萼裂片 5，一片较大；花冠淡紫色，裂片 5，近相等；雄蕊 4，二强。蒴果棒状。分布于华南、西南地区，该地区常将叶作为“大青叶”使用；根入药称南板蓝根；茎叶可加工青黛；均能清热解毒，凉血消斑。

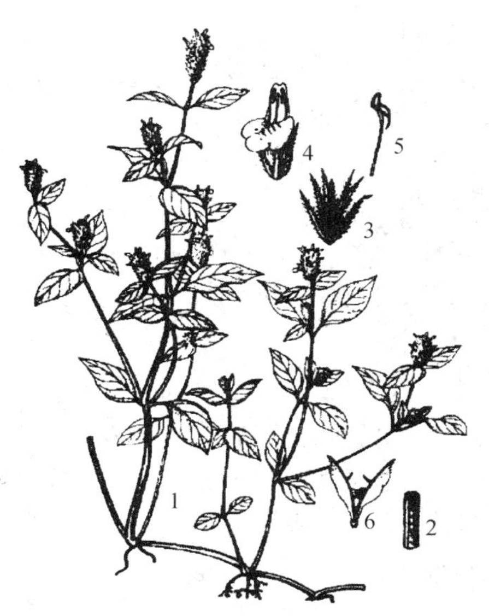

图 8-139　爵床 *Rostellularia procumbens* (L.) Nees

（中国植物志，1959—2004 版）

1. 植株　2. 一段茎　3. 苞片与花萼裂片　4. 花　5. 雄蕊　6. 蒴果

图 8-140　穿心莲 *Andrographis paniculata* (Burm. f.) Nees

（仿丁景和，1985）

1. 花枝　2. 花　3. 蒴果（中有一勾）

常见的药用植物还有：孩儿草(*Rungia pectinata* (L.) Nees)，全草药用，有去积、清肝火之效。狗肝菜(*Dicliptera chinensis*(L.)Nees)，全草药用，清热凉血，生津利尿。九头狮子草(Peristrophe japonica (Thunb.)Bremek.)，全草能清热解毒，发汗解表，降压。

53. 茜草科* Rubiaceae

$⚥ * K_{(4\sim5)} C_{(4\sim5)} A_{4\sim5} \underline{G}_{(2:2:1\sim\infty)}$

乔木、灌木或草本，有时攀援状。单叶对生或轮生，通常全缘；具各式托叶，位于叶柄间或叶柄内，分离或合生。聚伞花序排成圆锥状或头状，有时单生；花通常两性；辐射对称；花冠 4 裂或 5 裂，稀 6 裂；花盘形式多样；子房下位，通常 2 心皮，合生，常为 2 室，每室胚珠 1 至多数。蒴果、浆果或核果。

本科约 500 属 6 000 种，广布于热带和亚热带地区，少数产于温带。我国约有 75 属 450 余种，大部产于西南至东南和西北部，药用植物如金鸡纳树、茜草、钩藤等。

部分属检索表

1. 木本。
  2. 花多数，密集成圆球形的头状花序 …………………………………… **钩藤属 *Uncaria***
  2. 花单生、簇生或排列成各式花序，但不成头状花序。
    3. 萼裂片扩大呈叶片状 ………………………………………… **玉叶金花属 *Mussaenda***
    3. 萼裂片不扩大呈叶片状。
      4. 每室胚珠 2～3 枚 …………………………………………… **栀子属 *Gardenia***
      4. 每室胚珠 1 枚。

5. 聚合果 …………………………………………………………………… 巴戟天属 *Morinda*
5. 非聚合果。
6. 直立灌木。
7. 茎、枝呈针状硬刺 ………………………………………………… 虎刺属 *Damnacanthus*
7. 茎、枝无刺 ……………………………………………………………… 六月雪属 *Serissa*
6. 缠绕木质藤本 ………………………………………………………… 鸡矢藤属 *Paederia*
1. 草本。
8. 托叶与叶同型,呈轮生状 ………………………………………………… 茜草属 *Rubia*
8. 托叶与叶不同型,叶对生。
9. 直立草本;蒴果成熟时不开裂 ……………………………………… 红芽大戟属 *Knoxia*
9. 细弱草本;蒴果成熟时开裂 ……………………………………………… 耳草属 *Hedyotis*

【药用植物】

茜草 *Rubia cordifolia* Linn.　多年生攀援草本。根细圆柱形,丛生,红褐色。茎四棱形,中空,沿棱上有倒生钩毛。叶通常 4 枚轮生,具长柄,卵状心形;基出脉 5 条;下面中脉与叶柄上有倒刺。聚伞花序圆锥状;花萼平截;花冠 5 裂,淡黄白色;雄蕊 5;子房下位,2 室。浆果紫红色,成熟时紫黑色(图 8-141,彩图 8-35)。分布几遍全国,以河南省产量多,品质最佳。生于灌丛中。根入药,能凉血止血、活血祛瘀,镇痛。

钩藤 *Uncaria rhynchophylla* (Miq.) Miq. ex Havil.　常绿木质藤本。根肥厚。小枝四棱形,叶腋有钩状变态枝(总花梗)。叶对生,椭圆形或卵状披针形;托叶 2 深裂,裂片条状钻形。头状花序单生于叶腋或枝顶;花 5 数,花冠黄色;子房下位。蒴果棒状或倒圆锥形。种子两端具翅(图 8-142)。产于我国南部和东南部。生于林谷或溪旁湿润灌丛中。带钩的变态枝(钩藤)及茎枝、叶能平肝熄风、清热、降压、定惊。

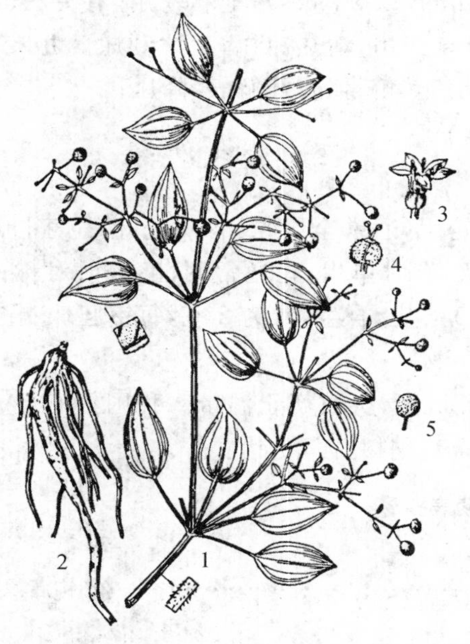

图 8-141　茜草 *Rubia cordifolia* Linn.

(仿丁景和,1985)

1. 果枝　2. 根　3. 花
4. 花萼及雄蕊　5. 浆果

图 8-142　钩藤 *Uncaria rhynchophylla* (Miq.) Miq. ex Havil.

(中国植物志,1959—2004 版)

1. 花枝　2. 花冠展开(示雄蕊)　3. 果实

同属华钩藤(*U. sinensis* (Oliv.)Havil.),托叶近圆形,常外反。分布于广西、湖北、四川、云南、贵州、湖南等地。此外,同属多种的带钩茎枝亦入药。

白花蛇舌草 *Hedyotis diffusa* Willd.　一年生矮小草本,叶线状披针形,无柄,仅具 1 脉;托叶基部合生,顶端芒尖。花白色,细小,单生或成对生于叶腋。蒴果扁球形。分布于华南和西南等地;见于湿润草坡、溪畔及水田埂上。全草入药,能清热解毒、活血散瘀。

栀子 *Gardenia jasminoides* Ellis　常绿灌木。叶对生或 3 枚轮生,有短柄;叶革质,椭圆状倒卵形至倒阔披针形;上面光亮,下面脉腋内簇生短毛;托叶在叶柄内合生成鞘状,膜质。花大,白色,芳香,单生枝顶;花部常 5～7 数,萼筒有翅状直棱,花冠高脚碟状;雄蕊无花丝;子房下位,1 室,胚珠多数,生于 2～6 个侧膜胎座上。果肉质,卵形至长圆形,外果皮略带革质,熟时黄色,外有翅状直棱 5～8 条,有宿存的萼檐(图 8-143)。分布于秦岭至淮河以南各地。果实入药,能清热利湿,凉血解毒。

鸡屎藤 *Paederia scandens* (Lour.)Merr.　蔓生草本。基部木质。叶对生,有柄;叶片近膜质,先端短尖或渐尖,基部浑圆或楔尖;托叶三角形,脱落。圆锥花序腋生及顶生,扩展,分枝为蝎尾状的聚伞花序;花白紫色,无柄;萼狭钟状;花冠钟状,花筒上端 5 裂,镊合状排列,内面红紫色,被粉状柔毛;雄蕊 5,花丝极短,着生于花冠筒内;子房下位,2 室,花柱丝状,2 枚,基部愈合。浆果球形,成熟时光亮,草黄色(图 8-144)。生于溪边、河边、路边、林旁及灌木林中,常攀援于其他植物或岩石上。全草入药,能清热、解毒、去湿、补血。

图 8-143　栀子 *Gardenia jasminoides* Ellis

(中国植物志,1959—2004 版)

1. 花枝　2. 部分花冠展开(示雄蕊)

3. 部分花萼和雌蕊(示子房纵切面)

4. 雄蕊　5. 果

图 8-144　鸡屎藤 *Paederia scandens* (Lour.)Merr.

(仿丁景和,1985)

1. 花枝　2. 花　3. 果

常见的药用植物还有:蓬子菜(*Galium verum* L.),全草入药,能活血去瘀、解毒止痒、利尿、通经。巴戟天(*Morinda officinalis* How),分布于广东、广西等地。根茎入药,有补肾阳,强筋骨,祛风湿之效。金鸡纳树(*Cinchona ledgeriana* Moens),原产南美洲,云南、台湾有栽培。根皮和茎皮为提取奎宁的原料,是治疟疾特效药。白马骨 *Serissa serissoides* ((DC.)Druce),分布于长江中下游,南至广东、广西。生溪边、林缘或灌丛中。全株能疏风解表,清热利湿,舒筋活络。咖啡(*Coffea arabica* L.),原产非洲,华南、西南有栽培。种子供提取咖啡因,有兴奋、利尿作用。虎刺(绣花针)(Damnacanthus *indicus* (L.)Gaertn. f.),分布于长江中下游及南部各地。生于灌丛中。根能祛风除湿,活血止痛。

54. 忍冬科* Caprifoliaceae

⚥ * ↑ $K_{(4\sim5)}C_{(4\sim5)}A_{4\sim5}\underline{G}_{(2\sim5:1\sim2\sim5:1\sim\infty)}$

灌木、乔木或藤本。叶对生,单叶,少为羽状复叶;常无托叶。聚伞花序,花通常为聚伞花序;两性,辐射对称或两侧对称;花萼 4～5 裂;花冠管状,通常 5 裂,有时花冠二唇形;雄蕊着生于花冠管上,与花被片同数与之互生;子房下位,由 2～5 枚心皮合成 2～5 室,每室含有胚珠 1 至多数。浆果、核果或蒴果。

本科有 15 属约 500 种,主要分布于北半球温带地区。我国有 12 属 200 余种。

【药用植物】

忍冬 *Lonicera japonica* Thunb. 半常绿缠绕灌木。小枝髓部白色或黑褐色,枝有时中空,老枝树皮常作条状剥落。叶对生。花通常成对生于腋生的总花梗顶端,简称"双花",或花无柄而呈轮状排列于小枝顶,每轮 3～6 朵;每双花有苞片和小苞片各 1 对,苞片大,叶状,小苞片有时连合成杯状或坛状壳斗而包被萼筒,稀缺失;相邻两萼筒分离或部分至全部连合,萼檐 5 裂或有时口缘浅波状或环状,很少向下延伸成帽边状突起;花冠,二唇形,上唇 4 裂,下唇反卷不裂,花白色,后转为黄色,故称"金银花";雄蕊 5,花药丁字着生;子房 3～2 室,最多 5 室,花柱纤细,有毛或无毛,柱头头状。果实为浆果,熟时黑色(图 8-145,彩图 8-36)。花蕾入药,能清热解毒,凉散风热。分布于全国,山东、河南有栽培。忍冬藤(茎枝)能清热解毒,疏风通络。

同属山银花(*L. confusa* (Sweet) DC.)、红腺忍冬(*L. hypoglanca* Miq.)和毛花柱忍冬(*L. dasystyla* Rehd.)同等入药。

接骨木 *Sambucus williamsii* Hance 灌木或小乔木。枝有皮孔,光滑无毛,髓心淡黄棕色。叶奇数椭圆状披针形,长 5～12 cm,先端渐尖,基部阔楔形,常不对称,缘具锯齿,两面光滑无毛,揉碎后有臭味。圆锥状聚伞花序顶生,花冠辐状,白色至淡黄色。浆果状核果等球形,黑紫色或红色。花期 4～5 月,果 6～7 月成熟(图 8-146)。分布于东北、华北、华东及西南等地。生于林下、路旁。茎、叶能接骨续筋、活血止血、祛风利湿。

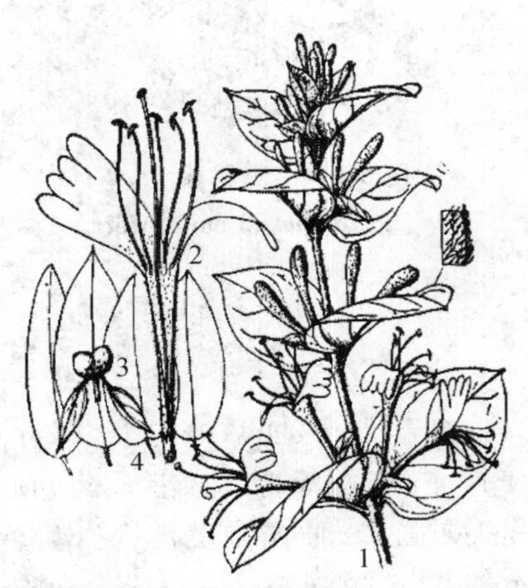

图 8-145 忍冬 *Lonicera japonica* Thunb.

(中国植物志,1959—2004 版)

1. 花枝 2. 花的纵剖面

3. 果放大叶状苞片 4. 几种叶形

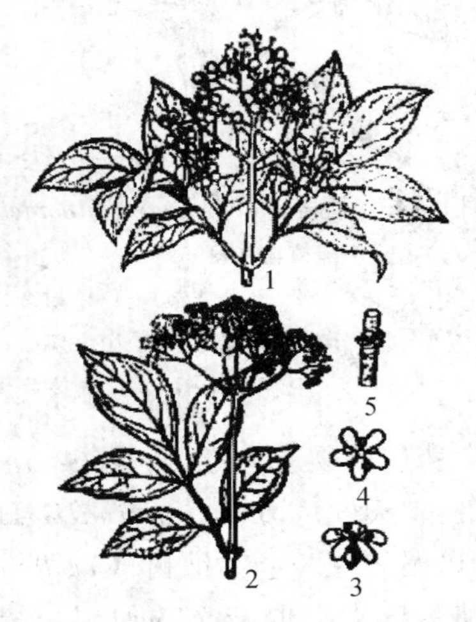

图 8-146 接骨木 *Sambucus williamsii* Hance

(安徽植物志,1985—1992 版)

1. 果枝 2. 花枝 3. 花侧面观

4. 花正面观 5. 一段枝条(示冬芽)

陆英（接骨草）*Sambncus chinensis* Lindl.　草本及半灌木，分布于除东北以外的地区。全草能散瘀消肿、祛风活络、续骨止痛。

55. 败酱科 Valerianaceae

$⚥ * \uparrow K_{5\sim15,0}C_{(3\sim5)}A_{3\sim4}\overline{G}_{(3:3:1)}$

常为多年生草本，全体通常具有强烈臭气。叶常对生，多为羽状分裂，无托叶。聚伞花序排成头状、圆锥状或伞房状，花小，多为两性，稍不整齐；萼各式，有时裂片羽毛状；花冠筒状，基部常有扁突的囊或距，花冠上部 3～5 裂；雄蕊 3 枚，稀 4 枚，有时退化为 1 或 2 枚，着生于花冠筒上；子房下位，3 心皮合生成 3 室，仅 1 室发育，胚珠单生。瘦果，有时顶端的宿存花萼成冠毛状，或与增大的苞片相连而成翅果状，内含种子 1 粒。

本科 13 属约 400 种，多分布于北温带。我国 4 属约 40 种，分布全国。药用植物 3 属 24 种。

【药用植物】

败酱（黄花败酱）*Patrinia scabiosaefolia* Fisch. ex Trev.　多年生草本。根及根茎具有强烈的腐败臭气。根茎粗壮，斜生，有多条绳状根。基生叶丛生，具长柄，叶片卵形，先端尖，基部下延；茎生叶对生，常 4～7 羽状深裂，顶裂片较大，两面疏被粗毛。花小，黄色，组成顶生伞房状聚伞花序，花序梗一侧有白色硬毛。瘦果，椭圆形，具三棱，不开裂。花果期 7～9 月（图 8-147）。分布于全国大部分地区。生山坡。全草为中药"败酱"主要来源，能清热解毒、祛瘀排脓。根茎及根治疗以失眠为主的神经衰弱。

同属的白花败酱（*P. villosa* Juss.）与上种的主要区别是：茎具倒生白色粗毛。茎上叶多不裂。花冠白色。瘦果有翅状苞片（彩图 8-37）。除西北外，全国均有分布，亦作"败酱"入药。

图 8-147　败酱 *Patrinia scabiosaefolia* Fisch. ex Trev.

（中国植物志，1959—2004 版）

1. 横走茎和基生叶　2. 茎生叶和花序　3. 花　4. 花冠展开　5. 果实

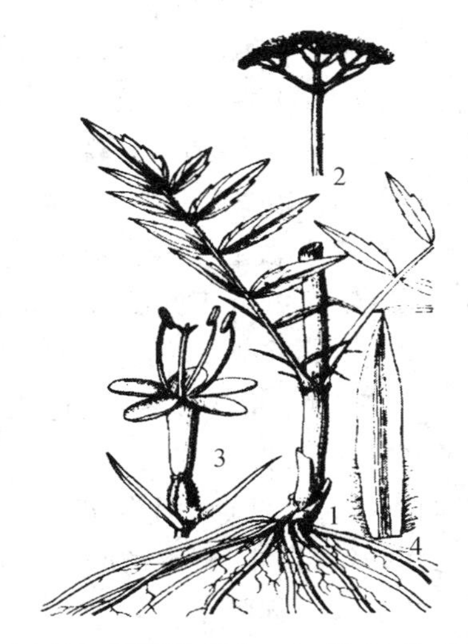

图 8-148　缬草 *Valeriana officinalis* Linn.

（中国植物志，1959—2004 版）

1. 根和茎下部　2. 花序　3. 花　4. 苞片

缬草 *Valeriana officinalis* L.　为多年生草本。根茎具纺锤状或多数簇生，有特异气味。

茎中空，被粗白毛。基生叶丛出，茎生叶对生，向上渐无柄，小叶片 2～9 对羽状全裂，顶端裂片较大，裂片披针形或条形。聚伞花序集成圆锥状，顶生；花小，白色或紫红色；小苞片卵状披针形，具纤毛；花萼退化；花冠管状，5 裂，淡红色；雄蕊 3；子房下位。瘦果卵形，顶端有多条羽毛状宿萼(图 8-148)。分布自东北到西南；生于高山山坡草地和林边。根状茎及根能安神，理气，止痛。

同属宽叶缬草(*V. oficinalis* var. *latifolia* Miq.)的根及根茎，能宁心安神。

常见的药用植物还有：甘松(*Nardostachys chinensis* Batal.)和宽叶甘松(*N. jatamansi* DC.)均分布于云南、四川、甘肃、青海的高山草地、灌丛中。根及根茎能理气止痛、解郁醒脾。

56. **葫芦科 Cucurbitaceae**

$♂\ K_{(5)}\ C_{(5)}\ A_{1(2)(2)}\quad ♀\ K_{(5)}\ C_{(5)}\ \overline{G}_{(3:1)}$

草质藤本，有卷须。叶互生，通常单叶而常深裂，有时复叶。花单性同株或异株，稀两性；萼管与子房合生，5 裂；花瓣 5，或花瓣合生而 5 裂；雄蕊好像 3 枚，实为 5 枚，其中 2 对合生，花药分离或合生；子房下位，有侧膜胎座。果大部肉质，不开裂，果实为瓠果。

本科约 110 属 700 余种。我国有约 29 属 142 种，多分布于南部和西南部。

【药用植物】

木鳖 *Momordica cochinchinensis* (Lour.) Spreng. 粗壮大藤木，叶柄顶端或叶片基部有 2～4 个腺体，叶片 3～5 中裂或深裂，雄花花梗顶端具大型圆肾形苞片，雌花花梗近中部生一小型苞片。果实卵形，有刺状凸起。种子不规则，呈龟壳状(图 8-149)。分布于中国南部和中南半岛。生于山坡和林缘。种子外用，对疮疡肿毒、痔漏等有效。

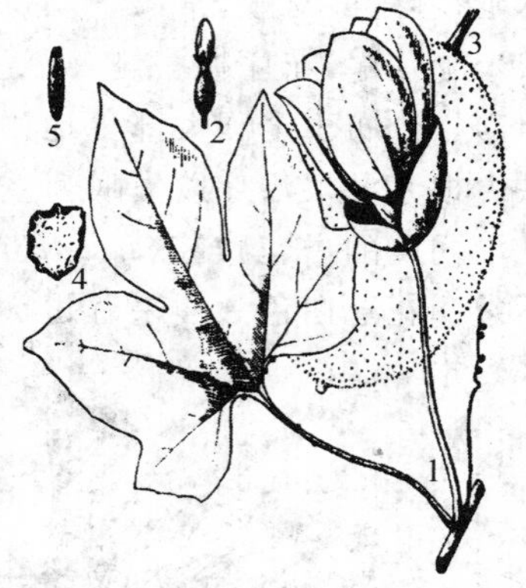

图 8-149 木鳖 *Momordica cochinchinensis* (Lour.) Spreng.

(中国植物志，1959—2004 版)

1. 雄花枝 2. 雌花 3. 果实 4. 种子正面 5. 种子侧面

双边栝楼 *Trichosanthes uniflora* Hao 多年生草质藤本。块根肥厚，条形，浅灰黄色，有多数横行瘤状突起。茎细长，具棱，幼时被褐色短柔毛；卷须腋生，先端 2～3 叉。叶互生；宽卵状浅心形，长宽近等长，通常 5 深裂几达基部，中间裂片 3，裂片条形或倒披针形，叶基部浅心形；花单性，雌雄异株。雄花 3～4 朵组成总状花序；雌花单生于叶腋。花萼、花冠均 5 裂；花冠白色，中部以上细裂成流苏状。雄蕊 3 枚，萼、花冠与雄花同；子房下位，花柱 3 裂，柱头头状。瓠果宽椭圆形或球形，橙黄色，光亮。种子椭圆形或长方椭圆形，扁平，深棕色，有一圈与边缘平行的明显棱线(图 8-150)。分布于四川、云南、江西、湖北、湖南、广东、广西、陕西等省区。也常栽培。根入药称天花粉，能清肺化痰，养胃生津，解毒消肿。成熟果实入药称栝楼(全瓜蒌)，能清热化痰，宽中散结，滑肠通便。种子入药称瓜蒌仁，能滑肠通便。据报道瓜蒌尚有抗癌作用和明显的降血脂作用。

栝楼 *Trichosanthes kirilowii* Maxim. 与双边栝楼的主要区别点是：叶通常近心形，掌状 3～9 浅裂至中裂，少为不裂或深裂，中裂片菱状倒卵形，先端常钝圆，边缘常再浅裂或有齿。种子浅棕色。多分布于长江以北省区，江苏、安徽、浙江亦产。广泛栽培。生于山坡草丛及林缘。入药部分及疗效同双边栝楼。

罗汉果 *Siraitia grosvenorii* (Swingle) C. Jeffrey ex Lu et Z. Y. Zhang 草质藤本。茎、

枝被黄褐色柔毛。叶卵状心形，背面密生黑色疣点，卷须顶端分 2 叉。雌雄异株，雄花 6～10 朵生于花序轴，花冠黄色，密生黑色疣点，雄蕊 5，药室 S 形折。果实近球形(图 8-151)。果实入药，清热润肺，止咳，利咽，滑肠通便。分布于广西、广东、贵州等地，尤以广西产量多；野生者产于山坡林中或河沟旁灌丛。

图 8-150　双边栝楼 *Trichosanthes uniflora* Hao

(仿丁景和，1985)

1. 具雄花的枝　2. 具雌花的枝
3. 果实　4. 种子

图 8-151　罗汉果 *Siraitia grosvenorii* (Swingle) C. Jeffrey ex Lu et Z. Y. Zhang

(中国植物志，1959—2004 版)

1. 雄花枝　2. 雌花　3. 雌蕊和退化雄蕊
4. 去部分花冠的雄花　5. 一枚雄蕊
6. 果实　7. 种子

本科其他药用植物还有：绞股蓝(*Gynostemma pentaphyllum* (Thunb.) Makino)，广泛分布于亚热带和北亚热带地区。全草益气健脾，化痰止咳，清热解毒。王瓜(*Trichosanthes cucumeroides* (Ser.) Maxim.)，分布于长江流域。果实、种子、根均可供药用，能清热，生津，化瘀，通乳。南瓜(*Cucurbita moschata* (Duch.) Pooret)，广泛栽培。种子(南瓜子)能驱虫、健脾、下乳。丝瓜(*Luffa cylindrica* (L.) Roem.)，各地有栽培。果内的维管束称丝瓜络，能通络、活血。雪胆(*Hemsleya chinensis* Cogn.)及大籽雪胆(*H. Macrosperma* C. Y. Wu)以块根入药。能清热解毒，健胃止痛。冬瓜(*Brnincasa hispida* (Thunb.) Cogn.)各地有栽培。果皮(冬瓜皮)能清热利尿，消肿。种子(冬瓜子)能清热利湿，排脓消肿。赤瓟(*Thladiantha dubia* Bunge)，分布于全国大部分地区，有栽培。果实能祛痰，利湿，理气，活血。

57. 桔梗科* Campanulaceae

⚥ * ↑ $K_{(5)}C_{(5)}A_{5,(5)}\overline{G}_{(2\sim5:2\sim5)}, G_{(2\sim5:2\sim5)}$

草本，多有乳汁。叶互生、对生，稀轮生，无托叶。花序各式，最常见的是聚伞花序、总状花序和穗状花序，也有单花的；花两性，常 5 数；花萼通常上位，少周位或下位；花冠合瓣，辐射对称或两侧对称而后方(背部)纵裂至基部，或有时由于花冠深裂而近似离瓣花冠；雄蕊与花冠裂片同数而互生；子房大多下位，多为 2～5 室，胚珠多数。蒴果，少为浆果。

本科约有 60 属 2 000 余种，广布全球。中国有 16 属约 170 种，主产西南部。药用植物 13 属 111 种。有许多著名中药材，如党参、桔梗、沙参和半边莲等。

部分属检索表

1. 花冠钟状或阔钟状。
  2. 直立草本；根圆锥状；花冠钟状。
    3. 总状或圆锥花序；子房下位 …………………………………………………… 沙参属 *Adenophora*
    3. 花单生或数朵生于枝顶；子房半下位 ……………………………………… 桔梗属 *Platycodon*
  2. 缠绕藤本；根圆柱状；花冠阔钟状 …………………………………………… 党参属 *Codonopsis*
1. 花冠二唇形，裂片偏向一侧 ……………………………………………………… 半边莲属 *Lobelia*

【药用植物】

党参 *Codonopsis pilosula*（Franch.）Nannf.　多年生缠绕性，有乳汁。根长圆柱形，顶端有一膨大的根头，具多数瘤状的茎痕，外皮乳黄色至淡灰棕色，有纵横皱纹。幼茎有毛。叶互生；叶片卵形至广卵形，先端钝或尖，基部截形或浅心形，全缘或微波状，两面被短伏毛。花单生，或1～3朵生分枝顶端；花5数；花萼绿色，裂片5；花冠阔钟形，淡黄绿，有淡紫堇色斑点，先端5裂，裂片三角形至广三角形，直立；雄蕊5，花丝中部以下扩大；子房半下位，3室，花柱短，柱头3，极阔，呈漏斗状。蒴果3瓣裂，有宿存萼。种子小，卵形，褐色有光泽（图8-152）。分布于东北、内蒙古、河北、山西、陕西、甘肃等地；生于林边或灌丛中，全国各地有栽培。根能补脾，益气，生津。

同属药用植物还有：川党参（*C. tangshen* Oliv.），与党参的主要区别是：茎下部叶楔形或圆钝，稀心形。分布于四川、湖北、湖南、陕西。生于海拔900～2 300 m的山地灌丛或林中，亦有栽培。管花党参（*C. tubulosa* Kom.）产于西南各省，生于海拔1 900～3 000 m山地灌木林下及草丛中。以上两种植物根亦作党参入药。

图8-152　党参 *Codonopsis pilosula*（Franch.）Nannf.

（仿丁景和，1985）

1. 花枝　2. 根

图8-153　桔梗 *Platycodon grandiflorum*（Jacq.）A. DC.

（仿丁景和，1985）

1. 植株全形　2. 去花萼及花冠（示雄蕊和雌蕊）　3. 蒴果

桔梗 *Platycodon grandiflorum*（Jacq.）A. DC.　多年生草本，有乳汁，全株光滑无毛。根长圆锥状，肉质。叶互生、对生或轮生，近无柄。花单生或集成疏散的总状或圆锥花序，花萼

5裂，宿存；花冠阔钟形，蓝紫色，稀白色；雄蕊5，花丝基部极扩大；子房半下位，5室，中轴胎座，柱头5裂。蒴果顶部5裂（图8-153，彩图8-38）。广布于各地，并有栽培；生山地草坡、林边。根入药，能宣肺祛痰、排脓消肿。

半边莲 *Lobelia chinensis* Lour.　多年生小草本，有乳汁。主茎平卧，节上生根，分支直立。叶互生，近无柄，狭披针形。花单生于叶腋，花柄超出叶外；萼筒长管形，基部狭窄成柄；花冠粉红色，近唇形，5裂，偏向一侧；子房下位，2室。蒴果2裂（图8-154）。分布于长江中、下游及以南各省；生于水边、河边或潮湿的草地。全草入药，能清热解毒，利水消肿。

轮叶沙参 *Adenophora tetraphylla* (Thunb.) Fisch.　多年生草本，有乳汁。根肥大，肉质，倒圆锥形，表面具横皱纹。茎直立，单一，不分枝，无毛或近无毛。茎生叶4～5片轮生，倒卵形至狭条形，先端尖，基部楔形，叶缘中上部具锯齿，下部全缘，两面近无毛或被疏短毛，无柄。圆锥花序顶生，分枝轮生；花下垂；小苞片细条形；萼裂片5，丝状钻形，全缘；花冠蓝色，口部微缢缩呈坛状，5浅裂；雄蕊5，常稍伸出，花丝下部加宽，边缘密被柔毛；花盘短筒状；花柱明显伸出，被短毛，柱头3裂。蒴果倒卵球形，基部孔裂。分布于东北、华北、华东、华南、西南地区；生于山地林缘、河滩草甸、固定沙丘草甸。根入药称"南沙参"，能清肺养阴，祛痰，止咳。

同属药用植物还有：杏叶沙参（*A. hunanensis* Nannf.），与上种的主要区别是：茎生叶互生，总状花序，花冠钟状（图8-155）。分布于华东、中南及四川等省区。沙参（*A. stricta* Miq.），分布于陕西、甘肃、河南、江苏、浙江、江西、湖北、湖南、广西、贵州等地。生于海拔900 m以下的山坡草地、疏林下。以上两种植物根亦作沙参入药。

图8-154　半边莲 *Lobelia chinensis* Lour.

（仿丁景和，1985）

1. 植株全形　2. 花
3. 雌蕊　4. 雄蕊

图8-155　杏叶沙参 *Adenophora. hunanensis* Nannf.

（仿丁景和，1985）

1. 花枝　2. 花冠展开　3. 去花冠（示花萼、雄蕊、雌蕊）　4. 根
5. 叶背放大（示叶脉和短毛）

本科其他药用植物还有：蓝花参（*Wahlenbergia marginata* (Thunb.) A. DC.），分布于我

国长江流域以南各省。生于山坡路旁、低湿草地、田边。根能益气补虚，祛痰，截疟。荠苨(*Adenophora trachelioides* Maxim.)，分布于江苏、江西、安徽、陕西、山东、河北、内蒙古、辽宁等省区。生于山坡草地及林缘。根能清热解毒、祛痰止咳。羊乳(四叶参)(*Codonopsis lanceolata* (Sieb. et Zucc.) Trautv.)，分布于我国东北、华北、华东和中南各省。生于山坡灌丛、林下、路旁。根能补虚通乳，排脓解毒。

58. 菊科* Compositae

$⚥ * \uparrow K_{0,\infty} C_{(3\sim5)} A_{4\sim5} \overline{G}_{(2:1:1)}$

多为草本，稀灌木。部分有乳汁管或树脂道。单叶互生，少数对生，无托叶。头状花序单生或再排成各种花序，外具一至多层苞片组成的总苞；头状花序的小花有同型的，即全为管状花或舌状花，或异型的，即外围为舌状花，中央为管状花，每朵小花的基部常有1枚小苞片，称托片，小花两性、单性或中性；萼片退化，常变成冠毛，或成刺状、鳞片状；花冠合瓣，5～3裂，管状、舌状或唇状；雄蕊常5枚；花药合生成聚药雄蕊；花丝分离，着生于花冠筒上；雌蕊由2心皮组成，子房下位，1室，1胚珠；花柱细长，柱头2裂。果为连萼瘦果，顶端常具宿存的冠毛(图8-156)。

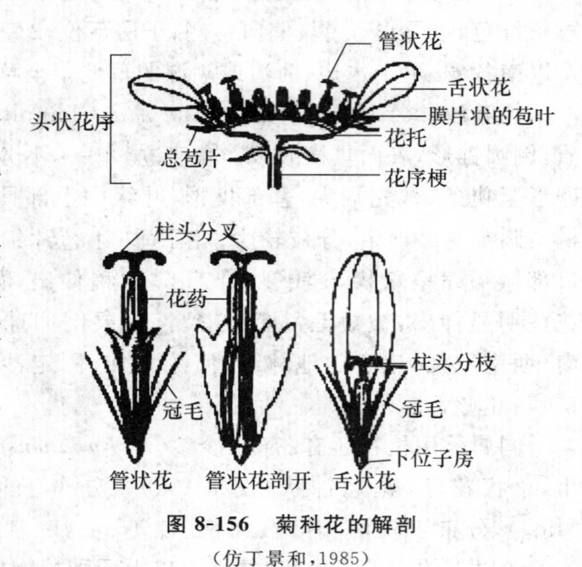

图 8-156 菊科花的解剖

(仿丁景和，1985)

本科约有1 100属2.5万～3.0万种，约为被子植物的1/10。广布全世界。我国约有230属近3 000种，全国各地广泛分布，是被子植物门的第一大科。

本科根据头状花序花冠类型的不同、乳状汁的有无，通常可分成两个亚科。

部分属检索表

1. 植物有乳汁；头状花序全为同型的舌状花(舌状花亚科) ………… 蒲公英属 *Taraxacum*
1. 植物无乳汁；头状花序有同型或异型的小花，中央的花非舌状(管状花亚科)。
 2. 叶全部对生或仅基部对生。
  3. 头状花序全为管状花。
   4. 瘦果冠毛毛状 ………… 泽兰属 *Eupatorium*
   4. 瘦果冠毛芒刺状 ………… 鬼针草属 *Bidens*
  3. 头状花序边缘具舌状花，中央为管状花。
   5. 托叶全包或半包被瘦果 ………… 豨莶属 *Siegesbeckia*
   5. 托叶不包被瘦果 ………… 鳢肠属 *Eclipta*
 2. 叶互生或簇生。
   6. 早春先花后叶 ………… 款冬属 *Tussilago*
   6. 先叶后花，或叶花同期生长。
    7. 头状花序缘花为舌状花，盘花为管状花。
     8. 瘦果无冠毛。
      9. 瘦果扁平 ………… 马兰属 *Kalimeris*
      9. 瘦果圆柱状 ………… 菊属 *Dendranthema*

8. 瘦果冠毛毛状。
10. 舌状花黄色。
11. 总苞片一层 …………………………………………………………… 千里光属 *Senecio*
11. 总苞片多层。
12. 头状花序多面排成总状或蝎尾状 ……………………………………… 一枝黄花属 *Solidago*
12. 头状花序单生或排成伞房状 ……………………………………………… 旋复花属 *Inula*
10. 舌状花非黄色 ………………………………………………………………… 紫菀属 *Aster*
7. 头状花序全由管状花组成。
13. 头状花序仅有花 1 朵,再密集成球形复头状花序 ……………………… 蓝刺头属 *Echinops*
13. 头状花序含两朵以上小花。
14. 瘦果无冠毛。
15. 外层总苞片叶状,羽状齿裂,齿端有尖刺 ………………………… 红花属 *Carthamus*
15. 外层总苞片非羽状齿裂,无尖刺。
16. 总苞片愈合成壶状体 ……………………………………………… 苍耳属 *Xanthium*
16. 总苞片不愈合成壶状体。
17. 头状花序直径大于 6 mm ……………………………………… 天名精属 *Carpesium*
17. 头状花序直径小于 6 mm ………………………………………… 蒿属 *Artemisia*
14. 瘦果有冠毛。
18. 总苞基部具数枚叶状苞片,羽状分裂,裂片针刺状 ……………… 苍术属 *Atractylodes*
18. 总苞基部无叶状苞片。
19. 总苞片干膜质 ………………………………………………………… 鼠曲草属 *Gnaphalium*
19. 总苞片非膜质。
20. 总苞片 1 层,基部附有 1 层小苞片 ……………………………… 三七草属 *Gynura*
20. 总苞片多层。
21. 总苞片先端针刺状。
22. 叶缘无刺。
22. 叶缘有刺 ……………………………………………………………… 蓟属 *Cirsium*
23. 总苞片针刺末端不弯曲 ………………………………………… 木香属 *Aucklandia*
23. 总苞片针刺末端钩曲 ……………………………………………… 牛蒡属 *Arctium*
21. 总苞片先端非针刺状 ……………………………………………… 凤毛菊属 *Saussurea*

【药用植物】

菊花 *Dendranthema morifolium* (Ramat.)Tzvel.　多年生草本,基部木质。茎直立多分枝,全体被白色绒毛。单叶互生,叶片卵圆形至披针形,叶缘有粗大锯齿或羽状分裂。头状花序单生或数个聚生茎顶,总苞片多层,外层绿色,边缘膜质;外围舌状花雌性;中央管状花两性,黄色,基部常具膜质托片。瘦果无冠毛(图 8-157)。花序入药。各地栽培。因产地和加工方法不同,安徽产者称滁菊、亳菊和贡菊;河南产者称怀菊;浙江产者称杭菊。能疏散风热,解毒,明目。

野菊花 *D. indicum* (L.) Des Moul.　与菊花的主要区别是:头状花序较小;舌状花 1 层,黄色;中央为管状花,基部无托片。全国均有分布。生山坡草丛中。花序入药,能清热解毒、泻火平肝。

旋覆花 *Inula japonica* Thunb.　多年生草本。茎有细纵沟或长伏毛。叶长圆状披针形,基部渐狭，常有圆形半抱茎的小耳；上部线状披针形。头状花序排成疏散的伞房状；总苞半球形；舌状花黄色；冠毛白色，一轮。瘦果圆柱形。分布全国。头状花序入药，能降气止呕、行水消痰。

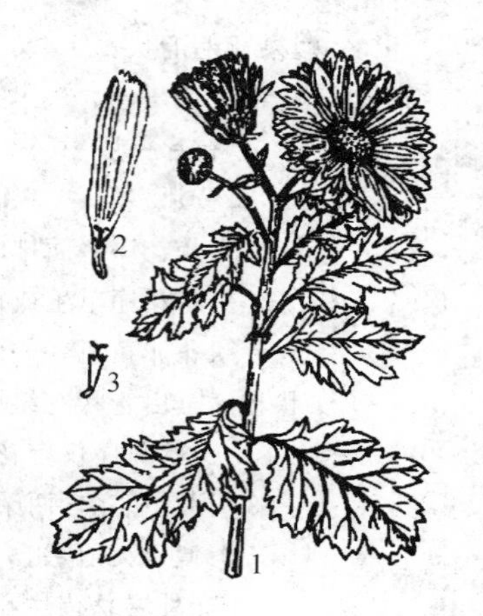

图 8-157 菊花 *Dendranthema morifolium* (Ramat.) Tzvel.

（仿丁景和，1985）

1. 花枝 2. 舌状花 3. 管状花

紫菀 *Aster tataricus* L. f. 多年生草本，根茎粗短，簇生多数须根。茎直立，单一，不分枝或上部少分枝，粗壮，疏生粗毛，基部有枯叶及不定根。叶互生，厚纸质。基部叶丛生；茎生叶互生，无柄，披针形。头状花序排成伞房状，花冠蓝紫色。瘦果有灰褐色冠毛。分布于东北、华北、西北；生于山坡或河边草地。安徽、河北多栽培。根及根茎入药，能润肺、化痰、止咳。

款冬 *Tussilago farfara* L. 多年生草本，根状茎横生。早春先从根茎上抽出花茎数条，被白茸毛。从根茎生长基生叶，具长柄，叶卵形或三角状心形，先端近圆形或钝尖，基部心形，下面密生白色茸毛。头状花序，单一顶生；周边舌状花，雌性；中央管状花，两性，均黄色。瘦果长椭圆形。分布于华北、西北、湖北、湖南、江西、安徽、西藏等地；生于林下、沟边等潮湿环境中。花蕾能润肺下气、止咳化痰。

苍术（茅术）*Atractylodes lancea* (Thunb.) DC. 多年生草本。根状茎肥大呈结节状圆柱形。茎部上部稍分枝。叶互生，革质；下部的叶常 3 裂，顶裂片较大，卵形，两侧的较小；上部叶无柄，通常不裂，倒卵形至椭圆形，边缘有不连续的刺状牙齿。头状花序顶生，外有叶状苞片 1 列，披针形，羽状裂片刺状；总苞片 5～7 层，全为管状花，白色或稍带紫色。瘦果密生银白色柔毛，冠毛羽状（图 8-158）。分布于河南、江苏、湖北、安徽、浙江、江西等省；生于山坡较干燥处及草丛中。根状茎入药称“苍术”，能燥湿健脾，祛风除湿。

北苍术 *A. chinensis* (DC.) Koidz. 与上种主要区别点：叶常无柄，叶片较宽，卵形或窄卵形，一般羽状 5 深裂；茎上部叶 3～5 羽状浅裂或不裂，边缘有不连续的刺状齿。分布于黑龙江、吉林、辽宁、内蒙古、河北、山西、陕西、甘肃、宁夏、青海等省、自治区。生于林下及山坡草地。

关苍术 *A. japonica* Koidz. ex Kitam. 叶有长柄，3～5 深裂或几全裂，裂片基部渐窄而下延，边缘有刚毛状细齿。分布于东北。生于山坡、林下及灌丛间。以上两种的根状茎亦作“苍术”入药。

白术 *A. macrocephala* Koidz. 与苍术的主要区别是：茎下部叶有长柄，叶片 3 深裂，偶为羽状 5 裂；上部叶不分裂，基部下延成柄状。头状花序较大，总苞钟状，总苞片 7～8 层，基部有一轮羽状深裂的叶状苞片；花冠紫红色（图 8-159）。分布于浙江、安徽、江西、湖南、湖北、陕西。多为栽培。根茎入药，能健脾益气，燥湿利水，固表止汗。

牛蒡 *Arctium lappa* Linn. 二年生高大草本，茎直立，带紫色，上部多分枝。基生叶丛生，大型，有长柄；茎生叶广卵形或心形，边缘微波状或有细齿，基部心形，下面密被白短柔毛。头状花序多数，排成伞房状；总苞球形，总苞片披针形，先端具短钩；花淡红色，全为管状。瘦果椭圆形，具棱，灰褐色，冠毛短刚毛状（图 8-160）。分布从东北至西南，生于山野。全国各地有栽培。果实入药称“大力子、牛蒡子”，能疏散风热，解表透疹，利咽消肿。根、茎、叶能清热解毒，活血止痛。

图 8-158　苍术 *Atractylodes lancea* (Thunb.) DC.
（仿丁景和，1985）
1. 根茎　2. 花枝　3. 头状花序（示总苞及羽裂的叶状苞片）　4. 管状花

图 8-159　白术 *Atractylodes macrocephala* Koidz.
（仿丁景和，1985）
1. 花枝　2. 管状花　3. 花冠剖开（示雄蕊）　4. 雌蕊　5. 瘦果　6. 根茎

红花 *Carthamus tinctorius* L.　一年生草本。茎直立，上部多分枝。叶互生，近无柄，基部稍抱茎，长椭圆形或卵状披针形，叶缘齿端有尖刺。头状花序顶生，排成伞房状；外侧总苞片2～3层，外层绿色，卵状披针形，边缘具尖刺，内侧数列卵状椭圆形，无刺，最内列条形，膜质；花序中全为管状花，初开时黄色，后转橙红色。瘦果椭圆形，无冠毛（图 8-161）。全国大部分地区有栽培，以河南省、新疆为红花主要产区。花入药，能活血祛瘀，通经。

黄花蒿 *Artemisia annua* Linn.　一年生草本，全株具强烈气味。叶常三回羽状深裂，裂片及小裂片矩圆形或倒卵形。头状花序细小，排成圆锥状；小花黄色，全为管状花；外层雌性，内层两性。分布全国。

青蒿 *A. carvifolia* Buch. -Ham. ex Roxb.　与黄花蒿极相似，但青蒿的叶片通常二回羽状深裂，叶中轴上部呈栉齿状。头状花序较大。分布几遍全国。生于旷野、山坡、河岸等处。

上述两种植物（以黄花蒿为主）的地上部分入药，统称“青蒿”，能清热祛暑、凉血、截疟。用黄花蒿茎叶提制出的青蒿素，治疗间日疟，效果良好。

艾蒿 *A. argyi* Levl. et Van.　多年生草本。全株密被白色绒毛。叶互生，中部叶卵状三角形，羽状或浅裂。头状花序多数，排列成复总状；花小。分布全国大部分地区。叶有小毒，能散寒止痛、温经止血。

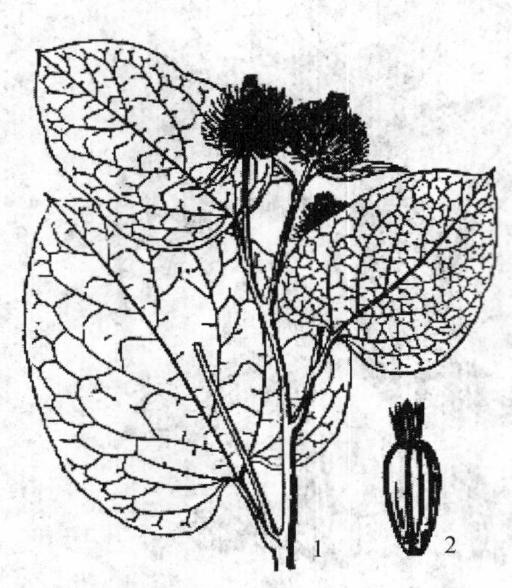

图 8-160 牛蒡 ***Arctium lappa* Linn.**
(仿丁景和,1985)
1. 花枝 2. 瘦果

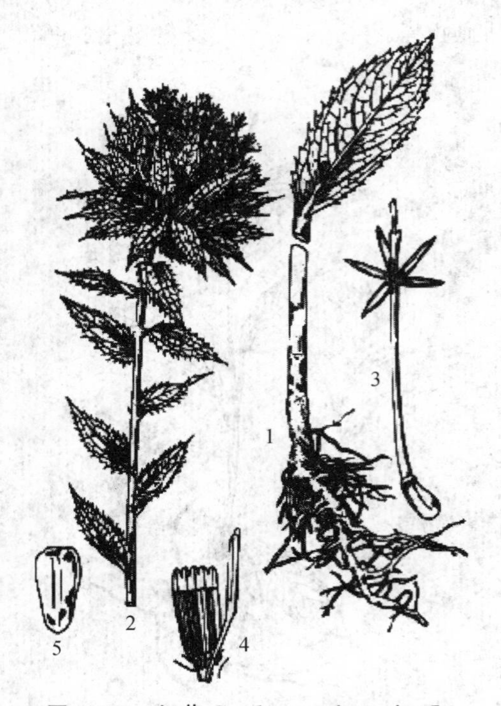

图 8-161 红花 ***Carthamus tinctorius* L.**
(仿丁景和,1985)
1. 根 2. 花枝 3. 聚药雄蕊剖开(示药室及雌蕊)
4. 管状花及舌状花 5. 瘦果

茵陈蒿 *Artemisia capillaris* Thunb. 半灌木状多年生草本,全株幼时被灰白色绢毛。茎中部叶二回羽状深裂,基部抱茎。头状花序排列成总状。瘦果。分布于华东、华中、华北等地。幼苗能清湿热、退黄疸。

同属植物猪毛蒿(*A. scoparia* Waldst. et Kit.)的幼苗,在北方作"北茵陈"入药。

蒲公英 *Taraxacum mongolicum* Hand. -Mazz. 多年生草本,有白色乳汁。直根长圆柱形。叶基生,呈莲座状平展;叶片倒披针形,多呈不规则大头羽状深裂。花葶不分枝,头状花序单一,顶生;外层总苞片顶端常有小角状突起;全为舌状花,鲜黄色,两性。瘦果倒披针形,土黄色或黄棕色,有纵棱及横瘤,中部以上的横瘤有刺状突起,先端有喙,顶生白色冠毛(图8-162)。花期早春及晚秋。全国有分布。生于路旁、田野、山坡草地。全草能清热解毒,消肿散结。

同属东北蒲公英(*T. Ohwiannum* Kitag.)等多种植物亦作蒲公英入药。

木香(云木香)*Aucklandia lappa* Decne. 多年生草本,高 1.5～2 m,主根粗壮。茎被稀疏短柔毛。基生叶片大,三角状卵形或长三角形,叶基心形,下延成翅,边缘具不规则浅裂或呈波状,疏生短齿;茎生叶互生,基部翼状抱茎。头状花序顶生和腋生,常数个集生于花茎顶端,总苞片约 10 层;全为管状花,暗紫色。雄蕊 5,聚药;子房下位。瘦果具肋,上端有 1 轮淡褐色羽状冠毛(图 8-163)。原产印度,西南、华南有栽培。根入药称云木香,能理气、止痛、调中。

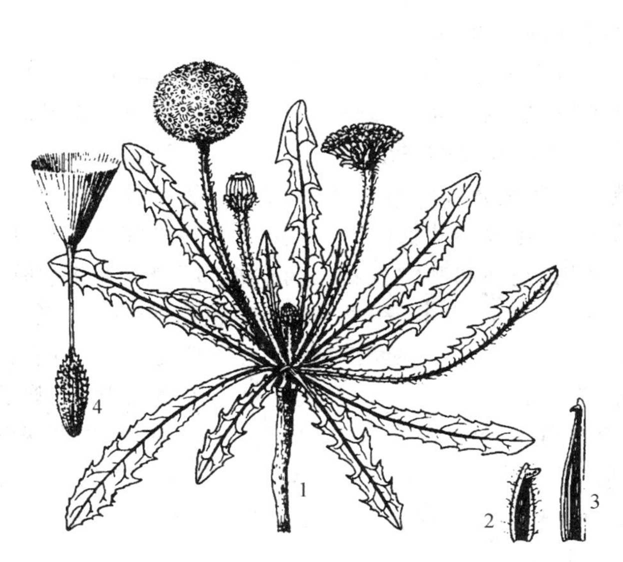

图 8-162 蒲公英 *Taraxacum mongolicum* Hand. -Mazz.
（中国植物志，1959—2004 版）
1. 植株 2. 外层总苞片 3. 内层总苞片 4. 瘦果

图 8-163 云木香 *Aucklandia lappa* Decne.
（中国植物志，1959—2004 版）
1. 植株下部 2. 植株上部 3. 根

常见的药用植物还有：川木香（*Dolomiaea souliei* (Franch.) Shih），分布四川、云南、西藏等地。生于海拔 3 000 m 以上的高山草地或灌丛中。根能行气止痛，和胃消胀，止泻。千里光（*Senecio scandens* Buch. -(Ham.)），分布于我国西北、西南、中部、东南部。全草能清热解毒、明目。外用治痈疮。大蓟（*Cirsium japonicum* DC.），分布于我国大部分地区。地上部分或根能凉血止血、祛瘀消肿。小蓟 *C. setosum* (Bunge) Kitam. 除西藏、华南外，分布全国。生于荒地或路旁。地上部分或根，能凉血止血、祛瘀消肿。水飞蓟（*Silybum marianum* (L.) Gaertn.），原产于南欧及北非，我国有引种。果实能清热解毒，利肝胆。墨旱莲（*Eclipta prostrata* L.），分布于全国大部分地区。全草能凉血止血、滋阴补肾。佩兰（*Eupatorium fortunei* Turcz.），分布于黄河及以南各省。地上部分能解暑化湿、醒脾开胃。雪莲花（*Saussurea involucrate* Maxim.），分布于青藏高原及云贵高原西部。全草能温肾壮阳、调经止痛。苍耳（*Xanthium sibiricum* Patrin ex Widder），分布于全国。带总苞的果实入药称苍耳子，能散风湿、通鼻窍。奇蒿（*Artemisia anomala* S. Moore），分布于华东、中南及西南各省区。生长于山坡、路边及林缘。带花全草入药称刘寄奴，能清暑利湿、活血行瘀、通经止痛。天名精（*Carpesium abrotanoides* L.），分布于全国。生于山坡、路旁或草坪上。果实入药称北鹤虱，有小毒，能杀虫消积。菊叶三七（*Gynura japonica* (Lour.) Merr.），分布于西南、华东、华南等地。生于海拔 1 200～3 000 m 的山谷、山坡草地、林下或林缘。根或全草入药，能散瘀止血、解毒消肿。蓝刺头（*Echinps latifolius* Tausch.）或华东蓝刺头（*E. Grijisii* Hance），分布于东北、西北、华北、华东等地。生于向阳的山坡、草地、路边。根入药称禹州漏芦，能清热解毒、消痈下乳。鬼针草（*Bidens bipinnata* L.）分布于华东、华中、华南、西南各省区。生于村旁、路边及荒地中。全草能清热解毒、祛风活血。

【阅读材料】

种类繁多的菊科植物

菊科植物种类繁多，全国各地均有分布，其中异裂菊属、复芒菊属、太行菊属、画笔菊属、重羽菊属、黄缨菊属、川木香属、球菊属、葶菊属、栌菊木属、蚂蚱腿子属、花佩属、华千里光属、紫菊属、君范菊属等为中国特有。菊科是进化程度较高的一个大科，由于该科植物在形态结构上先进，对环境适应能力强，不论在种的数量上还是分布范围上，均跃居世界种子植物之冠，许多植物分类专家和系统演化专家都一致认为，它在被子植物（尤其是双子叶植物）系统演化中的地位发展到了最高阶段。菊科有大量的药用、经济和观赏植物。药用植物有佩兰、艾纳香、火绒草、天名精、豨莶、野菊、菊花、青蒿、款冬、千里光、白术、苍术、牛蒡、雪莲花、红花、水飞蓟、蒲公英等。在中国菊科植物中，大约有 300 种可为药用。在经济植物中，向日葵、红花为油料植物；原产热带美洲的甜叶菊，含极高糖分，为食品工业原料；洋姜块茎可加工成酱菜，茼蒿是中国各地的蔬菜；艾纳香，又名冰片草，叶含龙脑等，可提制冰片；除虫菊是重要的杀虫或驱虫植物。菊科中有许多著名的观赏植物，如菊花、木茼蒿、金盏花等。银叶菊为菊科矢车菊属的多年生草本植物，其银白色的叶片远看像一片白云，与其他色彩的纯色花卉配置栽植，效果极佳，是重要的花坛观叶植物。

8.3.2 单子叶植物纲 Monocotyledoneae

单子叶植物纲种子的胚只有一片顶生子叶，多为须根系。茎内维管束多不具形成层。叶脉为平行脉或弧形脉。花部常为 3 基数。

59. 泽泻科 Alismataceae

$⚥ * \ P_{3+3}A_{6\sim\infty}\underline{G}_{6\sim\infty:1:1}$　$♂ * \ P_{3+3}A_{6\sim\infty}$　$♀ * \ P_{3+3}\underline{G}_{6\sim\infty:1:1}$

水生草本或沼生草本，具有根茎和球茎。单叶，常基生，基部具开裂的鞘状。花两性或单性，辐射对称，常轮生，排成总状或圆锥状花序；花被 6 片，外轮 3 片呈萼片状，绿色，宿存；内轮 3 片呈花瓣状，白色，脱落；雄蕊 6 个至多数，少数为 3 枚；子房上位，心皮 6 枚至多数，分离，在凸起或扁平的花托上常呈螺旋状排列；1 室，边缘胎座；胚珠 1 枚至数枚，只有 1 枚发育，花柱宿存。聚合瘦果，每个瘦果中含有 1 个种子。种子无胚乳，胚马蹄形。

本科 13 属 100 余种，分布广泛，主要产于北半球的温带至热带地区。我国有 5 属约 20 种，全国各地均有分布。已知药用 2 属 12 种。

【药用植物】

泽泻 *Alisma orientale* (Sam.) Juzep.　多年生水生或沼生草本。块茎；叶椭圆形或卵圆形，有长柄，叶脉 5～7。花白色，排列成大型轮状分枝的圆锥花序；花两性，外轮 3 片呈萼片状，宿存；内轮 3 片白色，花瓣状，脱落；雄蕊 6；心皮多数。聚合瘦果，瘦果两侧扁，背部有 1 或 2 浅沟（图 8-164）。广泛分布于全国各地，生于水边、河边、沼泽等地。四川等地有栽培。块茎（泽泻）具有清热化湿、利尿、降血脂的作用，是六味地黄丸的组方之一。

慈姑 *Sagittaria trifolia* L. var. *sinensis* (Sims.) Makino　多年生水生或沼生草本。根状茎横走，末端常膨大成球茎。单叶基生，叶柄粗而有棱，叶片戟形或剑形，顶裂片广卵形，与侧裂片之间有明显的缢缩。花序高大，通常有 3 轮分枝，每轮分枝又有 3 个侧枝。花单性，白色，基部常紫色，上部为雄花，下部为雌花，雌花有扁圆形花托。雄蕊多数，心皮多数，分离，轮生。瘦果斜倒卵形，背腹两面有翅（图 8-165）。分布于长江以南广大地区，多栽培。球茎具有清热解毒、止血消肿散结的作用。可供食用或制成淀粉等食品。

图 8-164　泽泻 *Alisma orientale* (Sam.) Juzep.

(仿孙启时，2009)

1. 植株　2. 花序　3. 叶　4. 花

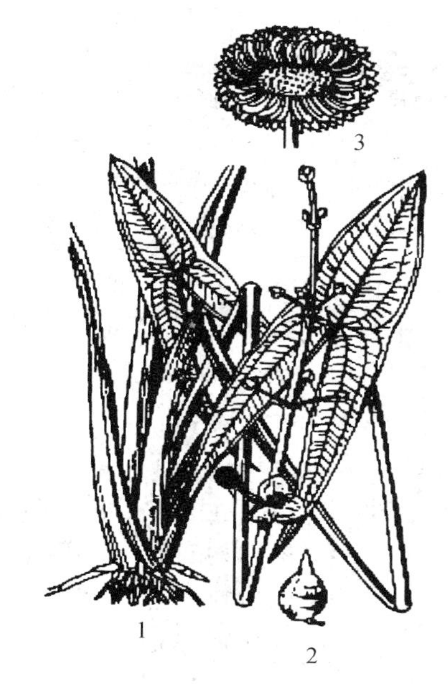

图 8-165　慈姑 *Sagittaria trifolia* L. var. *sinensis* (Sims.) Makino

(仿孙启时，2009)

1. 植株　2. 球茎　3. 果实

60. 禾本科 Gramineae

$⚥ * P_{2\sim3} A_{3,1\sim6} \underline{G}_{(2\sim3:1:1)}$

多数草本，少数木本。须根，具根茎。地上茎特称为秆，具有显著而突出的节和节间，节间多为中空，少数为实心，如玉米、甘蔗。单叶互生，2 列，具叶片、叶鞘和叶舌；叶片狭长，具平行脉；叶鞘抱秆，开放或闭合；叶片和叶鞘连接处具膜质或纤毛状叶舌，外侧常稍厚称叶颈，两侧常呈突出状或纤毛状称叶耳。花序由小穗排列组成，呈穗状、圆锥状、总状等；小穗具 1 朵或多朵花，2 行排列在小穗轴上，基部常有 2 片苞片，不孕，称颖片，位置在上的称为内颖，在下的称为外颖；花小，两性、单性或中性，外有小苞片，称外稃和内稃；外稃硬而厚，顶端或背部有芒，内稃膜质；外稃和内稃之内有 2 个透明而肉质的鳞片状物，称浆片或鳞被；雄蕊常 3 枚，花丝细长，花药呈丁字形，花药 2 室；子房上位，2～3 心皮合生 1 室，1 胚珠；花柱 2，柱头呈羽毛状。颖果，种子含大量淀粉质胚乳。

本科植物分为禾亚科和竹亚科。共 660 属 10 000 多种，世界各地均有分布。我国有 228 属 1 200 多种，全国各地均有分布。已知药用 85 属 174 种。

禾本科部分科属检索表

1. 秆木质，多年生；主秆叶与普通叶明显不同；主秆叶片常缩小而无中脉；普通叶片有短柄，且与叶鞘相连处成一关节，因此易自叶鞘脱落 …………………… **竹亚科 Bambusoideae**
2. 秆的分枝每节通常 2 条，不分枝的节间呈圆筒形，分枝的节间于分枝的一侧扁平或有 2 纵沟；小穗丛间常夹以苞片，后者顶端常有缩小叶片 …………………… **毛竹属 *Phyllostachys***
2. 秆低矮，每节通常 5 分枝，枝条短，节间于分枝的一侧甚扁平，小穗纵为丛生时，其间不夹有苞片，每

小枝通常仅有1或2片叶，2片叶时，下方的叶鞘较长，超出上方的叶鞘 ………… **倭竹属 *Shibataea***

1. 秆一般为草质，稀可在芦竹族、黍族、蜀黍族带有木质多年生或一年生，主秆叶即普通叶，其叶片中脉明显，通常无叶柄，也不自叶鞘脱落 ……………………………………………… **禾亚科 Agrostidoideae**

3. 小穗仅一花结实，颖退化或仅在小穗柄间留有痕迹，成熟的花的内、外稃之边缘互相紧扣或外稃边缘合生并膨大呈囊状 ……………………………………………………………………………… **稻属 *Oryza***

3. 小穗含2花，下部花不孕而为雄性以致仅剩一外稃而使小穗仅含1花，背腹扁或为圆筒形，稀可两侧压扁，脱节于颖下，成熟的花内稃有类似刚毛的存在 ……………………………………… **黍属 *Panicum***

(1)禾亚科 *Agrostidoideae*

草本，秆为草质或木质，秆上生普通叶，具有明显的中脉，通常无叶柄，不易从叶鞘处脱落。本亚科有550属6 000多种，我国有170属670多种，广泛分布于全国。

【药用植物】

薏苡 *Coix lacryma-jobi* L. var. *ma-yuen* (Roman.) Stapf　一年生或多年生草本。秆直立，基部节上生根。叶互生，2纵列排列，叶鞘与叶片间具白色膜状的叶舌；叶片长披针形，基部鞘状抱茎。总状花序成束腋生；小穗单性；雄穗排列于花序上部，雌穗排列于花序下部，包藏于骨质总苞中。果实成熟时，总包坚硬而光滑，易破碎，内含1颖果(图8-166)。分布于全国各地，多为栽培。喜生于温暖潮湿地区。种子(薏苡仁)具有健脾利湿、清热排脓作用。

淡竹叶 *Lophatherum gracile* Brongn.　多年生草本。根状茎粗短，近顶端部分常肥厚成纺锤状块根。叶片披针形，基部狭缩成柄状，平行脉有明显的小横脉。圆锥状花序，具有极短的柄；小穗绿色，疏生，条状(图8-167)。分布于长江以南的地区。生于山坡林下或阴湿处。茎叶(淡竹叶)具有清热除烦、利尿生津的作用。

图8-166　薏苡 *Coix lacryma-jobi* L. var. *ma-yuen* (Roman.) Stapf

(仿孙启时，2009)

1. 植株　2. 雄性小穗　3. 雌花及雄小穗　4. 种子

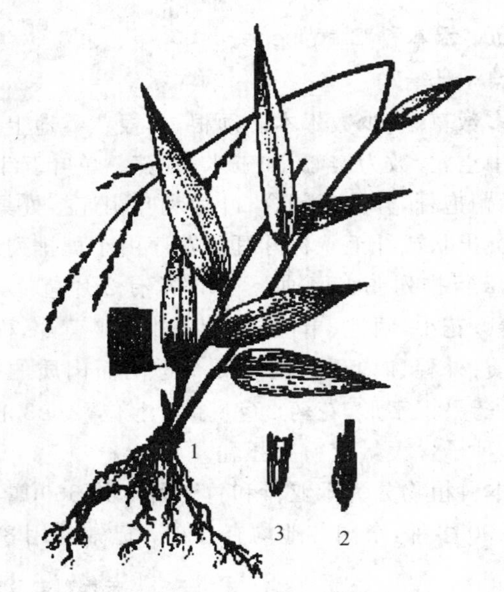

图8-167　淡竹叶 *Lophatherum gracile* Brongn.

(仿孙启时，2009)

1. 植株　2. 小穗　3. 小花

常见的药用植物还有：白茅（*Imperata cylindrica* Beauv. var. *major*（Nees）C. E. Hubb.），全国各地均有分布，生于向阳山坡。根状茎（白茅根）具有清热利尿、凉血止血、生津止渴的作用。芦苇（*Phragmites communis* Trin.），全国各地均有分布，生于沼泽、河边湿地。根状茎（芦根）具有清热生津、除烦止呕的作用。

(2)竹亚科 *Bambusoideae*

木本。主秆叶与枝上生出的叶有明显的区别，枝上生普通叶，具有明显的中脉和小横脉，有短柄，叶鞘与叶柄相接处有一个关节，叶片容易从关节处脱落。主秆上的叶称笋壳，与枝上叶有明显区别。雄蕊6，浆片3。秆木质，枝条的叶具有短柄，为禾亚科与竹亚科的主要区别。本亚科有66属1 000多种，主要分布于热带地区，我国有30属400多种。

【药用植物】

淡竹 *Phyllostachys nigra*（Lodd.）Munro var. *henonis*（Mitf.）Stapf ex Rendle　乔木。秆绿色至灰绿色，无毛。在分枝一侧的节间有明显的沟槽。叶1～3片互生于小枝上，叶片窄披针形，背面基部疏生细柔毛。圆锥花序，小穗有2～3朵花。分布于长江以南各省区。其秆的中层刮下物（竹茹）具有清热化痰、除烦止呕的作用。

常见的药用植物还有：稻（*Oryza sativa* L.），其发芽颖果（谷芽）具有健脾消食的作用。大麦（*Hordeum vulgare* L.），其发芽颖果（麦芽）具有消食、回乳的作用。小麦（*Triticum aestium* L.），其干瘪的颖果（浮小麦）具有止汗、解毒的作用。玉蜀黍（*Zea mays* L.），花柱（玉米须）具有清热利尿、消肿、消渴的作用。青皮竹（*Bambusa textiles* MeClure），秆内被竹黄蜂咬伤后的分泌液干燥物（天竺黄）具有清热祛痰、凉心定惊的作用。

61. 莎草科 Cyperaceae

⚥ $* \ P_0A_3\underline{G}_{(2\sim3:1:1)}$　♂ $* \ P_0A_3$　♀ $* \ P_0\underline{G}_{(2\sim3:1:1)}$

多年生草本，少数为一年生。根簇生，呈纤维状。有根状茎，常丛生或呈匍匐状。少数还兼有块茎，茎常特称为秆，单生或丛生，坚实或少数中空，通常为三棱柱形或圆柱形，或少数为4～5菱形或扁平，无节。叶三列，叶片条形，基部具有闭合的叶鞘。花甚小，单生于鳞片腋间，两性或单性，同株或异株，2朵至多朵花组成一个小穗，小穗单一或若干枚组成各式花序，花序具1至多数叶状，刚毛状或鳞片状苞片；小穗单性或两性，颖片2列或螺旋状排列在小穗轴上；花被缺或变态为下位鳞片或下位刚毛；雄蕊多为3枚，或1枚，花药底生，花丝丝状；子房上位，1室，胚珠1；花柱单一，柱头2～3裂。小坚果或瘦果，三棱，双凸或平凸，或球状，有时为苞片所形成的果囊所包裹。

本科共有90属4 000多种植物，广泛分布于全球。我国有33属670种，全国各地均有分布。已知药用16属110种。

【药用植物】

莎草 *Cyperus rotundus* L.　多年生草本。根状茎匍匐，末端有灰黑色椭圆形芳香气味的块茎。茎直立，上部三棱形。叶基部丛生，3列，叶片窄条形。花序形如小穗，在茎顶排成伞形；花两性，无花被；雄蕊5，子房椭圆形，柱头3裂。坚果三棱形（图8-168）。分布于全国各地。主产于山东、浙江、福建及云南。根状茎（香附）具有行气解郁、调经止痛的作用。

常见的药用植物还有：荆三棱（*Scirpus yagara* Ohwi）（图8-169），分布于东北、华北、西南及长江流域，生于沼泽地水中。块茎具有破血祛痰、行气止痛的作用。荸荠（*Eleocharis tuberosa*（Roxb.）Roem. Et Schult.），球茎具有清热生津、开胃解毒的作用。

图 8-168 莎草 *Cyperus rotundus* L.
（仿孙启时，2009）
1. 植株 2. 穗状花序 3. 鳞片 4. 雌蕊

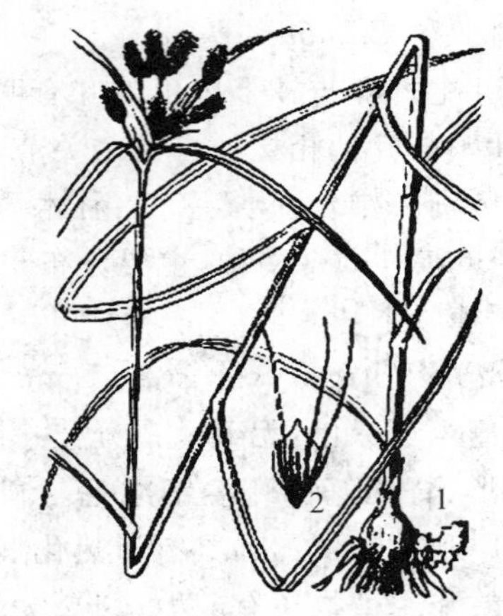

图 8-169 荆三棱 *Scirpus yagara* Ohwi
（仿孙启时，2009）
1. 植株 2. 小坚果

62. 棕榈科 Palmae

⚥ $* \ P_{3+3}A_{3+3}\underline{G}_{(3:1\sim3:1)}$　♂ $* \ P_{3+3}A_{3+3}$　♀ $* \ P_{3+3}\underline{G}_{(3:1\sim3:1)}$

乔木或灌木，有时为藤本。茎丛生或单生，主干不分枝。直立或攀援，常有残存的老叶、叶痕或叶柄残基。叶常绿，大型，全缘或羽状、掌状分裂，互生，常聚生于茎顶；叶柄基部常扩大成为具有纤维状结构的鞘。花小，两性或单性，有苞片或小苞片，辐射对称，常聚生成肉穗花序，具 1 至数片佛焰苞；花被片 6，2 轮，离生或合生，镊合状或覆瓦状排列；雄蕊 6，2 轮，少为 3 或多数；心皮 3，合生或分离；子房上位，1～3 室少 4～7 室或具 3 枚离生或仅基部合生的心皮，每室每心皮胚珠 1 枚；花柱短或无，柱头 3 裂。浆果或核果，外果皮肉质或纤维质，种子胚乳丰富，均匀或嚼烂状。

本科有 217 属 2 800 多种。主要分布于热带、亚热带地区，是热带地区的重要植物资源。我国有 28 属约 100 种，主要分布于东南及西南一带。已知药用 16 属 26 种。

【药用植物】

棕榈 *Trachycarpus fortunei*（Hook. f.）H. Wendl.　常绿乔木，主干不分枝。茎有不易脱落的叶柄残基。叶大，丛生于茎顶，叶片扇形或椭圆形，掌状深裂，裂片条形，顶端 2 浅裂；叶柄长，顶端有小突起；叶鞘纤维质，网状，暗棕色，宿存。肉穗花序排列成圆锥状，佛焰苞多数；花小，单性，黄白色，雌雄异株；雄花雄蕊 6，雌花心皮 3，合、离生，3 室。核果肾状球形，深蓝色（图 8-170）。分布于长江以南，野生或栽培。叶柄及叶鞘纤维（煅后称“棕榈炭”）为止血药，具有收敛止血的作用。

槟榔 *Areca cathecu* L.　常绿乔木，主干不分枝。茎上有叶痕形成的环纹。叶大，聚生于茎顶，羽状全裂，裂片条状披针形，先端不规则齿裂；总叶柄三棱状，具长叶鞘。肉穗花序多分枝，排列成圆锥状；花单性，雌雄同株，雄花生于上部，花被 6，雄蕊 6；雌花生于下部，3 心皮，子房上位，1 室。核果椭圆形，红色，中果皮纤维质，种子 1 枚(图 8-171，彩图 8-39)。原产于马来西亚，我国海南岛、广西、广东、云南、福建、台湾岛有栽培。种子(槟榔)具有杀虫、消积、行气、利水的作用。果皮(大腹皮)具有宽中、下气、行水、消肿的作用。

图 8-170 棕榈 *Trachycarpus fortunei* (Hook. f.) H. Wendl.

(仿孙启时，2009)

1. 杆顶部与叶 2. 花序 3. 雄花 4. 雌花 5. 果实

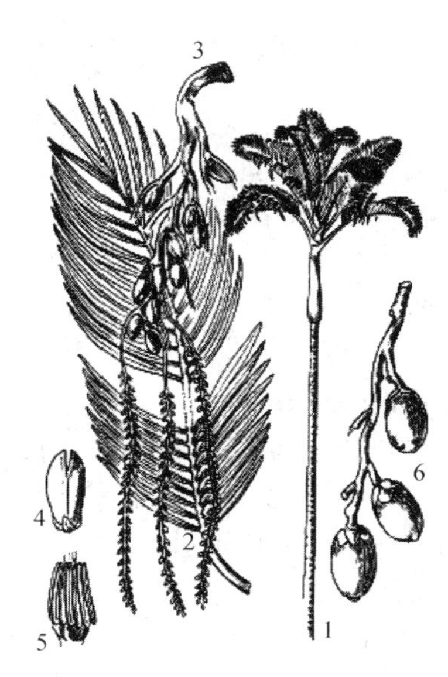

图 8-171 槟榔 *Areca cathecu* L.

(仿孙启时，2009)

1. 植株 2. 叶 3. 花序 4. 雄花 5. 雄花去花被 6. 部分果序

常见的药用植物还有：椰子(*Cocos nucifera* L.)，分布于热带地区海岸，尤其亚洲东南部最多。我国主要分布于海南、广东、云南和台湾等地。根能止痛止血；果壳能治癣；椰肉(胚乳)能益气祛风。果汁常作为饮料，果壳果肉常用来制作食品。麒麟竭(*Daemonorops draco* Bl. (*Calamus draco* Willd.))，原产于印尼、马来西亚等南亚热带地区，我国海南、台湾有栽培。果实或树干中的树脂(血竭)为活血化瘀药，具有散瘀、止痛、活血、生肌的作用。

63. 天南星科* Araceae

⚥ $* P_{0,4\sim6} A_{4\sim6} \underline{G}_{(1\sim\infty:1\sim\infty:1\sim\infty)}$ ♂ $P_0 A_{(1\sim8),\infty;1\sim8,\infty}$ ♀ $P_0 \underline{G}_{1\sim\infty:1\sim\infty:1\sim\infty)}$

草本。常具块状茎或根状茎。单叶或复叶，基生或茎生，叶柄基部常具膜质叶鞘，叶脉多网状。肉穗花序，基部具佛焰苞；花小，两性或单性，单性花雌雄同株或异株；雄花在花序上部，雌花在花序下部；单性花缺花被，雄蕊 1～8 或多数，常愈合成雄蕊柱，少分离；两性花常具花被片 4～6，雄蕊与之同数且对生，子房上位，由 1 至数心皮组成 1 至数室，胚珠 1 至多数。浆果，密集生于花序轴上，种子 1 至多数。

本科植物约 115 属 2 000 多种，广泛分布于世界各地，主产于热带、亚热带地区。我国有 35 属 210 余种。主要分布于西南、华南各省区。药用 22 属 106 种。通常有毒。

天南星科部分属检索表

1. 花两性；肉穗花序上部无附属体；具根状茎。

2. 叶剑形，无柄，佛焰苞呈剑形；全株有特殊香气 …………………………… **菖蒲属 *Acorus***

2. 叶心形或卵状心形，有长柄，佛焰苞广卵形，全株无香气 ………………………… **水芋属 *Calla***

1. 花单性；肉穗花序上部具附属体；具块茎。

3. 肉穗花序与佛焰苞分离，佛焰苞无隔膜，不缢缩，叶柄下部不具珠芽。

4. 雄蕊分离。

5. 佛焰苞檐部展开为漏斗状，先端后仰 ……………………………… **马蹄莲属 *Zantedeschia***

5. 佛焰苞檐部展开为舟状，先端内弯 ……………………………… **千年健属 *Homalomena***

4. 雄蕊合生成一体。

6. 雌雄同株 ……………………………………………………………… **犁头尖属 *Typhonium***

6. 雌雄异株 ……………………………………………………………… **天南星属 *Arisaema***

3. 肉穗花序下部的雌花序一侧着生花，与佛焰苞合生，佛焰苞隔膜处缢缩，叶柄下部具珠芽 ……………………………………………………………… **半夏属 *Pinellia***

(1)天南星属 *Arisaema*

草本。具块茎。叶片 3 至多裂，放射状全裂或鸟趾状分裂或复叶。肉穗花序上部具附属体，佛焰苞无隔膜，不缢缩，下部管状，上部开展，与肉穗花序分离。雌雄异株，无花被，雄花2～5 朵簇生，花丝愈合，稀疏排列于花序轴上；雌花子房上位，1 室。浆果红色。

【药用植物】

天南星 *Arisaema erubescens* (Wall.) Schott (*A. consanguineum* Schotl.)　多年生草本。块茎扁球形。叶 1 枚，基生，有圆柱形长叶柄，叶片辐射状全裂，裂片 7～24，披针形末端延伸成丝状。佛焰苞绿白色，下部管状圆柱形，上部戟形，不闭合，顶端细丝状；肉穗花序由叶柄鞘部抽出，附属体棒状；花单性，雌雄异株，总花梗短于叶柄；雄花雄蕊 4～6，花丝愈合，花药顶端孔裂；雌花密集。浆果红色，排列成穗状(图 8-172)。全国广泛分布。生于林下等阴湿处。块茎(天南星)有毒，具有燥湿化痰、祛风止痉、散结消肿的作用。

图 8-172　天南星 *Arisaema erubescens* (Wall.) Schott.

(仿孙启时，2009)

1. 植株　2. 去佛焰苞(示肉穗花序)

东北天南星 *A. amurense* Maxim.　小叶幼时 3 枚，成熟时 5 枚，佛焰苞绿色或带紫色，有白色条纹。花序顶端附属体棒状。主要分布于东北、华北地区。块茎作天南星入药。

异叶天南星 *A. heterophyllum* Blume　叶鸟趾状分裂，裂片 11～21。花序顶端附属体鼠尾状。分布于全国大部分地区。块茎作天南星入药。

(2)半夏属 *Pinellia*

草本。具块茎。叶片基生，叶片 3～7 裂或鸟趾状分裂；叶柄中下部有小块茎(珠芽)。肉穗花序上部具细长附属体，佛焰苞内卷成筒状，有增厚的横膈膜，与肉穗花序合生。花雌雄同株，无花被，雄花雄蕊 2，位于花序轴上部；雌花位于下部，着生于花序轴一侧；子房 1 室，胚珠 1。浆果红色。

【药用植物】

半夏 *Pinellia ternata* (Thunb.) Breit.　多年生草本。块茎扁球形。叶异型，一年生叶为单叶，卵状心形或戟形，全缘；2 年以上叶为三出复叶，基生，叶柄基部鞘状，其内侧或中下部有珠芽。佛焰苞绿色，管部狭圆柱形，附属体鼠尾状，伸出佛焰苞外。花单性，雌雄同株，无花被，雄花位于花序上部，雄蕊 2，雌花位于花序下部，与佛焰苞贴生，子房 1 室，胚珠 1；雄花与雌花之间为不育部分。浆果卵形，红色(图 8-173，彩图 8-40)。分布于全国各地。生于阴湿的沙壤地、石缝中。块茎(半夏)有毒，炮制后(姜半夏、法半夏)使用，具有燥湿化痰、降逆止呕、消痞散结的作用。

图 8-173 半夏 *Pinellia ternata* (Thunb.) Breit.

(仿孙启时，2009)

1. 植株 2. 叶

掌叶半夏 *P. pedatisecta* Schott 植株及块茎均较半夏大，块茎周围常生有数个珠芽。一年生的叶片心形，2 年以上叶片鸟趾状全裂，裂片 7～13。主要分布于华北、华中及西南地区。块茎(虎掌南星)具有燥湿化痰、降逆止呕、消痞散结的作用。

石菖蒲 *Acorus tatarinowii* Schott 草本。根状茎横走，具浓烈香气。叶基生，剑状线形，无中脉。肉穗花序，花两性，佛焰苞叶片状。浆果。分布于华中、华东、华南、西南等地区。生于山谷溪沟及河边石上。根状茎(石菖蒲)具有开窍安神、化湿和胃的作用。

菖蒲 *Acorus calamus* L. 除新疆外全国均有分布。生于沼泽、湿地。根状茎(水菖蒲)功效与石菖蒲相近。

独角莲 *Typhonium giganteum* Engl. 多年生草本。叶基生，大型，叶片戟状剑形，叶柄基部鞘状。肉穗花序位于紫色佛焰苞内，其顶端延长成紫色棒状附属物。浆果红色。分布于东北、华北、华中、西北及西南，生于林下阴湿地区。块茎(禹白附)具有燥湿化痰、祛风解痉、解毒散结的作用。

本科其他药用植物还有：鞭檐犁头尖(*Typhonium flagelliforme* (Lodd.) BI.)，主要分布于云南地区。生于田野、山坡等地。块茎(水半夏)为半夏药材的云南地方习用品。千年健(*Homalomena occulta* (Lour.) Schott)，主要分布于云南及广西地区。生于林下、沟谷湿地。根状茎(千年健)具有祛风湿、健筋骨的作用。

64. 百部科 Stemonaceae

$⚥ * P_{2+2} A_{2+2} \underline{G}_{(2:1:2\sim\infty)}, \overline{G}_{(2:1:2\sim\infty)}$

多年生草本或藤本。通常具肉质块根或横走根状茎，纺锤形或圆柱形。单叶互生、对生或轮生；叶脉为弧形脉，有明显的基出脉。花两性，辐射对称，单生于叶腋或贴生于叶片中脉处。单被花，花被片 4，花瓣状，2 轮排列；雄蕊 4，花药 2 室，顶端药隔通常伸长于药室之上，呈钻形或条形；子房上位或半下位，2 心皮，1 室，胚珠 2 至多数，基生或顶生于胎座。蒴果，成熟时开裂为 2 瓣；种皮厚，表面有纵槽。

本科共 3 属约 30 种；主要分布于亚洲、美洲、大洋洲的热带和亚热带地区。我国有 2 属 11 种，分布于东南至西南部地区。已知药用 2 属 6 种。

【药用植物】

直立百部 *Stemona sessilifolia* (Miq.) Miq. 草本。块根肉质，簇生，纺锤形。叶轮生，每轮 3～4 枚，卵形或卵状披针形，主脉 3～7 条，中间 3 条明显；茎下部叶鳞片状。花单生于鳞片叶腋，两性，辐射对称；花被片 4，淡绿色，内侧 1/3 紫红色；雄蕊 4，紫红色，顶端具狭卵形黄色附属体，药隔伸长，伸长部分呈钻状披针形或条形；子房上位，柱头短，无花柱。蒴果 2 瓣裂。种子多数，椭圆形，一端有白色刚毛(图 8-174)。分布于浙江、江苏、安徽、山东、河南等省区。生于山坡、林下等地。块根(百部)具有润肺止咳、平喘的作用。

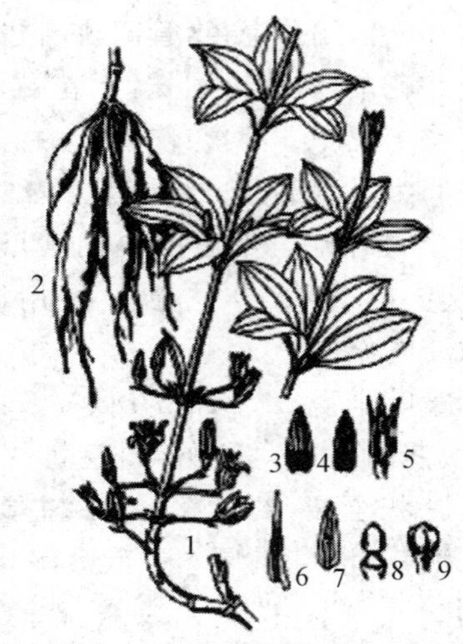

图 8-174 直立百部 *Stemona sessilifolia*(Miq.) Miq.

(仿孙启时，2009)

1. 带花植株 2. 块根 3. 外轮花被片 4. 内轮花被片 5. 雄蕊 6. 雄蕊侧面观(示花药和药隔附属物) 7. 雄蕊正面观 8. 雌蕊 9. 果实

对叶百部 *S. tuberose* Lour. 草质藤本。叶对生。花生于叶腋，花被片具紫红色脉纹。分布于长江以南各省区。生于山坡林下、路旁和溪边。块根具有润肺止咳平喘的作用。

蔓生百部 *S. japonica* (Bl.) Miq. 草质藤本。叶通常轮生。花单生或数朵簇生于叶片中脉。分布于浙江、安徽、江苏等省区。生于山坡林下、草丛、路旁等。块根具有润肺止咳平喘的作用。

65. 百合科* Liliaceae

$⚥ * P_{3+3,(3+3)}\ A_{3+3}\ \underline{G}_{(3:3:\infty)}$

常为草本。稀木本。常具鳞茎、根状茎、球茎或块根。茎直立、攀援状或变态成叶状枝。单叶，互生、对生或轮生；极少数退化成鳞片状。花单生或排列成总状、穗状或圆锥花序；花常两性，辐射对称，花被片 6，分离，花瓣状，2 轮排列，每轮 3 枚，分离或合生；雄蕊 6，子房上位，少半下位，3 心皮合生成 3 室，中轴胎座，稀侧膜胎座。蒴果或浆果，种子多数。

本科植物共 233 属约 4 000 种，广泛分布于全球，以温带和亚热带地区居多。我国有 60 属 570 种，主要分布于西南地区。已知药用 52 属 374 种。

百合科部分属检索表

1. 木本，花两性或单性。
  2. 花单性，攀援状灌木 …………………………………… 菝葜属 *Smilax*
  2. 花两性，灌木或乔木 …………………………………… 龙血树属 *Dracaena*
1. 草本，花两性。
  3. 叶肉质 …………………………………… 芦荟属 *Aloe*
  3. 叶非肉质。
    4. 具鳞茎。
      5. 花序为典型的伞形花序，未开放前为总苞所包；总苞一侧开裂或裂成 2 至数片；植株极大多数有葱蒜味；叶鞘封闭 …………………………………… 葱属 *Allium*
      5. 花序不为典型的伞形花序，植株无葱蒜味。
        6. 大型圆锥花序，茎基部呈鞘状抱茎 …………………………………… 藜芦属 *Veratrum*
        6. 非圆锥花序。
          7. 花药丁字着生 …………………………………… 百合属 *Lilium*
          7. 花药基部着生。
            8. 花被片基部有腺穴，花下垂，较大 …………………………………… 贝母属 *Fritillaria*

8. 花被片基部无腺穴，花不下垂，较小 ………………………………………… 山慈姑属 *Iphigenia*

4. 无鳞茎。

9. 根状茎粗壮，明显，无块根。

10. 蒴果。

11. 叶基生，雄蕊 3，叶线形 ………………………………………………… 知母属 *Anemarrheana*

11. 叶轮生，雄蕊 8～12 …………………………………………………………… 重楼属 *Paris*

10. 浆果。

12. 叶基生，2～3 片 …………………………………………………………… 铃兰属 *Convallaria*

12. 叶互生、对生或轮生，多数 ……………………………………………… 黄精属 *Polygonatum*

9. 根状茎不明显，具须根或块根。

13. 具叶状枝，叶鳞片状 ……………………………………………………… 天门冬属 *Asparagus*

13. 无叶状枝，叶线形。

14. 子房上位，花丝明显，花药钝头 ………………………………………… 土麦冬属 *Liriope*

14. 子房半下位，花丝甚短，花药锐头 ……………………………………… 麦冬属 *Ophiopogon*

(1)百合属 *Lilium*

草本。具鳞茎。单叶互生，全缘。花大，花被片 6，2 轮，分离；雄蕊 6，花药丁字着生；3 心皮 3 室。蒴果。

【药用植物】

百合 *Lilium brownie* F. E. Brown var. *viridulum* Baker　多年生草本。鳞茎近球形。茎光滑，有紫色条纹。叶互生，倒卵形至倒披针形，上部叶较下部叶偏小，叶脉 3～5；花单生或数朵排成近伞形，花喇叭状，乳白色，外面稍带紫色，味芳香，先端向外张开或稍外卷；花被片 6，2 轮，分离；雄蕊 6，着生于花被的基部，花药丁字形；子房上位，长圆柱形，柱头 3 裂，中轴胎座。蒴果卵圆形，有棱，种子多数(图 8-175)。分布于河北、河南、山西、陕西、湖北、湖南、江西、安徽、浙江等地。生于山坡草丛中、树林下、山沟边，多栽培。鳞茎(百合)具有养阴润肺、清心安神的作用，亦可食用。

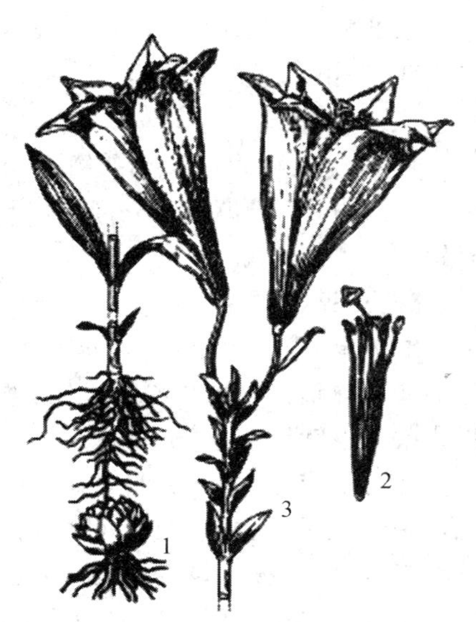

图 8-175　百合 *Lilium brownie* F. E. Brown var. *viridulum* Baker

(仿孙启时，2009)

1. 鳞茎　2. 雄蕊及雌蕊　3. 花序

卷丹 *L. lancifolium* Thunb.　花橘红色，有紫黑色斑点。分布于全国各地。鳞茎作百合入药。

细叶百合(山丹) *L. pumilum* DC.　花鲜红色或紫红色，无斑点或有少数斑点。分布于我国东北、华北及西北地区。鳞茎作百合入药。

(2)黄精属 *Polygonatum*

草本。具横走根状茎，具黏液。叶互生或轮生，全缘。花被下部合生成管状，顶端 6 裂，裂片顶端具乳突；雄蕊 6，子房上位，3 心皮 3 室。浆果。

【药用植物】

黄精 *Polygonatum sibiricum* Delar. Ex Red.　多年生草本。根状茎横走，黄白色，近圆柱形，节间一头粗一头细。叶通常 3～6 片轮生，叶片条状披针形，先端卷曲。花序腋生，2～4

朵花排列成伞形，下垂，苞片膜质，位于花梗基部；花近白色，雄蕊 6，花丝短，着生于花被上部。浆果球形，成熟时黑色（图 8-176）。分布于东北、华北及黄河流域。生于树林下、灌丛中及山坡阴凉处。根茎（黄精）具有滋阴润肺、补脾益气的作用。

玉竹 *P. odoratum* (Mill.) Druce 根状茎较细。茎单一，稍斜立，具纵棱。叶互生，椭圆形至卵状椭圆形。花序腋生，单一或 2 朵生于花梗顶端，下垂，花被黄白色至白色。浆果成熟时蓝黑色（彩图 8-41）。分布于东北、华北、中南、华南及四川等地。生于向阳坡地、草丛中。根状茎（玉竹），具有滋阴润肺、生津养胃的作用。

多花黄精 *P. cyrtonema* Hua 根状茎肥厚。茎常向一边倾斜，具条纹或紫色斑点。叶互生，卵圆形或卵状披针形。花序腋生，2 至多朵集成伞形花序；花被片黄绿色。浆果成熟时黑色。分布于河南以南及长江流域。生于林下、灌木丛及山坡阴处。根状茎作黄精入药。

图 8-176 黄精 *Polygonatum sibiricum* Delar. Ex Red.

（仿孙启时，2009）

1. 植株及果枝 2. 根茎 3. 花被

滇黄精 *P. kingianum* Coll. Et Hemsl. 主要分布于广西、四川、贵州、云南等地。生于林下、灌木丛及阴湿草丛中。根状茎作黄精入药。

(3)贝母属 *Fritillaria*

草本。具无被鳞茎，肉质鳞叶较少。单叶对生、互生、轮生，或呈混合叶序，全缘。花钟状，下垂，花被片 6，分离，基部有腺窝，不反转；雄蕊 6，花药基生；子房上位，3 心皮，3 室。蒴果常有翅。

【药用植物】

浙贝母 *Fritillaria thunbergii* Miq. 草本。鳞茎大，球形或扁球形，白色，由 2～3 枚鳞片组成。叶无柄，叶片条形或条状披针形，先端不卷曲或卷曲成卷须状；茎下部和上部的叶对生或互生，中部叶轮生。花具长柄，钟形，淡黄绿色，2～6 朵生于茎顶或上部叶腋，花被片 6，2 轮，内面具紫色方格斑纹；子房上位，3 心皮，3 室。蒴果，具 6 条宽纵翅（图 8-177）。分布于浙江、江苏；生于山坡、草地。多栽培。较小鳞茎（珠贝）和鳞叶（大贝）为药材浙贝母来源，具有清热化痰、润肺止咳的作用。

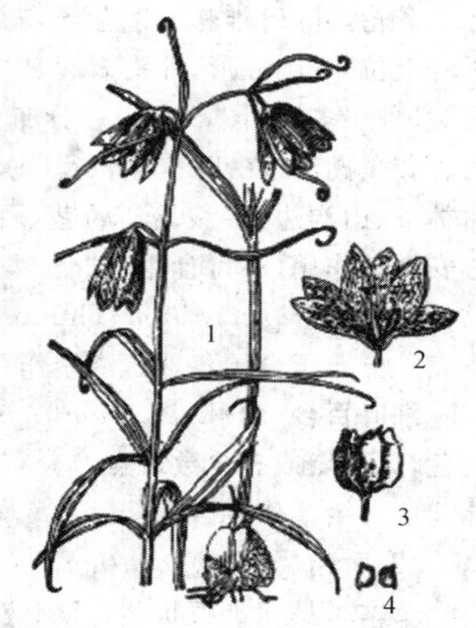

图 8-177 浙贝母 *Fritillaria thunbergii* Miq.

（仿孙启时，2009）

1. 植株 2. 花 3. 果实 4. 种子

暗紫贝母 *F. unibracteata* Hsiao et K. C. Hsia 草本。鳞茎球形或圆锥形，鳞茎外面有 2 枚鳞片，通常大小悬殊，大片紧抱小片，成怀中抱月状。茎下部 1～2 对叶对生，其余叶片互生，叶片条形至条状披针形，先端不卷曲。花 1～2 朵，单生于茎顶，具 1～2 枚叶状苞片，深紫色，略有黄褐色小黄格；花被片 6，蜜腺窝不明显；雄蕊 6，柱头三裂。蒴果长圆形，具 6 狭翅。分布于四川西北部、青海和甘肃南部，生长于海拔 3 200～4 300 m 的高山灌丛草甸中。鳞茎(川贝母、松贝)具有清热化痰、润肺止咳的作用。

川贝母 *F. cirrhosa* D. Don　草本。鳞茎卵圆形,鳞茎外面通常有 2 枚鳞片,大小相近,相对合抱。茎生叶通常对生,稀互生或轮生;叶片条形至条状披针形,叶端稍卷曲或不卷曲。花单生于茎顶,钟状,花被紫色具黄绿色斑纹,或黄绿色具紫色斑纹;叶状苞片 3 枚,狭长,先端卷曲。蒴果具狭翅。主要分布于四川省。生于高山灌丛及草甸中。鳞茎(川贝母、青贝)具有清热化痰、润肺止咳的作用。

甘肃贝母 *F. przewalskii* Maxim. Ex Baker.　草本。鳞茎球形,鳞片通常 3～4 枚。茎下部 2 枚叶对生,其余叶片互生;叶片条形至条状披针形。花浅黄色,具紫色或黑紫色斑点;叶状苞片 1 枚。蒴果。分布于甘肃、青海省区。生于高山山坡草丛。鳞茎(川贝母、青贝)具有清热化痰、润肺止咳的作用。

梭砂贝母 *F. delavayi* Fanch　草本。鳞茎长圆锥形,较大;鳞片通常 3～4 枚。茎中部以上具叶,叶互生,叶片卵形至卵状披针形。花浅黄色,具蓝紫色小方格及红褐色小斑点。蒴果。分布于四川、云南、青海及西藏地区。生于高海拔的河流石滩。鳞茎(川贝母、炉贝)具有清热化痰、润肺止咳的作用。

同属常见的药用植物还有:平贝母(*F. ussuriensis* Maxim.),分布于东北三省,生于林下。鳞茎(平贝母)具有清热化痰、润肺止咳的作用。新疆贝母(*F. walujewii* Regel),分布于新疆。生于林下阴湿地。鳞茎(伊贝母)具有清热化痰、润肺止咳的作用。伊犁贝母(*F. pallidiflora* Schrenk),主要分布于新疆伊犁。生于向阳坡草地。鳞茎(伊贝母)具有清热化痰、润肺止咳的作用。太白贝母(*F. taipaiensis* P. Y. Li),分布于陕西。鳞茎具有清热化痰、润肺止咳的作用。湖北贝母(*F. hupehensis* Hsiao et K. C. Hsia),分布于湖北西部和四川东部。鳞茎具有清热化痰、润肺止咳的作用。

七叶一枝花 *Paris polyphylla* Smith var. *chinensis* (Franch.) Hara　草本。根状茎短而粗壮,密生环节。叶 5～7 枚,轮生于茎顶;叶片椭圆形至倒卵状披针形。花单生,自轮生叶的中心抽出;两性,辐射对称,花被片 4～7,外轮绿色,狭卵状披针形;内轮黄绿色,狭条形,与外轮花被片互生;雄蕊 8～12,花药长度为花丝的 3～4 倍,药隔突出为小尖头;子房上位,1 室,近球形,具棱,顶端具盘状花柱基。蒴果紫色;种子具红色外种皮(图 8-178)。广泛分布于长江流域至华南南部及西南;生于山地林下阴湿处及灌丛中。根状茎(重楼、蚤休)有小毒,具有清热解毒、消肿止痛、熄风定惊的作用。

图 8-178　七叶一枝花 *Paris polyphylla* Smith var. *chinensis* (Franch.) Hara

(仿孙启时,2009)

1. 根茎　2. 植株　3. 雄蕊　4. 雌蕊　5. 果实

知母 *Anemarrhena asphodeloides* Bge.　草本。具横走根状茎,残留多数黄褐色纤维状的叶残痕。叶基生,基部呈鞘状,叶片条形,先端渐尖成丝状。总状花序,花 2～6 朵成一簇散生在花序轴上;花葶长;花两性,辐射对称,花被片 6,花粉红色、淡紫红色;雌蕊 3 心皮3室，子房上位。蒴果长卵形，具6纵棱。分布于东北、华北、陕西、甘肃。生于向阳山坡灌丛、沙地中。根状茎(知母)具有清热泻火、滋阴润燥的作用。

麦冬 *Ophiopogon japonicus*(L. f.) Ker-Gawl.　草本。须根，中间或下端常膨大成纺锤形块根。叶细条形，基生成丛。总状花序，花序轴比叶片短；花两性，辐射对称，花被片6，白色或淡紫色，稍下垂；雄蕊6，花丝短；花药三角状披针形；子房半下位，3心皮3室；花柱基部宽阔，稍粗而短，略呈圆锥形。果实浆果状，成熟时暗蓝色。除东北外，大部分省区都有野生。主产于四川绵阳、三台(川麦冬)及浙江杭州(杭麦冬)，多栽培。块根(麦冬)具有养阴生津、润肺清心的作用。

山麦冬 *Liriope spicata* Lour.　草本。花梗直立，叶片狭状倒披针形，子房上位。主要分布于江苏、安徽、福建、广西、四川、贵州、云南等省区。生于山野间阴湿处。块根具有养阴生津、润肺清心的作用。

天门冬 *Asparagus cochinchinensis*(Lour.) Merr.　攀援草本。须根中部或近末端形成纺锤形块根。茎细长，常扭曲，茎枝上具刺，小枝变态成叶状枝，通常3枚簇生，扁平或呈锐三角形，或镰刀状，中脉明显；叶鳞片状，基部具硬刺。花单性异株，每2朵腋生，花被6，淡绿色；子房3室，柱头3裂。浆果成熟时红色，种子1枚。几乎分布于全国。生于山坡、林下、山谷或坡地上。块根(天冬)具有滋阴润燥、清肺生津的作用。

芦荟 *Aloe vera* L. var. *chinensis*(Haw.) Berger.　多年生肉质草本。叶簇生，条状披针形，肥厚多汁，边缘疏生刺状小齿，具白色斑点状花纹。总状花序，苞片近披针形；花黄色，有红斑。蒴果。我国南方各省区及北方温室多有栽培。叶或叶汁混悬液的浓缩干燥品(芦荟)具有清热、杀虫、通便的作用。

丽江山慈姑 *Iphigenia indica* Kunth et Benth.　多年生草本。地下球茎成不规则圆锥形，被褐色膜质鞘。地上茎直立，基部常带紫色。叶线形，基部鞘状。总状花序顶生，常排成伞房状；叶状苞片狭长；花暗紫色，花被片6，线状倒披针形；雄蕊6，子房上位，3室，柱头3裂。蒴果，具6棱。分布于云南西北部和四川南部，生于向阳草坡、灌丛、林下。鳞茎含秋水仙碱等多种生物碱，有毒，是提取秋水仙碱的原料药材。鳞茎(土贝母)具有拔毒消肿、软坚散结的作用。

光叶菝葜 *Smilax glabra* Roxb.　攀援灌木。根状茎块状。叶互生，全缘，椭圆状披针形至卵状披针形，叶柄具狭鞘，有卷须；伞形花序，花单性异株，花被6，淡绿色；浆果球形，成熟时紫黑色，被粉霜。分布于长江流域以南及甘肃南部。生于林中、灌丛下、河岸或山谷中。根状茎(土茯苓)具有清热解毒、通利关节、除湿的作用。

常见的药用植物还有：藜芦(*Veratrum nigrum* L.)，分布于东北、华北、西北及四川、江西、河南、山东等地，生于林下阴湿地。鳞茎(藜芦)有毒，具有涌吐、杀虫的作用。铃兰(*Convallaria keiskei* Miq.)，主要分布于东北及华北地区。生于阴坡林下阴湿处。全草药用，具有强心利尿的作用。海南龙血树(*Dracaena cambodiana* Pierre ex Gagnep.)，主要分布于广西、云南、海南。树脂(国产血竭)具有活血化瘀、止痛的作用。

66. 石蒜科 Amaryllidaceae

$⚥ * \uparrow P_{3+3,(3+3)}\ A_{3+3,(3+3)}\ \overline{G}_{(3:3:\infty)}$

草本。具膜被鳞茎或根状茎。叶基生，常为条形，边缘有齿或全缘。花两性，辐射对称或两侧对称；花单生或伞形花序；有1至数枚膜质总苞片；花被片6，花瓣状，2轮，分离或下部合生；雄蕊 6，花丝基部常连合成筒状或花丝间有鳞片；子房下位，3 心皮 3 室，每室胚珠多数，中轴胎座。蒴果，少为浆果状(仙茅属)。

本科 100 余属约 1 200 种，分布于温带、热带、亚热带地区，以温带地区为主。我国 17 属 140 余种，主要分布于长江以南地区，已知药用植物 10 属 29 种。

【药用植物】

石蒜 *Lycoris radiate* Herb.　草本。鳞茎卵状圆锥形，外被紫红色薄膜。叶基生，狭条形，先端钝，全缘，深绿色，背部有粉绿色条带。花葶单生，先叶发出；伞形花序顶生，花 5～6 朵，其下具干膜质鳞片；花被片 6，红色，基部合生成筒状，上部 6 裂，裂片狭倒披针形，边缘皱缩，反卷；雄蕊 6，长于花被裂片，花丝着生于花冠筒上；子房下位，3 室，每室胚珠多枚。蒴果(图 8-179)。分布于我国中部长江流域及西南地区。生于阴湿山谷中及河岸草丛中。鳞茎有毒，具有祛痰、催吐、杀虫的作用。

仙茅 *Curculigo orchioides* Gaertn.　草本。根状茎粗壮、肉质、直立生长。叶基生，3～6 片，披针形，两面疏生柔毛，基部呈鞘状。花葶极短，藏于叶鞘内；花黄色，上部为雄花，下部为两性花；雄蕊 6，花丝极短；子房下位，3 室；花柱细长，柱头棒状，3 裂。浆果，顶端宿存细长的花被管，呈喙状(图 8-180)。分布于华东、中南、西南等地。生于林下、丘陵、草地或荒坡上。根状茎(仙茅)有小毒，具有补肾阳、强筋骨、祛寒湿的作用。

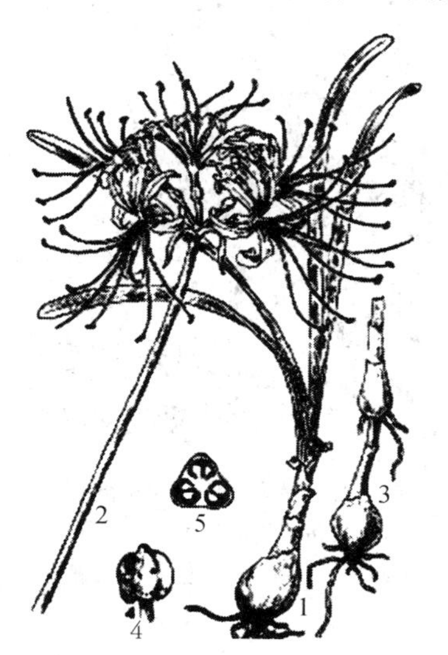

图 8-179　石蒜 *Lycoris radiate* Herb.
(仿孙启时，2009)
1. 植株　2. 花茎及花　3. 重生鳞茎
4. 果实　5. 子房横切面放大(示胚珠)

图 8-180　仙茅 *Curculigo orchioides* Gaertn.
(仿孙启时，2009)
1. 植株　2. 两性花　3. 花剖面观
4. 雄蕊　5. 种子

67. 薯蓣科 Dioscoreaceae

$♂ * P_{(3+3)} A_{3+3}$　$♀ * P_{3+3} \overline{G}_{(3:3:2)}$

多年生缠绕草本或木质藤本，光滑或有刺。具根状茎或块茎。叶互生，少对生；单叶或掌状复叶，具掌状网脉。花小，单性，雌雄同株或异株，辐射对称；穗状、总状或圆锥花序；花被片 6，2 轮，基部结合；雄花雄蕊 6，有时 3 枚可育；雌花花被与雄花相似，子房下位，3 心皮合生成 3 室，每室胚珠 2 枚；花柱 3，分离。蒴果具 3 棱形的翅，种子常有翅。

本科约10属650种，广泛分布于全球的温带和热带地区。我国仅有薯蓣属1属约60种，主要分布于长江以南各省区。已知药用植物37种。

薯蓣 *Dioscorea opposite* Thunb. 多年生草质藤本。根状茎圆柱形，肉质肥厚，直生，上有多数须根。茎常紫红色，基部叶互生，中部以上对生，叶腋处常有小块茎（珠芽）；叶片三角形至三角状卵形，基部宽心形，叶片边缘常3裂。穗状花序腋生，花小，单性，雌雄异株，辐射对称，雄花序直立，雌花序下垂；花被片6，2轮，绿白色；雄花雄蕊6，雌花子房下位，花柱3，柱头3裂。蒴果具3棱，呈翅状，表面被白粉；种子扁圆形，具宽翅（图8-181，彩图8-42）。分布于全国大部分地区。生长于向阳山坡及林下、灌丛，多栽培。根状茎（山药）具有益气养阴，补脾肺肾的作用。

穿龙薯蓣 *Dioscorea nipponica* Makino 多年生草质藤本。根状茎圆柱形，坚硬，横走，外皮成片状脱落，上有多数须根。单叶互生，叶片掌状心形，边缘有不等的三角状浅齿。花单性，雌雄异株；穗状花序，雄蕊6，着生于花被裂片的中央。蒴果3棱形，呈翅状（图8-182）。分布于东北、华北、西北及四川等省区。生于林缘及灌丛中。根状茎（穿山龙）具有舒筋活血、祛风止痛的作用。

图8-181 薯蓣 *Dioscorea opposite* Thunb.
（仿孙启时，2009）
1. 根茎 2. 雄枝 3. 雄花 4. 雌花 5. 果枝

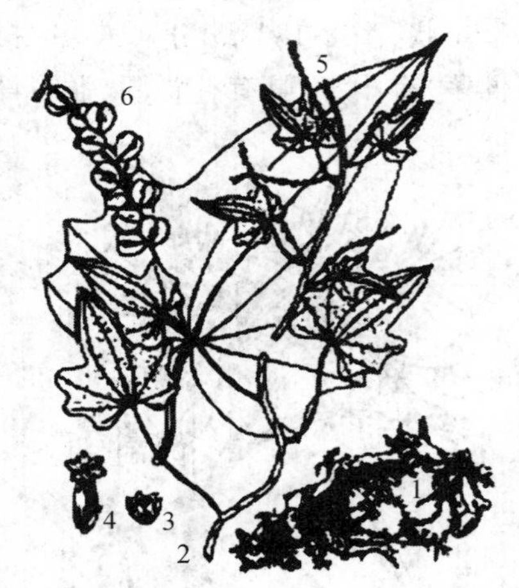

图8-182 穿龙薯蓣 *Dioscorea nipponica* Makino
（仿孙启时，2009）
1. 根茎 2. 果枝 3. 雄花 4. 雌花 5. 雌枝 6. 果序

黄独 *Dioscorea bulbifera* L. 缠绕草质藤本。块茎卵圆形或扁球形，棕褐色，密被细长须根。单叶互生，叶片宽心状卵形，叶腋生有小块茎。雌雄异株，蒴果，具3棱，果翅向蒴果的基部延伸。主要分布于我国华东、西南及部分中部地区，生于山林中、河谷边等地。块茎（黄药子）具有解毒消肿、化痰散瘀、凉血止血的作用。

绵萆薢 *Dioscorea septemloba* Thunb. 缠绕草质藤本。根状茎圆柱形，粗壮，横走，具细长须根。单叶互生，叶缘微波或全缘，少有掌状分裂。花单性，雌雄异株。蒴果3棱形，每棱翅状。种子四周具膜质翅，翅矩圆形，紫红色。分布于浙江、江西、湖南及华南地区。生于山谷坡地及疏林、灌丛中。根状茎（绵萆薢）具有祛风、利湿的作用。

粉背薯蓣 *Dioscorea hypoglauca* Palib.［*D. colletti* Hook. F. var. *Hypoglauca*（Palib.）Pei et Ting］ 根状茎横走，断面黄色。叶片三角状心形，叶背灰白色，叶脉及叶缘有黄白色硬

毛。蒴果，基部与顶端等宽。分布于华东、华中及四川、台湾等地。生于山谷坡地及沟边阴湿处混交林中。根状茎(粉萆薢)具有利湿浊、祛风湿的作用。

68. 鸢尾科 Iridaceae

⚥ * ↑ $P_{(3+3)}A_3\overline{G}_{(3:3:\infty)}$

草本。常具根状茎、块茎或球茎。叶基生，条形或剑形；基部有套叠叶鞘，互相套叠而排成 2 列。常为聚伞花序；花两性，辐射对称或两侧对称；花常大而艳丽，花被片 6，2 轮，花瓣状，通常基部合生成管状；雄蕊 3；子房下位，3 心皮 3 室，中轴胎座，每室胚珠多数；柱头 3 裂，有时呈花瓣状或管状。蒴果。

本科植物约 60 属 800 种，分布于热带、亚热带和温带地区；我国有 11 属约 80 种，已知药用 8 属 39 种。

【药用植物】

射干 *Belamcanda chinensis* (L.) DC.　多年生草本。根状茎横走，断面鲜黄色。叶剑形，基部套叠，二列排列。顶生二歧状伞房花序；花两性，辐射对称，花被片 6，橘黄色，基部合生成短管，散生暗红色斑点；雄蕊 3；子房下位，3 室；花柱棒状，柱头 3 裂。蒴果(图 8-183)。分布于全国大部分地区。生于干燥山坡、草地、沟谷及滩地。根状茎(射干)有小毒，具有清热解毒、利咽消痰、活血祛瘀的作用。

马蔺 *Iris lacteal* Pall. Var. *chinensis*(Fisch.) Koide.　多年生草本。根状茎短而粗壮。外面残留红紫色纤维状叶鞘残基。叶基生，叶片条形，基部鞘状。花两性，辐射对称；花被片 6，2 轮，倒披针形，蓝紫色，外轮中部有黄色条纹；花柱 3 深裂，花瓣状，顶端 2 裂。蒴果长椭圆状柱形，顶端有短喙。分布于全国大部分地区。生于山坡草地、灌丛中。种子(马蔺子)具有凉血止血、清热利湿的作用。

番红花 *Crocus sativus* L.　多年生草本。球茎扁圆球形，外被褐色膜质鳞片。叶基生，叶片条形，叶缘反卷。花两性，顶生，辐射对称；花被片 6，淡蓝色、红紫色或白色；花被管细长；雄蕊 3，花药黄色，基部剑形；子房下位，3 心皮 3 室；花柱细长，橙红色，顶端 3 深裂，柱头顶端略膨大成漏斗状或喇叭状，边缘具不整齐锯齿，一侧具裂隙。蒴果(图 8-184)。原产于地中海沿岸。我国引种栽培，浙江、江西、福建等地有栽培。花柱及柱头(西红花)具有活血通经、祛瘀止痛、凉血解毒的作用。

鸢尾 *Iris tectorum* Maxim.　草本。全国均有分布。生于干燥草坡、林缘。根状茎(川射干)具有活血祛瘀、祛风除湿、解毒、消积的作用。

69. 姜科* Zingiberaceae

⚥ ↑ $K_{(3)}C_{(3)}A_1\overline{G}_{(3:3:\infty)}$

多年生草本。具根状茎、块茎或块根，通常具芳香或辛辣味。叶基生或茎生，通常 2 列或螺旋状排列，具开放或闭合的叶鞘，叶鞘顶部常具明显的叶舌；叶脉为羽状平行脉。总状花序或圆锥花序；花两性，两侧对称；花被片 6，2 轮，内轮萼状，常合生成管状，一侧开裂或顶端齿裂；外轮花瓣状，后方的 1 片最大；雄蕊 3 或 5，2 轮，内轮雄蕊近轴处 1 枚发育，侧生的 2 枚连合成 1 唇瓣，花丝具槽；外轮雄蕊侧生 2 枚退化成瓣状或齿状或缺；子房下位，3 心皮，3 室，中轴胎座，少侧膜胎座(1 室)，胚珠多数；花柱 1 枚，细长丝状，由发育雄蕊的花丝槽的花药室间生出，柱头头状。蒴果，少为肉质浆果。种子有假种皮。

图 8-183 射干 *Belamcanda chinensis* (L.) DC.

(仿孙启时,2009)

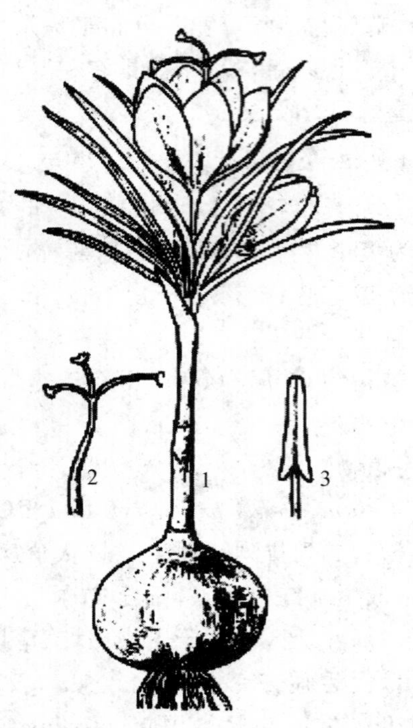

图 8-184 番红花 *Crocus sativus* L.

(仿孙启时,2009)

1. 植株 2. 花柱及柱头 3. 花药

本科 50 属 1 000 余种,主要分布于热带、亚热带地区。我国 19 属约 200 种,分布于西南部至东部地区。已知药用植物 15 属约 100 种。

姜科部分属检索表

1. 侧生退化雄蕊大,花瓣状,块状根状茎,有块根,花序中部以下苞片基部边缘互相贴生成囊状 …………………………………… 姜黄属 *Curcuma*
1. 侧生退化雄蕊小或无,苞片与须根不具上述性状。
  2. 花序顶生 …………………………………… 山姜属 *Alpinia*
  2. 花序由根状茎抽出。
    3. 侧生退化雄蕊小,钻形或细条形,与唇瓣分离,药隔附属体延长,全缘或 2～3 裂 …………………………………… 砂仁属 *Amomum*
    3. 侧生退化雄蕊与花瓣联合成具 3 深裂的唇瓣,药隔附属体延长于花药外成一弯喙 …………………………………… 姜属 *Zingiber*

(1)姜属 *Zingiber*

草本。根状茎常分枝状,断面淡黄色,有辛辣味。花葶自根状茎中抽出;侧生退化雄蕊与唇瓣联合,3 深裂;药隔附属体延长于花药外成一弯喙。

【药用植物】

姜 *Zingiber offcinales* Rosc. 多年生草本。根状茎横走,肥厚,多分枝,断面淡黄色,有辛辣味。叶互生,叶片披针形,无柄,叶鞘抱茎。花葶自根状茎抽出,穗状花序,苞片卵形,绿色至淡红色;花冠黄绿色,唇瓣中央裂片长圆状倒卵形,短于花冠裂片,具紫色条纹及淡黄色斑点；雄蕊暗紫色，药隔附属体延伸成长喙状（图 8-185）。我国除东北地区外，其他省、自治区均有栽培。根状茎鲜品（生姜）具有发表散寒、温中止呕、化痰止咳的作用。根状茎干品（干姜）具有温中散寒、回阳通脉、温肺化饮的作用。

图 8-185　姜 *Zingiber offcinales* Rosc.

（仿孙启时，2009）

1. 植株　2. 花　3. 唇瓣

(2)姜黄属 *Curcuma*

草本。根状茎粗短，肉质，须根末端常膨大成块根。花葶自根状茎或叶鞘中抽出，花序中下部苞片彼此贴生成囊状；侧生退化雄蕊花瓣状，与花丝基部合生，唇瓣全缘或 2 裂，药隔顶端无附属体，花药基部有距。

【药用植物】

姜黄 *Curcuma longa* L.（*C. domestica* Valet.）　根状茎卵形，分枝状，具香气，断面深黄色至黄红色，须根先端膨大成淡黄色块根。叶片椭圆形至矩圆形，除上表面先端具短柔毛外，两面均无毛。穗状花序，生于叶鞘内，球果状，苞片绿白色或顶端红色；花冠裂片白色，侧生退化雄蕊淡黄色，唇瓣长圆形，白色，中部深黄色；花药淡白色，基部两侧有角状距。分布于东南部及西南部地区，常野生于草地、路旁阴湿处或灌丛中。多栽培。根状茎（姜黄）具有破血行气、通经止痛的作用。块根（黄丝郁金）具有行气化瘀、清心解郁、利胆退黄的作用。

温郁金 *Curcuma wenyujin* Y. H. Chen et C. Ling　块根断面白色，根状茎断面柠檬黄色。穗状花序先于叶自根茎抽出；花冠白色，膜质。主要分布于浙江南部。根茎作莪术药材用。块根作郁金药材用，习称温郁金。

莪术 *C. aeruginosa* Roxb.　块根断面浅绿色至近白色；根状茎断面黄绿色至墨绿色；叶鞘下端常为褐紫色；穗状花序先于叶或与叶同时自根状茎中抽出。主要分布于广东、海南、广西、四川、云南、福建等省区。根茎作莪术药材用。块根作郁金药材用，习称绿丝郁金。

广西莪术 *C. Kwangsiensis* S. G. Lee et C. F. Liang　块根断面白色；根状茎断面白色或微黄色。叶片两面密被粗柔毛，沿中脉两侧有紫晕，穗状花序先于叶或与叶同时自根状茎或叶鞘中抽出；花冠粉红色。主要分布于广西和云南两省区。根茎作莪术药材用。块根作郁金药材用，习称桂郁金。

川郁金 *C. chuanyujin* C. K. Hsich et H. Zhang　块根断面浅黄色至白色；叶两面具毛茸；花序圆锥状或穗状，自根茎中抽出；花冠淡粉红色。主要分布于四川省。块根作郁金药材用，习称黄白丝郁金。

(3)砂仁属 *Amomum*

根状茎横走。花葶自根状茎中抽出；侧生退化雄蕊钻形或线形，唇瓣全缘或 3 深裂，药隔附属体延长。果实不裂或不规则开裂。

【药用植物】

阳春砂 *Amomum villosum* Lour.　草本。根状茎横走。叶片长椭圆形或条状披针形，全缘，先端渐尖呈尾状或急尖，叶鞘上有凹陷的方格状网纹，叶舌半圆形。花葶自根状茎中抽出，穗状花序，花冠白色，3 裂，唇瓣白色，圆匙形，中脉有淡黄色或红色斑点；侧生退化雄蕊具细小的乳状突起，雄蕊1，药隔顶端附属体半圆形，两侧有耳状突起；子房下位，3室，每室胚珠多数。蒴果，椭圆形或卵圆形，成熟时紫色，有刺状突起。种子多数，气味极芳香（图8-186）。主要分布于广西、广东、云南、福建等省区；生于山谷林下阴湿地区，多栽培。果实（砂仁）具有化湿行气、温中止泻、安胎的作用。

图8-186 阳春砂 *Amomum villosum* Lour.

（仿孙启时，2009）

1. 植株及果序 2. 茎叶 3. 花 4. 雄蕊剖面观 5. 雄蕊

白豆蔻 *Amomum kravanh* Pirre ex Gagnep. 根状茎粗壮。叶卵状披针形，先端尾尖，叶舌圆形，叶鞘及叶舌密被长粗毛。穗状花序自根状茎中抽出，总苞片三角形，具明显的方格状网脉；花冠裂片3，白色，唇瓣椭圆形，内凹，中央黄色；雄蕊1，药隔附属体3裂，子房下位，柱头杯状，先端具缘毛。蒴果近球形，白色或淡黄色，果皮木质，易开裂成3瓣。原产于柬埔寨、泰国等地，现我国云南、海南有栽培。果实（豆蔻）具有化湿行气、温中止呕的作用。

草果 *Amomum tsao-ko* Crevast et Lemarie 根状茎横走，肥厚。叶片长椭圆形，叶鞘及叶舌被疏柔毛。花冠红色，唇瓣中央具紫红色条纹，矩圆状倒卵形。果实红色，长椭圆形，有3钝棱及纵纹。主要分布于云南、广西及贵州，栽培或野生。果实（草果）具有燥湿散寒、除痰截疟的作用。

高良姜 *Alpinia officinarum* Hance 草本。根状茎块状，节处具环形膜质鳞片，气味芳香。叶片线形或条形，无柄；叶舌披针形，薄膜质。总状花序顶生，花序轴被绒毛；花冠白色，上有红色条纹，花冠裂片3，唇瓣卵形，粉红色，中部具紫红色条纹；雄蕊1，药隔无附属体；子房下位，密被绒毛。蒴果球形，成熟时红色，不开裂。分布于广东、广西、云南、海南、台湾等省区。生于灌丛、疏林中。根状茎（高良姜）具有温胃、散寒、行气、止痛的作用。

大高良姜 *Alpinia galanga*（L.）Willd. 草本。根状茎块状。叶狭长椭圆形至披针形，主脉有淡黄色疏毛，叶舌近圆形。圆锥花序顶生，花轴密被柔毛。花冠白色，唇瓣深白色带红色条纹，倒卵状匙形，2裂。果实矩圆形，不裂，中部微缢缩，成熟时棕色至枣红色。分布于华南及云南、台湾等地。生于沟谷林下、灌丛、草丛中。根状茎（大高良姜）具有散寒、暖胃、止痛的作用。果实（红豆蔻）具有燥湿散寒、醒脾消食的作用。

益智 *Alpinia oxyphylla* Miq. 草本。全株具辛辣味。根状茎横走，块状。叶2列，叶片宽披针形，边缘有脱落性的小刚毛；叶柄短，叶舌膜质，2裂，被淡棕色柔毛。总状花序顶生，花白色，花冠裂片3；唇瓣倒卵形，粉红色，具红色条纹，先端皱波状；侧生退化雄蕊钻状，雄蕊1，花丝扁平，药隔先端具圆形鸡冠状附属物；子房下位，密被茸毛，3室，胚珠多数。蒴果，椭圆形或纺锤形，具隆起的条纹，不开裂。种子淡黄色，被假种皮。主要分布于海南和广东两省。生于林下阴湿处。果实（益智仁）具有温脾开胃摄涎、暖肾固精缩尿的作用。

70. 兰科 Orchidaceae

⚥ ↑ $P_{3+3}A_{1\sim2}\overline{G}_{(3:1:\infty)}$

草本。陆生、附生或腐生。具根状茎或块茎，茎直立、攀援或匍匐状。单叶互生，常排成二列，基部具抱茎的叶鞘，有时退化成鳞片状。花单生或排成总状、穗状或圆锥花序；花常两性，两侧对称；花被片 6，2 轮，外轮 3，萼片花瓣状；内轮 3，侧生的 2 片称花瓣，中间的 1 片常 3 裂或中部缢缩而成上唇、下唇，或基部有时呈有蜜腺的囊状或有距，常有艳丽的颜色，特称为唇瓣，常因子房呈 180°扭转使唇瓣位于下方；雄蕊和雌蕊合生成合蕊柱，合蕊柱半圆柱形，面向唇瓣；花药通常 1 枚，位于合蕊柱顶端，稀 2 枚，位于合蕊柱两侧，常 2 裂或 3 裂，花粉粒常粘合成花粉块，前方常有一个由柱头不育部分退化形成的喙状小突起称蕊喙；能育柱头位于蕊喙之下，常凹陷；子房下位，3 心皮 1 室，侧膜胎座，含多数微小胚珠。蒴果，种子极小而多，无胚乳。

本科约 753 属 20 000 种，广布全球，主产于南美和亚洲的热带地区。我国约 171 属 1 247 余种，南北均产，以云南、海南、广西、台湾种类最丰富。已知药用植物 76 属 287 种。

兰科部分属检索表

1. 花粉为粒状，柔软，花药多半不脱落，多少向前倾斜并向内曲，花序常顶生。
   2. 叶基部有关节具褶扇脉，为薄皮纸质而狭窄，一般集生在茎的基部，有时仅有 1 叶，花葶直立生 1 花或有数花的顶生总状花序 …………………………………… **白及属 *Bletilla***
   2. 叶柔软，无关节，萼片和花瓣合生，腐生植物，茎上只有叶鞘状叶而没有绿色叶片状叶，总状花序有少数花，花梗一般在花开后增长 …………………………………… **天麻属 *Gastrodia***
1. 花粉蜡质或骨质，花药一般脱落，或多或少直立，蕊喙直立或近直立，花序顶生或侧生。
   3. 花粉块没有柄或粘盘，茎有时为平常形态而有多数的叶，或变态为假鳞茎形态而有少数的叶，叶形变化大，花葶或花轴无鞘叶或有很小的鞘叶 …………………………………… **羊耳蒜属 *Liparis***
   3. 附着于花粉块的粘盘有时不发育，茎一般变为假鳞茎或为假鳞茎状，或为匍匐茎，花 1 个单生成总状花序，蕊柱的药座在两侧有高喙，背不向上 …………………………………… **石斛属 *Dendrobium***

【药用植物】

天麻 *Gastrodia elata* Bl. 多年生腐生草本。块茎肥厚，长椭圆形，表面有环纹。茎单一，直立，淡黄褐色或带红色。叶退化成膜质鳞片状，与茎颜色相似，基部成鞘状抱茎。总状花序顶生，花淡黄绿色，花被合生，下部壶状，上部歪斜；唇瓣白色，先端 3 裂，中裂片舌状，具乳突，边缘不整齐，上部反曲，基部贴生于花被筒内壁上，侧裂片耳状；能育雄蕊 1 枚，子房下位，子房柄扭转。蒴果。种子极多，细小(图8-187)。分布于全国大部分地区，主产于西南地区，生于林下腐殖质较多的阴湿处，现多栽培，与白蘑科密环菌共生。块茎(天麻)具有熄风止痉、平肝潜阳的作用。

图 8-187 天麻 *Gastrodia elata* Bl.

(仿孙启时，2009)

1. 植株及块茎 2. 花 3. 蕊柱

白及 *Bletilla striata* (Thunb.) Reichb. f. 多年生草本。块茎三角状扁球形，具环纹，断面富黏性。叶 3～6 枚，披针形或带状披针形，基部下延成鞘状抱茎。总状花序顶生，3～8 朵花，花淡紫色，唇瓣 3 裂，上有 5 条纵皱褶，中裂片顶端微凹，合蕊柱顶生 1 花药，药室中有花粉块 8 个。蒴果圆柱形，有 6 条纵棱(图 8-188)。主要分布于长江流域的华东、华南、陕西、四川、云南等省区。生于向阳山坡、草丛及疏林中。块茎(白及)具有收敛止血、消肿生肌的作用。

石斛 *Dendrobium nobile* Lindl.　多年生附生草本。茎丛生，圆柱形，稍扁，节明显，黄绿色，干后金黄色。叶互生，长圆形，顶端钝，无柄，叶鞘紧抱节间。总状花序，每花序有花 2～3 朵，总梗基部有膜质鞘 1 对；花大而艳丽，花萼与花瓣均粉红色，唇瓣宽卵形，近基部中央有一个深紫色大斑块，蕊柱绿色（图 8-189）。分布于长江以南地区，广东、广西、湖北、台湾等地。附生于密林老树干或潮湿岩石上。全草（金钗石斛）具有滋阴清热、益胃生津的作用。

同属多种植物的茎也作石斛用，如霍山石斛（*D. huoshanese* C. Z. Tang et S. T. Chang.）、马鞭石斛（*D. fimbriatum* Hook）、环草石斛（*D. loddigesii* Rolfe.）、铁皮石斛（*D. candidum* Wall. Ex Lindl.）、黄草石斛（*D. chrysanthum* Wall.）和细茎石斛（*D. moniliforme*（L.）Sw）等。

图 8-188　白及 *Bletilla striata* (Thunb.) Reichb. f.

（仿孙启时，2009）

1. 植株　2. 唇瓣　3. 蕊柱　4. 蕊柱顶端的花药、蕊喙、柱头　5. 花粉块　6. 蒴果

图 8-189　石斛 *Dendrobium nobile* Lindl.

（仿孙启时，2009）

1. 植株　2. 唇瓣　3. 合蕊柱剖面　4. 合蕊柱背面　5. 合蕊柱正面

手参 *Gymnadenia conopsea*（L.）R. Br.　多年生草本。块茎椭圆状，肉质，下部类似掌状分裂。茎单一，茎生叶 3～7 枚，叶片条状披针形至椭圆状披针形，基部鞘状抱茎。穗状花序顶生，花粉红色，苞片卵状披针形，中萼片矩圆形，侧萼片斜卵形，反折。蒴果长卵形。分布于东北、华北、西北及川西北、西藏东南部等地。生于山坡林下、草地。块茎（手参）具有补益气血、生津止渴的作用。

本科常见的药用植物还有：盘龙参（*Spiranthes sinensis*（Pers.）Ames），分布于全国大部分省区，生于林下、灌丛、草地。石仙桃（*Pholidota chinensis* Lindl），分布于浙江、福建、广东、海南、广西、贵州、云南、西藏等地，生于林中或林缘树上、岩壁或岩石上。假鳞茎具有养阴清肺、化痰止咳的作用。

【阅读材料】

生活中的单子叶植物

单子叶植物在自然界中的物种虽然没有双子叶植物丰富，但是在人类的日常生活中却起着重要的作用。

日常生活中的很多食物来自于单子叶植物，如两大主食大米和面粉分别来源于禾本科的水稻、小麦；禾本科的玉米、高粱、薏苡、竹笋，百合科的葱、蒜、韭菜、百合、黄花菜，薯蓣科的山药都是日常餐桌上的常见品种。姜科的姜、草果、豆蔻，禾本科的香茅草常用作植物香料。槟榔是棕榈科植物槟榔的种子，在湖南、海南、广东等地常通过咀嚼槟榔来达到驱虫除湿、行气、消积的目的。

很多常见花卉也都来自于单子叶植物，高大的乔木如棕榈科的槟榔、椰子等常用作行道树，不仅能有效地遮挡太阳光，还是热带地区一道亮丽的风景线。绝大多数百合科植物均有大而鲜艳的花，是世界性的观赏花卉，如百合及各种栽培变种是花篮中不可缺少的花卉之一，其他的还有水仙、郁金香、风信子等。天南星科的植物虽然有一定的毒性，但因其绿叶较多，形态漂亮，也常用作室内摆放的绿植选择，如龟背竹、绿萝、马蹄莲、白掌、红掌、万年青等。兰科是单子叶植物中作观赏用的第一大科，有着悠久的栽培历史和众多的品种，主要有春兰、建兰、灰兰、墨兰、寒兰五大类上千种的园艺品种。

【思考题】

1. 简述被子植物的主要特征。
2. 列举桑科植物的主要特征，以及两种桑科药用植物及其入药部位。
3. 简述大黄药材的基源植物种类，并比较其植物形态特征。
4. 毛茛科植物有哪些形态特征？
5. 比较乌头属、毛茛属和铁线莲属的主要异同点。
6. 现在很多学者根据什么理由主张把芍药属从毛茛科中独立出来成芍药科？
7. 为什么说木兰科是被子植物中最原始的一个科？
8. 樟科有何特征？列举主要的药用植物。
9. 罂粟科花部构造中最为显著的特征有哪几点？列举主要的药用植物。
10. 十字花科，景天科，虎耳草科，金缕梅科，杜仲科有何特征？列举主要的药用植物。
11. 比较蔷薇科 4 个亚科的花部特征；列举主要的药用植物。
12. 豆科植物有哪些重要特征？分成 3 个亚科的依据是什么？列举主要的药用植物。
13. 简述芸香科植物的主要特征，以及主要的药用植物及其入药部位。
14. 大戟科的花序有何特点？主要的药用植物分布在哪几个属？
15. 举出以下各科中常见的 2 种药用植物名称及其学名：锦葵科、堇菜科、瑞香科、胡颓子科、桃金娘科、五加科、伞形科、山茱萸科。
16. 比较五加科与伞形科的相同点及不同点。
17. 木犀科、唇形科的主要特征是什么？有哪些重要的药用植物？
18. 茄科的主要特征是什么？有哪些重要的药用植物？
19. 试说明萝藦科副花冠、花粉器形态构造上的特点及其在分类上的意义。
20. 简述忍冬科的主要科特征。本科常见的药用植物有哪些？简述其主产地、生态分布、入药部位及药用功能。

21. 比较区分败酱与缬草、败酱(黄花败酱)与白花败酱。

22. 桔梗科有哪几个重要药用种属？比较区分桔梗与沙参、沙参与荠苨、党参与羊乳。

23. 菊科分为哪两个亚科？其分类依据是什么？比较区分黄花蒿与青蒿、白术与苍术、大蓟与小蓟、大蓟与飞廉。

24. 区别天南星科天南星属和半夏属的异同点。

25. 比较姜科和兰科的异同点。

26. 百合科有哪些主要特征？写出 10 种常用药用植物及其药用部位及功效。

附录一

蕨类植物门分科检索表

1. 叶退化或细小，远不如茎发达，鳞片形、钻形或披针形，不分裂；孢子囊生于枝顶的孢子叶球内(小叶型蕨类)。
 2. 茎细长直立，中空，有明显的节，无真正的叶，单茎或节上具轮生枝，节间表面有纵沟脊，各节为轮生的管状而有锯齿的鞘所围绕；孢子囊多数，生于盾状鳞片形能育叶的下面，在枝顶上形成单独的椭圆形孢子叶球 …………………………………………………………………… **木贼科 Equisetaceae**
 2. 植物体完全不同上述，孢子囊生于能育叶的腋间。
  3. 茎有腹背之分，常有根托(不定根)；叶通常为鳞片形，二型，腹背各二列生(即 4 行排列)，扁平，或少为钻形，同型，螺旋状排列；叶基部有一小舌状体(叶舌)；孢子囊及孢子二型 …………………………………………………………………………… **卷柏科 Selaginellaceae**
  3. 茎为辐射对称，无根托；叶同型，少二型，钻形或披针形，螺旋状排列，或少为鳞片形，交互对生，扁平；叶基部不具叶舌；孢子囊及孢子同型 ……………………………… **石松科 Lycopodiaceae**
1. 叶远较茎发达，单叶或复叶；孢子囊生于正常叶的下面或边缘，聚生成圆形、椭圆形或线形的孢子囊群或孢子囊穗，或满布于叶片下面。
  4. 孢子囊壁厚，由多层细胞组成。
   5. 单叶，叶脉网状；孢子囊序为单穗状；孢子囊大，扁圆球形，陷入于囊托两侧…………………………………………………………… **瓶尔小草科 Ophioglossaceae**
   5. 复叶，一至三回羽状分裂，叶脉分离；孢子囊序为圆锥状；孢子囊小，圆球形，不陷入囊托内 ……………………………………………………………… **阴地蕨科 Botrychiaceae**
  4. 孢子囊壁薄，由一层细胞组成。
   6. 孢子囊圆球形，环带极不发育，只有几个厚壁细胞生于顶端附近，并自顶端向下纵裂；叶二型；孢子囊不形成定形的囊群，而是生于无叶绿素的能育叶的羽片边缘，形成穗状孢子囊序 ………………………………………………………………… **紫萁科 Osmundaceae**
   6. 孢子囊为多种形状，环带发育完全；孢子囊生于正常叶的下面或边缘，或生于特化为不具叶绿素的能育叶或能育羽片的下面。
    7. 孢子同型；陆生或附生，少为湿地生；植物体形如一般蕨类，通常为中型或大型草本。(次 7 项见 216 页)
     8. 植物全体无鳞片，也无真正的毛；叶柄基部两侧膨大为托叶状，各具 1 行或少数疣状突起的气囊体(往往上升至叶柄及叶轴)，横断面为三角形或四方形 ………… **瘤足蕨科 Plagiogyriaceae**
     8. 植物体通常多少具有鳞片(特别在叶柄基部或根状茎上)或真正的毛(特别在叶片两面及羽轴或主脉上面)，有时鳞片上也有刚毛。
      9. 孢子囊群(或囊托)突出于叶边之外。
       10. 缠绕攀缘植物，有无限生长的叶轴；叶由多层细胞组成，有气孔；孢子囊椭圆形，横生于短囊柄上，具有横绕顶端的环带，2 列并生成短囊穗 ………………… **海金沙科 Lygodiaceae**
       10. 不为缠绕攀缘植物(稀为攀缘状)，不具无限生长的叶轴；叶一般由 1 层细胞组成，无气孔；孢子囊近球形，无柄，具有斜生环带，生于柱状而往往突出于叶缘外的囊托上，包于管状、喇叭状或两唇瓣形的囊苞内………………………………… **膜蕨科 Hymenophyllaceae**
      9. 孢子囊群生于叶缘、缘内或叶下面，从不如上述那样突出于缘外。
       11. 植株具有特化为腐殖质积聚叶或叶片基部扩大成阔耳形以积聚腐殖质；正常叶一回深羽

裂或羽状，往往在羽柄或主脉的腋间有腺体；孢子囊群生脉叉处或两脉之间 ………………………………………… 槲蕨科 Drynariaceae

11. 植株不具上述的腐殖质积聚叶或积聚腐殖质的叶片基部。

12. 孢子囊群生于叶缘，具囊群盖，自叶边向内或向外开，罕为无盖。

13. 囊群盖薄膜质，由叶边变成，向叶背反折，掩盖孢子囊群，因而向内开（开向主脉）。

14. 孢子囊生于反折囊群盖下面的小脉上（稀生于脉间的薄壁组织上）；羽片或小羽片为对开式或扇形，叶脉为扇形多回二叉分枝 ………………………………… 铁线蕨科 Adiantaceae

14. 孢子囊生于叶缘的连结脉或小脉上，反折囊群盖不具小脉；羽片或小羽片不为对开式或扇形，叶脉不为扇形二叉分枝。

15. 孢子囊群生于小脉的顶端，幼时为圆形而分离的孢子囊群，成熟时往往彼此连接而成线形；囊群盖连续不断或往往有不同程度的断裂，有时无盖；叶柄和叶轴一般为栗色或深褐色 ………………………………………… 中国蕨科 Sinopteridaceae

15. 孢子囊群沿叶缘生于连结小脉的总脉上，形成1条汇合囊群；囊群盖连续不断；叶柄常为淡色。

16. 根状茎短而直立或少有长而横生，被鳞片；叶片通常无毛；囊群盖仅有1层 ………………………………………… 凤尾蕨科 Pteridaceae

16. 根状茎长而横走，密被锈黄色茸毛；叶片多少被柔毛；囊群盖有内外两层 …… 蕨科 Pteridiaceae

13. 囊群盖不为薄膜质，自叶缘内生出，不向叶背反折而开向叶边（向外开）。

17. 通常为附生，有阔鳞片；叶柄基部（有时羽片）有关节 ………………… 骨碎补科 Davalliaceae

17. 通常为土生，被灰白色针状刚毛或红棕色的毛状钻形的简单鳞片；叶柄及羽片均无关节 ………………………………………… 鳞始蕨科 Lindsaeaceae

12. 孢子囊群生于叶背，远离叶边，如有囊群盖，则不同上述的形状，并不自叶边向外或向内开。

18. 孢子囊群圆形、椭圆形或线形，彼此分离，偶有汇合；叶一型，无不育叶和能育叶之分。（次18项见216页）

19. 孢子囊群圆形。（次19项见215页）

20. 孢子囊群有盖。

21. 囊群盖下位（即生于孢子囊群的下面，幼时往往包着孢子囊群全部），球形、半球形或为碟形（或有时简化，细裂为睫毛状） ………………………… 岩蕨科 Woodsiaceae

21. 囊群盖上位（即盖于孢子囊群的上面），圆肾形、盾形或少为鳞片状，基部有时略为压在成熟的孢子囊群之下。

22. 一回羽状复叶；羽片以关节着生于叶轴；叶脉分离；孢子囊群生于小脉顶端；囊群盖肾形 ………………………………… 肾蕨科 Nephrolepidaceae（栽培）

22. 一至多回羽状复叶或单叶一回羽裂；羽片不以关节着生于叶轴；叶脉分离或为网状。

23. 植物体（尤其是羽轴上面）有淡灰色的针状刚毛，有时叶柄基部的鳞片上也有同样的毛；叶柄基部横断面有扁阔的维管束两条 ………………… 金星蕨科 Thelypteridaceae

23. 植物体（至少在根状茎上）有阔鳞片，无上述的针状毛；叶柄基部横断面有小圆形的维管束多条。

24. 叶质厚，纸质至革质，干后灰棕色，分裂度较粗；叶脉分离（贯众属 *Cyrtomium* 为网状，但不具内藏小脉），羽片的主脉上面凹入（有纵沟），光滑无毛；小脉顶端常有膨大的水囊 ………………………………………… 鳞毛蕨科 Dryopteridaceae

24. 叶质薄，草质至纸质，干后褐绿色或黑色，分裂度较细；叶脉较多连结，羽片的主脉上面多少隆起（圆形），通常有多细胞的棕色腊肠状软毛密生；小脉顶端常无膨大的水囊 ………………………………………… 三叉蕨科 Aspidiaceae

20. 孢子囊群无盖。

25. 叶为一至多回的等位二叉分歧，下面通常灰白色；分叉处的腋间有一休眠芽；孢子囊群由少数（2～15个）孢子囊组成；孢子囊的环带水平横绕腰部，从侧面纵裂 ………………… **里白科 Gleicheniaceae**

25. 叶为单叶或羽状复叶，少为扇形分裂，下面不为灰白色；孢子囊群由多数孢子囊组成；孢子囊有直立或斜生的环带，由侧面横裂。

26. 叶柄基部以关节着生于根状茎上；单叶，全缘，或为一回羽状复叶，有星状毛或孢子囊，或孢子囊群幼时为有长柄的盾状隔丝覆盖 ………………………………………… **水龙骨科 Polypodiaceae**

26. 叶柄基部无关节。

27. 植物遍体或至少各回羽轴上有灰白色的针状刚毛，刚毛为单细胞（偶为多细胞）；根状茎和叶柄基部多少有鳞片；孢子囊群生于小脉的背部，有真正的囊群盖或为无盖 ………………………………………………………………… **金星蕨科 Thelypteridaceae**

27. 植物体不具灰白色的针状刚毛或有棕色腊肠状的多细胞柔毛。

28. 叶片上面或至少在各回隆起的小羽轴上面有棕色腊肠状的节状柔毛密生 ………………………………………………………………… **三叉蕨科 Aspidiaceae**

28. 叶片无腊肠状柔毛或至多有腺毛；羽轴上面凹陷，其纵沟与叶轴的互通；叶脉分离或偶有连结，但无内藏小脉 ………………………………………………………………… **蹄盖蕨科 Athyriaceae**

19. 孢子囊群长形或线形。

29. 孢子囊群有盖，半月形，线形，或上端为钩形或马蹄形。

30. 孢子囊群生于主脉两侧的狭长网眼内，贴近主脉并与之平行；囊群盖开向主脉；叶柄基部横断面有小圆形维管束多条形成1个圆圈 ………………………………… **乌毛蕨科 Blechnaceae**

30. 孢子囊群生于主脉两侧的斜出分离脉上（少有在多角形网眼内）并与之斜交；囊群盖斜开向主脉；叶柄基部横断面有扁阔维管束两条。

31. 鳞片为粗筛孔形，网眼大而透明；叶柄内有维管束两条，向叶轴上部联合为X形；囊群盖为长形或线形，常单独生于小脉向轴的一侧，少有生于离轴的一侧 ……… **铁角蕨科 Aspleniaceae**

31. 鳞片为细筛孔形，网眼狭小而不透明；叶柄内有维管束两条，向叶轴上部融合成U形；囊群盖生于小脉的一侧或两侧 ………………………………………………… **蹄盖蕨科 Athyriaceae**

29. 孢子囊群无盖。

32. 孢子囊群沿小脉分布，如为网状眼，则沿网眼分布。

33. 植物体有灰白色的单细胞针状刚毛 ……………………………… **金星蕨科 Thelypteridaceae**

33. 植物体不具上述的毛，或有疏柔毛或腺毛。

34. 孢子囊有短柄，沿小脉着生 ………………………………… **裸子蕨科 Hemionitidaceae**

34. 孢子囊有长柄，密集于小脉中部 ……………………………… **蹄盖蕨科 Athyriaceae**

32. 孢子囊群不沿小脉分布。

35. 孢子囊群生于叶边和主脉之间，在主脉两侧各成1条，并与主脉平行，或生于叶边的夹缝内。

36. 叶为禾草形，不以关节着生于根状茎上；表皮有骨针状的异细胞；孢子囊群生于叶下面或叶边的夹缝内，有带状或棍棒状隔丝 ……………………………… **书带蕨科 Vittariaceae**

36. 叶不为禾草形，以关节着生于根状茎上；表皮不具骨针状的异细胞；孢子囊群生于叶下面，有具长柄的盾状隔丝或星状毛覆盖 ………………………… **水龙骨科 Polypodiaceae**

35. 孢子囊群不与主脉平行，而为斜交。

37. 叶柄基部以关节着生于根状茎上 ……………………………… **水龙骨科 Polypodiaceae**

37. 叶柄基部不以关节着生于根状茎上。

38. 单叶，通常为披针形，近肉质；孢子囊群稍下陷于叶肉中，斜跨网脉 ………………………………………………………… **剑蕨科 Loxogrammaceae**

38. 一至三回羽状复叶，草质；孢子囊群不下陷于叶肉中，沿小脉着生。

39. 植物遍体有灰白色针状刚毛，无鳞片，如有少量鳞片，则常生有同样的刚毛 ………………………………………………… **金星蕨科 Thelypteridaceae**

39. 植物体有鳞片。

40. 孢子囊有短柄,疏生于小脉上;孢子辐射对称 ………………………… 裸子蕨科 Hemionitidaceae

40. 孢子囊有长柄,密集于小脉的中部;孢子两侧对称 ……………………… 蹄盖蕨科 Athyriaceae

18. 孢子囊群不聚生成圆形、椭圆形或线形的孢子囊群,而是一开始就密布于能育叶的下面;叶二型,偶有近一型,有不育叶及能育叶之分。

41. 单叶,披针形,少为椭圆形,叶脉分离,平行;叶近二型,能育叶与不育叶近同型,略较狭 ……………………………………………………………………………………… 舌蕨科 Elaphoglossaceae

41. 一回羽状复叶或掌状指裂,如为单叶,则叶脉为网状;叶明显二型。

42. 叶柄基部以关节着生根状茎上,单叶或掌状指裂 ……………………… 水龙骨科 Polypodiaceae

42. 叶柄基部不以关节着生于根状茎上,一回羽状复叶 ……………………… 三叉蕨科 Aspidiaceae

7. 孢子异型;为水生或漂浮水面的小型草本,形体完全不同于一般蕨类。

43. 浅水生(或湿生)植物;根状茎细长横走,叶在芽中为内卷,生于长柄的顶端,由4个倒三角形或扇形的羽片组成,成田字形;孢子果生于叶柄基部,包藏二至多数的孢子囊,其中大孢子囊和小孢子囊混生 ……………………………………………………………………… 苹科 Marsileaceae

43. 水面漂浮植物,无真根或有短须根;单叶,全缘或为二深裂,无柄,二至三列(如为三列,则下面一列的叶常细裂成须根状,下垂于水中);孢子果生于茎的下面,包藏多数孢子囊,每果中仅有大孢子囊或小孢子囊。

44. 植物无真根;三叶轮生于细长茎上,上面二叶为椭圆形,漂浮水面,下面一叶特化,细裂成须根状,悬垂水中 …………………………………………………………… 槐叶苹科 Salviniaceae

44. 植物有丝线状的真根;叶微小如鳞片,二列互生,每叶有上下二裂片,上裂片漂浮水面,下裂片沉浸水中 ………………………………………………………………… 满江红科 Azollaceae

裸子植物门分科检索表

1. 乔木或灌木,叶不退化;花无假花被,胚珠完全裸露;次生木质部无导管。

2. 叶大型,羽状深裂;茎通常不分枝 ……………………………………………… 苏铁科 Cycadaceae

2. 叶较小,树干有分枝。

3. 叶扇形,叶脉二叉状 ………………………………………………………… 银杏科 Ginkgoaceae

3. 叶非扇形,叶脉非二叉状。

4. 球果(罕浆果状),种子无肉质假种皮。

5. 球果的种鳞与苞鳞离生,每种鳞具2种子 …………………………………… 松科 Pinaceae

5. 球果的种鳞与苞鳞合生,每种鳞具1至多数种子。

6. 叶及种鳞均螺旋状排列(罕对生) …………………………………………… 杉科 Taxodiaceae

6. 叶及种鳞均交互对生或轮生 ………………………………………………… 柏科 Cuprcssaceac

4. 种子核果状,有肉质假种皮。

7. 雄蕊具2花药,花粉常无气囊 ………………………………………… 罗汉松科 Podocarpaceae

7. 雄蕊具3~9花药,花粉常无气囊。

8. 胚珠2枚,种子全为假种皮所包 ………………………… 三尖杉科(粗榧科)Cephalotaxaceae

8. 胚珠1枚,种子部分为假种皮所包,罕全包 …………………… 红豆杉科(紫杉科)Taxaceae

1. 灌木、亚灌木或草本状,叶鳞片状或退化成膜质鞘状,花有假花被;次生木质部有导管。

9. 直立灌木或亚灌木,叶非羽状脉 ……………………………………… 麻黄科 Ephedraceae

9. 缠绕性藤本,叶有羽状脉 ……………………………………… 买麻藤科(倪藤科)Gnetaceae

被子植物门常用药用植物分科检索表

1. 子叶2个,极稀可为1个或较多;茎具中央髓部;在多年生的木本植物 且有年轮;叶片常具网状脉;花常为5出或4出数(次1项见236页) ……………………………… 双子叶植物纲 Dicotyledoneae

2. 花无真正的花冠(花被片逐渐变化,呈覆瓦状排列成2至数层的,也可在此检查);有或无花萼,有时

且可类似花冠。(次2项见223页)

3. 花单性,雌雄同株或异株,其中雄花,或雌花和雄花均可成葇荑花序或类似葇荑状花序。(次3项见218页)

4. 无花萼,或在雄花中存在。

5. 雌花以花梗着生于椭圆形膜质苞片的中脉上;心皮1 …………………… **漆树科 Anacardiaceae**

5. 雌花情形非如上述;心皮2或更多数。

6. 多为木质藤本;叶为全缘单叶,具掌状脉;果实为浆果 …………………… **胡椒科 Piperaceae**

6. 乔木或灌木;叶可呈各种型式,但常为羽状脉;果实不为浆果。

7. 旱生性植物,有具节的分枝,和极退化的叶片,后者在每节上且连合成为具齿的鞘状物 …………………… **木麻黄科 Casuarinaceae**

7. 植物体为其他情形者。

8. 果实为具多数种子的蒴果;种子有丝状毛茸 …………………… **杨柳科 Salicaceae**

8. 果实为仅具1种子的小坚果、核果或核果状的坚果。

9. 叶为羽状复叶;雄花有花被 …………………… **胡桃科 Juglandaceae**

9. 叶为单叶(有时在杨梅科中可为羽状分裂)。

10. 果实为肉质核果;雄花无花被 …………………… **杨梅科 Myricaceae**

10. 果实为小坚果;雄花有花被 …………………… **桦木科 Betulaceae**

4. 有花萼,或在雄花中不存在。

11. 子房下位。

12. 叶对生,叶柄基部互相连合 …………………… **金粟兰科 Chloranthaceae**

12. 叶互生。

13. 叶为羽状复叶 …………………… **胡桃科 Juglandaceae**

13. 叶为单叶

14. 果实为蒴果 …………………… **金缕梅科 Hammnelidaceae**

14. 果实为坚果。

15. 坚果封藏于一变大呈叶状的总苞中 …………………… **桦木科 Betulacea**

15. 坚果有一壳斗下托,或封藏在一多刺的果壳中 …………………… **壳斗科 Fagacea**

11. 子房上位。

16. 植物体具白色乳汁。

17. 子房1室;桑葚果 …………………… **桑科 Moracea**

17. 子房2～3室;蒴果 …………………… **大戟科 Euphorbiacea**

16. 植物体无乳汁,或具红色汁液(大戟科重阳木属 *Bischofia*)。

18. 子房单心皮;雄蕊的花丝在花蕾中向内曲 …………………… **荨麻科 Urticacea**

18. 子房为2枚以上的连合心皮所组成;雄蕊的花丝在花蕾中常直立或向前屈曲。

19. 果实为3个(稀可2～4个)离果所成的蒴果,雄蕊10至多数,有时少于10 …………………… **大戟科 Euphorbiaceae**

19. 果实为其他情形;雄蕊少数至数个,和花萼裂片同数且对生。

20. 雌雄同株的乔木或灌木。

21. 子房2室;蒴果 …………………… **金缕梅科 Hamamelidaceae**

21. 子房1室;坚果或核果 …………………… **榆科 Ulmaceae**

20. 雌雄异株的植物。

22. 草本或草质藤木;叶为掌状分裂或为掌叶 …………………… **桑科 Moraceae**

22. 乔木或灌木;叶全缘,或在重阳木属为3小叶所成的复叶 …………………… **大戟科 Euphorbiaceae**

3. 花两性或单性，但并不成为葇荑花序。
23. 子房或子房室内有数个至多数胚珠。（次 23 项见 219 页）
24. 子房下位或部分下位。
25. 雌雄同株或异株，如为两性花时，则成肉质穗状花序。
26. 草本 …… 秋海棠科 **Begoniaceae**
26. 木本 …… 金缕梅科 **Hamame idaceae**
25. 花两性，但不成肉质穗状花序。
27. 子房 1 室。
28. 无花被；雄蕊着生在子房上 …… 三白草科 **Saururaceae**
28. 有花被；雄蕊着生在花被上。
29. 茎肥厚，绿色，常具棘针；叶常退化；花被片和雄蕊都多数；浆果 …… 仙人掌科 **Cactaceae**
29. 茎不成上述形状；叶正常；花被片和雄蕊皆为 4～5 数，或雄蕊数为前者的 2 倍；蒴果 …… 虎耳草科 **Saxifragaceae**
27. 子房 4 室或更多室。
30. 雄蕊 4 …… 柳叶菜科 **Onagraceae**
30. 雄蕊 6 或 12 …… 马兜铃科 **Aristolochiaceae**
24. 子房上位。
31. 雄蕊或子房 2 个，或更多数。
32. 草本。
33. 复叶或多少有些分裂，稀可为单叶，全缘或具齿裂；心皮多数至少数 …… 毛茛科 **Ranunculaceae**
33. 单叶，叶缘有锯齿；心皮 2～5 或和花萼裂片同数 …… 虎耳草科 **Saxffragaceae**
32. 木本。
34. 花的各部为整齐的三出数 …… 木通科 **Lardizabalaae**
34. 花为其他情形。
35. 雄蕊连合成单体 …… 梧桐科 **Sterculiaceae**
35. 雄蕊离生 …… 连香树科 **Cercidiphyllaceae**
31. 雌蕊或子房单独 1 个。
36. 雄蕊周位，即着生于萼筒或杯状花托上。
37. 有不育雄蕊；且和 8～12 能育雄蕊互生 …… 大风子科 **Flacourtiaceae**
37. 无不育雄蕊。
38. 多汁草本植物；花萼裂片呈覆瓦状排列，成花瓣状 …… 番杏科 **Aizoaceae**
38. 植物体为其他情形；花萼裂片不成花瓣状。
39. 叶为双数羽状复叶，互生；花萼裂片呈覆瓦状排列；荚果 …… 豆科 **Leguminosae**
39. 叶为对生或轮生单叶；花萼裂片呈镊合状排列；非荚果 … 千屈菜科 **Lythraceae**
36. 雄蕊下位，即着生于扁平或凸起的花托上。
40. 木本；叶为单叶。
41. 乔木或灌木；雄蕊常多数，离生；胚珠生于侧膜胎座或隔膜上 …… 大风子科 **Flacourtiaceae**
41. 木质藤本；雄蕊 4 或 5，基部连合成杯状或环状；胚珠基生 …… 苋科 **Amaranthaceae**
40. 草本或亚灌木。
42. 子房 3～5 室 …… 番杏科 **Aizoacee**
42. 子房 1～2 室。

43. 叶为复叶或多少有些分裂 ………………………………………… 毛茛科 **Ranunculaceae**
43. 叶为单叶。
44. 侧膜胎座。
45. 花无花被 …………………………………………………………… 三白草科 **Saururaceae**
45. 花具 4 离生萼片 ………………………………………………… 十字花科 **Cruciferae**
44. 特立中央胎座。
46. 花序呈穗状、头状或圆锥状;萼片多少为干膜质 ………………… 苋科 **Amaranthaceae**
46. 花序呈聚伞状;萼片草质 …………………………………… 石竹科 **Caryophytllaceae**
23. 子房或其子房室内仅有 1 至数个胚珠。
47. 叶片中常有透明微点。
48. 叶为羽状复叶 ………………………………………………………… 芸香科 **Rutaceae**
48. 叶为单叶,全缘或有锯齿。
49. 草本(金粟兰科为木本);无花被,常成穗状花序,但在胡椒科齐头绒属 *Zippelia* 成疏松总状花序。
50. 子房下位,仅 1 室有 1 胚珠;叶对生;叶柄在基部连合 …………… 金粟兰科 **Chloranthaceae**
50. 子房上位;叶如为对生时,叶柄也不在基部连合。
51. 雌蕊由 3～6 近于离生心皮组成,每心皮各有 2～4 胚珠 ………… 三白草科 **Saurmcaceae**
51. 雌蕊由 1～4 合生心皮组成,仅 I 室,有 1 胚珠 ……………………… 胡椒科 **Piperaceae**
49. 乔木或灌木;具一层花被;各种花序但不为穗状。
52. 花萼裂片常 3 片,呈镊合状排列;子房为 1 心皮所成,成熟时肉质,常以 2 瓣裂开;雌雄异株 ………………………………………………………… 肉豆蔻科 **Myristicaceae**
52. 花萼裂片 4～6 片,呈覆瓦状排列;子房为 2～4 合生心皮所成。
53. 花两性;果实仅 1 室,蒴果状,2～3 瓣裂开……………………… 大风子科 **Flacourtiaceae**
53. 花单性,雌雄异株;果实 2～4 室,肉质或革质,很晚才裂开 ……… 大戟科 **Euphorbiaceae**
47. 叶片中无透明微点。
54. 雄蕊为单体,花丝互相连合成筒状或成一中柱。
55. 肉质寄生草本植物,具退化呈鳞片状的叶片,无叶绿素 …… 蛇菰科 **Balanophoraceae**
55. 植物体非为寄生性,有绿叶。
56. 雌雄同株,雄花成球形头状花序,雌花以 2 个同生于 1 个有 2 室而具钩状芒刺的果壳中 ………………………………………………………… 菊科 **Compositae**
56. 花两性,如为单性时,雄花及雌花也无上述情形。
57. 草本植物;花两性。
58. 叶互生 ………………………………………………………… 藜科 **Chenopodiaceae**
58. 叶对生。
59. 花显著,有连成花萼状的总苞 ……………………………… 紫茉莉科 **Nyctaginaceae**
59. 花微小,无上述情形的总苞 ……………………………………… 苋科 **Amaranthaceae**
57. 乔木或灌木,稀可为草本;花单性或杂性;叶互生。
60. 萼片呈覆瓦状排列,至少在雄花中如此 ………………… 大戟科 **Euphorbiaceae**
60. 萼片呈镊合状排列。
61. 雌雄异株;花萼常具 3 裂片;雌蕊为 1 心皮所成,成熟时肉质,且常以 2 瓣裂开 ……………………………………………………… 肉豆蔻科 **Myristicaceae**
61. 雄花和两性花同株;花萼具 4～5 裂片或裂齿;雌蕊为 3～6 近于离生心皮所成,成熟时为革质或木质,呈蓇葖果状不裂 ……………… 梧桐科 **Sterculiaceae**

54. 雄蕊各自分离,有时仅为1个,或花丝成为分枝的簇丛。
62. 雌蕊2至多数,近于或完全离生;或花的界限不明显时,则雌蕊多数,成1球形头状花序。
63. 花托下陷,呈杯状或坛状。
64. 灌木;叶对生;花被片在坛状花托的外侧排列成数层 ························ 蜡梅科 Calycanthaceae
64. 草本或灌木;叶互生;花被片在杯或坛状花托的边缘排列成一轮 ················ 蔷薇科 Rosaceae
63. 花托扁平或隆起,有时可延长。
65. 乔木、灌木或木质藤本。
66. 有花被 ·· 木兰科 Magnoliaceae
66. 无花被 ·· 悬铃木科 Platanaceae(悬铃木属 *Platanus*)
65. 草木或稀为亚灌木,有时为攀援性。
67. 胚珠倒生或直生。
68. 叶片多少有些分裂或为复叶;无托叶或极微小;有花被(花萼):胚珠倒生;花单生或成各种类型的花序 ·· 毛茛科 Ranunculaceae
68. 叶为全缘单叶;有托叶;无花被;胚珠直生;花成穗形总状花序 ········ 三白草科 Saururaceae
67. 胚珠常弯生,叶为全缘单叶。
69. 直立草本;叶互生,非肉质 ·· 商陆科 Phytolaccaceea
69. 平卧草本;叶对生,肉质 ··· 番杏科 Aizoaceae
62. 每花仅有1个复合或单雌蕊,心皮有时于成熟后各自分离。
70. 子房下位或半下位。(次70项见221页)
71. 草本。
72. 水生或小型沼泽植物 ·· 小二仙草科 Haloragidaceae
72. 陆生植物
73. 寄生性肉质草本,无绿叶。
74. 花单性,雌花常无花被;无珠被及种皮 ································ 蛇菰科 Balanophoraceae
74. 花杂性,有一层花被;有珠被及种皮 ···································· 锁阳科 Cynomoriaceae
73. 非寄生性植物,或为半寄生性,但均有绿叶。
75. 叶对生,其形宽广而有锯齿缘 ·· 金粟兰科 Chloranthaceae
75. 叶互生。
76. 平铺草本(限于我国植物),叶片宽,三角形,多少有些肉质········ 番杏科 Aizoaceae
76. 直立草本,叶片窄而细长 ·· 檀香科 Santalaceae
71. 灌木或乔木。
77. 子房3~10室。
78. 坚果1~2个,同生在一木质且可裂为4瓣的壳斗里 ············ 壳斗科 Fagaceae
78. 核果,并不生在壳斗里。
79. 雌雄异株,成顶生的圆锥花序,后者并不为叶状苞片所托 ··· 山茱萸科 Cornaceae
79. 花杂性,形成球形的头状花序,后者为2~3白色叶状苞片所托 ··· 珙桐科 Nyssaceae
77. 子房1或2室。
80. 花柱2个。
81. 蒴果,2瓣裂开 ·· 金缕梅科 Hamamelidaceae
81. 果实呈核果状,或为蒴果状的瘦果,不裂开 ················ 鼠李科 Rhamnaceae
80. 花柱1个或无花柱。
82. 叶片下多少有些具皮屑状或鳞片状的附属物 ········ 胡颓子科 Elaeagnaceae
82. 叶片下无皮屑状或鳞片状的附属物。

83. 叶缘有锯齿或圆锯齿，稀可在荨麻科的紫麻属 *Oreocnide* 中有全缘者。
84. 叶对生，具羽状脉；雄花裸露，雄蕊 1～3 个 ………………………… **金粟兰科 Chloranthaceae**
84. 叶互生，大都于叶基具三出脉；雄花具花被，雄蕊 4（稀可 3～5）………………… **荨麻科 Urticaceae**
83. 叶全缘，互生或对生。
85. 植物体寄生在乔木的树干或枝条上；果实呈浆果状 …………………… **桑寄生科 Loranthaceae**
85. 植物体大都陆生，或有时可为寄生性；果实呈坚果状或核果状，胚珠 1～5 个。
86. 胚珠垂悬于基底胎座上 ……………………………………………………… **檀香科 Santalaceae**
86. 胚珠垂悬于子房室的顶端或中央胎座的顶端 …………………………… **使君子科 Combretaceae**
70. 子房上位，如有花萼时，和它相分离，或在紫茉莉科及胡颓子科中，当果实成熟时，子房为宿存萼筒所包围。
87. 托叶鞘围抱茎的各节；草本，稀可为灌木 ……………………………………… **蓼科 Polygonaceae**
87. 无托叶鞘，在悬铃木科有托叶鞘但易脱落。
88. 草本，或有时在藜科及紫茉莉科中为亚灌木。（次 88 项见 222 页）
89. 无花被。
90. 花两性或单性；子房 1 室，内仅有 1 个基生胚珠。
91. 叶基生，由 3 小叶而成；穗状花序在一个细长基生无叶的花梗上 ……………………………………………………………… **小蘖科 Berberidaceae**
91. 叶茎生，单叶；穗状花序顶生或腋生，但常和叶相对生 ………………… **胡椒科 Piperaceae**
90. 花单性；子房 3 或 2 室 ………………………………………………… **大戟科 Euphorbiaceae**
89. 有花被，当花为单性时，特别是雄花是如此。
92. 花萼呈花瓣状，且呈管状。
93. 花有总苞，有时这总苞类似花萼 ……………………………… **紫茉莉科 Nyctaginaceae**
93. 花无总苞。
94. 胚珠 1 个，在子房的近顶端处 ………………………………… **瑞香科 Thymelaeaceae**
94. 胚珠多数，生在特立中央胎座上 ……………………………… **报春花科 Primulaceae**
92. 花萼非如上述情形。
95. 雄蕊周位，即位于花被上。
96. 叶互生，羽状复叶而有草质的托叶；花无膜质苞片，瘦果 ………… **蔷薇科 Rosaceae**
96. 叶对生，或在蓼科的冰岛蓼属 *Koenigia* 为互生，单叶无草质托叶；花有膜质苞片。
97. 花被片和雄蕊各为 5 或 4 个，对生；囊果；托叶膜质 ……… **石竹科 Caryophyllaceae**
97. 花被片和雄蕊各为 3 个，互生；坚果；无托叶 ………………… **蓼科 Polygonaceae**
95. 雄蕊下位，即位于子房下。
98. 花柱或其分枝为 2 或数个，内侧常为柱头面。
99. 子房常为数个至多数心皮连合而成 ……………………… **商陆科 Phytolaccaceae**
99. 子房常为 2 或 3(或 5)心皮连合而成。
100. 子房 3 室，稀可 2 或 4 室 ……………………………… **大戟科 Euphorbiaceae**
100. 子房 1 或 2 室。
101. 叶为掌状复叶或具掌状脉而有宿存托叶 ……………………… **桑科 Moraceae**
101. 叶具羽状脉，或稀为掌状脉而无托叶，在藜科中叶退化成鳞片或为肉质而形如圆筒。
102. 花有草质而带绿色或灰绿色的花被及苞片 …………… **藜科 Chenopodiaceae**
102. 花有干膜质而常有色泽的花被及苞片 ……………… **苋科 Amaranthaceae**
98. 花柱 1 个，常顶端有柱头，也可无花柱。
103. 花两性。

104. 雌蕊为单心皮;花萼由2膜质且宿存的萼片而成;雄蕊2个 ………………… 毛茛科 Ranunculaceae
104. 雌蕊由2合生心皮而成。
105. 萼片2片;雄蕊多数 ………………………………………………………………… 罂粟科 Papaveraceae
105. 萼片4片;雄蕊2或4 ………………………………………………………………… 十字花科 Cruciferae
103. 花单性 ……………………………………………………………………………………… 荨麻科 Urticaceae
88. 木本植物或亚灌木。
106. 耐寒旱性的灌木或乔木;叶微小,细长或呈鳞片状,也可有时(如藜科)为肉质而成圆筒形或半圆筒形。
107. 花无膜质苞片;雄蕊下位;无托叶;枝条常具关节 ……………………………… 藜科 Chenopodiaceae
107. 花有膜质苞片;雄蕊周位;有膜质托叶;枝条不具关节 ……………… 石竹科 Caryophyllaceae
106. 不是上述的植物;叶片矩圆形或披针形,或宽广至圆形。
108. 果实及子房均为完全或不完全的2至数室。
109. 花常为两性。
110. 萼片4或5片,稀可3片,呈覆瓦状排列。
111. 雄蕊4个,4室的蒴果 …………………………………………………………… 木兰科 Magnoliaceae
111. 雄蕊多数,浆果状的核果 ……………………………………………… 大风子科 Flacouriticeae
110. 萼片多5片,呈镊合状排列 ……………………………………………………… 鼠李科 Rhamnaceae
109. 花单性(雌雄同株或异株)或杂性。
112. 果实各种;种子无胚乳或有少量胚乳。
113. 雄蕊常8个;果实坚果状或为有翅的蒴果;羽状复叶或单叶 …… 无患子科 Sapindaceae
113. 雄蕊5或4个,且和萼片互生;核果有2~4个小核;单叶 ………… 鼠李科 Rhanmaceae
112. 果实多呈蒴果状,无翅;种子常有胚乳。
114. 果实为具2室的蒴果,有木质或革质的外种皮及角质的内果皮 ……………………………………………………… 金缕梅科 Hamamelidaceae
114. 果实纵为蒴果时,也不像上述情形 ……………………………………… 大戟科 Euphorbiaceae
108. 果实及子房均为1或2室,稀可在无患子科的荔枝属 *Litchi* 中为3室,或在卫矛科子房的下部为3室,而上部为1室。
115. 花萼具显著的萼筒,且常呈花瓣状。
116. 叶无毛或下面有柔毛;萼筒整个脱落 ……………………………………… 瑞香科 Thymelaeaceae
116. 叶下面具银白色或棕色的鳞片;萼筒或其下部永久宿存,果实成熟时,变为肉质而紧密包着子房 ……………………………………………………………… 胡颓子科 Elaeagnaceae
115. 花萼不是像上述情形,或无花被。
117. 花药以2或4舌瓣裂开 ………………………………………………………………… 樟科 Iauraceae
117. 花药不以舌瓣裂开。
118. 叶对生。
119. 果实为有双翅或呈圆形的翅果 ……………………………………………… 槭树科 Aceraceae
119. 果实为有单翅而呈细长形兼矩圆形的翅果 ………………………………… 木犀科 Oleaceae
118. 叶互生。
120. 叶为羽状复叶。
121. 叶为二回羽状复叶,或退化仅具叶状柄(特称为叶状叶柄) ……………………………………………………………… 豆科 Leguminosae
121. 叶为一回羽状复叶。
122. 花两性或杂性 ………………………………………………………… 无患子科 Sapindaceae
122. 雌雄异株 ……………………………………………………………… 漆树科 Anacardiaceae

120. 叶为单叶。

123. 花均无花被。

124. 多为木质藤本;叶全缘;花两性或杂性 ………………………………………… **胡椒科 Piperaceae**

124. 乔木;叶缘有锯齿或缺刻;花单性。

125. 叶宽广,有托叶但易落;雌雄同株,雌花和雄花分别成球形的头状花序;雌蕊为单心皮而成;小坚果为倒圆锥形而有棱角,无翅也无梗,围以长柔毛 …………………… **悬铃木科 Platanaceae**

125. 叶椭圆形至卵形,无托叶;雌雄异株,雄花聚成疏松有苞片的簇丛;雌蕊为2心皮而成;小坚果扁平,具翅且有柄,但无毛 ………………………………………………… **杜仲科 Eucommiaceae**

123. 花常有花萼,尤其在雄花。

126. 植物体内有乳汁 ………………………………………………………………… **桑科 Moraceae**

126. 植物体内无乳汁。

127. 花柱或其分枝2或数个,但在大戟科的核实树属 *Dtypetes* 中则柱头几无柄,呈盾状或肾脏形。

128. 雌雄异株或有时为同株;叶全缘或具波状齿。

129. 矮小灌木或亚灌木;果实包藏于具有长柔毛2苞片中 ……………… **藜科 Chenopodiaceae**

129. 乔木或灌木;果实呈核果状不包藏于苞片内 ………………………… **大戟科 Euphorbiaceae**

128. 花两性或单性;叶缘多有锯齿或具齿裂,稀可全缘。

130. 雄蕊多数 ……………………………………………………………… **大风子科 Flacouriaceae**

130. 雄蕊10个或较少 。

131. 子房2室,每室有1个至数个胚珠;木质蒴果………………… **金缕梅科 Hamanelidaceae**

131. 子房1室,仅1胚珠;非木质蒴果 ……………………………………… **榆科 Ulmaceae**

127. 花柱1个,也可有时不存,柱头呈画笔状。

132. 叶缘有锯齿;子房为1心皮而成。

133. 花生于当年新枝上;雄蕊多数 ……………………………………… **蔷薇科 Rosaceae**

133. 花生于老枝上;雄蕊和萼片同数 …………………………………… **荨麻科 Urticaceae**

132. 叶全缘或边缘有锯齿;子房为2个以上连合心皮所成。

134. 花为腋生的簇丛或头状花序;萼片4～6片 ………………… **大风子科 Flacourtiaceae**

134. 花为腋生的伞形花序;萼片10～14片 ……………………………… **卫矛科 Celastraceae**

2. 花具花萼也具花冠,或有两层以上的花被片,有时花冠可为蜜腺叶所代替。

135. 花冠常为离生的花瓣所组成。(次135项见232页)

136. 成熟雄蕊(或单体雄蕊的花药)多在10个以上,通常多数,或其数超过花瓣的2倍。(次136项见226页)

137. 花萼和1个或更多的雌蕊多少有些互相愈合,即子房下位或半下位。(次137项见224页)

138. 水生草本植物 ……………………………………………………… **睡莲科 Nymphaeaceae**

138. 陆生植物。

139. 植物体具肥厚的肉质茎,多有刺,常无真正叶片 ………… **仙人掌科 Cactaceae**

139. 植物体为普通形态,不呈仙人掌状,有真正的叶片。

140. 草本植物或稀可为亚灌木。

141. 花单性 ……………………………………………………………… **海棠科 Begoniaceae**

141. 花常两性。

142. 叶基生或茎生,呈心形或长形,不为肉质;花为三出数 …………………………………………… **马兜铃科 Aristolochiaceae**

142. 叶茎生,不呈心形,或为圆柱形,多少有些肉质;花不是三出数。

143. 花萼裂片常为5，叶状；蒴果5室或更多室，在顶端呈放射状裂开 …………… 番杏科 Aizoaceae

143. 花萼裂片2；蒴果1室，盖裂 …………………………………… 马齿苋科 Portulacaceae

140. 乔木或灌木(但在虎耳草科的银梅草属 *Deinanthe* 及草绣球属 *Cardiandra* 为亚灌木，黄山梅属 *Kirengeshoma* 为多年生高大草本)，有时以气生小根而攀援。

144. 叶通常对生(虎耳草科的草绣球属 *Cardiandra* 例外，石榴科的石榴属 *Punico* 中有时可互生)。

145. 叶缘常有锯齿或全缘；花序(除山梅花族 Philadelpheae 外)常有不孕的边缘花 ……………………………………………………… 虎耳草科 Saxifragaceae

145. 叶全缘；花序无不孕花。

146. 叶脱落；花萼呈朱红色 ………………………………………… 石榴科 Punicaceae

146. 叶为常绿性；花萼不呈朱红色 ………………………………… 桃金娘科 Myrtaceae

144. 叶互生。

147. 花瓣细长形兼长方形，最后向外翻转 ……………………………… 八角枫科 Alangiaceae

147. 花瓣不成细长形，或纵为细长形时，也不向外翻转。

148. 叶无托叶 ……………………………………………………… 山矾科 Symplocaceae

148. 叶有托叶。

149. 子房1室，内具2～6侧膜胎座，各有1个至多数胚珠；果实为革质蒴果，自顶端以2～6片裂开 …………………………………………… 大风子科 Flacourtiaceae

149. 子房2～5室，内具中轴胎座，或其心皮在腹面互相分离而具边缘胎座。

150. 伞房、圆锥、伞形或总状花序，稀可单生；子房2～5室，下位，每室或每心皮有胚珠1～2个，稀可有时为3～10个，或为多数；肉质或木质假果 ……………… 蔷薇科 Rosaceae

150. 花成头状或肉穗花序；子房2室，半下位，每室有胚珠2～6；木质蒴果 ………………………………………………… 金缕梅科 Hamamelidaceae

137. 花萼和1个或更多的雌蕊互相分离，即子房上位。

151. 花为周位花。

152. 萼片和花瓣相似，覆瓦状排列成数层，着生于坛状花托的外侧 ……………………………………………………… 蜡梅科 Calycanthaceae

152. 萼片和花瓣有分化，在萼筒或花托的边缘排列成2层。

153. 叶对生或轮生，有时上部者可互生，但均为全缘单叶；花瓣常于蕾中呈皱折状 ………………………………………………………… 千屈菜科 Lythraceae

153. 叶互生，单叶或复叶；花瓣不呈皱折状。

154. 花瓣宿存；雄蕊的下部连成一管 ………………………………… 亚麻科 Linaceae

154. 花瓣脱落性；雄蕊互相分离。

155. 草本，具二出数的花朵；萼片2片，早落；花瓣4个 …………… 罂粟科 Papaveraceae

155. 木本或草本植物，具五出或四出数的花朵。

156. 花瓣镊合状排列；荚果；多为二回羽状复叶；有时叶片退化，而叶柄发育为叶状柄；心皮1个 ………………………………………………… 豆科 Leguminosae

156. 花瓣覆瓦状排列；核果、蓇葖果或瘦果；单叶或复叶；心皮1个至多数 ……………………………………………………… 蔷薇科 Rosaceae

151. 花为下位花，或至少在果实时花托扁平或隆起。

157. 雌蕊少数至多数，互相分离或微有连合。(次157项见225页)

158. 水生植物。

159. 叶片呈盾状，全缘 ……………………………………… 睡莲科 Nymphaeaceae

159. 叶片不呈盾状，多少有些分裂或为复叶 ……………… 毛茛科 Ranunculaceae

158. 陆生植物。

160. 茎为攀援性。
161. 草质藤本。
162. 花显著，为两性花 …………………………………………………… 毛茛科 Ranunculaceae
162. 花小形，单性 ………………………………………………………… 防己科 Menispermaceae
161. 木质藤本或为蔓生灌木。
163. 叶对生，复叶由 3 小叶所成，或顶端小叶形成卷须 ……………… 毛茛科 Ranunculaceae
163. 叶互生，单叶。
164. 心皮多数，结果时聚生成一球状的肉质体或散布于极延长的花托上 …… 木兰科 Magnoliaceae
164. 心皮 3～6，果为核果或核果状 ……………………………………… 防己科 Menispermaceae
160. 茎直立，不为攀援性。
165. 雄蕊的花丝连成单体 ………………………………………………… 锦葵科 Malvaceae
165. 雄蕊的花丝互相分离。
166. 草本植物，稀可为亚灌木；叶片多少有些分裂或为复叶。
167. 叶无托叶，种子有胚乳 …………………………………………… 毛茛科 Ranunculaceae
167. 叶多有托叶，种子无胚乳 ………………………………………… 蔷薇科 Rosaceae
166. 木本植物；叶片全缘或边缘有锯齿，也稀有分裂者。
168. 萼片及花瓣均为镊合状排列；胚乳具嚼痕 ……………………… 番荔枝科 Annonaceae
168. 萼片及花瓣均为覆瓦状排列；胚乳无嚼痕 ……………………… 木兰科 Magnoliaceae
157. 雌蕊 1 个，但花柱或柱头为 1 至多数。
169. 叶片中无透明微点。
170. 叶互生，羽状复叶或退化为仅有 1 顶生小叶 ……………………… 芸香科 Rutaceae
170. 叶对生，单叶 ……………………………………………………… 藤黄科 Guttiferae
169. 叶片中具透明微点。
171. 子房单纯，具 1 子房室。
172. 乔木或灌木；花瓣呈镊合状排列；果实为荚果 ……………………… 豆科 Leguminosae
172. 草本植物；花瓣呈覆瓦状排列；果实不是荚果。
173. 花为五出数；蓇葖果 ……………………………………………… 毛茛科 Ranunculaceae
173. 花为三出数；浆果 ………………………………………………… 小檗科 Berberidaceae
171. 子房为复合性。
174. 子房 1 室，或在马齿苋科的土人参属 *Talinum* 中子房基部为 3 室。
175. 特立中央胎座 ……………………………………………… 马齿苋科 Portulacaceae
175. 侧膜胎座。
176. 灌木或小乔木，子房柄不存在或极短；果实为蒴果或浆果 ……………………………………… 大风子科 Flacourtiaceae
176. 草本植物，如为木本植物时，则具有显著的子房柄；果实为浆果或核果。
177. 植物体内含乳汁；萼片 2～3 ……………………………… 罂粟科 Papaveraceae
177. 植物体内不含乳汁；萼片 4～8 …………………………… 白花菜科 Capparidaceae
174. 子房 2 室至多室，或为不完全的 2 至多室。
178. 草本植物，具多少有些呈花瓣状的萼片。（次 178 项见 226 页）
179. 水生植物；花瓣为多数雄蕊或鳞片状的蜜腺叶所代替 ……………………………… 睡莲科 Nymphaeaceae
179. 陆生植物；花瓣不为蜜腺叶所代替。
180. 一年生草本植物；叶呈羽状细裂；花两性 ……………… 毛茛科 Ranunculaceae
180. 多年生草本植物；叶全缘而呈掌状分裂；雌雄

同株 …………………………………………………… 大戟科 Euphorbiaceae

178. 木本植物，或陆生草本植物，常不具呈花瓣状的萼片。

181. 萼片于蕾内呈镊合状排列。

182. 雄蕊互相分离或连成数束。

183. 花药 1 室或数室；叶为掌状复叶或单叶；全缘，具羽状脉 ………………… 木棉科 Bombacaceae

183. 花药 2 室；叶为单叶，叶缘有锯齿或全缘 ……………………………… 椴树科 Tiliaceae

182. 雄蕊连为单体，至少内层者如此，并且多少有些连成管状。

184. 花单性；萼片 2 或 3 片 ………………………………………… 大戟科 Euphorbiaceae

184. 花常两性；萼片多 5 片，稀可较少。

185. 花药 2 室或更多室 ………………………………………… 梧桐科 Sterculiaceae

185. 花药 1 室 ……………………………………………………… 锦葵科 Malvaceae

181. 萼片于蕾内呈覆瓦状或旋转状排列，或有时(如大戟科的巴豆属 *Croton*)近于呈镊合状排列。

186. 雌雄同株或稀可异株；果实为蒴果，由 2～4 个各自裂为 2 爿的离果所成 ………………………………………… 大戟科 Euphorbiaceae

186. 花常两性，或在猕猴桃科的猕猴桃属 *Actinidia* 中为杂性或雌雄异株；果实为其他情形。

187. 雄蕊排列成 2 层，外层 10 个和花瓣对生，内层 5 个和萼片对生 … 蒺藜科 Zygophyleaceae

187. 雄蕊的排列为其他情形。

188. 植物体呈耐寒旱状；叶为全缘单叶 ………………………………… 柽柳科 Tamaricaceae

188. 植物体非耐寒旱状；叶常互生；萼片 2～5，彼此相等。

189. 花为四出数，或其萼片多为 2 片且早落。

190. 植物体内含乳汁；无或有极短子房柄；种子有丰富胚乳 ………… 罂粟科 Papaveraceae

190. 植物体内不含乳汁；有细长的子房柄；种子无或有少量胚乳 …… 白花菜科 Capparidaceae

189. 花常为五出数，萼片宿存或脱落。

191. 果实为具 5 个棱角的蒴果 ……………………………… 蔷薇科 Rosaceae

191. 果实不为蒴果。

192. 蔓生或攀援的灌木 ………………………………… 猕猴桃科 Actinidiaceae

192. 直立乔木或灌木 ……………………………………… 山茶科 Theaceae

136. 成熟雄蕊 10 个或较少，如多于 10 个时，其数并不超过花瓣的 2 倍。

193. 成熟雄蕊和花瓣同数且和它对生。(次 193 项见 227 页)

194. 雌蕊 3 个至多数，离生。

195. 直立草本或亚灌木；花两性，五出数 ……………………… 蔷薇科 Rosaceae

195. 木质或草质藤本；花单性，常三出数。

196. 叶常为单叶；花小型；核果；心皮 3～6 个，呈星状排列，各含 1 胚珠 ……………………………………… 防己科 Menispemmceae

196. 叶为掌状复叶或由 3 小叶组成；花中型；浆果；心皮 3 个至多数，轮状或螺旋状排列，各含 1 个或多数胚珠 ………………… 木通科 Lardizabalaceae

194. 雌蕊 1 个。

197. 子房 2 至数室。(次 197 项见 227 页)

198. 花萼裂齿不明显或微小；以卷须缠绕他物的灌木或草本植物…… 葡萄科 Vitaceae

198. 花萼具 4～5 裂片；乔木、灌木或草本植物，有时也可为缠绕性，但无卷须。

199. 雄蕊连成单体。

200. 叶为单叶；每子房室内含胚珠 2～6 个(或在可可树亚族 Theobromineae 中为多数) ………………………… 梧桐科 Sterculiaceae

200. 叶为掌状复叶；每子房室内含胚珠多数 ……………… 木棉科 Bombacaeae

199. 雄蕊互相分离,或稀可在其下部连成一管。

201. 叶无托叶;萼片各不相等;呈覆瓦状排列;花瓣不相等,在内层的 2 片常很小 ………………………………………………………………………… 清风藤科 Sabiaceae

201. 叶常有托叶;萼片同大,呈镊合状排列;花瓣均大小同形。

202. 叶为单叶 …………………………………………………………………… 鼠李科 Rhamnaceae

202. 叶为 1～3 回羽状复叶 ………………………………………………………… 葡萄科 Vitaceae

197. 子房 1 室(在马齿苋科的土人参属 *Talinum* 则子房的下部多少有些成为 3 室)。

203. 子房下位或半下位。

204. 叶互生,边缘常有锯齿;蒴果 …………………………………… 大风子科 Flacourtiaceae

204. 叶多对生或轮生,全缘;浆果或核果 ………………………………… 桑寄生科 Loranthaceae

203. 子房上位。

205. 花药以舌瓣裂开 ……………………………………………………… 小檗科 Berberidaceae

205. 花药不以舌瓣裂开。

206. 缠绕草本;叶肥厚,肉质……………………………………………… 落葵科 Basellaceae

206. 直立草本,或有时为木本。

207. 雄蕊连成单体;胚珠 2 个 ……………………………………… 梧桐科 Sterculiaceae

207. 雄蕊互相分离;胚珠 1 至多数。

208. 花瓣 6～9 片;雌蕊单纯 …………………………………… 小檗科 Berberidaceae

208. 花瓣 4～8 片;雌蕊复合。

209. 常为草本;花萼有 2 个分离萼片。

210. 花瓣 4 片;侧膜胎座 ……………………………………… 罂粟科 Papaveraceae

210. 花瓣常 5 片;基底胎座 ………………………………… 马齿苋科 Poaulacaceae

209. 乔木或灌木,常蔓生;花萼呈倒圆锥形或杯状……………… 紫金牛科 Myrsinaceae

193. 成熟雄蕊和花瓣不同数,如同数时则雄蕊和它互生。

211. 雌雄异株;雄蕊 8 个,不相同,其中 5 个较长,有伸出花外的花丝,且和花瓣相互生,另 3 个则较短而藏于花内 …………………………………… 漆树科 Anacardiaceae

211. 花两性或单性,纵为雌雄异株时,其雄花中也无上述情形的雄蕊。

212. 花萼或其筒部和子房多少有些相连合。(次 212 项见 228 页)

213. 每子房室内含胚珠或种子 2 个至多数。

214. 草本或亚灌木;有时为攀援性。

215. 具卷须的攀援草本;花单性 ……………………………… 葫芦科 Cucurbitaceae

215. 无卷须的植物;花常两性。

216. 萼片或花萼裂片 2 片;植物体多少肉质而多水分 …… 马齿苋科 Poaulacaceae

216. 萼片或花萼裂片 4～5 片;植物体常不为肉质。

217. 花柱 2 个或更多;种子具胚乳………………………… 虎耳草科 Saxifragaceae

217. 花萼裂片呈镊合状排列;种子无胚乳 ………………… 柳叶菜科 Onagraceae

214. 乔木或灌木,有时为攀援性。

218. 叶互生。

219. 花数朵至多数成头状花序 ……………………… 金缕梅科 Hamamelidaceae

219. 花成总状或圆锥花序。

220. 叶为掌状分裂,基部具 3～5 脉;子房 1 室;浆果…… 虎耳草科 Saxifragaceae

220. 叶缘有锯齿或细锯齿,有时全缘具羽状脉;子房 3～5 室,木质核果或蒴果 ………………………………………… 野茉莉科 Styracaceae

218. 叶常对生 ……………………………………………… 使君子科 Combretaceae

213. 每子房室内仅含胚珠或种子1个。

221. 果实裂开为2个干燥的离果,共同悬于一果梗上;常为伞形花序(变豆菜属 *Sanicula* 及鸭儿芹属 *Cryptotaerda* 中为不规则花序,刺芫荽属 *Eryngium* 中,则为头状花序) …… **伞形科 Umbelliferae**

221. 果实不裂开或裂开而不是上述情形的;花序可为各种型式。

222. 草本植物。

223. 陆生具对生叶;花为二出数 …………………………………… **柳叶菜科 Onagraceae**

223. 水生有聚生而漂浮水面的叶片;花为四出数 ……………………………… **菱科 Trapaceae**

222. 木本植物。

224. 果实干燥或为蒴果状。

225. 子房2室;花柱2个 …………………………………… **金缕梅科 Hamamehdaceae**

225. 子房1室;花柱1个 …………………………………… **珙桐科 Nyssaceae**

224. 果实核果状或浆果状。

226. 花序有各种型式,但稀为伞形或头状,有时且可生于叶片上。

227. 花瓣3～5片,卵形至披针形;花药短 …………………………… **山茱萸科 Cornaceae**

227. 花瓣4～10片,狭窄形并向外翻转;花药细长 …………………… **八角枫科 Alangiaceae**

226. 花序常为伞形或呈头状。

228. 子房1室;花柱1个;花杂性兼雌雄异株,雌花单生或以少数朵至数朵聚生,雌花多数,腋生为有花梗的簇丛 …………………………………… **珙桐科 Nyssaceae**

228. 子房2室或更多室;花柱2～5个;如子房为1室而具1花柱时(例如马蹄参属 *Diplopanax*),则花两性,形成顶生类似穗状的花序 ………………… **五加科 Araliaceae**

212. 花萼和子房相分离。

229. 叶片中有透明微点。

230. 花整齐,稀可两侧对称;果实不为荚果 ………………………… **芸香科 Ruaaceae**

230. 花整齐或不整齐;果实为荚果 …………………………………… **豆科 Leguminosae**

229. 叶片中无透明微点。

231. 雌蕊2个或更多,互相分离或仅有局部的连合;也可子房分离而花柱连合成1个。(次231项见229页)

232. 多水分的草本,具肉质的茎及叶 …………………………………… **景天科 Crassulaceae**

232. 植物体为其他情形。

233. 花为周位花。

234. 花的各部分呈螺旋状排列,萼片逐渐变为花瓣 ………… **蜡梅科 Calycanthaceae**

234. 花的各部分呈轮状排列,萼片和花瓣甚有分化。

235. 雌蕊2～4个;种子有胚乳 …………………………………… **虎耳草科 Saxifragacea**

235. 雌蕊2个至多数;种子无胚乳 ………………………………… **蔷薇科 Rosaceae**

233. 花为下位花,或在悬铃木科中微呈周位。

236. 草本或亚灌木。

237. 各子房的花柱互相分离 ………………………………… **毛茛科 Ranunculaceae**

237. 各子房合具1共同的花柱或柱头 …………………… **牻牛儿苗科 Geraniaceae**

236. 乔木;灌木或木本的攀援植物。

238. 叶为单叶。

239. 叶为脱落性,具掌状脉 ………………………………… **悬铃木科 Platanaceae**

239. 叶为常绿性或脱落性,具羽状脉。

240. 雌蕊7个至多数(稀可少至5个) ……………………… **木兰科 Magnoliaceae**

240. 雌蕊 4～6 个 …………………………………………………………… 漆树科 Anacardiaceae

238. 叶为复叶。

241. 叶对生 ……………………………………………………………… 省沽油科 Staphyleaceae

241. 叶互生。

242. 木质藤本;叶为掌状复叶或三出复叶……………………………… 木通科 Lardizabalaceae

242. 乔木或灌木;叶为羽状复叶。 ……………………………………… 苦木科 Simaroubaceae

231. 雌蕊 1 个,或至少其子房为 1 个。

243. 雌蕊或子房确是单纯的,仅 1 室。

244. 果实为核果或浆果。

245. 花为三出数,稀可二出数;花药以舌瓣开裂 ……………………………… 樟科 Lauraceae

245. 花为五出或四出数;花药纵长开裂。

246. 落叶具刺灌木;雄蕊 10 个,周位,均可发育 ………………………… 蔷薇科 Rosaceae

246. 常绿乔木;雄蕊 1～5 个,下位,常 1 或 2 个可发育 ……………… 漆树科 Anacardiaceae

244. 果实为蓇葖果或荚果。

247. 果实为蓇葖果 ……………………………………………………… 蔷薇科 Rosaceae

247. 果实为荚果 ………………………………………………………… 豆科 Leguminosae

243. 雌蕊或子房并非单纯者,有 1 个以上的子房室或花柱、柱头、胎座等部分。

248. 子房 1 室或因有 1 假隔膜的发育而成 2 室,有时下部 2～5 室,上部 1 室。(次 248 项见 230 页)

249. 花下位,花瓣 4 片,稀可更多。

250. 萼片 2 片 ……………………………………………………………… 罂粟科 Papaveraceae

250. 萼片 4～8 片。

251. 子房柄常细长,呈线状……………………………………………… 白花菜科 Capparidaceae

251. 子房柄极短或不存在 ……………………………………………… 十字花科 Cruciferae

249. 花周位或下位,花瓣 3～5 片,稀可 2 片或更多。

252. 每子房室内仅有胚珠 1 个。

253. 乔木,或稀为灌木;叶常为羽状复叶。

254. 叶常为羽状复叶,具托叶及小托叶 ………………………… 省沽油科 Staphyleaceae

254. 叶为羽状复叶或单叶,无托叶及小托叶 …………………… 漆树科 Anacardiaceae

253. 木本或草本;叶为单叶。

255. 通常均为木本,稀可为缠绕性寄生草本;叶常互生,无膜质托叶 … 樟科 Lauraceae

255. 草本或亚灌木;叶互生或对生,具膜质托叶 …………………… 蓼科 Polygonaceae

252. 每子房室内有胚珠 2 个至多数。

256. 乔木、灌木或木质藤本。

257. 花瓣及雄蕊均着生于花萼上……………………………… 千屈菜科 Lythraceae

257. 花瓣及雄蕊均着生于花托上。

258. 花两侧对称 ……………………………………………… 远志科 Polysdaceae

258. 花辐射对称。

259. 花瓣具有直立而常彼此衔接的瓣爪 ………………… 海桐花科 Pittosporaceae

259. 花瓣不具细长的瓣爪。

260. 植物体为耐寒旱性,有鳞片状或细长形的叶片……… 柽柳科 Tamaricaceae

260. 植物体非为耐寒旱性,具有较宽大的叶片。

261. 花两性。

262. 花萼和花瓣不甚分化，且前者较大 ………………………………………… 大风子科 Flacourtiaceae
262. 花萼和花瓣很有分化，前者很小 ………………………………………………… 堇菜科 Violaceae
261. 雌雄异株或花杂性 ………………………………………………………………… 西番莲科 Passifloraceae
256. 草本或亚灌木。
263. 胎座位于子房室的中央或基底。
264. 花瓣着生于花萼的喉部 …………………………………………………………… 千屈菜科 Lythraceae
264. 花瓣着生于花托上。
265. 萼片 2 片；叶互生，稀可对生……………………………………………… 马齿苋科 Portulacaceae
265. 萼片 5 或 4 片；叶对生 ………………………………………………………… 石竹科 Caryophyllaceae
263. 胎座为侧膜胎座。
266. 食虫植物，具生有腺体刚毛的叶片 ……………………………………… 茅膏菜科 Droseraceae
266. 非为食虫植物，也无生有腺体毛茸的叶片。
267. 花两侧对称 ………………………………………………………………………… 堇菜科 Violaceae
267. 花整齐或近于整齐。
268. 花中有副冠及子房柄 …………………………………………………………… 西番莲科 Passifioraceae
268. 花中无副冠及子房柄 …………………………………………………………… 虎耳草科 Saxifragaceae
248. 子房 2 室或更多室。
269. 花瓣形状彼此极不相等。
270. 每子房室内有数个至多数胚珠。
271. 子房 2 室……………………………………………………………………………… 虎耳草科 Saxifragaceae
271. 子房 5 室 …………………………………………………………………………… 凤仙花科 Balsaminaceae
270. 每子房室内仅有 1 个胚珠 ………………………………………………………… 远志科 Polygalaceae
269. 花瓣形状彼此相等或微有不等，且有时花也可为两侧对称。
272. 雄蕊数和花瓣数既不相等，也不是它的倍数。
273. 叶对生。
274. 雄蕊 4～10 个，常 8 个。
275. 蒴果 ……………………………………………………………………………… 七叶树科 Hippocastanaceae
275. 翅果 ……………………………………………………………………………………… 槭树科 Aceraceae
274. 雄蕊 2 或 3 个，也稀可 4 或 5 个……………………………………………… 木犀科 Oleaceae
273. 叶互生。
276. 叶为单叶，多全缘；花单性……………………………………………… 大戟科 Euphorbiaceae
276. 叶为单叶或复叶；花两性或杂性。
277. 萼片为镊合状排列；雄蕊连成单体 …………………………………… 梧桐科 Sterculiaceae
277. 萼片为覆瓦状排列；雄蕊离生。
278. 子房 4 或 5 室，每子房室内有 8～12 胚珠；种子具翅………… 楝科 Meliaceae
278. 子房常 3 室，每子房室内有 1 至数个胚珠；种子无翅…… 无患子科 Sapindaceae
272. 雄蕊数和花瓣数相等，或是它的倍数。
279. 每子房室内有胚珠或种子 3 个至多数。（次 279 项见 231 页）
280. 叶为复叶。（次 280 项见 231 页）
281. 雄蕊连合成为单体 ………………………………………………………… 酢浆草科 Oxalidaceae
281. 雄蕊彼此相互分离。
282. 叶互生。
283. 叶为 2～3 回的三出叶，或为掌状叶…………………… 虎耳草科 Saxifragaceae

283. 叶为1回羽状复叶 …… 楝科 Meliaceae
282. 叶对生。
284. 叶为双数羽状复叶 …… 蒺藜科 Zygophyllaceae
284. 叶为单数羽状复叶 …… 省沽油科 Staphyleaceae
280. 叶为单叶。
285. 草本或亚灌木。
286. 花周位；花托多少有些中空。
287. 雄蕊着生于杯状花托的边缘 …… 虎耳草科 Saxifragaceae
287. 雄蕊着生于杯状或管状花萼(或花托)的内侧 …… 千屈菜科 Lythraceae
286. 花下位；花托常扁平。
288. 叶对生或轮生，常全缘 …… 石竹科 Caryophyllaceae
288. 叶互生或基生；稀可对生，边缘有锯齿或退化为无绿色的鳞片。
289. 草本或亚灌木；有托叶；萼片呈镊合状排列，脱落性 …… 椴树科 Tiliaceae
289. 常绿草本或为无绿色的寄生植物；无托叶；萼片呈覆瓦状排列，宿存性 …… 鹿蹄草科 Pyrolaceae
285. 木本植物。
290. 花瓣常有彼此衔接或其边缘互相依附的柄状瓣爪 …… 海桐花 Pittosporaceae
290. 花瓣无瓣爪，或仅具互相分离的细长柄状瓣爪。
291. 花托空凹。
292. 叶互生，边缘有锯齿，常绿性 …… 虎耳草科 Saxifragaceae
292. 叶对生或互生，全缘，脱落性。
293. 子房2～6室，仅具1花柱；胚珠着生于中轴胎座上 …… 千屈菜科 Lythraceae
293. 子房2室，具2花柱；胚珠垂悬于中轴胎座上 …… 金缕梅科 Hamamelidaceae
291. 花托扁平或微凸起。
294. 花为四出数；果实呈浆果状或核果状；花药纵长裂开或顶端舌瓣裂开 …… 旌节花科 Stachyuraceae
294. 花为五出数；果实呈蒴果状；花药顶端孔裂 …… 杜鹃花科 Ericaceae
279. 每子房室内有胚珠或种子1或2个。
295. 草本植物，有时基部呈灌木状。
296. 花单性、杂性，或雌雄异株。
297. 具卷须的藤本；叶为二回三出复叶 …… 无患子科 Sapindaceae
297. 直立草本或亚灌木；叶为单叶 …… 大戟科 Euphorbiaceae
296. 花两性。
298. 萼片呈镊合状排列；果实有刺 …… 椴树科 Tiliaceae
298. 萼片呈覆瓦状排列；果实无刺。
299. 雄蕊彼此分离；花柱互相连合 …… 牻牛儿苗科 Geraniaceae
299. 雄蕊互相连合；花柱彼此分离 …… 亚麻科 Linaceae
295. 木本植物
300. 叶肉质，通常仅为1对小叶所组成的复叶 …… 蒺藜科 Zygophyllaceae
300. 叶为其他情形。
301. 叶对生；果实为1、2或3个翅果所组成 …… 槭树科 Aceraceae
301. 叶互生，如为对生时，则果实不为翅果。
302. 叶为复叶，或稀可为单叶而有具翅的果实。

303. 雄蕊连为单体。
304. 萼片及花瓣均为三出数；花药 6 个，花丝生于雄蕊管的口部 ………………… 橄榄科 Burseraceae
304. 萼片及花瓣均为四出至六出数；花药 8～12 个，无花丝，直接着生于雄蕊管的喉部或裂齿之间 ……………………………………………………………………………………… 楝科 Meliaceae
303. 雄蕊各自分离。
305. 单叶；果实具 3 翅 ……………………………………………………………… 卫矛科 Celastraceae
305. 叶为复叶；果实无翅。
306. 花柱 3～5 个；叶常互生，脱落性 ……………………………………… 漆树科 Anacardiaceae
306. 花柱 1 个；叶互生或对生。
307. 羽状复叶，互生；果实有各种类型 …………………………………… 无患子科 Sapindaceae
307. 掌状复叶，对生；果实为蒴果 ………………………………… 七叶树科 Hippocastanaceae
302. 叶为单叶；果实无翅。
308. 雄蕊连成单体，或如为 2 轮时，至少其内轮者如此，有时其花药无花丝。
309. 花单性；萼片或花萼裂片 2～6 片，呈镊合状或覆瓦状排列 ………… 大戟科 Euphorbiaceae
309. 花两性；萼片 5 片，呈覆瓦状排列。
310. 果实呈蒴果状；子房 3～5 室，各室均可成熟 ………………………………… 亚麻科 Linaceae
310. 果实呈核果状；子房 3 室，其中 2 室多为不孕性，仅另 1 室可成熟 …… 古柯科 Eiythroxylaceae
308. 雄蕊各自分离。
311. 果呈蒴果状。
312. 叶互生或稀可对生；花下位 ………………………………………… 大戟科 Euphorbiaceae
312. 叶对生或互生；花周位 ………………………………………………… 卫矛科 Celastraceae
311. 果呈核果状，有时木质化，或呈浆果状。 ……………………………… 蒺藜科 Zygophyllaceae
313. 花单性，雌雄异株；花瓣较小于萼片 ……………………………… 大戟科 Euphorbiaceae
313. 花两性或单性；花瓣常较大于萼片。
314. 落叶攀援灌木；雄蕊 10 ………………………………………… 猕猴桃科 Actinidiaceae
314. 多为常绿乔木或灌木；雄蕊 4 或 5 个。
315. 花下位，雌雄异株或杂性，无花盘 ……………………………… 冬青科 Aquifoliaceaea
315. 花周位，两性或杂性，有花盘 ……………………………………… 卫矛科 Celastraceae
135. 花冠为多少有些连合的花瓣所组成。
316. 成熟雄蕊或单体雄蕊的花药数多于花冠裂片。
317. 心皮 1 个至数个，互相分离或大致分离。
318. 单叶或有时可为羽状分裂，对生，肉质 ………………………… 景天科 Crassulaceae
318. 叶为二回羽状复叶，互生，不呈肉质 ………………………………… 豆科 Leguminosae
317. 心皮 2 个或更多，连合成一复合性子房。
319. 雌雄同株或异株，有时为杂性。
320. 子房 1 室；五分枝而呈棕榈状的小乔木 ……………………… 番木瓜科 Caricaceae
320. 子房 2 室至多室；具分枝的乔木或灌木。
321. 雄蕊连成单体，或至少内层者如此；蒴果 ……………… 大戟科 Euphorbiaceae
321. 雄蕊各自分离；浆果 ……………………………………………… 柿树科 Ebenaceae
319. 花两性。
322. 花瓣或花萼裂片及花瓣连成一盖状物。
323. 单叶，具有透明微点 ………………………………………… 桃金娘科 Myrtaceae
323. 叶为掌状复叶，无透明微点 ……………………………………… 五加科 Araliaceae

322. 花瓣及花萼裂片均不连成盖状物。
324. 每子房室中有 3 个至多数胚珠。
325. 雄蕊 5～10 个或其数不超过花冠裂片的 2～4 倍。
326. 雄蕊连成单体或其花丝于基部互相连合；花药纵裂 …………………… **酢浆草科 Oxalidaceae**
326. 雄蕊各自分离；花药顶端孔裂 ………………………………………… **杜鹃花科 Ericaceae**
325. 雄蕊为不定数。
327. 萼片和花瓣常各为多数，无显著区分；子房下位；植物体肉质，叶退化 …… **仙人掌科 Cactaceae**
327. 萼片和花瓣常各为 5 片，有显著区分；子房上位。
328. 萼片呈镊合状排列；雄蕊连成单体 ……………………………………… **锦葵科 Malvaceae**
328. 萼片呈显著的覆瓦状排列。
329. 雄蕊连成 5 束，每束着生于 1 花瓣的基部；花药顶端孔裂开；浆果 … **猕猴桃科 Actinidiaceae**
329. 雄蕊的基部连成单体；花药纵长裂开；蒴果 ………………………… **山茶科 Theaceae**
324. 每子房室中常仅有 1 或 2 个胚珠。
330. 子房下位或半下位；果实歪斜……………………………………………… **山矾科 Symplocaceae**
330. 子房上位。
331. 雄蕊相互连合为单体；果实成熟时分裂为离果 …………………… **锦葵科 Malvaceae**
331. 雄蕊各自分离；果实不是离果………………………………………… **瑞香科 Thymelaeaceae**
316. 成熟雄蕊并不多于花冠裂片或有时因花丝的分裂则可过之。
332. 雄蕊和花冠裂片为同数且对生。
333. 果实内有数个至多数种子。
334. 乔木或灌木；果实呈浆果状或核果状 ………………………………… **紫金牛科 Myrsinaceae**
334. 草本；果实呈蒴果状 …………………………………………………… **报春花科 Primulaceae**
333. 果实内仅有 1 个种子。
335. 子房下位或半下位…………………………………………………… **桑寄生科 Loranthaceae**
335. 子房上位
336. 花两性 ………………………………………………………………… **落葵科 Basellaceae**
336. 花单性，雌雄异株 ……………………………………………… **防己科 Menispermaceae**
332. 雄蕊和花冠裂片为同数且互生，或雄蕊数较花冠裂片为少。
337. 子房下位。
338. 植物体常以卷须而攀援或蔓生；胚珠及种子皆为水平生长 …… **葫芦科 Cucurbitaceae**
338. 植物体直立，如为攀援时也无卷须；胚珠及种子并不为水平生长。
339. 雄蕊互相连合。
340. 花成头状花序，或在苍耳属 *Xanthium* 中，雌花序为一仅含 2 花的果壳，其外生有钩状刺毛；子房 1 室，内仅有 1 个胚珠 ……………………… **菊科 Compositae**
340. 花多两侧对称，单生或成总状或伞房花序；子房 2 或 3 室，内有多数胚珠 ……………………………………………………………… **桔梗科 Campanulaceae**
339. 雄蕊各自分离。
341. 雄蕊和花冠相分离或近于分离。
342. 花药顶端孔裂开；花粉粒连合成四合体；灌木或亚灌木…… **杜鹃花科 Ericaceae**
342. 花药纵长裂开，花粉粒单纯；多为草本 ……………… **桔梗科 Campanulaceae**
341. 雄蕊着生于花冠上。
343. 雄蕊 4 或 5 个，和花冠裂片同数。
344. 叶互生；每子房室内有多数胚珠 …………………… **桔梗科 Campanulaceae**
344. 叶对生或轮生；每子房室内有 1 个至多数胚珠。

345. 叶轮生，如为对生时，则有托叶存在 …………………………………………… 茜草科 Rubiaceae
345. 叶对生，无托叶或稀可有明显的托叶。
346. 花序多为聚伞花序 …………………………………………………………… 忍冬科 Caprifoliaceae
346. 花序为头状花序 …………………………………………………………… 川续断科 Dipsacaceae
343. 雄蕊 1～4 个，其数较花冠裂片为少。
347. 子房 1 室 ……………………………………………………………………… 苦苣苔科 Gesneriaceae
347. 子房 2 室或更多室，具中轴胎座。
348. 子房 2～4 室，所有的子房室均可成熟；水生草本 ……………………… 胡麻科 Pedaliaceae
348. 子房 3 或 4 室，仅其中 1 或 2 室可成熟。……………………………… 败酱科 Valerianaceae
337. 子房上位。
349. 子房深裂为 2～4 部分；花柱或数花柱均自子房裂片之间伸出。
350. 花冠两侧对称或稀可整齐；叶对生………………………………………… 唇形科 Labiatae
350. 花冠整齐；叶互生。
351. 花柱 2 个；多年生匍匐性小草本；叶片呈圆肾形 …………………… 旋花科 Convolvulaceae
351. 花柱 1 个 …………………………………………………………………… 紫草科 Boraginaceae
349. 子房完整或微有分割，或为 2 个分离的心皮所组成；花柱自子房的顶端伸出。
352. 雄蕊的花丝分裂 ……………………………………………………………… 罂粟科 Papaveraceae
352. 雄蕊的花丝单纯。
353. 花冠不整齐，常多少有些呈二唇状。
354. 成熟雄蕊 5 个。
355. 雄蕊和花冠离生 ………………………………………………………… 杜鹃花科 Ericaceae
355. 雄蕊着生于花冠上 ……………………………………………………… 紫草科 Boraginaceae
354. 成熟雄蕊 2 或 4 个，退化雄蕊有时也可存在。
356. 每子房室内仅含 1 或 2 胚珠(如为后者，也可在次 356 项检索)。
357. 叶对生或轮生；胚珠直立，稀可垂悬。
358. 子房 2～4 室，共有 2 个或更多的胚珠……………………… 马鞭草科 Verbenaceae
358. 子房 1 室，仅含 1 个胚珠 ……………………………………… 透骨草科 Phrymataceae
357. 叶互生或基生；胚珠垂悬 ……………………………………… 玄参科 Scrophulariaceae
356. 每子房室内有 2 个至多数胚珠。
359. 子房 1 室具侧膜胎座或中央胎座。
360. 草本或木本植物，不为寄生性，也非食虫性。
361. 多为乔木或木质藤本；种子有翅 ……………………………… 紫葳科 Bignoniaceae
361. 多为草本；种子无翅 ………………………………………… 苦苣苔科 Gesneriaceae
360. 草本植物，为寄生性或食虫性。
362. 植物体寄生于其他植物的根部，而无绿叶存在；雄蕊 4 个；侧膜胎座 ………………………………………………………… 列当科 Orobanchaceae
362. 植物体为食虫性，有绿叶存在；雄蕊 2 个；特立中央胎座 ……………………………………………………… 狸藻科 Lentibulariaceae
359. 子房 2～4 室，具中轴胎座，或子房 1 室而具侧膜胎座。
363. 植物体常具分泌黏液的腺体毛茸 …………………………… 胡麻科 Pedaliaceae
363. 植物体不具上述的毛茸。
364. 叶对生；种子无胚乳，位于胎座的钩状突起上………… 爵床科 Acanthaceae
364. 叶互生或对生；种子有胚乳，位于中轴胎座上。

365. 花冠裂片具深缺刻 ………………………………………………………………………… 茄科 Solanaceae
365. 花冠裂片全缘或仅其先端具一凹陷 ……………………………………………… 玄参科 Scrophulariaceae
353. 花冠整齐，或近于整齐。
366. 雄蕊数较花冠裂片为少。
367. 子房 2～4 室，每室内仅含 1 或 2 个胚珠。
368. 雄蕊 2 个……………………………………………………………………………… 木犀科 Oleaceae
368. 雄蕊 4 个 ……………………………………………………………………… 马鞭草科 Verbenaceae
367. 子房 1 或 2 室，每室有数个至多数胚珠。
369. 雄蕊 2 个；每子房室内有 4～10 个胚珠垂悬于室的顶端……………………… 木犀科 Oleaceae
369. 雄蕊 4 或 2 个；每子房室内有多数胚珠着生于中轴或侧膜胎座上。
370. 子房 1 室，内具分歧的侧膜胎座，或因胎座深入而使子房成 2 室 …… 苦苣苔科 Gesneriaceae
370. 子房为完全的 2 室，内具中轴胎座。
371. 花冠于蕾中常折叠；子房 2 心皮的位置偏斜 ………………………………… 茄科 Solanaceae
371. 花冠于蕾中不折叠，而呈覆瓦状排列；子房的 2 心皮位于前后方 …… 玄参科 Scrophulariaceae
366. 雄蕊和花冠裂片同数。
372. 子房 2 个，或为 1 个而成熟后呈双角状。
373. 雄蕊各自分离；花粉粒也彼此分离 ………………………………… 夹竹桃科 Apocynaceae
373. 雄蕊互相连合；花粉粒连成花粉块 ………………………………… 萝藦科 Asclepiadaceae
372. 子房 1 个，不呈双角状。
374. 子房 1 室或因 2 侧膜胎座的深入而成 2 室。
375. 子房为 1 心皮所成。
376. 花显著，呈漏斗形而簇生；果实为 1 瘦果，有棱或有翅 ……… 紫茉莉科 Nyctaginaceae
376. 花小，呈球形的头状花序；果实为 1 荚果，成熟后则裂为仅含 1 种子的节荚 ……………………………………………………………………………… 豆科 Leguminosae
375. 子房为 2 个以上连合心皮所成。
377. 花冠裂片呈覆瓦状排列 ……………………………………………… 苦苣苔科 Gesneriaceae
377. 花冠裂片常呈旋转状或内折的镊合状排列 ………………………… 龙胆科 Gentianaceae
374. 子房 2～10 室。
378. 无绿叶而为缠绕性的寄生植物 ……………………………………… 旋花科 Convolvulaceae
378. 不是上述的无叶寄生植物。
379. 叶常对生，在两叶之间有托叶所成的连接线或附属物 ……… 马钱科 Loganiaceae
379. 叶常互生，或有时基生，如为对生时，其两叶之间也无托叶所成的连系物。
380. 雄蕊和花冠离生或近于离生。
381. 灌木或亚灌木；花药顶端孔裂；花粉粒为四合体 ………… 杜鹃花科 Ericaceae
381. 一年或多年生草本；花药纵长裂开；花粉粒单纯 ……… 桔梗科 Campanulaceae
380. 雄蕊着生于花冠的筒部。
382. 雄蕊 4 个，稀可在冬青科为 5 个或更多。
383. 无主茎的草本，所形成的穗状花序生于一基生花葶上 … 车前科 Plantaginaceae
383. 乔木、灌木，或具有主茎的草木。
384. 叶互生，多常绿 …………………………………………… 冬青科 Aquifoliaceae
384. 叶对生或轮生。
385. 子房 2 室，每室内有多数胚珠 ……………………… 玄参科 Scrophulariaceae
385. 子房 2 室至多室，每室内有 1 或 2 个胚珠 ………… 马鞭草科 Verbenaceae
382. 雄蕊常 5 个，稀可更多。

386. 每子房室内仅有1或2个胚珠。
387. 果实为核果 …… 紫草科 Boraginaceae
387. 果实为蒴果 …… 旋花科 Convolvulaceae
386. 每子房室内有多数胚珠,或在花荵科中有时为1至数个;多无托叶。
388. 室间开裂的蒴果 …… 玄参科 Semphulariaceae
388. 浆果 …… 茄科 Solanaceae
1. 子叶1个;茎无中央髓部,也无呈年轮状的生长;叶多具平行叶脉;花为三出数,有时为四出数,但极少为五出数 …… 单子叶植物纲 Monocotyledoneae
389. 木本植物,或其叶于芽中呈折叠状;叶甚宽,常为羽状或扇形的分裂,有强韧的平行脉或射出 …… 棕榈科 Palmae
389. 草本植物或稀可为木质茎,但其叶于芽中从不呈折叠状。
390. 无花被或在眼子菜科中很小。
391. 花包藏于或附托以呈覆瓦状排列的壳状鳞片(特称为颖)中,由多花至1花形成小穗(即简单的穗状花序)。
392. 秆多少有些呈三棱形,实心;茎生叶呈三行排列;叶鞘封闭;花药以基底附着花丝;瘦果或囊果 …… 莎草科 Cyperaceae
392. 秆常呈圆筒形;中空;茎生叶呈二行排列;叶鞘常在一侧纵裂开;花药以其中部附着花丝;颖果 …… 禾本科 Gramineae
391. 花虽有时排列为具总苞的头状花序,但不包藏于呈壳状的鳞片中。
393. 植物体微小,无真正的叶片,仅具无茎而漂浮水面或沉没水中的叶状体 …… 浮萍科 Lenmaceae
393. 植物体常具茎,也具叶,其叶有时可呈鳞片状。
394. 水生植物,具沉没水中或漂浮水面的叶片。
395. 叶互生;球形头状花序 …… 黑三棱科 Sparganiaceae
395. 叶多对生或轮生;花单生或在叶腋间形成聚伞花序。 …… 眼子菜科 Potamogetonaceae
394. 陆生或沼泽植物,常有位于空气中的叶片。
396. 叶有柄,全缘或有各种形状的分裂,具网状脉;花形成一肉穗花序,常有一大型而常具色彩的佛焰苞片 …… 天南星科 Araceae
396. 叶无柄,细长形、剑形,或退化为鳞片状,其叶片常具平行脉。
397. 花形成紧密的穗状花序 …… 香蒲科 Typhaceae
397. 花序有各种型式。
398. 花单性,成头状花序。
399. 头状花序单生于基生无叶的花葶顶端;叶狭窄,呈禾草状,有时叶为膜质 …… 谷精草科 Eriocaulaceae
399. 头状花序散生于具叶的主茎或枝条的上部;叶细长,呈扁三棱形,基部呈鞘状 …… 黑三棱科 Sparganiaceae
398. 花常两性 …… 灯心草科 Juncaceae
390. 有花被,常显著,且呈花瓣状。
400. 雌蕊3个至多数,互相分离 …… 泽泻科 Alismataceae
400. 雌蕊1个,复合性或于百合科的岩菖蒲属 Tofieldia 中其心皮近于分离。
401. 子房上位,或花被和子房相分离。
402. 花被分化为花萼和花冠2轮。
403. 叶互生,平行脉;花为腋生或顶生的聚伞花序;雄蕊6个,或因退化而数

较少 …………………………………………………… 鸭跖草科 Commelinaceae

403. 叶以 3 个或更多个生于茎的顶端而成一轮，网状脉而于基部具 3～5 脉；花单独顶生；雄蕊 6 个、8 个或 10 个 …………………………………………………………………… 百合科 Liliaceae

402. 花被裂片彼此相同或近于相同…………………………………………………… 灯心草科 Juncaceae

404. 直立或漂浮的水生植物；雄蕊 6 个，彼此不相同，或有时有不育者 …… 雨久花科 Pontederiaceae

404. 陆生植物；雄蕊 6 个、4 个或 2 个，彼此相同。

405. 花为四出数，叶(限于我国植物)对生或轮生 ………………………………… 百部科 Stemonaceae

405. 花为三出或四出数；叶常基生或互生 ……………………………………………… 百合科 Liliacea

401. 子房下位，或花被多少有些和子房相愈合。

406. 花两侧对称或为不对称形。

407. 花被片均成花瓣状；雄蕊和花柱多少有些互相连合……………………………… 兰科 Orchidaceae

407. 花被片非均成花瓣状，其外层者形如萼片；雄蕊和花柱相分离。

408. 后方的 1 个雄蕊常为不育性，其余 5 个均发育而具有花药。 …………… 芭蕉科 Musaceae

408. 后方的 1 个雄蕊发育而具有花药，其余 5 个则退化，或变形为花瓣状。

409. 花药 2 室；萼片互相连合为一萼筒，有时呈佛焰苞状 ……………… 姜科 Zingiberaceae

409. 花药 1 室；萼片互相分离或至多彼此相衔接 ………………………… 美人蕉科 Cannaceae

406. 花常辐射对称，也即花整齐或近于整齐。

410. 植物体为攀援性；叶片宽广，具网状脉(还有数主脉)和叶柄 ……… 薯蓣科 Dioscoreaceae

410. 植物体不为攀援性；叶具平行脉。

411. 雄蕊 3 个 ……………………………………………………………… 鸢尾科 Iridaceae

411. 雄蕊 6 个。

412. 果实为浆果或蒴果，而花被残留物多少和它相合生，或果实为聚花果；花被的内层裂片各于其基部有 2 舌状物 ……………………………………………… 凤梨科 Bromeliaceae

412. 果实为蒴果或浆果，仅为 1 花所成；花被裂片无附属物。

413. 子房部分下位 ……………………………………………………… 百合科 Liliaceae

413. 子房完全下位 …………………………………………………… 石蒜科 Amaryllidaceae

附录二

部分拉丁学名及种加词释义

拉丁学名	中文名	种加词释义
Abutilon theophrasti Medic.	苘麻	人名
Acacia catechu(L. f.)Willd.	儿茶	
Acalypha australis L.	铁苋菜	南方的
Acanthopanax gracilistylus W. W. Smith	细柱五加	细长花柱的
Acanthopanax senticosus(Rupr. et Maxim.)Harms	刺五加	多刺的
Achyranthes bidentata Bl.	牛膝	二齿的
Aconitum carmichaeli Debx.	乌头	人名
Aconitum kusnezoffii Reichb.	北乌头	人名
Acorus calamus Linn.	菖蒲	像棕榈科中的一属
Acorus tatarinowii Schott	石菖蒲	人名
Adenophora hunanensis Nannf.	杏叶沙参	湖南的
Adenophora stricta Miq.	沙参	直立的
Adenophora tetraphylla(Thunb.)Fisch.	轮叶沙参	四叶的
Agastache rugosa(Fisch. et Meyer) O. Ktze.	藿香	具皱纹的
Agrimonia pilosa Ledeb	龙牙草	具疏柔毛的
Akebia quinata(Thunb.)Decne	木通	
Akebia trifoliata(Thunb.)Koidz. var. *australis*(Diels)Rehd.	白木通	
Akebia trifoliata(Thunb.)Koidz.	三叶木通	
Albizia julibrissin Durazz.	合欢	葇荑花序的
Alisma orientaleis(Sam.) Juz.	泽泻	东方的
Allium chinense G. Don	薤	中国的
Allium macrostemon Bunge	小根蒜	大雄蕊
Alpinia oxyphylla Miq.	益智	尖叶的
Alpinia katsumadai Hayata	草豆蔻	人名
Alpinia officinarum Hance	高良姜	药用的
Amomum kravanh Pierre ex Gagnep.	白豆蔻	土名
Amomum tsao-ko Crevost et Lemarie	草果	草果
Amomum villosum Lour. var. *xanthioides*(Wall. ex Bak.) T. L. Wu et Senjen	绿壳砂仁	具长柔毛的
Amomum villosum Lour.	砂仁	具长柔毛的
Ampelopsis japonica(Thunb.)Makino	白蔹	日本的
Amygdalus pedunculata Pall.	长梗扁桃	
Amygdalus persica L.	桃	

Andrographis paniculata(Burm. f.) Nees	穿心莲	圆锥花序的
Anemarrhena asphodeloides Bunge	知母	像百合中的一属 *Asphodelus*
Asphodelus		
Angelica biserrata(Shan et Yuan)Yuan et Shan	重齿当归	有重齿的
Angelica dahurica 'Qibaizhi'	祁白芷	达呼里(西伯利亚地名)
Angelica dahurica 'Hangbaizhi'	杭白芷	达呼里(西伯利亚地名)
Angelica sinensis(Oliv.) Diels	当归	中国的
Apocynum venetum L.	罗布麻	地名
Aquilaria agallocha(Lour.) Roxb.	沉香	
Aquilaria sinensis(Lour.) Spreng	白木香	中国的
Aralia chinensis L.	楤木	中国的
Arctium lappa L.	牛蒡	有芒刺的(果皮)
Ardisia crenata Sims	朱砂根	圆齿的
Ardisia japonica(Thunb.) Bl.	紫金牛	日本的
Areca catechu Linn.	槟榔	人名
Arisaema amurense Maxim.	东北南星	黑龙江流域的
Arisaema consaguineum Schott	天南星	近亲的
Arisaema heterophyllum Blume	异叶天南星	异叶的
Aristolochia contorta Bunge	北马兜铃	旋转的
Aristolochia debilis Seib. et Zucc.	马兜铃	柔弱的
Aristolochia mollissima Hance	绵毛马兜铃	
Armeniaca mandshurica(Maxim.) Skv	东北杏	满洲里的
Armeniaca mume Sieb	梅	
Armeniaca sibirica(L.)Lam.	山杏	西伯利亚的
Armeniaca vulgaris Lam	杏	
Arnebia euchroma(Royle)Johnst.	新疆紫草	常常染色的
Artemisia annua L.	黄花蒿	一年生的
Artemisia anomala S. Moore	奇蒿	
Artemisia aryi Levl. et Vant.	艾蒿	人名
Artemisia capllaries Thunb.	茵陈蒿	微毛状的
Artemisia scoparia Waldst. et Ki.	猪毛蒿	扫帚状的
Asarum forbesii Maxim.	杜衡	人名
Asarum heterotropoides Fr. Schmidt var. *mandshuricum* (Maxim.)Kitag	北细辛	异柄的,满洲里的
Asarum sieboldii Miq.	华细辛	人名
Asparagus cochinchinensis(Lour.) Merr.	天冬	印度支那
Aster tataricus L. f.	紫菀	鞑靼族的
Astilbe chinensis(Maxim.)Franch. et Sav.	落新妇	中国的
Astragalus membranaceus(Fisch.)Bunge	膜荚黄芪	膜质的

Astragalus menbranaceus (Fisch.) Bunge var. *mongholicus* (Bunge) Hsiao	蒙古黄芪	蒙古的
Atractylodes japonica Koidz. ex Kitam.	关苍术	日本的
Atractylodes lancea (Thumb.) DC.	苍术	披针形的
Atractylodes macrocephala Koidz.	白术	大头的
Aucklandia lappa Decne.	木香	有芒刺的
Auricularia auricula (L. ex Hook.) Underw.	木耳	耳状的
Belamcanda chinensis (L.) Redouté.	射干	中国的
Benincasa hispida (Thunb.) Cogn.	冬瓜	具硬毛的
Berberis thunbergii DC.	日本小檗	
Berberis virgetorum Schneid.	庐山小檗	
Bidens bipinnata L.	鬼针草	二回羽状的
Bletilla striata (Thunb. ex Murray) Rchb. f.	白及	具条纹的
Boehmeria nivea (L.) Gaud.	苎麻	
Bothriospermum chinense Bunge	斑种草	
Broussonetia popyrifera (L.) Vent.	构树	可制纸的
Brucea javanica (L.) Merr.	鸦胆子	
Buddleja officinalis Maxim.	密蒙花	
Bupleurum chinense DC.	柴胡	中国的
Bupleurum scorzonerifolium Willd.	狭叶柴胡	像鸦葱叶的
Caesalpinia decapetala (Roth) Alston	云实	
Caesalpinia sappan L.	苏木	马来土名
Callicarpa bodinieri Levl.	紫珠	
Callicarpa dichotoma (Lour.) K. Koch	白棠子树	二歧的
Callicarpa formosana Rolfe	杜虹花	台湾的
Callicarpa bodinieri Lévl. var. *bodinieri*	紫珠	
Calvatia gigantea (Batsch ex Pers.) Lloyd	大马勃	巨大的
Calvatia lilacina (Mont. et Berk.) Lloyd	紫色马勃	淡紫色的
Calystegia sepium (L.) R. Br.	旋花	
Campsis grandiflora (Thunb.) Loisel. ex Schum.	凌霄	
Campsis radicans (L.) Seem.	美洲凌霄	
Canavalia gladiata (Jacq.) DC	刀豆	
Cannabis sativa L.	大麻	栽培的
Capsella bursa-pastoris (L.) Medic	荠菜	牧人的钱包
Carpesium abrotanoides L.	天名精	
Carthamus tinctorius L.	红花	染料用的
Cassia tora L.	决明	东印度地名
Cayratia japonica (Thunb.) Gagnep.	乌蔹莓	日本的
Celastrus orbiculatus Thunb.	南蛇藤	圆形的

Celosia argentea L.	青葙	银色的
Celosia cristata L.	鸡冠花	鸡冠状
Cerasus japonica (Thunb.) Lois	郁李	日本的
Chaenomeles sinensis (Touin) Koehne	榠楂	中国的
Chaenomeles speciosa (Sweet) Nakai	贴梗海棠	美丽的
Changium smyrnioides Wolff	明党参	像伞形科 *Smyrnium* 属的
Chelidonium majus L.	白屈菜	大的
Chloranthus serratus (Thunb.) Roem. et Schult.	及己	有锯齿的
Chloranthus spicatus (Thunb.) Makino	金粟兰	
Cibotium barometz (L.) J. Smith	金毛狗脊	土名
Cimicifuga dahurica (Turcz.) Maxim.	兴安升麻	达呼里的
Cimicifuga foetida L.	升麻	臭味的
Cimicifuga heraleifolia Kom.	大叶升麻	象白芷叶的
Cinnamomum cassia Presl	肉桂	剥皮入药的
Cinnamomun camphora (L.) Presl	樟	樟脑
Cirsium japonicum Fisch. ex DC.	大蓟	日本的
Cistanche deserticola Y. C. Ma	肉苁蓉	
Citrus grandis (L.) Osbeck var. *tomentosa* Hort.	化州柚	
Citrus aurantium L.	酸橙	橙黄色的
Citrus grandis (L.) Osbeck	柚	
Citrus medica L. var. *sarcodactylis* (Noot.) Swingle	佛手柑	指状的
Citrus medica L.	枸橼	
Citrus reticulata Blanco	橘	网状的
Citrus wilsonii Tanaka	香橼	人名
Cladonia rangiferina (L.) Web.	石蕊	铺展的
Clematis chinensis Osbeck	威灵仙	中国的
Clematis hexapetala Pall	棉团铁线莲	六瓣的
Clematis manshurica Rupr.	东北铁线莲	满洲里的
Clerodendrum cyrtophyllum Turcz.	大青	弯叶的
Clerodendrum trichotomum Thunb.	臭梧桐	三出的
Clerodendrum bungei Steud. var. *bungei*	臭牡丹	人名
Clinopodium umbrosum (Bieb.) C. Koch	风轮菜	
Cnidium monnieri (L.) Cuss	蛇床	人名
Cocculus orbiculatus (L.) DC.	木防己	
Codonopsis lanceolata (Sieb. et Zucc.) Trautv.	羊乳	披针形叶的
Codonopsis pilosula (Franch.) Nannf.	党参	具疏长毛的
Codonopsis tangshen Oliv.	川党参	中文音名
Coix lacryma-jobi L.	薏苡	泪滴
Commelina communis L.	鸭跖草	

Conocephalum conicum(L.) Dum.	蛇苔	圆锥形的
Coptis chinensis Franch. var. *brevisepala* W. T. Wang et Hsiao	短萼黄连	中国的
Coptis chinensis Franch.	黄连	中国的
Coptis deltoidea C. Y. Cheng et Hsiao	三角叶黄连	三角的
Coptis tellta Wall.	云南黄连	云南的
Cordyceps sinensis(Berk.) Sacc.	冬虫夏草	中国的
Cordyceps sobolifera(Hill.) Berk. et Br.	蝉花	根出枝的
Coriandrum sativum L.	芫荽	栽培的
Coriolus versicolor(L.)Quel.	云芝	异色的
Cornus officinalis Sieb. et Zucc.	山茱萸	
Corydalis bungeana Turcz	布氏紫堇	人名
Corydalis decumbens(Thunb.) Per.	伏生紫堇	伏生
Corydalis yanhusuo W. T. Wang ex Z. Y. Su et C. Y. Wu	延胡索	人名
Corylopsis sinensis Hemsl	腊瓣花	中国的
Crataegus pinnatifida Bge. var. *major* N. E. Br.	山里红	羽状浅裂的
Crataegus pinnatiida Bunge	山楂	羽状浅裂的
Crocus sativus L.	番红花	栽培的
Croton tiglium L.	巴豆	凶猛的
Cucurbita moschata(Duch. ex Lam.)Duch. ex Poiret	南瓜	有麝香气的
Curculigo orchioides Gaertn.	仙茅	像红门兰属(*Orchis*)的
Curcuma kwangsiensis S. G. Lee et C. F. Liang	广西莪术	广西的
Curcuma longa Linn	姜黄	长的
Curcuma wenyujin Y. H. Chen et C. Ling	温郁金	中文音名
Curcuma zedoaria(Christm.) Rosc.	莪术	人名
Cuscuta australis R. Br.	南方菟丝子	南方的
Cuscuta chinensis Lam.	菟丝子	中国的
Cyathula officinalis Kuan	川牛膝	药用的
Cycas revoluta Thunb.	苏铁	反卷的
Cynanchum atratum Bunge	白薇	变黑的
Cynanchum auriculatum Royle ex Wight	牛皮消	有耳垂的
Cynanchum bungei Decne	戟叶牛皮消	人名
Cynanchum glaucescens(Decne.) Hand. - Mazz.	芫花叶白前	人名
Cynanchum paniculatum(Bunge)Kitag.	徐长卿	圆锥花序的
Cynanchum stauntonii(Decne.) Schltr. ex Levl.	柳叶白前	人名
Cynanchum versicolor Bunge	蔓生白薇	变色的
Cynomorium songaricum Rupr	锁阳	
Cyperus rotundus L.	莎草	圆形的
Cyrtomium fortunei J. Smith	贯众	人名
Daemonorops draco Bl.	麒麟竭	

Daphne genkwa Sieb. et Zucc.	芫花	日本土名
Datura inoxia Mill.	毛曼陀罗	无害的
Datura metel L.	白花曼陀罗	白花的
Daucus carota L.	野胡萝卜	胡萝卜
Dendranthema indicum(L.) Des Moul.	野菊	
Dendranthema morifolium(Ramat.) Tzvel.	菊花	如桑叶的
Dendrobium fimbriatum Hook.	马鞭石斛(流苏石斛)	流苏的
Dendrobium huoshanense C. Z. Tang et S. J. Cheng	霍山石斛	地名
Dendrobium nobile Lindl.	金钗石斛	高贵的
Dendrobium offcinale Kimura et Migo	铁皮石斛	药用的
Descurainia sophia(L.) Webb ex Prantl	播娘蒿	贤者
Dianthus chinensis L.	石竹	中国的
Dianthus superbus L.	瞿麦	华丽的
Dichroa febrifuga Lour.	常山	退热的
Dictamnus dasycarpus Turcz.	白鲜	粗毛果实的
Dimocar puslongan Lour	龙眼	
Dioscorea bulbifera L.	黄独	具珠芽的
Dioscorea hypoglauca Palibin	粉背薯蓣	粉绿背的
Dioscorea nipponica Makino	穿龙薯蓣(穿山龙)	日本的
Dioscorea opposita Thunb.	薯蓣	对生的
Diospyros kaki Thunb.	柿	
Dipsacus asperoides C. Y. Cheng et T. M. Ai	川续断	
Dolichos lablab L.	扁豆	绕他物生长的
Drynaria fortunei(Kunze) J. Smith	槲蕨	人名
Dryopteris crassirhizoma Nakai	粗茎鳞毛蕨	粗大根茎的
Ecklonia kurome Okam.	黑昆布	黑目
Eclipta prostrata L.	鳢肠	平卧的
Ephedra equisetina Bunge	木贼麻黄	像木贼的
Ephedra intermedia Schr. et Mey.	中麻黄	中间型的
Ephedra sinica Stapf.	草麻黄	中国的
Epimedium brevicornum Maxim.	淫羊藿	短角的
Epimedium koreanum Nakai	朝鲜淫羊藿	高丽的
Epimedium pubescens Maxim.	柔毛淫羊藿	柔毛的
Epimedium sagittatum(Sieb. et Zucc.) Maxim.	箭叶淫羊藿	箭叶的
Epimedium wushanense T. S. Ying	巫山淫羊藿	地名
Equisetum hyemale L.	木贼	冬生的
Eriobotrya japonica(Thunb.) Lindl	枇杷	日本的
Eucalyptus robusta Smith	桉树	粗壮的

Eucommia ulmoides Osliv	杜仲	像榆树叶的
Eugennia caryaphyllata Thunb.	丁香	像石竹叶的
Euonymus alatus(Thunb.) Sieb.	卫矛	翅状
Eupatorium fortunei Turcz.	佩兰	人名
Euphorbia fischeriana Steud.	狼毒大戟	人名
Euphorbia humifusa Willd.	地锦	匍匐的
Euphorbia Kansui T. N. Liou ex T. P. Wang	甘遂	中国音
Euphorbia lathyris L.	续随子	像山黧豆叶的
Euphorbia maculate L.	斑地锦	
Euphorbia pekinensis Rupr.	大戟	北京的
Euryale ferox Salisb	芡	有刺的
Evodia rutaecarpa(Juss.) Benth.	吴茱萸	芸香果的
Ficus carica L.	无花果	地名(小亚细亚)
Foeniculum vulgare Mill.	茴香	普通的
Forsythia suspense(Thunb.) Vahl.	连翘	悬垂的
Fraxinus chinensis Roxb.	白蜡树	中国的
Fraxinus rhyncophylla Hance	大叶梣	尖叶的
Fritillaria cirrhosa D. Don	川贝母	有卷须的
Fritillaria delavayi Franch.	棱砂贝母	人名
Fritillaria pallidi flora Schrenk	伊贝母	
Fritillaria przewalskii Maxim. ex Batal.	甘肃贝母	人名
Fritillaria thunbergii Miq.	浙贝母	人名
Fritillaria unibracteata Hsiao et K. C. Hsia	暗紫贝母	单苞的
Fritillaria ussuriensis Maxim.	平贝母	乌苏里江的
Funaria hygrometrica Hedw.	葫芦藓	湿生的
Ganoderma lucidum(Leyss. ex Fr.) Karst.	灵芝	光泽的
Ganoderma sinense Zhao Xu et Zhang	紫芝	中国的
Gardenia jasminoides Ellis	栀子	像素馨的
Gastrodia elata Bl.	天麻	高的
Gelidium amansii Lamouroux	石花菜	人名
Gentiana crassicaulis Duthie ex Burk.	粗茎秦艽	粗茎的
Gentiana dahurica Fisch.	小秦艽	达呼里
Gentiana macrophylla Pall.	秦艽	大叶的
Gentiana manshurica Kitag.	条叶龙胆	满洲里的
Gentiana rigescens Franch. ex Hemsl.	坚龙胆	坚硬的
Gentiana scabra Bunge	龙胆	尖锐的
Gentiana triflora Pall.	三花龙胆	三花的
G nkgo biloba L.	银杏	二裂的
Glechoma longituba(Nakai) Kupr.	活血丹	长管状的

Gleditsia sinensis Lam.	皂荚	中国的
Glehnia littoralis(A. Gray) Fr. Schmidt et Miq	珊瑚菜	沿海生的
Glycyrrhiza glabra L.	光果甘草	光滑的
Glycyrrhiza inflate Batalin	胀果甘草	膨胀的
Glycyrrhiza uralensis Fisch.	甘草	乌拉尔山的
Gnaphalium affine D. Don	鼠曲草	相似的
Gnetum parvifolium(Warb.) C. Y. Cheng ex Chun	小叶买麻藤	小叶的
Goodyera schlechtendaliana Reichb. f.	大斑叶兰	人名
Gymnadenia conopsea R. Brown.	手参	圆锥形的
Gynostemma pentap hyllum(Thunb.) Makino	绞股蓝	
G ynura segetum(Lour.) Merr.	菊叶三七	
Hedyotis diffsa Willd.	白花蛇舌草	披散的
Hemerocallis fulva L.	萱草	黄褐色的
Hericium erinaceus(Bull. ex Fr.) Pers.	猴头菌	刺猬状的
Hibiscus mutabilis L.	木芙蓉	易变的
Hibiscus syriacus L.	木槿	叙利亚的
Homalomena occulta(Lodd.) Schott	千年健	包被的
Hordeum vulgare L.	大麦	
Houttuynia cordata Thunb.	蕺菜	心形的
Hovenia dulcis Thunb.	北枳椇	甜心的
Humulus scandens(Lour.) Merr.	葎草	攀援的
Huperzia serrtata(Thunb. ex Murray) Trev.	蛇足石杉	
Hyoscyamus niger L.	莨菪	黑色的
Hypericum japonicum Thunb.	地耳草	日本的
Illicium henryi Diels	红茴香	人名
Illicium verum Hook. f.	八角	标准的
Imperata cylindrica Beauv. var. major(Nees) C. E. Hubb. ex Hubb et Vaughan	白茅	圆柱状的
Inula japonica Thunb.	旋覆花	日本的
Iris lactea Pall. var. *chinensis*(Fisch.) Koidz.	马蔺	
Iris tectorum Maxim.	鸢尾	屋顶生的
Isatis indigotica Fort.	菘蓝	蓝靛色的
Juglans regia L.	胡桃	
Kadsura longipedunculata Finet et Gagn.	南五味子	具长花柄的
Kalopanax septemlobus(Thunb.) Koidz.	刺楸	七裂的
Kochia scoparia(L.) Schrad.	地肤	
Laminaria japonica Aresch	海带	日本的
Lasiosp haera fenzlii Reich.	脱皮马勃	人名
Leidoprammitis drymoglossoides(Bak.)Ching	抱石莲	像抱树莲的

Lentinus edodes(Berk.)Sing.	香菇	可食用的
Leonurus herterophyllus Sweet	益母草	
Lepidium apetalum Willd.	独行菜	无瓣的
Ligusticum chuanxiong Hort.	川芎	中国音名
Ligusticum jeholense(Nakai et Kitag.) Nakai et Kitag.	辽藁本	地名
Ligusticum sinense Oliv.	藁本	中国的
Ligustrum lucidum Ait.	女贞	光泽的
Ligustrum quihoui Carr.	小叶女贞	
Lilium brownii F. E. Brown ex Miellez var. *viridulum* Bak	百合	人名
Lilium lancifolium Thunb.	卷丹	披针形叶的
Lilium pumilum DC.	山丹(细叶百合)	矮小的
Lindera aggregata(Sims.) Kosterm	乌药	复活的
Liquidambar formosana Hance	枫香	台湾的
Liquidambar orientalis Mill.	苏合香树	
Litchi chinensis Sonn.	荔枝	中国的
Lithospermum erythrorhizon Sieb. et Zucc.	紫草	红根的
Litsea cubeba(Lour.) Pers	山鸡椒	叶端像胡椒的
Lobelia chinensis Lour.	半边莲	中国的
Lonicera confusa(Sweet) DC.	山银花	
Lonicera japonica Thunb.	忍冬	日本的
Lophatherum gracile Brongn.	淡竹叶	纤细的
Loropetalum chinense(R. Br.) Oliv.	檵木	中国的
Luffa cylindrica(L.) Roem	丝瓜	筒形的
Lycium barbarum L.	宁夏枸杞	异域的
Lycium chinense Mill.	枸杞	中国的
Lycopodium japonicum Thunb.	石松	日本的
Lycopus lucidus Turcz. var. *hirtus* Regel	毛叶地笋	光泽的
Lycoris radiata Herb.	石蒜	辐射状的
Lygodium japonicum(Thunb.) Sw.	海金沙	日本的
Lysimachia candida Lindl.	泽星宿菜	加拿大的
Lysimachia christinae Hance	过路黄	人名
Lysimachia foenum-graecum Hance	灵香草	有强烈香气的
Lysimachia klattiana Hance	轮叶排草	
Macleaya cordata(Willd.) R. Br.	博落回	心形叶的
Magnolisp rengeri Pamp.	武当玉兰	
Magnolia biondii Pamp.	望春花	
Magnolia denudata Desr.	玉兰	裸露的
Magnolia biloba Rehd. et Wils.	凹叶厚朴	二裂的

Magnolia officinalis Rehd. et Wils	厚朴	药用的
Mahonia bealei (Fort.) Carr.	阔叶十大功劳	人名
Mahonia fortunei (Lindl) Fedde	细叶十大功劳	人名
Malva verticillata L.	野葵	轮生的
Marchantia polymorpha L.	地钱	多形的
Mazus japonicus (Thunb.) O. Kuntze	通泉草	日本的
Melia azedarach L.	楝	属的同位名称
Melia toosendan Sieb. et Zucc.	川楝	土名
Menispermun dauricum DC	蝙蝠葛	达呼里(西伯利亚地名)
Mentha haplocalyx Briq.	薄荷	单层萼
Metaplexis japonica (Thumb.) Makino	萝藦	
Mimosa pudica L.	含羞草	
Momordica cochinchinensis (Lour.) Spreng.	木鳖	印度支那
Morinda officinalis How	巴戟天	药用的
Morus alba L.	桑	白色的
Mosla chinensis 'Jiangxiangru'	江香薷	中国的
Mosla chinensis Maxim	石香薷	中国的
Myristica fragrans Houtt.	肉豆蔻	
Nandina domestica Thunb.	南天竹	家种的
Nardo jatamansi (D. Don) DC.	宽叶甘松	人名
Nardostachys chinensis Bat.	甘松	中国的
Nelumbo nucifera Gaertn.	莲	有坚果的
Nerium indicum Mill.	夹竹桃	
Nicotiana tabacum L.	烟草	
Nostoc commune Vauch.	葛仙米	普通的
Nostoc flagelliforme Born. et Flah.	发菜	鞭形的
Notopterygium forbesii de Boiss	宽叶羌活	人名
Notopterygium incisum Tuing ex H. T. Chang	羌活	具缺刻的
Nymphaea tetragona Georgi	睡莲	
Ophiopogon japonicus (L. f.) Ker - Gawl.	麦冬	日本的
Orobanche coerulescens Steph.	列当	
Orobanche pycnostachya Hance	黄花列当	
Oryza sativa L.	稻	栽培的
Osmunda japonica Thunb.	紫萁	日本的
Paederia scandens (Lour.) Merr.	鸡矢藤	攀援的
Paeonia lactiflora Pall.	芍药	大花的
Paeonia ostii T. Hong et J. X. Zhang.	凤丹	
Paeonia veitchii Lynch	川赤芍	人名
Panax ginseng C. A. Mey	人参	中国音名

Panax japonicum C. A. Mey	竹节参	日本的
Panax japonicus C. A. Mey. var. *major*(Burk.) C. Y. Wu et K. M. Feng	大叶三七	日本的
Panax notoginseng(Burk.) F. H. Chen ex C. Chow et W. G. Huang	三七	
Panax quinque flium L.	西洋参	
Papaver somniferum L.	罂粟	催眠的
Papaver rhoeas L.	虞美人	古希腊名
Paris polyphylla Simith var. *chinensis*(Franch.) Hara	华重楼(七叶一枝花)	多叶的
Paris polyphylla Smith var. *yunnanensis*(Franch.) Hand. -Mazz.	云南重楼	多叶的
Patrinia heterophylla Bunge	异叶败酱	异形叶
Patrinia rupestris(Pall.) Juss.	糙叶败酱	
Patrinia scabiosaefolia Fisch. ex Trev.	黄花败酱	像山萝卜叶的
Patrinia villosa(Thunb.) Juss.	白花败酱	有毛的
Paulownia tomentosa(Thunb.)Steud.	毛泡桐	
Pedicularis resup inata L.	返顾马先蒿	
Perilla frutescens(L.) Britt. var. *crispa*(Thunb.) Hand. -Mazz.	回回苏	皱波状的
Perilla frutescens(L.) Britt.	紫苏	变成灌木状,锐锯齿的
Periploca sepium Bunge	杠柳	篱笆的
Peucedanum praeruptorum Dunn	白花前胡	急披针形的
Pharbitis purpurea(L.) Voigt	圆叶牵牛	紫色的
Pharbitis nil(L.) Choisy	牵牛	蓝色的
Phellodendron amurense Rupr.	黄檗	黑龙江流域
Phellodendron chinense Schneid	黄皮树	中国的
Photinia serrulata Lindl	石楠	
Phragmites communis Trin.	芦苇	普通的
Phyllanthus urinaria L.	叶下珠	乌拉尔山的
Phyllanthus ussuriensis Rupr. et Maxim.	蜜甘草	
Phyllostachys nigra(Lodd.)Munro var. *henonis*(Mitf.) Stapf ex Rendle	淡竹	黑色的
Physalis alkekengi L.	酸浆	人名
Physochlaina infudibularis Kuang	华山参	漏斗状的
Phytolacca acinosa Roxb.	商陆	似葡萄的
Phytolacca americana L.	垂序商陆	美洲的
Picrorhiza scrophulariaflora Pennell	胡黄连	玄参叶的
Pinellia pedatisecta Schott	掌叶半夏	鸟足状深裂的
Pinellia ternata(Thunb.)Breit.	半夏	三出的

Pinus massoniana Lamb.	马尾松	人名
Pinus tabulaeformis Carr.	油松	台状的
Piper cubeba L.	荜澄茄	
Piper longum L.	荜茇	长的
Piper nigrum L.	胡椒	黑色的
Plantago asiatica L.	车前	
Plantago depressa Willd.	平车前	
Plantago major L.	大车前	主要的
Platycladus orientalis(L.)Franco	侧柏	东方的
Platycodon grandiflorum(Jacq.) A. DC.	桔梗	大花的
Podocarpus macrop hyllus(Thunb.) D. Don	罗汉松	
Pogostemon cablin(Blanco) Benth.	广藿香	异形叶的
Polygala japonica Houtt	瓜子金	日本的
Polygala sibirica L.	卵叶远志	西伯利亚的
Polygala tenuifolia Willd.	远志	细叶的
Rumex acetosa L.	酸模	
Polygonatum cyrtonema Hua	多花黄精	弯丝的
Polygonatum odoratum(Mil.) Druce	玉竹	有味的
Polygonatum sibiricum Red.	黄精	西伯利亚的
Polygonum aviculare L.	萹蓄	鸟喜欢的
Polygonum bistorta L.	拳参	二回旋钮的
Polygonum cuspidatum Sieb. et Zucc.	虎杖	具凸尖的
Polygonum multiflorum Thunb.	何首乌	多花的
Polygonum tinctorium Ait.	蓼蓝	染料用的
Polygonum orientale L.	红蓼	
Polyporus mylittae Cooke et Mass.	雷丸	
Polyporus umbellatus(Pers.)Fr.	猪苓	伞形花序的
Polytrichum commune L. ex Hedw.	金发藓	普通的
Poncirus trifoliata(L.) Raf.	枸橘	三叶的
Poria cocos(Schw.)Wolf.	茯苓	椰子样的
Porphyra tenera Kjellm.	甘紫菜	柔弱的
Portulaca oleracea L.	马齿苋	
Prunella vulgaris L.	夏枯草	普通的
Pseudolarix amabilis(Nelson) Rehd.	金钱松	
Pseudostellaria heterophylla(Miq.)Pax	孩儿参	异形叶
Psilotum nudum(L.) Griseb.	松叶蕨	裸的
Psoralea corylifolia L.	补骨脂	川榛叶的
Pteris multifida Poir.	凤尾草	多裂的
Pueraria lobata(Willd.) Ohwi	野葛	叶分裂的

Pulsatilla chinensis (Bunge) Regel	白头翁	中国的
Punica granatum L.	石榴	
Pyracantha fortuneana (Maxim.) Li	火棘	
Pyrola calliantha H. Andres	鹿蹄草	
Pyrola decorata H. Andres	普通鹿蹄草	
Pyrrosia lingua (Thunb.) Farw.	石韦	像舌的
Pyrrosia petiolosa (Christ) Ching	有柄石韦	具叶柄的
Pyrrosia sheareri (Bak.) Ching	庐山石韦	人名
Quisqualis indica L.	使君子	
Rabdosia rubescens (Hemsl.) Hara	碎米桠	带红色的
Ranunculus ternatus Thunb.	小毛茛	
Raphanus sativus L.	萝卜	栽培的
Rauvolfia verticillata (Lour.) Baill.	萝芙木	轮生的
Rehmannia glutinosa (Gaertn.) Libosch. ex Fish. et Mey.	地黄	有胶质的
Rhamnella franguloides (Maxim.) Weberb.	猫乳	
Rheum officinale Baill.	药用大黄	药用的
Rheum palmatum L.	掌叶大黄	掌状的
Rheum tanguticum Maxim. ex Regel	唐古特大黄	唐古特的
Rhodiola crenulata (Hook. f. et Thoms.) H. Ohba	大花红景天	有小圆齿的
Rhodobryum giganteum (Schwaegr.) Par.	暖地大叶藓	巨大的
Rhododendron dauricum L.	兴安杜鹃	达呼里的
Rhododendron micranthum Turcz.	照白杜鹃	小花的
Rhododendron molle (Bl.) G. Don	闹羊花	柔软的
Rhododendron simsii Planch	杜鹃花	人名
Rhus chinensis Mill	盐肤木	中国的
Ricinus communis L.	蓖麻	普通的
Rosa chinensis Jacq.	月季	中国的
Rosa laevigata Michx.	金樱子	平滑的
Rosa rugosa Thunb.	玫瑰	有皱叶的
Rostellularia procumbens (L.) Ness	爵床	匍匐的
Rubia cordifolia L.	茜草	心形叶的
Rubus chingii Hu	掌叶覆盆子	人名
Rumex japonicus Houtt.	羊蹄	日本的
Salvia chinensis Benth.	华鼠尾草	中国的
Salvia miltiorrhiza Bunge	丹参	治疗的
Sambucus chinensis Lindl.	陆英	中国的
Sambucus williamsii Hance	接骨木	人名
Sanguisorba officinalis L. var. *longifolia* (Bertol.) Yu	狭叶地榆	药用的
Sanguisorba officinalis L.	地榆	药用的

Santalum album L.	檀香	
Sapium sebiferum(L.)Roxb.	乌桕	具脂蜡的
Saposhnikovia divarcata(Turca.)Schischk	防风	极叉开的
Sarcandra glabra(Thunb.) Nakai	草珊瑚	光净的
Sargassum fusiforme(Harv.) Setch.	羊栖菜	纺锤状的
Sargassum pallidum(Turn.) C. Ag.	海蒿子	淡白色的
Sargentodoxa cuneata(Oliv.) Rehd. et Wils.	大血藤	
Saururus chinensis(Lour.) Baill.	三白草	中国的
Saxifraga stolonifera Curt	虎耳草	具匍匐茎的
Schisandra chinensis(Turcz.) Baill.	五味子	中国的
Schizonepeta multifida(L.)Briq.	多裂叶荆芥	多裂的
Schizonepeta tenuifolia(Benth.)Briq.	荆芥	细叶的
Schizostachyum chinense Rendle	华思劳竹	中国的
Scrophularia buergeriana Miq.	北玄参	人名
Scrophularia ningpoensis Hemsl.	玄参	宁波的
Scutellaria baicalensis Georgi	黄芩	贝加尔湖的
Scutellaria barbata D. Don	半枝莲	具鬃毛的
Sedum aizoon L.	费菜	
Sedum sarmentosum Bunge	垂盆草	下垂的
Selaginella pulvinata(Hook. et Grev.) Maxim.	垫状卷柏	
Selaginella tamariscina(Beauv.) Spring	卷柏	像垂柳的
Semiaquilegia adoxoides(DC.) Makino	天葵	像五福花的
Semiaquilegia adoxoides(DC.) Makinovar. *grandis* D. Q. Wang	大天葵	像五福花的
Serissa japonica(Thunb.) Thunb.	六月雪	日本的
Serissa serissoides(DC.) Druce	白马骨	似六月雪的
Sesamum indicum L.	芝麻	
Shiraia bumbusicola P. Henn.	竹黄	生在竹上的
Siegesbeckia orientalis L.	豨莶草	东方的
Sinapis alba L.	白芥	白色的
Sinomenium acutum (Thunb.) Rehd. et Wils. var. *cinereum* Rehd. et Wils.	毛青藤	锐尖的
Sinomenium acutum(Thunb.)Rehd. et Wils.	青藤	锐尖的
Siphonostegia chinensis Benth	阴行草	中国的
Siraitia grosvenorii(Swingle) C. Jeffrey ex Lu et Z. Y. Zhang	罗汉果	
Smilax china L.	菝葜	中国的
Smilax glabra Roxb.	光叶菝葜	无毛的
Solanum lyratum Thunb.	白英	琴状的
Solanum melongela L.	茄子	
Solanum nigrum L.	龙葵	黑色的

Solanum tuberosum L.	马铃薯	
Sonchus oleraceus L.	苦苣菜	
Sophora flavescens Ait.	苦参	淡黄色的
Sophora japonica L.	槐	日本的
Sophora tonkinensis Gagnep.	柔枝槐	近平卧的
Sparganium stoloniferum (Graebn.) Buch. -Ham. ex Juz.	黑三棱	
Spatholobus suberectus Dunn	密花豆	非直立的
Speranskia tuberculata (Bunge) Baill	地构叶	
Sphagnum palustre L.	泥炭藓	伞叶的
Spiranthes sinensis (Pers.) Ames	绶草	
Spirodela polyrrhiza (Linn.) Schleid	紫萍	
Spirulina platensis (Nordst.) Geitl.	螺旋藻	平状的
Stellaria dichotoma L. var. *lanceolata* Bunge	银柴胡	二分叉的、披针形的
Stemona japonica (Bl.) Miq.	直立百部	日本的
Stemona sessilifolia (Miq.) Miq.	蔓生百部	
Stemona tuberose Lour.	对叶百部	
Stephania tetrandra S. Moore	粉防己	四雄蕊
Sterculia lychnophora Hance	胖大海	
Strobilanthes cusia (Nees) O. Kuntze	马兰	
Strychnos nux-vomica L.	马钱	坚果-作呕的
Strychnos wallichiana Steud. ex DC.	长籽马钱	
Styrax tonkinensis (Pierre) Craib ex Hartw.	白花树	
Swertia bimaculata (Sieb. et Zucc.) Hook. f. et. Thoms. ex C. B. Clarke	双点獐牙菜	
Swertia mileensis T. N. Hoet W. L. Shi	青叶胆	云南地名
Talinum paniculatum (Jacq.) Gaertn	栌兰	
Tamarix chinensis Lour.	柽柳	中国的
Taraxacum mongolicum Hand. -Mazz.	蒲公英	蒙古的
Taxillus chinensis (DC.) Danser.	桑寄生	中国的
Taxus chinensis (Pilger) Rehd.	红豆杉	中国的
Taxus chinensis var. *mairei* (Lemee et Levl.) S. Y. Hu ex Liu	南方红豆杉	中国的
Terminalia chebula Retz. var. *tomentella* (Kurt.) C. B. Clarke	微毛诃子	
Terminalia chebula Retz.	诃子	
Tetrapanax papyriferus (Hook.) K. Koch	通脱木	可制纸的
Thamnolia vermicularis (Sw.) Ach.	地茶	蠕虫状的
Thesium chinense Turcz.	百蕊草	中国的
Thlaspi arvense L.	菥蓂	田野生的
Thymus mongolicus Ronn.	百里香	
Tinospora capillipes Gagnep.	金果榄	毛柄的

Tinospora sagittata (Oliv.) Gagnep.	青牛胆	箭形的
Torreya grandis Fort. ex Lindl. Rehd.	榧	高大的
Toxicodendron vernicifluum (Stokes) F. A. Barkl.	漆树	
Trachelospermum jasminoides (Lindl.) Lem.	络石	
Trachycarus fortunei (Hook.) H. Wendl.	棕榈	人名
Tribulus terrestris L.	蒺藜	
Trichosanthes kirilowii Maxim	栝楼	人名
Trichosanthes rosthornii Harms	中华栝楼(双边栝楼)	单花的
Trigonella foenum - graecum L.	葫芦巴	
Trigonotis peduncularis (Trev.) Benth. ex Baker et Moore	附地菜	花序柄的
Tripterygium hypoglaucum (Lévl.) Hutch.	昆明山海棠	叶粉绿背的
Tripterygium wilfordii Hook. f.	雷公藤	人名
Triticum aestivum L.	小麦	夏季的
Tulip aedulis (Miq.) Baker	老鸦瓣	
Tussilago farfara L.	款冬	具粉的
Typha angustifolia Linn.	水烛香蒲	
Typha orientalis Presl	东方香蒲	
Typhonium flagelliforme (Lodd.) Bl.	鞭檐犁头尖	
Typhonium giganteum Engl.	独角莲	巨大的
Ulva lactuca L.	石莼	如莴苣叶的
Umbilicaria esculenta (Miyoshi) Minks	石耳	可食用的
Uncaria macrophylla Wall.	大叶钩藤	
Uncaria rhynchophylla (Miq.) Jacks.	钩藤	尖叶的
Uncaria sinensis (Oliv.) Havil.	华钩藤	中国的
Undaria pinnatifida (Harv.) Sur.	裙带菜	羽状浅裂
Usnea diffracta Vain.	环裂松萝	裂成孔隙的
Usnea longissima Ach.	长松萝	极长的
Vaccaria segetalis (Neck.) Garcke	麦蓝菜	
Valeriana officinalis L. var. *latifolia* Miq.	宽叶缬草	药用的
Valeriana officinalis L.	缬草	药用的
Veratrum nigrum L.	藜芦	黑色的
Verbena officinalis L.	马鞭草	药用的
Viccinium bracteatum Thunb.	乌饭树	
Vigna angularis (Willd.) Ohwi et Ohashi	赤豆	
Vigna radiata (L.) R. Wilczak	绿豆	
Vigna umbellata (Thunb.) Ohwi et Ohashi	赤小豆	
Vinca major Linn.	蔓长春花	
Viola philipica Cav.	紫花地丁	菲律宾的

Viscum coloratum(Kom.) Nakai	槲寄生	
Vitex negundo L. var. *cannabifolia*(Sieb. et Zucc.) Hand.-Mazz.	牡荆	
Vitex negundo L. var. *heterophylla*(Franch.)Rehd.	荆条	异形叶
Vitex negundo L.	黄荆	地名
Vitex trifolia L. var. *simplicifolia* Cham.	单叶蔓荆	三叶的,单叶的
Vitex trifolia L.	三叶蔓荆	三叶的
Vitis vinifera L.	葡萄	藤本的
Weigela japonica Thunb. var. *sinica*(Rehd.)Bailey	水马桑	日本的
Wikstroemia canescens(Wall.) Meissn	荛花	
Wikstroemia indica(L.) C. A. Mey.	了哥王	印度的
Xanthium sibiricum Patr. ex Widder	苍耳	西伯利亚的
Youngia japonica(L.)DC.	黄鹌菜	日本的
Zanthoxylum bungeanum Maxim	花椒	人名
Zanthoxylum nitidum(Roxb.)DC.	竹叶椒(两面针)	光亮的
Zanthoxylum schinifolium Sieb. et Zucc.	青椒	像肖乳香叶的
Zea mays L.	玉蜀黍	南美土名
Zingiber mioga(Thunb.) Rosc.	蘘荷	
Zingiber officinale Rosc.	姜	药用的
Ziziphus jujuba Mill.	枣	枣的阿拉伯语音
Ziziphus jujuba Mill. var. *spinosa*(Bunge) Hu ex H. F. Chow	酸枣	枣的阿拉伯语音,有刺的

参考文献

[1] 中国科学院中国植物志编委会. 中国植物志. 北京:科学出版社,1959—2004.
[2] 中国科学院植物研究所. 中国高等植物图鉴. 北京:科学出版社,1972—2001.
[3] 中国科学院昆明植物研究所. 云南植物志. 北京:科学出版社,1977—2006.
[4] 中国科学院西北植物研究所. 秦岭植物志. 北京:科学出版社,1964—1981.
[5] 中国科学院植物研究所. 中国高等植物科属检索表. 北京:科学出版社,1985.
[6]《安徽植物志》协作组. 安徽植物志. 合肥:安徽科学技术出版社,1986-1992.
[7] 肖培根. 新编中药志. 北京:化学工业出版社,2002.
[8] 艾铁民. 药用植物学. 北京:北京大学医学出版社,2003.
[9] 张宏达,黄云晖,等. 种子植物系统学. 北京:科学出版社,2004.
[10] 王冰,曹广才. 药用植物学图表解. 北京:人民卫生出版社,2008.
[11] 马炜梁. 植物学. 北京:高等教育出版社,2009.
[12] 赵建成,郭书彬,李盼威. 小五台山植物志. 北京:科学出版社,2011.
[13] 詹亚华,刘合刚. 药用植物学. 北京:中国中医药科技出版社,2007.
[14] 谈献和,姚振生. 药用植物学. 上海:上海科学技术出版社,2009.
[15] 吴国芳,冯志坚,等. 植物学. 北京:高等教育出版社,1998.
[16] 姚振生. 药用植物学(普通高等教育"十五"规划教材). 北京:中国中医药出版社,2008.
[17] 郑汉臣. 药用植物学.5 版. 北京:人民卫生出版社,2007.
[18] 杜勤. 药用植物学. 北京:科学出版社,2011.
[19] 谈献和,王德群. 药用植物学. 北京:中国中医药出版社,2013.
[20] 丁景和. 药用植物学. 上海:上海科学技术出版社,1985.
[21] 钱信忠. 中国本草彩色图鉴. 北京:人民卫生出版社,1996.
[22] 杨春澍. 药用植物学. 上海:上海科学技术出版社,2005.
[23] 孙启时. 药用植物学. 2 版. 北京:中国医药科技出版社,2009.
[24] 徐寿长. 药用植物学. 济南:山东科学技术出版社,2006.
[25] 向其柏. 国际栽培植物命名法规. 北京:中国林业出版社,2006.
[26] 祝廷成,张文仲,赵毓棠. 种子植物分类学. 长春:吉林师范学院出版社,1959.
[28] 高元泰. 实用中药鉴别大典. 北京:中国中医药出版社,2000.
[29] 陈植. 观赏树木学. 北京:中国林业出版社,1984.
[30] 邓莉兰. 风景园林树木学. 北京:中国林业出版社,2010.
[31] 孙萌,张亚芝,雷国莲. 新编药用植物学. 苏州:苏州大学出版社,2008.
[32] 孙启时,路金才,贾凌云. 药用植物鉴别与开发利用. 北京:人民军医出版社,2009.
[33] 汪劲武. 种子植物分类学. 2 版. 北京:高等教育出版社,2009.
[34] 叶创兴,廖文波,戴水连,等. 植物学(系统分类部分). 广州:中山大学出版社,2000.
[35] 陆时万,徐祥生,沈敏健,等. 植物学(下). 2 版. 北京:高等教育出版社,1992.
[36] 吴征镒. 新华本草纲要(第一册). 上海:上海科学技术出版社,1988.

[37] 刘龙昌. 关于栽培植物的命名问题. 生物学通报,2010,45(4):13-17.
[38] 殷仁亭. 冬虫夏草及其混淆品亚香棒虫草的鉴别. 基层中药杂志,2000,4(12):19.
[39] 李增智,黄勃,等. 确证冬虫夏草无性型的分子生物学证据. 菌物系统,2000,19(1):60-64.
[40] 金鑫、高元祥. 冬虫夏草及其伪劣商品的鉴别. 天津中医药,2005,22(4):337-338.